罗霄山脉动物多样性编目

贾凤龙　王英永　李利珍

刘　阳　童晓立　陈春泉　　主编

科学出版社

北　京

内 容 简 介

本书是罗霄山脉动物多样性科学考察较完整的研究成果，类群包括鱼类、两栖类、爬行类、鸟类、哺乳类和六足动物。书中所列的种类都依据标本或考察过程中拍摄到的照片而鉴定。本书共记录脊椎动物 35 目 132 科 660 种，其中鱼类 5 目 17 科 113 种，两栖类 2 目 8 科 56 种，爬行类 2 目 15 科 68 种，鸟类 19 目 70 科 332 种，哺乳类 7 目 22 科 91 种；六足动物 2 纲 22 目 276 科 3666 种，其中有 72 个新种。书中记录了每个种在罗霄山脉的分布，六足动物还列出了经纬度。

本书可供动物学、生态学、生物地理学等领域的科研人员，高等院校师生，政府和自然保护区管理人员，以及生物多样性和生态旅游爱好者参考。

图书在版编目（CIP）数据

罗霄山脉动物多样性编目/贾凤龙等主编. —北京：科学出版社，2022.6
ISBN 978-7-03-072542-4

Ⅰ．①罗…　Ⅱ．①贾…　Ⅲ．①动物–生物多样性–编目–中国
Ⅳ．①Q958.52

中国版本图书馆 CIP 数据核字（2022）第 099415 号

责任编辑：王　静　王　好　田明霞 / 责任校对：郑金红
责任印制：肖　兴 / 封面设计：北京美光设计制版有限公司

科 学 出 版 社 出版
北京东黄城根北街 16 号
邮政编码：100717
http://www.sciencep.com
中国科学院印刷厂 印刷
科学出版社发行　各地新华书店经销
*
2022 年 6 月第 一 版　开本：889×1194 1/16
2022 年 6 月第一次印刷　印张：20 1/2
字数：788 000
定价：298.00 元
（如有印装质量问题，我社负责调换）

罗霄山脉生物多样性考察与保护研究
编委会

《罗霄山脉动物多样性编目》编委会

主　　编：贾凤龙　　王英永　　李利珍　　刘　阳　　童晓立　　陈春泉

副主编：欧阳珊　　吴　毅　　李玉龙　　吴　华　　邓学建　　王　健
　　　　吕植桐　　赵　健　　张丹丹

编　　委：陈柏承　　陈春泉　　陈小龙　　邓学建　　杜万鑫　　方平福
　　　　郭　琴　　何桂强　　胡佳耀　　胡宜峰　　黄　秦　　贾凤海
　　　　贾凤龙　　黎红辉　　黎杰俊　　李　锋　　李辰亮　　李建中
　　　　李利珍　　李茂军　　李玉龙　　梁　丹　　梁祝明　　刘　阳
　　　　刘家武　　刘水萍　　刘文娟　　刘香莲　　刘雄军　　龙心明
　　　　吕植桐　　罗　军　　罗深晓　　罗振华　　明　鸣　　欧阳波
　　　　欧阳珊　　潘新园　　庞　虹　　彭　俊　　彭　中　　彭志勇
　　　　饶文娟　　单纪红　　汤　亮　　唐琴冬　　童晓立　　涂晓斌
　　　　万晓华　　王　斌　　王　健　　王　敏　　王国兵　　王英永
　　　　王朝红　　韦锦云　　魏晨韬　　魏世超　　文　秦　　吴　华
　　　　吴　毅　　吴小平　　肖　娟　　肖　勇　　谢广龙　　谢小建
　　　　徐　阳　　徐忠鲜　　杨淑兰　　杨圳铭　　殷子为　　余文华
　　　　余泽平　　张　蓓　　张　忠　　张丹丹　　张秋萍　　张文栋
　　　　赵　超　　赵　健　　赵　勉　　赵梅君　　郑孝强　　周　静
　　　　周　全　　周幼杨　　朱晓峰　　朱志锋　　邹　瑛　　邹超煜
　　　　邹建成　　左鑫树

序　一

　　建设生态文明，关系人民福祉，关乎民族未来。党的十八大以来，以习近平同志为核心的党中央从坚持和发展中国特色社会主义事业、统筹推进"五位一体"总体布局的高度，对生态文明建设提出了一系列新思想、新理念、新观点，升华并拓展了我们对生态文明建设的理解和认识，为建设美丽中国、实现中华民族永续发展指明了前进方向、注入了强大动力。

　　习近平总书记高度重视江西生态文明建设，2016年2月和2019年5月两次考察江西时都对生态建设提出了明确要求，指出绿色生态是江西最大财富、最大优势、最大品牌，要求我们做好治山理水、显山露水的文章，走出一条经济发展和生态文明水平提高相辅相成、相得益彰的路子；强调要加快构建生态文明体系，繁荣绿色文化，壮大绿色经济，创新绿色制度，筑牢绿色屏障，打造美丽中国"江西样板"，为决胜全面建成小康社会、加快绿色崛起提供科学指南和根本遵循。

　　罗霄山脉大部分在江西省吉安境内，包含了南风面、井冈山、七溪岭、武功山等自然保护区，森林公园和自然山体，保存有全球同纬度最完整的中亚热带常绿阔叶林，蕴含着丰富的生物多样性，以及丰富的自然资源库、基因库和蓄水库，对改善生态环境、维护生态平衡起着重要作用。党中央、国务院和江西省委省政府高度重视罗霄山脉片区生态保护工作，早在1982年就启动了首次井冈山科学考察；2009~2013年吉安市与中山大学联合开展了第二次井冈山综合科学考察。在此基础上，2013~2018年科技部立项了"罗霄山脉地区生物多样性综合科学考察"项目，旨在对罗霄山脉进行更深入、更广泛的科学研究。此次考察系统全面，共采集动物、植物、真菌标本超过21万号30万份，拍摄有效生物照片10万多张，发表或发现生物新种118种，撰写专著13部，发表SCI论文140篇、中文核心期刊论文102篇。

　　"罗霄山脉生物多样性考察与保护研究"丛书从地质地貌，土壤、水文、气候，植被与植物区系，大型真菌，昆虫区系，脊椎动物区系和生物资源与生态可持续利用评价等7个方面，以丰富的资料、翔实的数据、科学的分析，向世人揭开了罗霄山脉的"神秘面纱"，进一步印证了大陆东部是中国被子植物区系的"博物馆"，也是裸子植物区系集中分布的区域，为两栖类、爬行类等各类生物提供了重要的栖息地。这一系列成果的出版，不仅填补了吉安在生物多样性科学考察领域的空白，更为进一步认识罗霄山脉潜在的科学、文化、生态和自然遗产价值，以及开展生物资源保护和生态可持续利用提供了重要的科学依据。成果来之不易，饱含着全体科考和编写人员的辛勤汗水与巨大付出。在第三次科考的5年里，各专题组成员不惧高山险阻、不畏酷暑严寒，走遍了罗霄山脉的山山水水，这种严谨细致的态度、求真务实的精神、吃苦奉献的作风，是井冈山精神在新时代科研工作者身上的具体体现，令人钦佩，值得学习。

　　罗霄山脉是吉安生物资源、生态环境建设的一个缩影。近年来，我们深入学习贯彻习近平生态文明思想，努力在打造美丽中国"江西样板"上走在前列，全面落实"河长制""湖长制"，全域推开"林长制"，着力推进生态建养、山体修复，加大环保治理力度，坚决打好"蓝天、碧水、净土"保卫战，努力打造空气清新、河水清澈、大地清洁的美好家园。全市地表水优良率达100%，空气质量常年保持在国家二级标准以上。

　　当前，吉安正在深入学习贯彻习近平总书记考察江西时的重要讲话精神，以更高标准推进打造美丽中国"江西样板"。我们将牢记习近平总书记的殷切嘱托,不忘初心、牢记使命,积极融入江西省国家生态文明试验区建设的大局,深入推进生态保护与建设,厚植生态优势,发展绿色经济,做活山水文章,繁荣绿色文化,筑牢生态屏障,努力谱写好建设美丽中国、走向生态文明新时代的吉安篇章。

是为序。

胡世忠
江西省人大常委会副主任、吉安市委书记
2019 年 5 月 30 日

序　二

　　罗霄山脉地区是一个多少被科学界忽略的区域,在《中国地理图集》上也较少被作为一个亚地理区标明其独特的自然地理特征、生物区系特征。虽然1982年开始了井冈山自然保护区科学考察,但在后来的20多年里该地区并没有受到足够的关注。胡秀英女士于1980年发表了水杉植物区系研究一文,把华中至华东地区均看作第三纪生物避难所,但东部被关注的重点主要是武夷山脉、南岭山脉以及台湾山脉。罗霄山脉多少被选择性地遗忘了,只是到了最近20多年,研究人员才又陆续进行了关于群落生态学、生物分类学、自然保护管理等专项的研究,建立了多个自然保护区。自2010年起,在江西省林业局、吉安市林业局、井冈山管理局的大力支持下,在2013~2018年科技部基础性工作专项的支持下,项目组开始了罗霄山脉地区生物多样性的研究。

　　作为中国大陆东部季风区一座呈南北走向的大型山脉,罗霄山脉在地质构造上处于江南板块与华南板块的结合部,是由褶皱造山与断块隆升形成的复杂山脉,出露有寒武纪、奥陶纪、志留纪、泥盆纪等时期以来发育的各类完整而古老的地层,记录了华南板块6亿年以来的地质史。罗霄山脉自北至南又由5条东北—西南走向的中型山脉组成,包括幕阜山脉、九岭山脉、武功山脉、万洋山脉、诸广山脉。罗霄山脉是湘江流域、赣江流域的分水岭,是中国两大淡水湖泊——鄱阳湖、洞庭湖的上游水源地。整体上,罗霄山脉南部与南岭垂直相连,向北延伸。据统计,罗霄山脉全境包括67处国家级、省级、市县级自然保护区,34处国家森林公园、风景名胜区、地质公园,以及其他数十处建立保护地的独立自然山体等。

　　罗霄山脉地区生物多样性综合科学考察较全面地总结了多年来的调查数据,取得了丰硕成果,共发表SCI论文140篇、中文核心期刊论文102篇,发表或发现生物新种118个,撰写专著13部,全面地展示了中国大陆东部生物多样性的科学价值、自然遗产价值。

　　其一,明确了在地质构造上罗霄山脉南北部属于不同的地质构造单元,北部为扬子板块,南部为加里东褶皱带,具备不同的岩性、不同的演化历史,目前绝大部分已进入地貌发展的壮年期,6亿年以来亦从未被海水全部淹没,从而使得生物区系得以繁衍和发展。

　　其二,罗霄山脉是中国大陆东部的核心区域、生物博物馆,具有极高的生物多样性。罗霄山脉高等植物共有325科1511属5720种,是亚洲大陆东部冰期物种自北向南迁移的生物避难所,也是间冰期物种自南向北重新扩张等历史演化过程的策源地;具有全球集中分布的裸子植物区系,包括银杉属、银杏属、穗花杉属、白豆杉属等共6科21属32种,以及较典型的针叶树垂直带谱,如穗花杉、南方铁杉、资源冷杉、白豆杉、银杉、宽叶粗榧等均形成优势群落。罗霄山脉是原始被子植物——金缕梅科(含蕈树科)的分布中心,共有12属20种,包括牛鼻栓属、金缕梅属、双花木属、马蹄荷属、枫香属、蕈树属、半枫荷属、檵木属、秀柱花属、蚊母树属、蜡瓣花属、水丝梨属;也是亚洲大陆东部杜鹃花科植物的次生演化中心,共有9属64种,约占华东五省一市杜鹃花科种数(81种)的79.0%。同时,与邻近植物区系的比较研究表明,罗霄山脉北段的九岭山脉、幕阜山脉与长江以北的大别山脉更为相似,在区划上两者组成华东亚省,中南段的武功山脉、万洋山脉、诸广山脉与南岭山脉相似,在区划上组成华南亚省。

　　其三,罗霄山脉脊椎动物(鱼类、两栖类、爬行类、鸟类、哺乳类)非常丰富,共记录有132科

660种，两栖类、爬行类尤其典型，存在大量隐性分化的新种，此次科考发现两栖类新种13个。罗霄山脉是亚洲大陆东部哺乳类的原始中心、冰期避难所。动物区系分析表明，两栖类在罗霄山脉中段武功山脉的过渡性质明显，中南段的武功山脉、万洋山脉、诸广山脉属于同一地理单元，北段幕阜山脉、九岭山脉属于另一个地理单元，与地理上将南部作为狭义罗霄山脉的定义相吻合。

其四，针对5条中型山脉，完成植被样地调查788片，总面积约58.8万m^2，较完整地构建了罗霄山脉植被分类系统，天然林可划分为12个植被型86个群系172个群丛组。指出了罗霄山脉地区典型的超地带性群落——沟谷季风常绿阔叶林为典型南亚热带侵入的顶极群落，有时又称为季雨林（monsoon rain forest）或亚热带雨林[①]，以大果马蹄荷群落、鹿角锥-观光木群落、乐昌含笑-钩锥群落、鹿角锥-甜槠群落、蕈树类群落、小果山龙眼群落等为代表。

毫无疑问，罗霄山脉地区是亚洲大陆东部最为重要的物种栖息地之一。罗霄山脉、武夷山脉、南岭山脉构成了东部三角弧，与横断山脉、峨眉山、神农架所构成的西部三角弧相对应，均为生物多样性的热点区域，而东部三角弧似乎更加古老和原始。

秉系列专著付梓之际，乐为之序。

王伯荪

2019 年 6 月 25 日

---

① Wang B S. 1987. Discussion of the level regionalization of monsoon forests. Acta Phytoecologica et Geobotanica Sinica, 11(2): 154-158.

前　言

　　广义罗霄山脉（以下称罗霄山脉）是欧亚大陆东南部一条南北走向的大型山脉，由 5 条东北—西南走向的次级山脉以及山脉间的盆地共同构成，由北向南依次为：幕阜山脉、九岭山脉、武功山脉、万洋山脉、诸广山脉。罗霄山脉处于亚洲大陆东部季风区，是中国大陆第三级阶梯内重要的生态交错区，汇集了北半球湿润区的各种植被类型，如沟谷季雨林、常绿阔叶林、针阔混交林、暖性针叶林、温性针叶林等，保存有丰富的原始生物类群、中国特有种、第三纪孑遗种；也是亚洲东部最重要的脊椎动物聚集地，是东西替代、南北迁徙的生物地理通道。

　　2013～2018 年，科技部基础性工作专项"罗霄山脉地区生物多样性综合科学考察"在江西、湖南、湖北三省交界地区顺利开展。本次科考分别对鱼类、两栖类、爬行类、鸟类、哺乳类和六足动物开展了全面系统的调查。共记录脊椎动物 35 目 132 科 660 种，其中，鱼类 5 目 17 科 113 种，两栖类 2 目 8 科 56 种，爬行类 2 目 15 科 68 种，鸟类[①]19 目 70 科 332 种，哺乳类 7 目 22 科 91 种；六足动物 2 纲 22 目 276 科 3666 种。

　　随着分子生物学新技术的广泛应用，新的生物类群和新的分类修订结果不断被发表，因此，针对各生物类群也出现了许多新的分类系统。然而，鉴于许多新出现的系统尚未被各类群分类学者广泛采用，因此本书采用的分类系统遵从各类群作者（鉴定者）的观点。

　　本次科考为进一步修订受威胁和保护动物名录及其等级提供了更加精确的数据。由于参与鉴定六足动物的学者众多，有的种的鉴定者并未给出中文名，而且我们亦未能查到通用的中文名，故书中没有中文名。

　　本次科考历时 5 年，通过系统的调查研究获得了大量本底数据、凭证材料和实验数据，比较全面地揭示了罗霄山脉脊椎动物的物种多样性特征，并通过与武夷山脉、南岭山脉和雪峰山脉的比较，评估了罗霄山脉在中国生物多样性空间格局中的地位和作用。罗霄山脉脊椎动物（鱼类、两栖类、爬行类、鸟类、哺乳类）非常丰富，两栖类、爬行类物种多样性最高，存在大量隐性分化的新种。罗霄山脉是亚洲大陆东部哺乳类的原始中心、冰期避难所。《罗霄山脉生物多样性综合科学考察》中动物区系分析表明，两栖类在罗霄山脉中段武功山脉地区具有明显的过渡性，武功山脉和万洋山脉、诸广山脉属于同一地理单元，幕阜山脉、九岭山脉属于另一个地理单元，与地理上将南部作为狭义罗霄山脉的定义相吻合。

　　本书虽然记录了大量的六足动物，但由于无脊椎动物种类太多，生活环境十分复杂，尚需各类群专业学者经过较长时间的专题调查才有可能基本厘清罗霄山脉无脊椎动物的区系情况。目前我国尚有许多无脊椎动物类群没有专业人士研究，且大量采集于罗霄山脉的六足动物标本尚未鉴定，因此，本次调查的结果与罗霄山脉无脊椎动物的实际存在情况有一定差距。

　　本次科考过程中上海师范大学、华南农业大学和中山大学很多研究生都参加了野外考察工作。标本鉴定得到了中国科学院动物研究所袁峰博士，中国科学院分子植物科学卓越创新中心刘宪伟研究员，河北大学石福明教授、巴义斌博士，华东师范大学何祝清博士，扬州大学杜予州教授，中山大学梁铭球教授，深圳疾病预防控制中心刘阳医师，捷克国家博物馆 Martin Fikáček 博士等多位国内

---

　　① 部分鸟类本次科考未见到，依据可靠文献记录。

外昆虫分类学者的支持。本书统稿及修改得到了河北大学牛一平博士的大力帮助。同时，向所有参加罗霄山脉昆虫考察工作的各位专家及工作人员致以诚挚的感谢。

由于作者水平有限，书中难免有误，不足之处敬请读者批评指正。

编 者

2021 年 12 月

目　　录

第一章　罗霄山脉鱼类多样性编目

罗霄山脉共有鱼类 5 目 17 科 113 种。鲤形目 Cypriniformes：亚口鱼科 Catostomidae 1 种，鲤科 Cyprinidae 62 种，鳅科 Cobitidae 9 种，平鳍鳅科 Balitoridae 5 种。鲇形目 Siluriformes：鲇科 Siluridae 3 种，胡子鲇科 Clariidae 1 种，鲿科 Bagridae 8 种，钝头鮠科 Amblycipitidae 3 种，鮡科 Sisoridae 1 种。颌针鱼目 Beloniformes：鱵科 Hemiramphidae 1 种。合鳃鱼目 Synbranchiformes：合鳃鱼科 Synbranchidae 1 种，刺鳅科 Mastacembelidae 2 种。鲈形目 Perciformes：鮨科 Serranidae 6 种，沙塘鳢科 Odontobutidae 1 种，虾虎鱼科 Gobiidae 5 种，斗鱼科 Belontiidae 1 种，鳢科 Channidae 3 种。

罗霄山脉鱼类多样性编目如下。

鲤形目 CYPRINIFORMES

亚口鱼科 Catostomidae

胭脂鱼 *Myxocyprinus asiaticus* (Bleeker)

中国特有种。杂食性，洄游性。国家 II 级重点保护野生动物。

分布：诸广山脉：遂川江 LXA07-4-10801。

鲤科 Cyprinidae

宽鳍鱲 *Zacco platypus* (Temminck et Schlegel)

肉食性，中上层性，溪流性。

分布：幕阜山脉：武宁县石溪村，平江县长寿镇 LXA07-4-11078，富水。九岭山脉：万载县马步乡 LXA07-4-10065，浏阳河。武功山脉：袁水 LXA07-4-10044，安福县 LXA07-4-10018，芦溪县羊狮幕 LXA07-4-10946。万洋山脉：炎陵县 LXA07-4-10928，蜀水 LXA07-4-11914，井冈山 LXA07-4-10086。诸广山脉：遂川江 LXA07-4-10802，上犹县。

马口鱼 *Opsariichthys bidens* Günther

肉食性，中上层性，溪流性。

分布：幕阜山脉：武宁县 LXA07-4-10121，修水县 LXA07-4-11203，平江县长寿镇 LXA07-4-11297，富水。九岭山脉：万载县马步乡 LXA07-4-10064，浏阳河。武功山脉：芦溪县羊狮幕 LXA07-4-10947，莲花县高天岩 LXA07-4-10970。万洋山脉：茶陵县湖里湿地 LXA07-4-10980，蜀水 LXA07-4-10972，安仁县 LXA07-4-10992，井冈山 LXA07-4-10113。诸广山脉：遂川江 LXA07-4-10803，上犹县 LXA07-4-11305。

青鱼 *Mylopharyngodon piceus* (Richardson)

肉食性，底层性，洄游性。

分布：九岭山脉：浏阳河，宜春市飞剑潭乡 LXA07-4-10029。万洋山脉：渼水。诸广山脉：上犹江。

草鱼 *Ctenopharyngodon idella* (Valenciennes)

草食性，中下层性，洄游性。

分布：幕阜山脉：武宁县鲁溪洞 LXA07-4-11137，富水。九岭山脉：万载县双桥镇 LXA07-4-10069，宜春市飞剑潭乡 LXA07-4-10030。万洋山脉：渼水。诸广山脉：遂川江 LXA07-4-10804，上犹县 LXA07-4-11323。

鳡 *Elopichthys bambusa* (Richardson)

肉食性，中上层性，洄游性。

分布：万洋山脉：浏阳河，吉安县 LXA07-4-11726。

赤眼鳟 *Squaliobarbus curriculus* (Richardson)

杂食性，中下层性，洄游性。

分布：九岭山脉：浏阳河 LXA07-4-11716。武功山脉：袁水 LXA07-4-11717。诸广山脉：遂川江 LXA07-4-10805。

贝氏䱗 *Hemiculter bleekeri* Warpachowski

杂食性，中上层性，定居性。

分布：幕阜山脉：武宁县 LXA07-4-11139。武功山脉：袁水。万洋山脉：蜀水。诸广山脉：遂川江 LXA07-4-10809，上犹江。

䱗 *Hemiculter leucisculus* (Basilewsky)

杂食性，中上层性，定居性。

分布：九岭山脉：锦江，浏阳河，宜春市飞剑潭乡 LXA07-4-11711。武功山脉：芦溪县锅底潭 LXA07-4-10961，芦溪县羊狮幕 LXA07-4-10950，莲花县高天岩 LXA07-4-11972。万洋山脉：蜀水，吉安县 LXA07-4-11709。诸广山脉：遂川江 LXA07-4-10808，上犹江。

四川半鳘 *Hemiculterella sauvagei* Warpachowski

杂食性，中上层性，定居性。

分布：九岭山脉：锦江。武功山脉：袁水，禾水 LXA07-4-10021。

伍氏半鳘 *Hemiculterella wui* (Wang)

杂食性，中上层性，定居性。

分布：幕阜山脉：修水 LXA07-4-11048，汨罗江。诸广山脉：遂川江 LXA07-4-11046，上犹江。

南方拟鳘 *Pseudohemiculter dispar* (Peters)

杂食性，中上层性，定居性。

分布：幕阜山脉：修水，平江县长寿镇 LXA07-4-11083，通山县 LXA07-4-11128。九岭山脉：锦江，万载县 LXA07-4-10051，浏阳河。武功山脉：袁水，袁州区 LXA07-4-10032，禾水，安福县 LXA07-4-10010。万洋山脉：洣水，安仁县 LXA07-4-11012，蜀水，炎陵县 LXA07-4-10939。诸广山脉：遂川江 LXA07-4-10811，上犹江。

飘鱼 *Pseudolaubuca sinensis* Bleeker

杂食性，中上层性，定居性。

分布：万洋山脉：遂川县南风面 LXA07-4-10870。

大眼华鳊 *Sinibrama macrops* (Günther)

草食性，中下层性，定居性。

分布：幕阜山脉：修水县 LXA07-4-11207，平江县长寿镇 LXA07-4-11075。九岭山脉：万载县马步乡 LXA07-4-10050。武功山脉：芦溪县羊狮幕 LXA07-4-10945，袁水 LXA07-4-11819。万洋山脉：茶陵县湖里湿地 LXA07-4-10979，安仁县 LXA07-4-10991。诸广山脉：遂川江 LXA07-4-10806，上犹江。

红鳍鲌 *Culter erythropterus* (Basilewsky)

肉食性，中上层性，定居性。

分布：幕阜山脉：修水县 LXA07-4-11210，通山县 LXA07-4-11119，富水 LXA07-4-11736。九岭山脉：浏阳河。武功山脉：禾水，安福县 LXA07-4-10011。

翘嘴原鲌 *Chanodichthys alburnus* (Basilewsky)

肉食性，中上层性，定居性。

分布：幕阜山脉：通山县 LXA07-4-11117。武功山脉：袁水，袁州区 LXA07-4-10033，茶陵县 LXA07-4-10983，炎陵县 LXA07-4-10929。万洋山脉：蜀水。诸广山脉：上犹江。

达氏原鲌 *Chanodichthys dabryi* (Bleeker)

肉食性，中上层性，定居性。

分布：幕阜山脉：通山县 LXA07-4-11121。九岭山脉：浏阳河。武功山脉：袁水。万洋山脉：蜀水。

蒙古原鲌 *Chanodichthys mongolicus* (Basilewsky)

肉食性，中上层性，定居性。

分布：九岭山脉：浏阳河。武功山脉：禾水，安福县章庄乡 LXA07-4-10022。

拟尖头原鲌 *Chanodichthys oxycephaloides* Kreyenberg et Pappenheim

肉食性，中上层性，定居性。

分布：幕阜山脉：武宁县 LXA07-4-11150。九岭山脉：浏阳河。

鳊 *Parabramis pekinensis* (Basilewsky)

草食性，中下层性，洄游性。

分布：幕阜山脉：汨罗江。万洋山脉：洣水。诸广山脉：遂川江 LXA07-4-10812，上犹江。

团头鲂 *Megalobrama amblycephala* Yih

草食性，中下层性，定居性。

分布：幕阜山脉：通山县 LXA07-4-11023。万洋山脉：蜀水。诸广山脉：遂川江 LXA07-4-10813。

鲂 *Megalobrama mantschuricus* (Basilewsky)

草食性，中下层性，定居性。

分布：幕阜山脉：武宁县 LXA07-4-11151，修水县 LXA07-4-11211。九岭山脉：浏阳河。

黄尾鲴 *Xenocypris davidi* Bleeker

草食性，中下层性，洄游性。

分布：幕阜山脉：武宁县 LXA07-4-11154。九岭山脉：锦江 LXA07-4-10063，浏阳河。武功山脉：袁水 LXA07-4-10962，芦溪县羊狮幕 LXA07-4-10953。万洋山脉：蜀水 LXA07-4-10894。

银鲴 *Xenocypris macrolepis* Bleeker

草食性，中下层性，定居性。

分布：幕阜山脉：修水，武宁县 LXA07-4-11152。武功山脉：袁水，芦溪县锅底潭 LXA07-4-10963，禾水，安福县横龙镇 LXA07-4-11781。万洋山脉：蜀水，吉安县 LXA07-4-11783。诸广山脉：遂川江 LXA07-4-10814，上犹江。

细鳞鲴 *Plagiognathops microlepis* (Bleeker)

草食性，中下层性，洄游性。

分布：九岭山脉：浏阳河，宜春市飞剑潭乡 LXA07-4-10049。武功山脉：袁水，芦溪县羊狮幕 LXA07-4-10964。

圆吻鲴 *Distoechodon tumirostris* Peters

草食性，中下层性，定居性。

分布：幕阜山脉：修水，武宁县 LXA07-4-11179，通山县 LXA07-4-11114。九岭山脉：锦江，万载县 LXA07-4-10068。

鲢 *Hypophthalmichthys molitrix* (Valenciennes)

草食性，中上层性，洄游性。

分布：幕阜山脉：通山县 LXA07-4-11105。九岭山脉：浏阳河，宜春市飞剑潭乡 LXA07-4-10027。武功山脉：袁水。万洋山脉：蜀水。诸广山脉：遂川江，上犹江。

鳙 *Hypophthalmichthys nobilis* (Richardson)

肉食性，中上层性，洄游性。

分布：九岭山脉：浏阳河。武功山脉：袁水 LXA07-4-10028。诸广山脉：遂川江 LXA07-4-10873，上犹江。

棒花鱼 *Abbottina rivularis* (Basilewsky)

杂食性，底层性，定居性。

分布：幕阜山脉：修水县 LXA07-4-11041，平江县长寿镇 LXA07-4-11087。九岭山脉：浏阳河。武功山脉：芦溪县羊狮幕 LXA07-4-10955，莲花县高天岩 LXA07-4-10976。万洋山脉：茶陵县湖里湿地 LXA07-4-10985，蜀水。诸广山脉：遂川江 LXA07-4-10821。

麦穗鱼 *Pseudorasbora parva* (Temminck et Schlegel)

杂食性，中下层性，溪流性。

分布：幕阜山脉：通山县 LXA07-4-11123。九岭山脉：锦江 LXA07-4-11812，万载县 LXA07-4-10062，浏阳河。武功山脉：袁水。万洋山脉：炎陵县 LXA07-4-11037，茶陵县湖里湿地 LXA07-4-10982，井冈山 LXA07-4-10089。

桂林似鮈 *Pseudogobio guilinensis* Yao et Yang

肉食性，底层性，定居性。

分布：诸广山脉：遂川江 LXA07-4-10823。

似鮈 *Pseudogobio vaillanti* (Sauvage)

肉食性，底层性，定居性。

分布：武功山脉：袁水 LXA07-4-10997。九岭山脉：靖安县 LXA07-4-10143。诸广山脉：遂川江 LXA07-4-11760。

唇鲭 *Hemibarbus labeo* (Pallas)

肉食性，底层性，定居性。

分布：幕阜山脉：平江县 LXA07-4-10123。九岭山脉：靖安县 LXA07-4-10137，武宁县 LXA07-4-10129。幕阜山脉：修水县 LXA07-4-10118。武功山脉：袁水。诸广山脉：遂川江 LXA07-4-10815。

花鲭 *Hemibarbus maculatus* Bleeker

肉食性，底层性，定居性。

分布：幕阜山脉：汨罗江。九岭山脉：浏阳河，靖

安县 LXA07-4-10138。武功山脉：袁水 LXA07-4-11685。诸广山脉：遂川江 LXA07-4-10816，上犹县。

江西鳈 *Sarcocheilichthys kiangsiensis* Nichols

杂食性，中下层性，定居性。

分布：幕阜山脉：武宁县石溪村 LXA07-4-11043，修水县 LXA07-4-10161。武功山脉：袁水 LXA07-4-11753，九岭山脉：靖安县宝峰镇 LXA07-4-10161。

黑鳍鳈 *Sarcocheilichthys nigripinnis* (Günther)

杂食性，中下层性，定居性。

分布：幕阜山脉：武宁县 LXA07-4-11159，修水县 LXA07-4-11267。九岭山脉：浏阳河。万洋山脉：安仁县 LXA07-4-11018。

华鳈 *Sarcocheilichthys sinensis* Bleeker

杂食性，中下层性，定居性。

分布：幕阜山脉：武宁县 LXA07-4-11157，修水县 LXA07-4-11264。九岭山脉：锦江，万载县马步乡 LXA07-4-10052，浏阳河。武功山脉：袁水。诸广山脉：遂川江 LXA07-4-10817。

银鮈 *Squalidus argentatus* (Sauvage et Dabry)

杂食性，中下层性，定居性。

分布：幕阜山脉：富水，修水县 LXA07-4-11261。九岭山脉：浏阳河。武功山脉：袁水 LXA07-4-10948，禾水，莲花县高洲乡 LXA07-4-10971，芦溪县 LXA07-4-10948。万洋山脉：茶陵县湖里湿地 LXA07-4-10981，安仁县木子山 LXA07-4-10994，蜀水 LXA07-4-10897。诸广山脉：遂川江 LXA07-4-10602，上犹江。

吻鮈 *Rhinogobio typus* Bleeker

肉食性，底层性，定居性。

分布：幕阜山脉：修水县 LXA07-4-11213。九岭山脉：锦江 LXA07-4-11762，浏阳河 LXA07-4-11767。武功山脉：吉安县 LXA07-4-11765，芦溪县羊狮幕 LXA07-4-10948。万洋山脉：洣水，炎陵县 LXA07-4-10930。

片唇鮈 *Platysmacheilus exiguus* (Lin)

肉食性，底层性，定居性。

分布：万洋山脉：蜀水 LXA07-4-10974。万洋山脉：遂川县南风面 LXA07-4-10989。

蛇鮈 *Saurogobio dabryi* Bleeker

杂食性，底层性，定居性。

分布：幕阜山脉：武宁县 LXA07-4-11167，修水县 LXA07-4-10131，武宁县石溪村 LXA07-4-10012，平江县长寿镇 LXA07-4-11049。九岭山脉：锦江，浏阳河。武功山脉：袁水，芦溪县羊狮幕 LXA07-4-10949。万洋山脉：炎陵县 LXA07-4-10932。诸广山脉：遂川江 LXA07-4-

10824，上犹江。

湘江蛇鮈*Saurogobio xiangjiangensis* Tang

杂食性，底层性，定居性。

分布：九岭山脉：浏阳河。诸广山脉：遂川江 LXA07-4-11063。

胡鮈*Microphysogobio chenhsienensis* (Fang)

杂食性，中下层性，定居性。

分布：武功山脉：袁水 LXA07-4-11272。诸广山脉：遂川江。

福建小鳔鮈*Microphysogobio fukiensis* (Nichols)

肉食性，底层性，定居性。

分布：幕阜山脉：修水 LXA07-4-11216。万洋山脉：安仁县 LXA07-4-10993，蜀水。

乐山小鳔鮈*Microphysogobio kiatingensis* (Wu)

肉食性，底层性，定居性。

分布：万洋山脉：蜀水。诸广山脉：遂川江 LXA07-4-10822。

宜昌鳅鮀*Gobiobotia filifer* (Garman)

肉食性，底层性，定居性。

分布：诸广山脉：遂川江 LXA07-4-10826，上犹江。

长须鳅鮀*Gobiobotia longibarba* Fang et Wang

肉食性，底层性，定居性。

分布：幕阜山脉：汨罗江 LXA07-4-11102。

短须鱊*Acheilognathus barbatulus* Günther

杂食性，中下层性，定居性。

分布：武功山脉：袁水 LXA07-4-10145。

兴凯鱊*Acheilognathus chankaensis* (Dybowski)

杂食性，中下层性，定居性。

分布：幕阜山脉：汨罗江。万洋山脉：蜀水 LXA07-4-11778。诸广山脉：上犹县 LXA07-4-11777。

无须鱊*Acheilognathus gracilis* Nichols

杂食性，中下层性，定居性。

分布：幕阜山脉：武宁县 LXA07-4-11171，通山县 LXA07-4-11108。九岭山脉：浏阳河。武功山脉：袁水。万洋山脉：蜀水。诸广山脉：遂川江 LXA07-4-10828。

大鳍鱊*Acheilognathus macropterus* (Bleeker)

杂食性，中下层性，定居性。

分布：九岭山脉：浏阳河。万洋山脉：蜀水 LXA07-4-11723。诸广山脉：遂川江 LXA07-4-10827。

越南鱊*Acheilognathus tonkinensis* (Vaillant)

杂食性，中下层性，定居性。

分布：幕阜山脉：平江县长寿镇 LXA07-4-11103，富水。九岭山脉：浏阳河。万洋山脉：安仁县 LXA07-4-11000。

彩石鳑鲏 *Rhodeus lighti* (Wu)

杂食性，中下层性，定居性。

分布：幕阜山脉：平江县长寿镇 LXA07-4-11082，通山县 LXA07-4-11113。

高体鳑鲏 *Rhodeus ocellatus* (Kner)

杂食性，中下层性，定居性。

分布：幕阜山脉：修水县 LXA07-4-11223，平江县长寿镇 LXA07-4-11080，富水，通山县隐水洞 LXA07-4-11111。九岭山脉：浏阳河。武功山脉：袁水，芦溪县 LXA07-4-10944。万洋山脉：安仁县 LXA07-4-10990，蜀水 LXA07-4-10905。诸广山脉：遂川江 LXA07-4-10829，上犹江。

光唇鱼 *Acrossocheilus fasciatus* (Steindachner)

杂食性，中下层性，溪流性。

分布：幕阜山脉：修水县 LXA07-4-11037、LXA07-4-11270。武功山脉：袁水，芦溪县羊狮幕 LXA07-4-10951，莲花县高天岩 LXA07-4-10973。万洋山脉：安仁县 LXA07-4-10144，蜀水 LXA07-4-10906。

半刺光唇鱼 *Acrossocheilus hemispinus* (Nichols)

杂食性，中下层性，溪流性。

分布：幕阜山脉：平江县长寿镇 LXA07-4-11281。武功山脉：安仁县木子山 LXA07-4-11023，莲花县高天岩 LXA07-4-10974，安仁县 LXA07-4-10998。万洋山脉：炎陵县 LXA07-4-10933。

厚唇光唇鱼 *Acrossocheilus paradoxus* (Günther)

杂食性，中下层性，溪流性。

分布：万洋山脉：安仁县 LXA07-4-10845，蜀水。诸广山脉：遂川江 LXA07-4-10831。

侧条光唇鱼 *Acrossocheilus parallens* (Nichols)

杂食性，中下层性，溪流性。

分布：幕阜山脉：修水县 LXA07-4-10026，平江县长寿镇 LXA07-4-10080。九岭山脉：浏阳河。武功山脉：袁水，分宜县 LXA07-4-10005，芦溪县羊狮幕 LXA07-4-10952。万洋山脉：井冈山 LXA07-4-10087，蜀水 LXA07-4-11821，芦溪县 LXA07-4-10952。诸广山脉：遂川江。

光倒刺鲃 *Spinibarbus hollandi* Oshima

杂食性，中下层性，定居性。

分布：武功山脉：袁水 LXA07-4-11730，安福县章庄乡 LXA07-4-10025。诸广山脉：遂川江 LXA07-4-10830。

短须白甲鱼 *Onychostoma brevibarba* Song, Cao et Zhang

草食性，底层性，洄游性。

分布：武功山脉：袁水。

鲫 *Carassius auratus* (Linnaeus)

杂食性，底层性，定居性。

分布：幕阜山脉：武宁县 LXA07-4-11176，修水县 LXA07-4-11234，平江县长寿镇 LXA07-4-11290，通山县隐水洞 LXA07-4-11104。九岭山脉：锦江，万载县双桥镇 LXA07-4-10074，浏阳河。武功山脉：袁水，靖安县璪都镇 LXA07-4-10146，芦溪县羊狮幕 LXA07-4-10954，莲花县高天岩 LXA07-4-10975。万洋山脉：炎陵县 LXA07-4-10935，茶陵县湖里湿地 LXA07-4-10984，芦溪县锅底潭 LXA07-4-10966，安仁县 LXA07-4-11002，井冈山 LXA07-4-10910。诸广山脉：遂川江 LXA07-4-10835，上犹江。

鲤 *Cyprinus carpio* Linnaeus

杂食性，底层性，定居性。

分布：幕阜山脉：修水，汨罗江，通山县 LXA07-4-11104。九岭山脉：锦江 LXA07-4-10070，浏阳河，宜春市飞剑潭乡 LXA07-4-10031。武功山脉：禾水。万洋山脉：芦溪县锅底潭 LXA07-4-10965，安仁县 LXA07-4-11001，蜀水 LXA07-4-10909。诸广山脉：遂川江 LXA07-4-10834，上犹江。

东方墨头鱼 *Garra orientalis* Nichols

草食性，底层性，溪流性。

分布：幕阜山脉：武宁县石溪村 LXA07-4-11047。诸广山脉：遂川江 LXA07-4-10833。

鳅科 Cobitidae

中华花鳅 *Cobitis sinensis* Sauvage et Dabry de Thiersant

杂食性，底层性，溪流性。

分布：幕阜山脉：修水 LXA07-4-11235，汨罗江，富水 LXA07-4-11133。武功山脉：袁水 LXA07-4-10147。诸广山脉：遂川江 LXA07-4-10838。

泥鳅 *Misgurnus anguillicaudatus* (Cantor)

杂食性，底层性，定居性。

分布：幕阜山脉：武宁县，平江县长寿镇 LXA07-4-11098，富水。九岭山脉：锦江，万载县 LXA07-4-10058，浏阳河，衡东县四方山 LXA07-4-10001。武功山脉：袁水，安福县 LXA07-4-10013，分宜县 LXA07-4-10003，吉安县 LXA07-4-11054，芦溪县羊狮幕 LXA07-4-10958。万洋山脉：芦溪县锅底潭 LXA07-4-10967，茶陵县湖里湿地 LXA07-4-10986，安仁县 LXA07-4-11004，蜀水，井冈山市黄坳乡 LXA07-4-10115。诸广山脉：遂川江 LXA07-4-10839，上犹江。

大鳞副泥鳅 *Paramisgurnus dabryanus* Dabry de Thiersant

杂食性，底层性，定居性。

分布：武功山脉：袁水。万洋山脉：蜀水。诸广山脉：遂川江 LXA07-4-10840。

横纹南鳅 *Schistura fasciolata* (Nichols et Pope)

杂食性，底层性，溪流性。

分布：武功山脉：袁水，袁州区 LXA07-4-10124。

无斑南鳅 *Schistura incerta* (Nichols)

杂食性，底层性，溪流性。

分布：武功山脉：永新县七溪岭 LXA07-4-10083。

长薄鳅 *Leptobotia elongata* (Bleeker)

肉食性，底层性，溪流性。

分布：诸广山脉：遂川江 LXA07-4-10845。

武昌副沙鳅 *Parabotia banarescui* (Nalbant)

肉食性，底层性，定居性。

分布：诸广山脉：遂川江 LXA07-4-10844。

花斑副沙鳅 *Parabotia fasciata* Dabry de Thiersant

肉食性，底层性，定居性。

分布：武功山脉：袁水 LXA07-4-10957。诸广山脉：遂川江 LXA07-4-10841。

点面副沙鳅 *Parabotia maculosa* (Wu)

肉食性，底层性，定居性。

分布：武功山脉：袁水 LXA07-4-10956。诸广山脉：遂川江 LXA07-4-10842。

平鳍鳅科 Balitoridae

中华原吸鳅 *Erromyzon sinensis* (Chen)

杂食性，底层性，定居性。

分布：万洋山脉：炎陵县 LXA07-4-11243。诸广山脉：遂川江。

犁头鳅 *Lepturichthys fimbriata* (Günther)

草食性，底层性，溪流性。

分布：万洋山脉：洣水，炎陵县 LXA07-4-10936，蜀水 LXA07-4-10911。诸广山脉：遂川江 LXA07-4-10836。

平舟原缨口鳅 *Vanmanenia pingchowensis* (**Fang**)

　　杂食性，底层性，溪流性。

　　分布：武功山脉：袁水 LXA07-4-10148。万洋山脉：蜀水，井冈山 LXA07-4-10092。

原缨口鳅 *Vanmanenia stenosoma* (**Boulenger**)

　　杂食性，底层性，溪流性。

　　分布：幕阜山脉：武宁县石溪村 LXA07-4-11275。万洋山脉：蜀水 LXA07-4-10913。诸广山脉：遂川江 LXA07-4-10837。

长汀拟腹吸鳅 *Pseudogastromyzon changtingensis* **Liang**

　　杂食性，底层性，溪流性。

　　分布：武功山脉：禾水，永新县七溪岭 LXA07-4-10084。万洋山脉：井冈山 LXA07-4-10912。

鲇形目 SILURIFORMES

鲇科 Siluridae

鲇 *Silurus asotus* **Linnaeus**

　　肉食性，中下层性，定居性。

　　分布：幕阜山脉：修水县 LXA07-4-11238，汨罗江，富水。九岭山脉：锦江，万载县 LXA07-4-10060，浏阳河。武功山脉：袁水 LXA07-4-10039，吉安县 LXA07-4-11052。万洋山脉：安仁县 LXA07-4-11016，井冈山 LXA07-4-10098。诸广山脉：遂川江 LXA07-4-10851，上犹江。

大口鲇（南方鲇）*Silurus meridionalis* **Chen**

　　肉食性，中下层性，定居性。

　　分布：诸广山脉：遂川江 LXA07-4-10853。

越南鲇 *Pterocryptis cochinchinensis* (**Valenciennes**)

　　肉食性，中下层性，定居性。

　　分布：诸广山脉：遂川江 LXA07-4-10852。

胡子鲇科 Clariidae

胡子鲇 *Clarias fuscus* (**Lacépède**)

　　肉食性，中下层性，溪流性。

　　分布：诸广山脉：遂川江 LXA07-4-10855。

鲿科 Bagridae

大鳍鳠 *Hemibagrus macropterus* **Bleeker**

　　杂食性，底层性，溪流性。

　　分布：幕阜山脉：平江县长寿镇 LXA07-4-11291。九岭山脉：浏阳河，衡东县四方山 LXA07-4-11032。万

洋山脉：安仁县 LXA07-4-11015，安仁县木子山 LXA07-4-11026。诸广山脉：遂川江 LXA07-4-10850。

白边拟鲿 *Pseudobagrus albomarginatus* (**Rendahl**)

　　肉食性，底层性，定居性。

　　分布：幕阜山脉：修水县清水岩 LXA07-4-11240。

粗唇鮠 *Pseudobagrus crassilabris* (**Günther**)

　　肉食性，底层性，定居性。

　　分布：万洋山脉：炎陵县 LXA07-4-10940。诸广山脉：遂川江 LXA07-4-10849。

盎堂拟鲿 *Pseudobagrus ondon* **Shaw**

　　肉食性，底层性，定居性。

　　分布：武功山脉：袁水 LXA07-4-10103。九岭山脉：衡东县四方山 LXA07-4-11033。

凹尾拟鲿 *Pseudobagrus pratti* (**Günther**)

　　肉食性，底层性，定居性。

　　分布：万洋山脉：遂川县南风面 LXA07-4-10883。

圆尾拟鲿 *Pseudobagrus tenuis* (**Günther**)

　　肉食性，底层性，定居性。

　　分布：幕阜山脉：武宁县 LXA07-4-11115，修水县 LXA07-4-11147，平江县长寿镇 LXA07-4-11060。武功山脉：袁水。万洋山脉：炎陵县 LXA07-4-10938，安仁县木子山 LXA07-4-11027，蜀水 LXA07-4-10127。诸广山脉：遂川江 LXA07-4-10847。

黄颡鱼 *Tachysurus fulvidraco* (**Richardson**)

　　肉食性，底层性，定居性。

　　分布：幕阜山脉：修水县 LXA07-4-11239，汨罗江，通山县 LXA07-4-11131。九岭山脉：锦江 LXA07-4-10056，浏阳河，衡东县四方山 LXA07-4-11031。武功山脉：袁水 LXA07-4-10150，芦溪县羊狮幕 LXA07-4-10960，吉安县 LXA07-4-11049。万洋山脉：安仁县 LXA07-4-11013，井冈山 LXA07-4-10915。诸广山脉：遂川江 LXA07-4-10846，上犹县 LXA07-4-11316。

光泽黄颡鱼 *Tachysurus nitidus* (**Sauvage et Dabry**)

　　肉食性，底层性，定居性。

　　分布：幕阜山脉：修水 LXA07-4-11732，修水县 LXA07-4-11245。万洋山脉：茶陵县湖里湿地 LXA07-4-10988。

钝头鮠科 Amblycipitidae

鳗尾鮡 *Liobagrus anguillicauda* **Nichols**

　　杂食性，底层性，定居性。

　　分布：武功山脉：禾水 LXA07-4-10085。

白缘䱀*Liobagrus marginatus* (Günther)

　　杂食性，底层性，定居性。

　　分布：武功山脉：靖安县璪都镇 LXA07-4-10152。

黑尾䱀*Liobagrus nigricauda* Regan

　　杂食性，底层性，定居性。

　　分布：幕阜山脉：平江县长寿镇 LXA07-4-11100。武功山脉：袁水，禾水 LXA07-4-10020。万洋山脉：井冈山 LXA07-4-10918。

鳅科 Sisoridae

中华纹胸鳅*Glyptothorax sinense* (Regan)

　　肉食性，底层性，定居性。

　　分布：幕阜山脉：平江县长寿镇 LXA07-4-11070。武功山脉：袁水 LXA07-4-10153。九岭山脉：靖安县 LXA07-4-10153。万洋山脉：蜀水。诸广山脉：遂川江 LXA07-4-10854。

颌针鱼目 BELONIFORMES

鱵科 Hemiramphidae

间下鱵*Hyporhamphus intermedius* (Cantor)

　　肉食性，中上层性，定居性。

　　分布：幕阜山脉：通山县 LXA07-4-11107，富水 LXA07-4-11752。

合鳃鱼目 SYNBRANCHIFORMES

合鳃鱼科 Synbranchidae

黄鳝*Monopterus albus* (Zuiew)

　　肉食性，底层性，定居性。

　　分布：幕阜山脉：修水 LXA07-4-10879，汨罗江，富水。九岭山脉：锦江，万载县 LXA07-4-10059，浏阳河，衡东县四方山 LXA07-4-10877。武功山脉：袁水 LXA07-4-10002，禾水。万洋山脉：茶陵县湖里湿地 LXA07-4-10853，芦溪县锅底潭 LXA07-4-10848，安仁县 LXA07-4-10859，蜀水。诸广山脉：遂川江 LXA07-4-10433，上犹江。

刺鳅科 Mastacembelidae

刺鳅*Macrognathus aculeatus* (Bloch)

　　肉食性，底层性，定居性。

　　分布：武功山脉：袁水仙女湖 LXA07-4-11719。万洋山脉：安仁县 LXA07-4-11005，茶陵县湖里湿地 LXA07-4-11718。诸广山脉：遂川江 LXA07-4-10866。

中华刺鳅*Sinobdella sinensis* (Bleeker)

　　肉食性，底层性，定居性。

　　分布：幕阜山脉：修水县 LXA07-4-11237，平江县长寿镇 LXA07-4-11231。武功山脉：袁水。九岭山脉：靖安县 LXA07-4-11242。诸广山脉：遂川江。

鲈形目 PERCIFORMES

鮨科 Serranidae

鳜*Siniperca chuatsi* (Basilewsky)

　　肉食性，中上层性，定居性。

　　分布：幕阜山脉：武宁县 LXA07-4-11180，修水县 LXA07-4-11258。武功山脉：袁水 LXA07-4-10041。九岭山脉：衡东县四方山 LXA07-4-11031。诸广山脉：遂川江 LXA07-4-10858。

大眼鳜*Siniperca knerii* Garman

　　肉食性，中上层性，定居性。

　　分布：武功山脉：袁水。诸广山脉：遂川江 LXA07-4-10857。

暗鳜*Siniperca obscura* Nichols

　　肉食性，中上层性，定居性。

　　分布：诸广山脉：遂川江 LXA07-4-10859。

长身鳜*Siniperca roulei* Wu

　　肉食性，中上层性，定居性。

　　分布：九岭山脉：锦江，万载县马步乡 LXA07-4-10067。武功山脉：吉安县 LXA07-4-11801。诸广山脉：遂川江 LXA07-4-10860。

斑鳜*Siniperca scherzeri* Steindachner

　　肉食性，中上层性，定居性。

　　分布：幕阜山脉：武宁县 LXA07-4-11183，修水县 LXA07-4-11259，通山县 LXA07-4-11122。诸广山脉：上犹县 LXA07-4-11304。

波纹鳜*Siniperca undulata* Fang et Chong

　　肉食性，中上层性，定居性。

　　分布：幕阜山脉：武宁县 LXA07-4-11185，修水县 LXA07-4-11260。诸广山脉：上犹县 LXA07-4-11318。

沙塘鳢科 Odontobutidae

中华沙塘鳢*Odontobutis sinensis* Wu, Chen et Chong

　　肉食性，底层性，定居性。

　　分布：武功山脉：袁水仙女湖 LXA07-4-11807。九岭山脉：靖安县 LXA07-4-10154。万洋山脉：蜀水 LXA07-4-11808。

虾虎鱼科 Gobiidae

波氏吻虾虎鱼 *Rhinogobius cliffordpopei* (Nichols)

肉食性，底层性，溪流性。

分布：幕阜山脉：修水。九岭山脉：锦江，万载县 LXA07-4-10061。武功山脉：袁水，禾水，分宜县 LXA07-4-10006。万洋山脉：蜀水，洣水。

溪吻虾虎鱼 *Rhinogobius duospilus* (Herre)

肉食性，底层性，溪流性。

分布：武功山脉：袁水。

子陵吻虾虎鱼 *Rhinogobius giurinus* (Rutter)

肉食性，底层性，溪流性。

分布：幕阜山脉：袁水 LXA07-4-11341，武宁县 LXA07-4-11187，修水县 LXA07-4-11247，平江县长寿镇 LXA07-4-11094。九岭山脉：靖安县 LXA07-4-11054。武功山脉：袁州区 LXA07-4-10040、LXA07-4-10006。万洋山脉：安仁县木子山 LXA07-4-11025，井冈山 LXA07-4-10095。诸广山脉：遂川江 LXA07-4-10454，上犹江。

李氏吻虾虎鱼 *Rhinogobius leavelli* (Herre)

肉食性，底层性，溪流性。

分布：万洋山脉：炎陵县 LXA07-4-11757，茶陵县湖里湿地 LXA07-4-10987。

林氏吻虾虎鱼 *Rhinogobius lindbergi* Berg

肉食性，底层性，溪流性。

分布：万洋山脉：井冈山 LXA07-4-11758。诸广山脉：遂川江 LXA07-4-11759。

斗鱼科 Belontiidae

叉尾斗鱼 *Macropodus opercularis* (Linnaeus)

肉食性，中下层性，定居性。

分布：武功山脉：袁水 LXA07-4-11712。万洋山脉：安仁县 LXA07-4-11010。诸广山脉：遂川江 LXA07-4-10862。

鳢科 Channidae

乌鳢 *Channa argus* (Cantor)

肉食性，底层性，定居性。

分布：幕阜山脉：武宁县 LXA07-4-11190，修水 LXA07-4-11772。九岭山脉：万载县 LXA07-4-10073。武功山脉：袁水 LXA07-4-10037。万洋山脉：安仁县 LXA07-4-11006。诸广山脉：遂川江 LXA07-4-11773。

月鳢 *Channa asiatica* (Linnaeus)

肉食性，底层性，定居性。

分布：武功山脉：袁水，袁州区 LXA07-4-10046，安福县 LXA07-4-11791。九岭山脉：靖安县 LXA07-4-10155。万洋山脉：安仁县 LXA07-4-11008，吉安县 LXA07-4-11795。诸广山脉：遂川江 LXA07-4-11798，上犹江。

斑鳢 *Channa maculate* (Lacépède)

肉食性，底层性，定居性。

分布：幕阜山脉：通山县 LXA07-4-11122，修水县 LXA07-4-11259，武宁县 LXA07-4-11183。武功山脉：安福县 LXA07-4-11697。九岭山脉：吉安县 LXA07-4-11695，衡东县四方山 LXA07-4-10103。诸广山脉：遂川江 LXA07-4-10863，上犹江 LXA07-4-11696。

参 考 文 献

黄亮亮, 吴志强. 2010. 赣西北溪流鱼类区系组成及其生物地理学特征分析[J]. 水生生物学报, 34(2): 448-451.

李振基, 吴小平, 陈小麟. 2009. 江西九岭山自然保护区综合科学考察报告[M]. 北京: 科学出版社.

唐家汉, 钱名全. 1979. 洞庭湖的鱼类区系[J]. 淡水渔业, (Z1): 24-32.

唐文乔, 陈宜瑜, 伍汉霖. 2001. 武陵山区鱼类物种多样性及其动物地理学分析[J]. 上海海洋大学学报, 10(1): 6-15.

王寿昆. 1997. 中国主要河流鱼类分布及其种类多样性与流域特征的关系[J]. 生物多样性, 5(3): 197-201.

张鹗, 陈宜瑜. 1997. 赣东北地区鱼类区系特征及我国东部地区动物地理区划[J]. 水生生物学报, 21(3): 251-261.

Fu CZ, Wu JH, Chen JK, Wu QH, Lei G C. 2003. Freshwater fish biodiversity in the Yangtze River Basin of China: patterns, threats and conservation[J]. Biodiversity & Conservation, 12(8): 1649-1685.

Hiddink JG, Mackenzie BR, Rijnsdorp A, et al. 2008. Importance of fish biodiversity for the management of fisheries and ecosystems[J]. Fisheries Research, 90(1): 6-8.

Huang LL, Wu ZQ, Li JH. 2013. Fish fauna, biogeography and conservation of freshwater fish in Poyang Lake Basin, China [J]. Environmental Biology of Fishes, 96(10-11): 1229-1243.

第二章 罗霄山脉两栖类多样性编目

罗霄山脉记录的两栖动物共计 2 目 8 科 56 种。有尾目 Caudata：蝾螈科 Salamandridae 4 种。无尾目 Anura：蟾蜍科 Bufonidae 2 种，角蟾科 Megophryidae 10 种，雨蛙科 Hylidae 2 种，蛙科 Ranidae 23 种，叉舌蛙科 Dicroglossidae 7 种，树蛙科 Rhacophoridae 4 种，姬蛙科 Microhylidae 4 种。

罗霄山脉两栖类多样性编目如下。

有尾目 CAUDATA

蝾螈科 Salamandridae

七溪岭瘰螈 *Paramesotriton qixilingensis* Yuan, Zhao, Jiang, Hou, He, Murphy et Che

山溪。194m。

分布：万洋山脉：永新县七溪岭 SYS a003202、a001278。

弓斑肥螈 *Pachytriton archospotus* Shen, Shen et Mo

山溪。900～1500m。

分布：诸广山脉：崇义县齐云山 SYS a003108，上犹县光菇山，桂东县八面山。万洋山脉：遂川县南风面，炎陵县桃源洞 SYS a002134，井冈山 SYS a001259。武功山脉：安福县武功山 SYS a004795，宜春市明月山，安福县羊狮幕 SYS a004768。

浏阳疣螈 *Tylototriton liuyangensis* Yang, Jiang, Shen et Fei

落叶层，静水塘。1386m。

分布：九岭山脉：浏阳市大围山。

东方蝾螈 *Cynops orientalis* (David)

落叶层，静水塘。750m。

分布：雪山山脉：南城县王仙峰 SYS a007031。

无尾目 ANURA

蟾蜍科 Bufonidae

中华蟾蜍 *Bufo gargarizans* Cantor

道路、草丛、沟渠、石下或土洞，落叶层。25～1500m。

分布：诸广山脉：崇义县齐云山 SYS a002343，桂东县八面山 SYS a004424。万洋山脉：井冈山 SYS a001102，炎陵县桃源洞 SYS a002155，遂川县营盘圩乡 SYS a004445。武功山脉：安福县武功山 SYS a004786，安福县羊狮幕 SYS a004760。九岭山脉：南昌市梅岭 SYS a004235，平江县仙姑岩，铜鼓县天柱峰，奉新县百丈山，修水源，五梅山。幕阜山脉：九江庐山 SYS a007882，通山县九宫山，平江县西山岭，武宁县伊山，修水县程坊。雪山山脉：南城县王仙峰，南丰县军峰山。

黑眶蟾蜍 *Duttaphrynus melanostictus* (Schneider)

道路，沟渠，河边草丛，落叶层。100～490m。

分布：诸广山脉：崇义县齐云山，上犹县光菇山，桂东县八面山 SYS a006192，资兴市东江湖。万洋山脉：遂川县南风面，炎陵县桃源洞，井冈山，永新县七溪岭，茶陵县湖里湿地 SYS a002548，吉安市螺子山 SYS a008146。武功山脉：茶陵县云阳山 SYS a002541，安福县陈山村，安福县武功山，安福县羊狮幕，新余市蒙山 SYS a002640。九岭山脉：衡东县四方山 SYS a004821，衡南县川口乡 SYS a006354。雪山山脉：信丰县金盆山 SYS a004465。

角蟾科 Megophryidae

三明角蟾 *Boulenophrys sanmingensis* (Lyu et Wang)

山溪及附近灌丛，道路。500～1000m。

分布：雪山山脉：信丰县金盆山 SYS a004485；南城县麻姑山 SYS a007056～a007060；南丰县军峰山 SYS a007061～a007066。

崇安髭蟾 *Leptobrachium liui* (Pope)

山溪及附近落叶层。500～1400m。

分布：诸广山脉：崇义县齐云山，上犹县光菇山，桂东县八面山 SYS a006275。万洋山脉：遂川县南风面，炎陵县桃源洞，井冈山 SYS a001167。武功山脉：安福县武功山，安福县羊狮幕。九岭山脉：武宁县桃源谷 SYS a006970，武宁县九岭山 SYS a003154。

福建掌突蟾 *Leptobrachella liui* (Fei et Ye)

山溪及附近落叶层，灌丛。420～1400m。

分布：诸广山脉：崇义县齐云山 SYS a004085，桂东县八面山 SYS a002521。万洋山脉：遂川县南风面，炎陵县桃源洞 SYS a002539，井冈山 SYS a001234。武功山脉：茶陵县云阳山 SYS a002540，安福县陈山村 SYS a002577，安福县武功山 SYS a004044。

珀普短腿蟾 *Brachytarsophrys popei* Wang, Yang et Zhao

山溪。900～1200m。

分布：万洋山脉：炎陵县桃源洞 SYS a001864，井冈山 SYS a001874。

陈氏角蟾 *Boulenophrys cheni* (Wang et Liu)

山间沼泽及附近灌丛。1000～1600m。

分布：万洋山脉：炎陵县桃源洞 SYS a002123，井冈山 SYS a001427。

井冈角蟾 *Boulenophrys jinggangensis* (Wang)

山溪及附近灌丛，道路。350～1400m。

分布：万洋山脉：炎陵县桃源洞 SYS a002131，井冈山 SYS a004028。武功山脉：茶陵县云阳山 SYS a002543，安福县陈山村 SYS a002567，安福县武功山 SYS a002607，宜春市明月山，安福县羊狮幕 SYS a002626。九岭山脉：衡东县四方山 SYS a004824，新余市蒙山 SYS a002638，浏阳市大围山 SYS a005527，铜鼓县官山，淳安县九岭山 SYS a003164，南昌市梅岭 SYS a004545，衡南县川口乡 SYS a006381。幕阜山脉：武宁县太平山 SYS a006988，九江庐山 SYS a003716。

林氏角蟾 *Boulenophrys lini* (Wang et Yang)

山溪及附近灌丛，道路。600～1610m。

分布：诸广山脉：桂东县八面山 SYS a004407。万洋山脉：遂川县南风面 SYS a002369，炎陵县桃源洞 SYS a002128，井冈山 SYS a002175，遂川县营盘圩乡 SYS a004441。

幕阜山角蟾 *Boulenophrys mufumontana* (Wang, Lyu et Wang)

山溪及附近灌丛，道路。1300m。

分布：幕阜山脉：平江县幕阜山 SYS a006391。

南岭角蟾 *Boulenophrys nanlingensis* (Lyu, Wang, Liu et Wang)

山溪及附近灌丛，道路。690～1400m。

分布：诸广山脉：崇义县齐云山 SYS a003111，上犹县光菇山 SYS a002357。

武功山角蟾 *Boulenophrys wugongensis* (Wang, Lyu et Wang)

山溪及附近灌丛，道路。1050～1080m。

分布：武功山脉：安福县武功山 SYS a004796，安福县羊狮幕 SYS a002625。

雨蛙科 Hylidae

中国雨蛙 *Hyla chinensis* Günther

农田，灌丛。350～1300m。

分布：诸广山脉：崇义县齐云山 SYS a003078，上犹县光菇山，桂东县八面山 SYS a006171。万洋山脉：遂川县南风面，炎陵县桃源洞 SYS a002151，井冈山 SYS a001223，永新县七溪岭，茶陵县湖里湿地。九岭山脉：武宁县桃源谷，淳安县九岭山 SYS a003159。雪山山脉：南城县王仙峰。

三港雨蛙 *Hyla sanchiangensis* Pope

农田，灌丛。350～1200m。

分布：诸广山脉：炎陵县八面山 SYS a002516。万洋山脉：遂川县南风面，炎陵县桃源洞 SYS a002152，井冈山 SYS a001219，茶陵县湖里湿地，遂川县南风面阡陌村 SYS a002361。武功山脉：安福县武功山 SYS a002620。九岭山脉：奉新县泥洋山。雪山山脉：南丰县军峰山，安远县三百山。

蛙科 Ranidae

祖徕林蛙 *Rana culaiensis* Li, Lu et Li

林缘，道路，落叶层。200～1000m。

分布：万洋山脉：炎陵县桃源洞 SYS a002549。武功山脉：安福县武功山 SYS a002634，安福县羊狮幕 SYS a004489，上高县蒙山 SYS a002641。九岭山脉：南昌市梅岭 SYS a004239。

寒露林蛙 *Rana hanluica* Shen, Jiang et Yang

农田，沟渠，林缘，道路，落叶层。300～1400m。

分布：诸广山脉：崇义县齐云山 SYS a004087，桂东县八面山 SYS a004086，遂川县大禾村 SYS a007096。万洋山脉：遂川县南风面 SYS a002364，炎陵县桃源洞 SYS a001868，井冈山 SYS a004033，遂川县营盘圩乡 SYS a004446。雪山山脉：南城县王仙峰 SYS a007037，信丰县金盆山 SYS a004453，安远县三百山 SYS a003740。

九岭山林蛙 *Rana jiulingensis* Wan, Lyu, Li et Wang

林缘，道路，落叶层。300～1300m。

分布：武功山脉：安福县武功山 SYS a003124、

a003125。九岭山脉：九岭山 SYS a003156，铜鼓县官山 SYS a005519，浏阳市大围山 SYS a006451，平江县仙姑岩。幕阜山脉：平江县幕阜山 SYS a005511，平江县西山岭。

长肢林蛙 *Rana longicrus* Stejneger

林缘，道路，落叶层。100～1200m。

分布：诸广山脉：崇义县齐云山 SYS a002355，桂东县八面山，遂川县大禾村 SYS a007097。万洋山脉：炎陵县桃源洞 SYS a002156，井冈山 SYS a001128，遂川县南风面阡陌村 SYS a002366，吉安县螺子山 SYS a008150。零山山脉：信丰县金盆山 SYS a002432，南城县王仙峰 SYS a007038，安远县三百山 SYS a005892。

镇海林蛙 *Rana zhenhaiensis* Ye, Fei et Matsui

林缘，道路，落叶层。300m。

分布：九岭山脉：铜鼓县官山 SYS a007000，铜鼓县天柱峰。

黑斑侧褶蛙 *Pelophylax nigromaculatus* (Hallowell)

林缘，农田。100～1200m。

分布：诸广山脉：崇义县齐云山 SYS a003091，遂川县大禾村 SYS a007095。万洋山脉：井冈山 SYS a001082，炎陵县桃源洞 SYS a002148，茶陵县湖里湿地 SYS a002553，永新县七溪岭 SYS a003191，吉安市螺子山 SYS a008151，遂川县南风面阡陌村 SYS a002362，遂川县营盘圩乡 SYS a004434。武功山脉：安福县武功山 SYS a003129，安福县洋溪镇 SYS a002561。九岭山脉：南昌市梅岭 SYS a004240，衡南县川口乡 SYS a006369，铜鼓县天柱峰。幕阜山脉：九江庐山 SYS a004246，武宁县伊山，通山县九宫山，平江县西山岭。零山山脉：南城县仙都观 SYS a007039。

金线侧褶蛙 *Pelophylax plancyi* (Lataste)

农田。100～200m

分布：幕阜山脉：九江庐山。

弹琴蛙 *Nidirana adenopleura* (Boulenger)

沼泽，水塘，路边积水坑。200～1200m。

分布：万洋山脉：永新县七溪岭 SYS a003199，井冈山 SYS a004027，炎陵县桃源洞 SYS a002146，遂川县南风面，遂川县营盘圩乡 SYS a004450。诸广山脉：遂川县大禾村 SYS a007094。零山山脉：宁都县出风洞 SYS a007090。

粤琴蛙 *Nidirana guangdongensis* Lyu et Wang

路边积水坑，沼泽，水塘。250～1060m。

分布：诸广山脉：崇义县齐云山 SYS a003055，上犹县光菇山，桂东县八面山 SYS a006199，资兴市东江湖 SYS a006522。零山山脉：信丰县金盆山 SYS a004466，安远县三百山 SYS a003737。

孟闻琴蛙 *Nidirana mangveni* Lyu et Wang

沼泽，水塘。300～1300m。

分布：九岭山脉：铜鼓县官山 SYS a007002，武宁县桃源谷 SYS a006977。零山山脉：南丰县军峰山 SYS a007033。

湘琴蛙 *Nidirana xiangica* Lyu et Wang

沼泽，水塘。800～1150m。

分布：武功山脉：安福县武功山 SYS a002590。九岭山脉：浏阳市大围山 SYS a006493。

阔褶水蛙 *Hylarana latouchii* (Boulenger)

山区，水田，静水池塘。130～1200m。

分布：诸广山脉：崇义县齐云山 SYS a003057，桂东县八面山 SYS a002508。万洋山脉：井冈山 SYS a001091，炎陵县桃源洞 SYS a002531，遂川县营盘圩乡 SYS a004431。武功山脉：安福县武功山 SYS a002566，安福县羊狮幕 SYS a002619。九岭山脉：新余市蒙山 SYS a002642，南昌市梅岭 SYS a004238，衡阳市栗子山 SYS a004254，衡东县四方山 SYS a004823，衡南县川口乡 SYS a004836。幕阜山脉。零山山脉：信丰县金盆山 SYS a004461，安远县三百山 SYS a003256。

沼水蛙 *Sylvirana guentheri* (Boulenger)

水田，池畔，水洼地。25～1200m。

分布：诸广山脉。万洋山脉：井冈山 SYS a001111。武功山脉：安福县洋溪镇 SYS a002563。九岭山脉：淳安县九岭山 SYS a004840，平江县仙姑岩，铜鼓县天柱峰。幕阜山脉：武宁县伊山，修水县黄龙山，平江县西山岭。零山山脉：南城县王仙峰。

小竹叶臭蛙 *Odorrana* cf. *exiliversabilis* Li, Ye et Fei

山溪。360m。

分布：零山山脉：信丰县金盆山 SYS a004472。

大绿臭蛙 *Odorrana* cf. *graminea* (Boulenger)

岩壁，山溪。150～1300m。

分布：诸广山脉：崇义县齐云山 SYS a003069，桂东县八面山 SYS a002529，资兴市东江湖 SYS a006503，炎陵县龙渣瑶族乡①SYS a002533。万洋山脉：井冈山 SYS

---

① 2015 年，根据炎陵县乡镇区划调整方案，中村乡、龙渣瑶族乡、平乐乡成建制合并设立中村瑶族乡。作者在该地调查时间早于 2015 年，文中仍用旧称。

a004210, 炎陵县桃源洞 SYS a002149, 永新县七溪岭 SYS a003198。武功山脉: 安福县武功山 SYS a002604, 安福县羊狮幕 SYS a002616, 安福县武功山樟坪 SYS a002633。九岭山脉: 淳安县九岭山 SYS a003145, 浏阳市大围山 SYS a005530, 铜鼓县官山 SYS a005520, 武宁县桃源谷 SYS a006954, 平江县连云山。幕阜山脉: 平江县幕阜山 SYS a006426, 通山县九宫山。雩山山脉: 于都县祁禄山 SYS a004160, 信丰县金盆山 SYS a004473, 宁都县出风洞 SYS a007092。

黄岗臭蛙 *Odorrana huanggangensis* Chen, Zhou et Zheng

山溪, 岩壁。250～600m。

分布: 诸广山脉: 资兴市东江湖 SYS a006499。雩山山脉: 抚州市临川区山陵村 SYS a007050, 南丰县军峰山 SYS a007081, 宁都县出风洞 SYS a007093, 信丰县金盆山 SYS a004476, 安远县三百山 SYS a005835, 于都县祁禄山 SYS a004161。

花臭蛙 *Odorrana schmackeri* (Boettger)

山溪, 岩壁。78～1300m。

分布: 诸广山脉: 崇义县齐云山 SYS a002340, 桂东县八面山 SYS a002526。万洋山脉: 井冈山 SYS a006950, 炎陵县桃源洞 SYS a001846, 永新县七溪岭 SYS a003195, 遂川县营盘圩乡 SYS a004444。武功山脉: 安福县武功山 SYS a004040。九岭山脉: 淳安县九岭山 SYS a003146, 铜鼓县官山 SYS a005513, 武宁县桃源谷 SYS a006959, 浏阳市大围山 SYS a006452, 平江县连云山, 铜鼓县天柱峰, 修水源, 五梅山。幕阜山脉: 九江庐山 SYS a004248, 平江县幕阜山 SYS a005491, 武宁县太平山 SYS a006984, 武宁县伊山, 通山县九宫山。

竹叶臭蛙 *Odorrana versabilis* (Liu et Hu)

山溪。300～1400m。

分布: 诸广山脉: 崇义县齐云山 SYS a003098, 桂东县八面山 SYS a004400。万洋山脉: 井冈山 SYS a004037, 炎陵县桃源洞 SYS a002150, 遂川县阡陌村 SYS a002363。武功山脉: 安福县武功山 SYS a004041。九岭山脉: 淳安县九岭山 SYS a006960, 铜鼓县官山 SYS a005522, 浏阳市大围山 SYS a005534。幕阜山脉: 平江县幕阜山 SYS a005492, 武宁县太平山 SYS a006980, 通山县九宫山。

宜章臭蛙 *Odorrana yizhangensis* Fei, Ye et Jiang

山溪。900～1200m。

分布: 诸广山脉: 崇义县齐云山 SYS a003104。万洋山脉: 炎陵县桃源洞 SYS a001847, 井冈山 SYS a003171。武功山脉: 安福县武功山 SYS a003141。

崇安湍蛙 *Amolops chunganensis* (Pope)

山溪。900～1200m。

分布: 万洋山脉: 炎陵县桃源洞 SYS a002130, 井冈山 SYS a004212。武功山脉: 安福县武功山 SYS a003136。

华南湍蛙 *Amolops ricketti* (Boulenger)

山溪。78～1400m。

分布: 诸广山脉: 崇义县齐云山 SYS a002339, 桂东县八面山 SYS a004401, 资兴市东江湖 SYS a006506。万洋山脉: 井冈山 SYS a004214。武功山脉: 安福县武功山 SYS a004783, 安福县羊狮幕 SYS a004765, 安福县武功山樟坪 SYS a002631。九岭山脉: 浏阳市大围山 SYS a005532, 淳安县九岭山 SYS a003155, 武宁县桃源谷 SYS a006962, 平江县连云山, 奉新县百丈山, 修水源, 五梅山。幕阜山脉: 平江县幕阜山 SYS a005508, 武宁县太平山 SYS a006981, 武宁县伊山, 通山县九宫山, 九江庐山。雩山山脉: 南丰县军峰山 SYS a007044, 信丰县金盆山 SYS a004471, 安远县三百山 SYS a005834, 于都县祁禄山 SYS a004155。

中华湍蛙 *Amolops sinensis* Lyu, Wang et Wang

山溪。500m。

分布: 九岭山脉: 衡阳市栗子山 SYS a004257。

武夷湍蛙 *Amolops wuyiensis* (Liu et Hu)

山溪。600～1300m。

分布: 九岭山脉: 武宁县桃源谷 SYS a006966, 铜鼓县天柱峰。幕阜山脉: 平江县幕阜山 SYS a005506, 武宁县太平山, 九江庐山 SYS a004242, 修水县黄龙山。雩山山脉: 南丰县军峰山 SYS a007067。

叉舌蛙科 Dicroglossidae

泽陆蛙 *Fejervarya multistriata* (Hallowell)

农田, 林缘, 道路, 草地。25～963m。

分布: 诸广山脉: 崇义县齐云山 SYS a003068, 桂东县八面山 SYS a004422, 炎陵县龙渣瑶族乡 SYS a002535, 资兴市东江湖 SYS a006509。万洋山脉: 井冈山 SYS a003184, 炎陵县桃源洞 SYS a002147, 茶陵县湖里湿地 SYS a002555, 遂川县营盘圩乡 SYS a004436, 吉安市螺子山 SYS a008145。武功山脉: 安福县武功山 SYS a002595, 安福县羊狮幕 SYS a002618, 安福县洋溪镇 SYS a002565。九岭山脉: 新余市蒙山 SYS a002644, 衡阳市栗子山 SYS a004255, 衡东县四方山 SYS a004815, 衡南县川口乡白水村 SYS a004828, 修水县程坊, 铜鼓县天柱峰, 奉新县百丈山, 奉新县泥洋山。幕阜山脉: 武宁县伊山, 修水县黄龙山, 通山县九宫山, 平江县西山岭。雩山山脉: 信丰县金盆山 SYS a004460。

虎纹蛙 *Hoplobatrachus chinensis* (Osbeck)

水田，沟渠，水库。208～902m。

分布：万洋山脉：井冈山。幕阜山脉：修水县黄龙山。

福建大头蛙 *Limnonectes fujianensis* Ye et Fei

山间静水或缓慢流动的沟渠，水洼。250～980m。

分布：诸广山脉：资兴市东江湖 SYS a006510，崇义县齐云山 SYS a002335，桂东县八面山 SYS a002515。万洋山脉：永新县七溪岭 SYS a003188，井冈山 SYS a001089，遂川县营盘圩乡 SYS a004433。武功山脉：安福县武功山 SYS a002598，安福县武功山樟坪 SYS a000263，安福县羊狮幕 SYS a004766。九岭山脉：南昌市梅岭 SYS a007874，衡南县川口乡白水村 SYS a004837。零山山脉：信丰县金盆山 SYS a004467，安远县三百山 SYS a005837，于都县祁禄山 SYS a004152。

棘腹蛙 *Quasipaa boulengeri* (Günther)

山溪。452～1300m。

分布：诸广山脉：桂东县八面山 SYS a006278。万洋山脉：井冈山 SYS a001108，炎陵县桃源洞 SYS a001849。武功山脉：安福县武功山 SYS a002603，安福县洋溪镇陈山村 SYS a002582。九岭山脉：淳安县九岭山 SYS a003163，武宁县桃源谷 SYS a006961，浏阳市大围山 SYS a006497，修水源，五梅山。幕阜山脉：九江庐山 SYS a004244，平江县幕阜山 SYS a005502，武宁县太平山 SYS a006982，通山县九宫山。

小棘蛙 *Quasipaa exilispinosa* (Liu et Hu)

山溪，偶见路边沟渠。300～1300m。

分布：诸广山脉：崇义县齐云山 SYS a002347，桂东县八面山 SYS a004414。万洋山脉。武功山脉。九岭山脉：淳安县九岭山 SYS a003161。零山山脉：安远县三百山 SYS a003253。

九龙棘蛙 *Quasipaa jiulongensis* (Huang et Liu)

山溪，偶见路边沟渠。950～1200m。

分布：万洋山脉：井冈山 SYS a001122。九岭山脉：浏阳市大围山 SYS a006477。

棘胸蛙 *Quasipaa spinosa* (David)

山溪，偶见路边沟渠。405～1400m。

分布：诸广山脉：崇义县齐云山 SYS a003077，桂东县八面山 SYS a002519。万洋山脉：井冈山 SYS a001124，遂川县营盘圩乡 SYS a004432。武功山脉：安福县武功山 SYS a002606。九岭山脉：武宁县桃源谷 SYS a006973，修水源，五梅山。幕阜山脉：平江县幕阜山 SYS a006389，武宁县太平山 SYS a006983，修水县黄龙山。零山山脉。

树蛙科 Rhacophoridae

布氏泛树蛙 *Polypedates braueri* (Vogt)

农田，林缘，灌丛，水塘，沟渠。100～1060m。

分布：诸广山脉：崇义县齐云山 SYS a003054，桂东县八面山 SYS a002520。万洋山脉：遂川县营盘圩乡 SYS a004478，吉安市螺子山 SYS a008147。武功山脉：安福县武功山 SYS a002592，安福县羊狮幕 SYS a002615，安福县武功山樟坪 SYS a002636。九岭山脉：南昌市梅岭 SYS a004237，衡东县四方山 SYS a004819，衡南县川口乡白水村 SYS a004831。幕阜山脉：通山县九宫山，修水县黄龙山。零山山脉：信丰县金盆山 SYS a004457，安远县三百山 SYS a005836。

大树蛙 *Zhangixalus dennysi* (Blanford)

林缘，灌丛，水塘，沟渠。78～1200m。

分布：诸广山脉：崇义县齐云山 SYS a003116。万洋山脉：井冈山 SYS a001198，吉安市螺子山 SYS a008141。武功山脉：安福县武功山 SYS a002605，茶陵县云阳山 SYS a002542。九岭山脉：衡南县川口乡白水村 SYS a006938。幕阜山脉：武宁县伊山，通山县九宫山。零山山脉。

井冈纤树蛙 *Gracixalus jinggangensis* Zeng, Zhao, Chen, Chen, Zhang et Wang

竹林。1100～1340m。

分布：万洋山脉：井冈山 SYS a003170、a003186。

红吸盘棱皮树蛙 *Theloderma rhododiscus* (Liu et Hu)

竹林。1200m。

分布：万洋山脉：井冈山。零山山脉：安远县三百山 SYS a003734。

姬蛙科 Microhylidae

粗皮姬蛙 *Microhyla butleri* Boulenger

农田，草地。100～680m。

分布：诸广山脉：崇义县齐云山 SYS a003071。万洋山脉：吉安市螺子山 SYS a008139。武功山脉。零山山脉。

饰纹姬蛙 *Microhyla fissipes* Boulenger

农田，草地，水塘。25～1200m。

分布：诸广山脉：崇义县齐云山 SYS a003060。万洋山脉：井冈山 SYS a001107，炎陵县桃源洞 SYS a002138，茶陵县湖里湿地 SYS a002557，永新县七溪岭

SYS a003193，吉安市螺子山 SYS a008138。武功山脉：安福县洋溪镇 SYS a002566。九岭山脉：南昌市梅岭 SYS a004234，平江县仙姑岩，铜鼓县天柱峰，奉新县百丈山，奉新县泥洋山。幕阜山脉：武宁县伊山，通山县九宫山，平江县西山岭。雪山山脉：信丰县金盆山 SYS a004479。

小弧斑姬蛙 *Microhyla heymonsi* Vogt

山区草地，道路，路边沟渠。78～1300m。

分布：诸广山脉：崇义县齐云山 SYS a003087，桂东县八面山 SYS a002514，资兴市东江湖 SYS a006515。万

洋山脉：井冈山 SYS a001105，炎陵县桃源洞 SYS a002136，遂川县营盘圩乡 SYS a004435。武功山脉：安福县武功山 SYS a002601。九岭山脉：淳安县九岭山 SYS a003160，南昌市梅岭 SYS a004231，衡东县四方山 SYS a004813，衡南县川口乡白水村 SYS a006352，平江县仙姑岩。幕阜山脉：武宁县伊山。雪山山脉。

花姬蛙 *Microhyla pulchra* (Hallowell)

草地，道路，路边沟渠。100～240m。

分布：诸广山脉。万洋山脉：茶陵县湖里湿地 SYS a002550。武功山脉。雪山山脉。

参 考 文 献

陈春泉, 宋玉赞, 黄晓凤, 陈小龙. 2006. 江西七星岭自然保护区两栖动物资源调查初报[J]. 江西科学, 24(6): 505-528.

费梁, 叶昌媛, 江建平. 2010. 中国两栖动物彩色图鉴[M]. 成都: 四川科学技术出版社.

费梁, 叶昌媛, 江建平. 2012. 中国两栖动物及其分布彩色图鉴[M]. 成都: 四川科学技术出版社.

宫辉力, 庄文颖, 廖文波. 2016. 罗霄山脉地区生物多样性综合科学考察[J]. 中国科技成果, (22): 9-10.

黄族豪, 吴华钦, 陈东, 宋玉赞, 陈春泉, 左传莘. 2007. 井冈山自然保护区两栖动物多样性与保护[J]. 江西科学, 25(5): 643-647.

廖文波, 王英永, 李贞, 彭少麟, 陈春泉, 凡强, 贾凤龙, 王蕾, 刘蔚秋, 尹国胜, 石祥刚, 张丹丹, 等. 2014. 中国井冈山地区生物多样性综合科学考察[M]. 北京: 科学出版社.

林英. 1990. 井冈山自然保护区考察研究[M]. 北京: 新华出版社.

沈猷慧, 等. 2014. 湖南动物志. 两栖纲[M]. 长沙: 湖南科学技术出版社.

沈猷慧, 沈端文, 莫小阳. 2008. 中国肥螈属(两栖纲: 蝾螈科)一新种——弓斑肥螈 *Pachytriton archospotus* sp. nov.[J]. 动物学报, 54(4): 645-652.

王凯, 任金龙, 陈宏满, 吕植桐, 郭宪光, 蒋珂, 陈进民, 李家堂, 郭鹏, 王英永, 车静. 2020. 中国两栖、爬行动物更新名录[J]. 生物多样性, 28(2): 189-218.

王英永, 陈春泉, 赵健, 吴毅, 吕植桐, 杨剑焕, 余文华, 林剑声, 刘祖尧, 王健, 杜卿, 张忠, 宋玉赞, 汪志如, 何桂强. 2017. 中国井冈山地区陆生脊椎动物彩色图谱[M]. 北京: 科学出版社.

杨道德, 谷颖乐, 刘松, 熊建利, 王琅, 胡少昌. 2007. 江西庐山自然保护区两栖动物资源调查与评价[J]. 四川动物, 26(2): 362-365.

杨道德, 黄文娟, 陈武华. 2006. 江西武功山两栖爬行动物资源调查及评价[J]. 四川动物, 25(2): 289-293.

杨道德, 刘松, 费冬波, 喻兴雷, 谷颖乐, 卢何军, 陈辉敏, 朱家椿. 2008. 江西齐云山自然保护区两栖爬行动物资源调查与区系分析[J]. 动物学杂志, 43(6): 68-76.

杨剑焕, 洪元华, 赵健, 张昌友, 王英永. 2013. 5 种江西省两栖动物新纪录[J]. 动物学杂志, 48(1): 129-133.

曾昭驰, 张昌友, 袁银, 吕植桐, 王健, 王英永. 2017. 红吸盘棱皮树蛙新纪录及其分布区扩大[J]. 动物学杂志, 52(2): 235-243.

邹多录. 1985. 井冈山自然保护区两栖动物及其区系分布[J]. 南昌大学学报, 9(1): 51-55.

邹多录, 王凯. 1991. 江西庐山两栖动物及其利用[J]. 南昌大学学报, 15(2): 65-68.

Frost DR. 2019. Amphibian Species of the World: an Online Reference. Version 6.0[OL]. http://research.amnh.org/vz/herpetology/amphibia[2021-10-13].

Li Y, Zhang DD, Lyu ZT, Wang J, Li YL, Liu ZY, Chen HH, Rao DQ, Jin ZF, Zhang CY, Wang YY. 2020. Review of the genus *Brachytarsophrys* (Anura: Megophryidae), with revalidation of *Brachytarsophrys platyparietus* and description of a new species from China[J]. Zoological Research, 41(2): 105-122.

Liu ZY, Chen GL, Zhu TQ, Zeng ZC, Lü ZT, Wang J, Messenger K, Greenberg AJ, Guo ZX, Yang ZH, Shi SH, Wang YY. 2018. Prevalence of cryptic species in morphologically uniform taxa-Fast speciation and evolutionary radiation in Asian frogs[J]. Molecular Phylogenetics and Evolution, 127: 723-731.

Lyu ZT, Dai KY, Li Y, Wan H, Liu ZY, Qi S, Lin SM, Wang J, Li YL, Zeng YJ, Li PP, Pang H, Wang YY. 2020.

Comprehensive approaches reveal three cryptic species of genus *Nidirana* (Anura, Ranidae) from China[J]. ZooKeys, 914: 127-159.

Lyu ZT, Huang LS, Wang J, Li YQ, Chen HH, Qi S, Wang YY. 2019. Description of two cryptic species of the *Amolops ricketti* group (Anura, Ranidae) from southeastern China[J]. ZooKeys, 812: 133-156.

Lyu ZT, Wu J, Wang J, Sung YK, Liu ZY, Zeng ZC, Wang X, Li YY, Wang YY. 2018. A new species of *Amolops* (Anura: Ranidae) from southwestern Guangdong, China[J]. Zootaxa, 4418(6): 562-576.

Lyu ZT, Zeng ZC, Wang J, Liu ZY, Huang YQ, Li WZ, Wang YY. 2021. Four new species of *Panophrys* (Anura, Megophryidae) from eastern China, with discussion on the recognition of *Panophrys* as a distinct genus[J]. Zootaxa, 4927(1): 9-40.

Rao DQ, Yang DT. 1997. The variation in karyotypes of *Brachytarsophrys* from China with a discussion of the classification of the genus[J]. Asiatic Herpetological Research, 7: 103-107.

Shen YH, Jiang JP, Mo XY. 2012. A new species of the genus *Tylototriton* (Amphibia, Salamandridae) from Hunan, China[J]. Asian Herpetological Research, Serial 2, 3: 21-30.

Wan H, Lyu ZT, Qi S, Zhao J, Li PP, Wang YY. 2020. A new species of the *Rana japonica* group (Anura, Ranidae, Rana) from China, with a taxonomic proposal for the *R. johnsi* group[J]. ZooKeys, 942: 141-158.

Wang J, Lyu ZT, Liu ZY, Liao CK, Zeng ZC, Zhao J, Li YL, Wang YY. 2019. Description of six new species of the subgenus *Panophrys* within the genus *Megophrys* (Anura, Megophryidae) from southeastern China based on molecular and morphological data[J]. ZooKeys, 851: 113-164.

Wang YY, Zhang TD, Zhao J, Sung YH, Yang JH, Pang H, Zhang Z. 2012. Description of a new species of the genus *Xenophrys* Günther, 1864 (Amphibia: Anura: Megophryidae) from Mount Jinggang, China, based on molecular and morphological data[J]. Zootaxa, 3546: 53-67.

Wang YY, Zhao J, Yang JH, Zhou ZX, Chen GL, Liu Y. 2014. Morphology, molecular genetics, and bioacoustic support two new sympatric *Xenophrys* (Amphibia: Anura: Megophryidae) species in Southeast China[J]. PLoS One, 9(4): e93075.

Yang DD, Jiang JP, Shen YH, Fei DB. 2014. A new species of the genus *Tylototriton* (Urodela: Salamandridae) from northeastern Hunan Province, China[J]. Asian Herpetological Research, 5(1): 1-11.

Yuan ZY, Zhao HP, Jiang K, Hou M, He L, Murphy RW, Che J. 2014. Phylogenetic relationships of the genus *Paramesotriton* (Caudata: Salamandridae) with the description of a new species from Qixiling Nature Reserve, Jiangxi, southeastern China and a key to the species[J]. Asian Herpetological Research, 5(2): 67-79.

Yuan ZY, Zhou WW, Chen X, Poyarkov NA, Chen HM, Jang-Liaw NH, Chou WH, Matzke NJ, Iizuka K, Min MS, Kuzmin SL, Zhang YP, Cannatella DC, Hillis DM, Che J. 2016. Spatiotemporal diversification of the true frogs (Genus *Rana*): a historical framework for a widely studied group of model organisms[J]. Systematic Biology, 65(5): 824-842.

Zeng ZC, Zhao J, Chen CQ, Chen GL, Zhang Z, Wang YY. 2017. A new species of the genus *Gracixalus* (Amphibia: Anura: Rhacophoridae) from Mount Jinggang, southeastern China[J]. Zootaxa, 4250(2): 171-185.

Zhao J, Yang JH, Chen GL, Chen CQ, Wang YY. 2014. Description of a new species of the genus *Brachytarsophrys* Tian and Hu, 1983 (Amphibia: Anura: Megophryidae) from southern China based on molecular and morphological data[J]. Asian Herpetological Research, 5(3): 150-160.

第三章 罗霄山脉爬行类多样性编目

罗霄山脉爬行动物调查共记录 2 目 2 亚目 15 科 68 种。龟鳖目 Testudines 2 科 2 种：鳖科 Trionychidae 1 种，平胸龟科 Platysternidae 1 种。有鳞目 Squamata 蜥蜴亚目 Lacertilia 4 科 15 种：壁虎科 Gekkonidae 4 种，鬣蜥科 Agamidae 2 种，石龙子科 Scincidae 6 种，蜥蜴科 Lacertidae 3 种；蛇亚目 Serpentes 9 科 51 种：盲蛇科 Typhlopidae 1 种，闪鳞蛇科 Xenopeltidae 1 种，闪皮蛇科 Xenodermatidae 2 种，钝头蛇科 Pareatidae 2 种，蝰科 Viperidae 6 种，水蛇科 Homalopsidae 2 种，屋蛇科 Lamprophiidae 1 种，眼镜蛇科 Elapidae 3 种，游蛇科 Colubridae 33 种。

罗霄山脉爬行类多样性编目如下。

龟鳖目 TESTUDINES

鳖科 Trionychidae

中华鳖 *Pelodiscus sinensis* (Wiegmann)

溪流，河流，湖泊。300～1000m。

分布：万洋山脉：遂川县南风面。

平胸龟科 Platysternidae

平胸龟 *Platysternon megacephalum* Gray

山区溪流。300～800m。

分布：诸广山脉。万洋山脉。

有鳞目 SQUAMATA

蜥蜴亚目 Lacertilia

壁虎科 Gekkonidae

铅山壁虎 *Gekko hokouensis* Pope

房屋墙壁。200～1100m。

分布：诸广山脉：遂川县大禾村 SYS r001997。万洋山脉：井冈山。武功山脉：安福县武功山 SYS r000973。九岭山脉：南昌市梅岭 SYS r001311，衡东县四方山 SYS r001462，衡南县川口乡 SYS r001466，武宁县神雾山 SYS r001969，衡阳市栗子山 SYS r001319。幕阜山脉：九江庐山 SYS r002241。零山山脉：南城县山陂村 SYS r001989。

多疣壁虎 *Gekko japonicus* (Schlegel)

房屋墙壁。100～1400m。

分布：万洋山脉：井冈山 SYS r001302，吉安市螺子山 SYS r002265。幕阜山脉：九江庐山 SYS r001317。

梅氏壁虎 *Gekko melli* Vogt

房屋墙壁。300～500m。

分布：零山山脉：宁都县 SYS r001991。

蹼趾壁虎 *Gekko subpalmatus* (Günther)

房屋墙壁。900～1400m。

分布：万洋山脉：井冈山 SYS r000325。

鬣蜥科 Agamidae

横纹龙蜥 *Diploderma fasciatum* (Mertens)

近山间沼泽的灌木林。1400m。

分布：万洋山脉：井冈山 SYS r000988。

丽棘蜥 *Acanthosaura lepidogaster* (Cuvier)

阔叶林林下地面，路边杂灌丛。100～1200m。

分布：诸广山脉：崇义县齐云山。万洋山脉：井冈山。

石龙子科 Scincidae

宁波滑蜥 *Scincella modesta* (Günther)

地面落叶层。600～1400m。

分布：万洋山脉：井冈山 SYS r000331，炎陵县桃源洞 SYS r000833。幕阜山脉：通山县九宫山。

股鳞蜓蜥 *Sphenomorphus incognitus* (Thompson)

山区地面落叶层。600～1400m。

分布：诸广山脉。万洋山脉：井冈山 SYS r000281，炎陵县桃源洞 SYS r000831。武功山脉：安福县武功山 SYS r000984。九岭山脉。幕阜山脉。零山山脉。

印度蜓蜥 *Sphenomorphus indicus* (Gray)

山区地面落叶层。600～1400m。

分布：诸广山脉：崇义县齐云山 SYS r000969，桂东县八面山 SYS r001356。万洋山脉：井冈山 SYS r000280，炎陵县桃源洞 SYS r002046。武功山脉。九岭山脉。幕阜山脉。零山山脉。

北部湾蜓蜥 *Sphenomorphus tonkinensis* **Nguyen, Schmitz, Nguyen, Orlov, Böhme et Ziegler**

山区地面落叶层。800～1100m。

分布：万洋山脉：井冈山。

中国石龙子 *Plestiodon chinensis* **(Gray)**

山区地面落叶层，农田，沟渠，溪边。100～1000m。

分布：诸广山脉。万洋山脉：井冈山 SYS r000329。九岭山脉：淳安县九岭山。幕阜山脉：武宁县伊山，通山县九宫山。零山山脉。

蓝尾石龙子 *Plestiodon elegans* **(Boulenger)**

山区地面落叶层，农田，沟渠，溪边。600～1400m。

分布：诸广山脉。万洋山脉：井冈山 SYS r000295，炎陵县平乐乡①SYS r001364。武功山脉：安福县武功山 SYS r000981。零山山脉。

蜥蜴科 Lacertidae

古氏草蜥 *Takydromus kuehnei* **Van Denburgh**

山区近水灌丛。300～1400m。

分布：万洋山脉：井冈山 SYS r000330。九岭山脉：衡南县川口乡 SYS r001951。

北草蜥 *Takydromus septentrionalis* **Günther**

农田，茶园，溪边和路边，灌丛。100～1400m。

分布：诸广山脉：崇义县齐云山 SYS r000967，遂川县大禾村 SYS r001999，桂东县八面山。万洋山脉：茶陵县湖里湿地 SYS r000903，井冈山 SYS r000294，炎陵县桃源洞 SYS r000711，遂川县南风面 SYS r001457，吉安市螺子山 SYS r002267。武功山脉：安福县武功山 SYS r000972，芦溪县羊狮幕 SYS r001469。九岭山脉：衡南县川口乡 SYS r001779，浏阳市大围山 SYS r001790。幕阜山脉：通山县九宫山。零山山脉：南城县王仙峰 SYS r001976，南丰县军峰山 SYS r001987，宁都县出风洞 SYS r001994。

崇安草蜥 *Takydromus sylvaticus* **(Pope)**

近水灌丛。900～1100m。

分布：诸广山脉：桂东县八面山 SYS r001363。万洋山脉：井冈山。

蛇亚目 Serpentes

盲蛇科 Typhlopidae

钩盲蛇 *Indotyphlops braminus* **(Daudin)**

路面，落叶层。500～1000m。

分布：万洋山脉：井冈山。

闪鳞蛇科 Xenopeltidae

海南闪鳞蛇 *Xenopeltis hainanensis* **Hu et Zhao**

落叶层。400～1200m。

分布：诸广山脉：崇义县齐云山。万洋山脉：井冈山。

闪皮蛇科 Xenodermatidae

井冈脊蛇 *Achalinus jinggangensis* **(Zhao et Ma)**

山区落叶层。600～1400m。

分布：万洋山脉：井冈山 SYS r000311，炎陵县桃源洞 SYS r000715。

棕脊蛇 *Achalinus rufescens* **Boulenger**

山区落叶层。370m。

分布：万洋山脉。九岭山脉。零山山脉：宁都县莲花山 SYS r001995。

钝头蛇科 Pareatidae

台湾钝头蛇 *Pareas* **cf.** *formosensis* **(Van Denburgh)**

灌丛。300～1180m。

分布：诸广山脉：崇义县齐云山 SYS r000883。万洋山脉：井冈山 SYS r001257，炎陵县桃源洞 SYS r000835，遂川县营盘圩乡 SYS r001366。武功山脉。零山山脉：信丰县金盆山 SYS r001367。

福建钝头蛇 *Pareas stanleyi* **(Boulenger)**

灌丛。1100m。

分布：万洋山脉：井冈山 SYS r001254。

蝰科 Viperidae

白头蝰 *Azemiops feae* **Boulenger**

地面落叶层。900～1100m。

分布：万洋山脉：井冈山。

尖吻蝮 *Deinagkistrodon acutus* **(Günther)**

地面落叶层，常出现在路边。1400m。

---

① 2015 年，根据炎陵县乡镇区划调整方案，中村乡、龙渣瑶族乡、平乐乡成建制合并设立中村瑶族乡。作者在该地调查时间早于 2015 年，文中仍用旧称。

分布：诸广山脉。万洋山脉：遂川县南风面 SYS r000320。武功山脉。九岭山脉。幕阜山脉。雩山山脉。

短尾蝮 *Gloydius brevicaudus* (Stejneger)

溪流附近，常见于落叶层和山区道路。200～500m。

分布：万洋山脉：井冈山。武功山脉。九岭山脉：衡东县四方山 SYS r001464。幕阜山脉。

台湾烙铁头 *Ovophis makazayazaya* (Takahashi)

地面落叶层，常出现在路边。1200～1400m。

分布：万洋山脉：井冈山 SYS r000466。

原矛头蝮 *Protobothrops mucrosquamatus* (Cantor)

山区地面，灌丛，常见于溪边和路边。137～1400m。

分布：诸广山脉。万洋山脉：永新县七溪岭 SYS r000996，井冈山 SYS r000321。武功山脉。九岭山脉：奉新县泥洋山。幕阜山脉。雩山山脉：信丰县金盆山 SYS r001374。

福建竹叶青 *Trimeresurus stejnegeri* Schmidt

地面落叶层和矮灌丛，常出现在路边。200～1400m。

分布：诸广山脉：崇义县齐云山 SYS r000881，桂东县八面山 SYS r001359，遂川县大禾村 SYS r001998。万洋山脉：井冈山 SYS r000290，永新县七溪岭。武功山脉：安福县武功山 SYS r000976。九岭山脉：南昌市梅岭 SYS r001315，衡南县川口乡 SYS r001786，万载县三十把。幕阜山脉。雩山山脉：南城县王仙峰 SYS r001986，信丰县金盆山 SYS r001373。

水蛇科 Homalopsidae

中国水蛇 *Myrrophis chinensis* (Gray)

湿地，水塘。100～500m。

分布：万洋山脉：井冈山，吉安市螺子山 SYS r002264。雩山山脉：宁都县莲花山 SYS r001996。

铅色水蛇 *Hypsiscopus plumbea* (Boie)

湿地，水塘。500～600m。

分布：万洋山脉：井冈山。

屋蛇科 Lamprophiidae

紫沙蛇 *Psammodynastes pulverulentus* (Boie)

矮灌。300～600m。

分布：万洋山脉：井冈山。雩山山脉：于都县祁禄山。

眼镜蛇科 Elapidae

银环蛇 *Bungarus multicinctus* Blyth

平原、丘陵或山麓近水处，躲在地面落叶层活动。

47～1400m。

分布：诸广山脉。万洋山脉：井冈山 SYS r000288，吉安市螺子山 SYS r002269。武功山脉：安福县武功山 SYS r000970。九岭山脉：宜丰县官山 SYS r001973，万载县三十把。幕阜山脉。雩山山脉。

中华珊瑚蛇 *Sinomicrurus macclellandi* (Reinhardt)

山区路边，沟渠附近。800～1200m。

分布：万洋山脉。武功山脉：宜春市明月山。

舟山眼镜蛇 *Naja atra* Cantor

农田，林缘，近水环境。300～600m。

分布：诸广山脉。万洋山脉。

游蛇科 Colubridae

白眉腹链蛇 *Hebius boulengeri* (Gressitt)

溪流，路边。300～360m。

分布：雩山山脉：信丰县金盆山 SYS r001371。

锈链腹链蛇 *Hebius craspedogaster* (Boulenger)

地面落叶层，常在路边活动。200～1000m。

分布：诸广山脉：桂东县八面山 SYS r001766。万洋山脉：井冈山 SYS r000728。武功山脉：安福县武功山 SYS r000974。九岭山脉：淳安县九岭山。

棕黑腹链蛇 *Hebius sauteri* (Boulenger)

地面落叶层。1100m。

分布：万洋山脉：井冈山 SYS r000323。

草腹链蛇 *Amphiesma stolatum* (Linnaeus)

地面落叶层。900～1100m。

分布：万洋山脉。

绞花林蛇 *Boiga kraepelini* Stejneger

矮灌，地面落叶层。300～1000m。

分布：诸广山脉：崇义县齐云山。万洋山脉：井冈山 SYS r000357，炎陵县桃源洞。武功山脉：安福县武功山 SYS r000980。九岭山脉：淳安县九岭山 SYS r000985。

尖尾两头蛇 *Calamaria pavimentata* Duméril, Bibron et Duméril

地面落叶层。1000～1100m。

分布：万洋山脉：井冈山。

钝尾两头蛇 *Calamaria septentrionalis* Boulenger

地面落叶层。500～1000m。

分布：万洋山脉：井冈山。九岭山脉：万载县三十把。

黄链蛇 *Lycodon flavozonatus* (Pope)

近溪流、水沟的草丛，地面落叶层。137～1400m。

分布：诸广山脉：崇义县齐云山 SYS r000957，桂东县八面山 SYS r001357。万洋山脉：井冈山 SYS r001956，炎陵县桃源洞 SYS r000716。武功山脉：安福县武功山 SYS r000978。九岭山脉。幕阜山脉：武宁县太平山 SYS r001972。雩山山脉。

赤链蛇 *Lycodon rufozonatus* Cantor

近溪流、水沟的草丛，地面落叶层。100～1400m。

分布：诸广山脉：崇义县齐云山 SYS r000960，桂东县八面山 SYS r001361。万洋山脉：永新县七溪岭 SYS r000997，井冈山 SYS r000318，炎陵县桃源洞 SYS r000826，吉安市螺子山 SYS r002263，遂川县营盘圩乡 SYS r001365。武功山脉。九岭山脉：奉新县泥洋山。幕阜山脉。雩山山脉。

黑背白环蛇 *Lycodon ruhstrati* (Fischer)

近溪流、水沟的草丛，地面落叶层。600～1100m。

分布：诸广山脉：崇义县齐云山 SYS r000882，桂东县八面山 SYS r001362。万洋山脉：井冈山 SYS r001256。武功山脉。九岭山脉：浏阳市大围山 SYS r001792。幕阜山脉：九江庐山 SYS r001318。雩山山脉。

玉斑丽蛇 *Euprepiophis mandarinus* (Cantor)

近溪流、水沟的草丛，地面落叶层。500～900m。

分布：诸广山脉。万洋山脉。武功山脉。九岭山脉：浏阳市大围山 SYS r001789。幕阜山脉。雩山山脉。

王锦蛇 *Elaphe carinata* (Günther)

近溪流、水沟的草丛，地面落叶层。600～900m。

分布：万洋山脉：井冈山，炎陵县桃源洞，永新县七溪岭 SYS r001656。武功山脉。

黑眉锦蛇 *Elaphe taeniura* (Cope)

地面落叶层。400～1200m。

分布：万洋山脉。

紫灰蛇 *Oreocryptophis porphyraceus* (Cantor)

山区地面落叶层。900～1200m。

分布：万洋山脉。

灰腹绿锦蛇 *Gonyosoma frenatum* (Gray)

地面落叶层。1000～1100m。

分布：万洋山脉。

颈棱蛇 *Pseudagkistrodon rudis* (Boulenger)

近溪流、水沟的草丛，地面落叶层。600～1400m。

分布：诸广山脉：崇义县齐云山 SYS r000965。万洋

山脉：井冈山 SYS r000297，炎陵县桃源洞。武功山脉：安福县武功山。

中国小头蛇 *Oligodon chinensis* (Günther)

近溪流、水沟的草丛，地面落叶层。500～800m。

分布：万洋山脉。九岭山脉：武宁县神雾山 SYS r001968。

台湾小头蛇 *Oligodon formosanus* (Günther)

近溪流、水沟的草丛，地面落叶层。200～1100m。

分布：万洋山脉。

饰纹小头蛇 *Oligodon ornatus* Van Denburgh

山区阔叶林。1400m。

分布：万洋山脉：井冈山 SYS r001297。

挂墩后棱蛇 *Opisthotropis kuatunensis* Pope

山区溪流。600～1400m。

分布：万洋山脉：永新县七溪岭 SYS r000998，井冈山 SYS r000356。

山溪后棱蛇 *Opisthotropis latouchii* (Boulenger)

山溪，沟渠。250～1400m。

分布：诸广山脉：崇义县齐云山 SYS r000961，资兴市东江湖 SYS r001793。万洋山脉：井冈山 SYS r000358，炎陵县桃源洞 SYS r000823。武功山脉：安福县武功山 SYS r000979。九岭山脉：淳安县九岭山 SYS r000987，武宁县神雾山 SYS r001971，衡南县川口乡 SYS r001468，衡阳市栗子山 SYS r001322，浏阳市大围山 SYS r001791。幕阜山脉：平江县幕阜山 SYS r001646。雩山山脉：安远县三百山 SYS r001004，信丰县金盆山 SYS r001370。

崇安斜鳞蛇 *Pseudoxenodon karlschmidti* Pope

沟渠、溪流及附近。900m。

分布：诸广山脉：崇义县齐云山 SYS r000956。万洋山脉：井冈山。

大眼斜鳞蛇 *Pseudoxenodon macrops* (Blyth)

沟渠、溪流及附近。600～1400m。

分布：万洋山脉：井冈山 SYS r000285，炎陵县桃源洞 SYS r000827。

纹尾斜鳞蛇 *Pseudoxenodon stejnegeri* Barbour

沟渠、溪流及附近。600～1400m。

分布：诸广山脉：桂东县八面山 SYS r001269。万洋山脉：井冈山 SYS r000286。

虎斑颈槽蛇 *Rhabdophis tigrinus* (Boie)

水源附近。600～1400m。

分布：万洋山脉。

黑头剑蛇 *Sibynophis chinensis* (Günther)

山区地面落叶层。600~1200m。

分布：万洋山脉。

环纹华游蛇 *Trimerodytes aequifasciatus* (Barbour)

溪流。600~1200m。

分布：万洋山脉：井冈山 SYS r000319。

赤链华游蛇 *Trimerodytes annularis* (Hallowell)

农田，湿地，沟渠。250~400m。

分布：万洋山脉：茶陵县湖里湿地 SYS r000904。九岭山脉：武宁县新牌村 SYS r001967。雩山山脉：宁都县出风洞 SYS r001993。

乌华游蛇 *Trimerodytes percarinatus* (Boulenger)

溪流，沟渠。300~1400m。

分布：诸广山脉：崇义县齐云山 SYS r000959。万洋山脉：井冈山 SYS r000315，永新县七溪岭 SYS r000994，炎陵县桃源洞 SYS r000717。武功山脉。雩山山脉：安远

县三百山 SYS r001005。

乌梢蛇 *Ptyas dhumnades* (Cantor)

地面落叶层。700~1200m。

分布：万洋山脉。武功山脉：安福县羊狮幕 SYS r001657。九岭山脉：修水县程坊。幕阜山脉：通山县九宫山。

翠青蛇 *Ptyas major* (Günther)

林下灌丛和地面落叶层。137~600m。

分布：诸广山脉。万洋山脉：井冈山，永新县七溪岭 SYS r000995，炎陵县桃源洞 SYS r000718。武功山脉。九岭山脉。幕阜山脉。雩山山脉。

黄斑渔游蛇 *Fowlea flavipunctatus* (Hallowell)

农田及周边。200~500m。

分布：万洋山脉。

红纹滞卵蛇 *Oocatochus rufodorsatus* (Cantor)

农田及周边静水。200~400m。

分布：万洋山脉。九岭山脉：万载县三十把。幕阜山脉。

参 考 文 献

蔡波, 王跃招, 陈跃英, 李家堂. 2015. 中国爬行纲动物分类厘定[J]. 生物多样性, 23(3): 365-382.

廖文波, 王英永, 李贞, 彭少麟, 陈春泉, 凡强, 贾凤龙, 王蕾, 刘蔚秋, 尹国胜, 石祥刚, 张丹丹, 等. 2014. 中国井冈山地区生物多样性综合科学考察[M]. 北京: 科学出版社.

林英. 1990. 井冈山自然保护区考察研究[M]. 北京: 新华出版社.

王凯, 任金龙, 陈宏满, 吕植桐, 郭宪光, 蒋珂, 陈进民, 李家堂, 郭鹏, 王英永, 车静. 2020. 中国两栖、爬行动物更新名录[J]. 生物多样性, 28(2): 189-218.

王英永, 陈春泉, 赵健, 吴毅, 吕植桐, 杨剑焕, 余文华, 林剑声, 刘祖尧, 王健, 杜卿, 张忠, 宋玉赞, 汪志如, 何桂强. 2017. 中国井冈山地区陆生脊椎动物彩色图谱[M]. 北京: 科学出版社.

杨道德, 黄文娟, 陈武华. 2006. 江西武功山两栖爬行动物资源调查及评价[J]. 四川动物, 25(2): 289-293.

杨道德, 刘松, 费冬波, 喻兴雷, 谷颖乐, 卢何军, 陈辉敏, 朱家椿. 2008. 江西齐云山自然保护区两栖爬行动物资源调查与区系分析[J]. 动物学杂志, 43(6): 68-76.

赵尔宓. 2006. 中国蛇类[M]. 合肥: 安徽科学技术出版社.

赵尔宓, 黄美华, 宗愉, 等. 1998. 中国动物志. 爬行纲. 第三卷. 有鳞目. 蛇亚目[M]. 北京: 科学出版社.

赵尔宓, 赵肯堂, 周开亚, 等. 1999. 中国动物志. 爬行纲. 第二卷. 有鳞目. 蜥蜴亚目[M]. 北京: 科学出版社.

钟昌富. 1986. 井冈山自然保护区爬行动物初步调查[J]. 江西大学学报(自然科学版), 10(2): 71-75.

钟昌富. 2004. 江西省爬行动物地理区划[J]. 四川动物, 23(3): 222-229.

周正彦, 张微微, 孙志勇, 陆宇燕, 李丕鹏, 马建章. 2019. 江西凌云山自然保护区两栖爬行动物多样性调查与区系分析[J]. 野生动物学报, 40(2): 1-6.

宗愉, 马积藩. 1983. 拟脊蛇属为一有效属称, 兼记一新种[J]. 两栖爬行动物学报, 2(2): 61-63.

Nguyen TQ, Schmitz A, Nguyen TT, Orlov NL, Böhme W, Ziegler T, Affiliations A. 2011. Review of the genus *Sphenomorphus* Fitzinger, 1843 (Squamata: Sauria: Scincidae) in Vietnam, with description of a new species from Northern Vietnam and Southern China and the first record of *Sphenomorphus mimicus* Taylor, 1962 from Vietnam[J]. Journal of Herpetology, 45(2): 145-154.

Wang YY, Yang JH, Liu Y. 2013. New distribution records for *Sphenomorphus tonkinensis* (Lacertilia: Scincidae) with notes on its variation and diagnostic characters[J]. Asian Herpetological Research, 4(2): 147-150.

Yang JH, Wang YY. 2010. Range extension of *Takydromus sylvaticus* (Pope, 1928) with notes on morphological variation and sexual dimorphism[J]. Herpetology Notes, 3: 279-283.

第四章　罗霄山脉鸟类多样性编目

罗霄山脉鸟类调查共记录 19 目 70 科 332 种。鸡形目 Galliformes：雉科 Phasianidae 9 种。雁形目 Anseriformes：鸭科 Anatidae 7 种。䴙䴘目 Podicipediformes：䴙䴘科 Podicipedidae 2 种。鹈形目 Pelecaniformes：鹭科 Ardeidae 16 种。鲣鸟目 Suliformes：鸬鹚科 Phalacrocoracidae 1 种。鹰形目 Accipitriformes：鹰科 Accipitridae 18 种。鹤形目 Gruiformes：秧鸡科 Rallidae 12 种，鹤科 Gruidae 1 种。鸻形目 Charadriiformes：三趾鹑科 Turnicidae 2 种，鸻科 Charadriidae 4 种，彩鹬科 Rostratulidae 1 种，水雉科 Jacanidae 1 种，鹬科 Scolopacidae 10 种，鸥科 Laridae 4 种。鸽形目 Columbiformes：鸠鸽科 Columbidae 4 种。鹃形目 Cuculiformes：杜鹃科 Cuculidae 13 种。鸮形目 Strigiformes：鸱鸮科 Strigidae 10 种，草鸮科 Tytonidae 1 种。夜鹰目 Caprimulgiformes：夜鹰科 Caprimulgidae 1 种。雨燕目 Apodiformes：雨燕科 Apodidae 3 种。咬鹃目 Trogoniformes：咬鹃科 Trogonidae 1 种。佛法僧目 Coraciiformes：佛法僧科 Coraciidae 1 种，翠鸟科 Alcedinidae 5 种，蜂虎科 Meropidae 1 种。犀鸟目 Bucerotiformes：戴胜科 Upupidae 1 种。鴷形目 Piciformes：拟啄木鸟科 Megalaimidae 2 种，啄木鸟科 Picidae 11 种。隼形目 Falconiformes：隼科 Falconidae 5 种。雀形目 Passeriformes：八色鸫科 Pittidae 1 种，山椒鸟科 Campephagidae 5 种，钩嘴鵙科 Tephrodornithidae 1 种，伯劳科 Laniidae 5 种，莺雀科 Vireonidae 3 种，黄鹂科 Oriolidae 1 种，卷尾科 Dicruridae 3 种，王鹟科 Monarchidae 1 种，鸦科 Corvidae 7 种，玉鹟科 Stenostiridae 1 种，山雀科 Paridae 3 种，攀雀科 Remizidae 1 种，百灵科 Alaudidae 1 种，鹎科 Pycnonotidae 7 种，燕科 Hirundinidae 4 种，鳞胸鹪鹛科 Pnoepygidae 1 种，树莺科 Cettiidae 6 种，长尾山雀科 Aegithalidae 1 种，柳莺科 Phylloscopidae 18 种，苇莺科 Acrocephalidae 4 种，蝗莺科 Locustellidae 4 种，扇尾莺科 Cisticolidae 6 种，林鹛科 Timaliidae 3 种，幽鹛科 Pellorneidae 2 种，噪鹛科 Leiothrichidae 8 种，莺鹛科 Sylviidae 4 种，绣眼鸟科 Zosteropidae 3 种，丽星鹩鹛科 Elachuridae 1 种，鹪鹩科 Troglodytidae 1 种，䴓科 Sittidae 1 种，椋鸟科 Sturnidae 5 种，鸫科 Turdidae 10 种，鹟科 Muscicapidae 28 种，河乌科 Cinclidae 1 种，叶鹎科 Chloropseidae 1 种，啄花鸟科 Dicaeidae 1 种，太阳鸟科 Nectariniidae 1 种，雀科 Passeridae 2 种，梅花雀科 Estrildidae 2 种，鹡鸰科 Motacillidae 10 种，燕雀科 Fringillidae 5 种，鹀科 Emberizidae 12 种。

罗霄山脉鸟类多样性编目如下。

鸡形目 GALLIFORMES

雉科 Phasianidae

中华鹧鸪 *Francolinus pintadeanus* (Scopoli)

　　丘陵，草地，湿地。

　　分布：万洋山脉：井冈山（承勇等，2011）。

鹌鹑 *Coturnix japonica* Temminck et Schlegel

　　草原/草地，山地。

　　分布：万洋山脉：遂川县（肖放珍等，2005）。

白眉山鹧鸪 *Arborophila gingica* (Gmelin)

　　山地，森林。

　　分布：诸广山脉：崇义县（黄晓凤等，2009）。

灰胸竹鸡 *Bambusicola thoracica* (Temminck)

　　森林，山地，城市。

　　分布：幕阜山脉：武宁县，修水县，通山县。九岭山脉：奉新县 LXA-4-2-5-236，安义县，宜丰县，铜鼓县。武功山脉：安福县，茶陵县，芦溪县，莲花县。万洋山脉：井冈山，炎陵县，遂川县。诸广山脉：资兴市，桂东县，崇义县，上犹县。

黄腹角雉 *Tragopan caboti* (Gould)

　　森林，山地。

　　分布：武功山脉：安福县 SYS b002173，芦溪县。万洋山脉：遂川县。

勺鸡 *Pucrasia macrolopha* (Lesson)

　　森林，山地。

　　分布：幕阜山脉：通山县。万洋山脉：井冈山，炎陵县。

白鹇 *Lophura nycthemera* (Linnaeus)

　　森林，山地。

　　分布：幕阜山脉：通山县，平江县。九岭山脉：安义县，宜丰县，靖安县。武功山脉：莲花县 SYS b002175，安福县。万洋山脉：井冈山，炎陵县 SYS b002148。诸广山脉：桂东县 SYS b002118，崇义县 SYS b000933。

白颈长尾雉 *Syrmaticus ellioti* (Swinhoe)

　　森林，山地。

分布：九岭山脉：宜丰县。万洋山脉：炎陵县。

雉鸡 *Phasianus colchicus* **Linnaeus**

海岸，沙漠，森林，草原/草地，河湖及池塘，湿地，山地，城市。

分布：幕阜山脉：武宁县，通山县。九岭山脉：奉新县。武功山脉：安福县，茶陵县。万洋山脉：遂川县 SYS b004708。诸广山脉：崇义县，上犹县。

雁形目 ANSERIFORMES

鸭科 Anatidae

小天鹅 *Cygnus columbianus* **(Ord)**

草原/草地，河湖及池塘，湿地。

分布：九岭山脉：靖安县（舒特生等，2012）。

鸳鸯 *Aix galericulata* **(Linnaeus)**

森林，河湖及池塘，湿地。

分布：武功山脉：耒阳市。

绿翅鸭 *Anas crecca* **Linnaeus**

海岸，河湖及池塘，湿地。

分布：九岭山脉：宜丰县（戴年华等，1995），铜鼓县（戴年华等，1995）。

绿头鸭 *Anas platyrhynchos* **(Linnaeus)**

海岸，河湖及池塘，湿地。

分布：九岭山脉：宜春市（戴年华等，1995）。

斑嘴鸭 *Anas poecilorhyncha* **Forster**

海岸，河湖及池塘，湿地。

分布：武功山脉：茶陵县，衡东县。万洋山脉：炎陵县。诸广山脉：资兴市。

普通秋沙鸭 *Mergus merganser* **Linnaeus**

森林，草原/草地，河湖及池塘，湿地。

分布：九岭山脉：铜鼓县（戴年华等，1995）。

中华秋沙鸭 *Mergus squamatus* **Gould**

森林，河湖及池塘，湿地。

分布：万洋山脉：炎陵县。

䴙䴘目 PODICIPEDIFORMES

䴙䴘科 Podicipedidae

小䴙䴘 *Tachybaptus ruficollis* **(Pallas)**

河湖及池塘，湿地。

分布：幕阜山脉：通山县，平江县。九岭山脉：万

载县，上高县，奉新县，宜丰县，宜春市区。武功山脉：安福县，茶陵县，衡东县。万洋山脉：永兴县，炎陵县。诸广山脉：资兴市。

凤头䴙䴘 *Podiceps cristatus* **(Linnaeus)**

河湖及池塘，湿地，海岸。

分布：武功山脉：耒阳市。

鹈形目 PELECANIFORMES

鹭科 Ardeidae

大麻鳽 *Botaurus stellaris* **(Linnaeus)**

河湖及池塘，湿地。

分布：万洋山脉：井冈山（承勇等，2011），炎陵县（王德良和罗坚，2002）。

栗苇鳽 *Ixobrychus cinnamomeus* **(Gmelin)**

河湖及池塘，湿地。

分布：武功山脉：茶陵县。万洋山脉：遂川县 SYS b006254。诸广山脉：崇义县 SYS b001370。

紫背苇鳽 *Ixobrychus eurhythmus* **(Swinhoe)**

河湖及池塘，湿地。

分布：万洋山脉：遂川县 SYS b006160。诸广山脉：崇义县 SYS b001148。

黄苇鳽 *Ixobrychus sinensis* **(Gmelin)**

河湖及池塘，湿地。

分布：幕阜山脉：平江县。万洋山脉：遂川县 SYS b006135。诸广山脉：崇义县 SYS b001122。

黑鳽 *Dupetor flavicollis* **(Latham)**

河湖及池塘，湿地。

分布：万洋山脉：遂川县 SYS b002675。诸广山脉：崇义县 SYS b001131。

海南鳽 *Gorsachius magnificus* **(Ogilvie-Grant)**

山地，森林，溪流。

分布：九岭山脉：靖安县（舒特生等，2012）。万洋山脉：炎陵县（王德良和罗坚，2002），井冈山。

黑冠鳽 *Gorsachius melanolophus* **(Raffles)**

河湖及池塘，湿地。

分布：万洋山脉：炎陵县（王德良和罗坚，2002）。

夜鹭 *Nycticorax nycticorax* **(Linnaeus)**

河湖及池塘，湿地。

分布：幕阜山脉：武宁县，平江县。九岭山脉：安义县，宜丰县，靖安县。武功山脉：安福县，茶陵县。

万洋山脉：永新县，炎陵县，遂川县 SYS b006143。诸广山脉：崇义县 SYS b001362。

绿鹭 *Butorides striatus* (Linnaeus)

河湖及池塘，湿地。

分布：万洋山脉：遂川县 SYS b006227。诸广山脉：崇义县 SYS b001360。

池鹭 *Ardeola bacchus* (Bonaparte)

河湖及池塘，湿地。

分布：幕阜山脉：武宁县，修水县，通山县，平江县。九岭山脉：万载县，上高县，奉新县，安义县，宜丰县，宜春市区，浏阳市，铜鼓县，靖安县。武功山脉：安福县，茶陵县，莲花县，衡东县。万洋山脉：炎陵县，遂川县 SYS b006258。诸广山脉：资兴市，桂东县，崇义县 SYS b001105。

牛背鹭 *Bubulcus ibis* (Linnaeus)

河湖及池塘，湿地。

分布：幕阜山脉：修水县。九岭山脉：万载县，上高县，奉新县，安义县，铜鼓县。武功山脉：安福县，茶陵县，衡东县。万洋山脉：遂川县 SYS b006246。诸广山脉：资兴市，崇义县 SYS b001212。

大白鹭 *Ardea alba* Linnaeus

河湖及池塘，湿地。

分布：幕阜山脉：平江县。武功山脉：安福县，茶陵县。万洋山脉：遂川县 SYS b006243。

苍鹭 *Ardea cinerea* Linnaeus

河湖及池塘，湿地。

分布：武功山脉：衡东县。

中白鹭 *Ardea intermedia* Wagler

河湖及池塘，湿地。

分布：九岭山脉：万载县，上高县，安义县，宜丰县。武功山脉：茶陵县。万洋山脉：遂川县 SYS b001363。诸广山脉：崇义县 SYS b001230。

草鹭 *Ardea purpurea* Linnaeus

河湖及池塘，湿地。

分布：万洋山脉：遂川县 SYS b006259。

白鹭 *Egretta garzetta* (Linnaeus)

河湖及池塘，湿地。

分布：幕阜山脉：武宁县，修水县，通山县，平江县。九岭山脉：万载县，上高县，奉新县，安义县，宜丰县，宜春市区，浏阳市，铜鼓县，靖安县。武功山脉：安福县，茶陵县，耒阳市，莲花县，衡东县。万洋山脉：永新县，炎陵县，遂川县 SYS b006240。诸广山脉：资兴市，崇义县 SYS b001292。

鲣鸟目 SULIFORMES

鸬鹚科 Phalacrocoracidae

普通鸬鹚 *Phalacrocorax carbo* (Linnaeus)

河湖及池塘，湿地，海岸，海洋。

分布：诸广山脉：资兴市。

鹰形目 ACCIPITRIFORMES

鹰科 Accipitridae

凤头蜂鹰 *Pernis ptilorhynchus* (Temminck)

森林，山地。

分布：幕阜山脉：通山县，平江县。武功山脉：安福县。诸广山脉：崇义县 SYS b000936。

黑冠鹃隼 *Aviceda leuphotes* (Dumont)

森林，山地。

分布：九岭山脉：奉新县。武功山脉：安福县，茶陵县。万洋山脉：炎陵县。诸广山脉：资兴市，桂东县，崇义县，上犹县。

蛇雕 *Spilornis cheela* (Latham)

森林，山地。

分布：幕阜山脉：平江县。九岭山脉：宜丰县，铜鼓县。武功山脉：茶陵县。诸广山脉：资兴市。

鹰雕 *Nisaetus nipalensis* Hodgson

森林，山地。

分布：万洋山脉：井冈山（承勇等，2011）。诸广山脉：桂东县，崇义县。

林雕 *Ictinaetus malayensis* (Temminck)

森林，山地。

分布：武功山脉：芦溪县。

白腹隼雕 *Aquila fasciata* Vieillot

森林，山地。

分布：诸广山脉：资兴市。

苍鹰 *Accipiter gentilis* (Linnaeus)

森林，山地。

分布：九岭山脉：万载县，铜鼓县。

日本松雀鹰 *Accipiter gularis* (Temminck et Schlegel)

森林，山地。

分布：幕阜山脉：通山县。

雀鹰 *Accipiter nisus* (Linnaeus)

　　森林，山地。

　　分布：万洋山脉：井冈山。诸广山脉：崇义县（黄晓凤等，2009）。

赤腹鹰 *Accipiter soloensis* (Horsfield)

　　森林，山地。

　　分布：武功山脉：安福县，芦溪县。万洋山脉：炎陵县。诸广山脉：资兴市，桂东县，崇义县，上犹县。

凤头鹰 *Accipiter trivirgatus* (Temminck)

　　森林，山地。

　　分布：幕阜山脉：平江县。武功山脉：安福县，芦溪县。诸广山脉：桂东县。

松雀鹰 *Accipiter virgatus* (Temminck)

　　森林，山地。

　　分布：幕阜山脉：通山县。九岭山脉：铜鼓县。武功山脉：芦溪县。万洋山脉：遂川县 SYS b006121。诸广山脉：资兴市。

白尾鹞 *Circus cyaneus* (Linnaeus)

　　草原/草地，河湖及池塘，湿地。

　　分布：幕阜山脉：通山县。武功山脉：莲花县。

鹊鹞 *Circus melanoleucos* (Pennant)

　　草原/草地，河湖及池塘，湿地。

　　分布：万洋山脉：井冈山（承勇等，2011）。诸广山脉：崇义县（黄晓凤等，2009）。

黑鸢 *Milvus migrans* (Boddaert)

　　河湖及池塘，湿地，城市。

　　分布：武功山脉：耒阳市。万洋山脉：永兴县。诸广山脉：资兴市。

黑翅鸢 *Elanus caeruleus* (Desfontaines)

　　森林，山地，草原/草地。

　　分布：九岭山脉：靖安县（舒特生等，2012）。

灰脸鵟鹰 *Butastur indicus* (Gmelin)

　　森林，山地。

　　分布：诸广山脉：资兴市。

普通鵟 *Buteo buteo* (Linnaeus)

　　森林，草原/草地，河湖及池塘，湿地，山地，城市。

　　分布：武功山脉：衡东县。万洋山脉：永兴县。

鹤形目 GRUIFORMES

秧鸡科 Rallidae

花田鸡 *Coturnicops exquisitus* (Swinho)

　　河湖及池塘，湿地。

　　分布：万洋山脉：炎陵县（王德良和罗坚，2002），遂川县（肖放珍等，2005），井冈山。

白喉斑秧鸡 *Rallina eurizonoides* (Lafresnaye)

　　河湖及池塘，湿地。

　　分布：万洋山脉：遂川县 SYS b006107。诸广山脉：崇义县 SYS b001388。

蓝胸秧鸡 *Lewinia striata* (Linnaeus)

　　河湖及池塘，湿地。

　　分布：万洋山脉：遂川县 SYS b002644。诸广山脉：崇义县 SYS b001374。

普通秧鸡 *Rallus indicus* Blyth

　　河湖及池塘，湿地。

　　分布：万洋山脉：遂川县（肖放珍等，2005），井冈山。

白胸苦恶鸟 *Amaurornis phoenicurus* (Pennant)

　　河湖及池塘，湿地。

　　分布：万洋山脉：遂川县 SYS b002706。诸广山脉：资兴市，崇义县 SYS b001366。

红脚苦恶鸟 *Zapornia akool* (Sykes)

　　河湖及池塘，湿地。

　　分布：幕阜山脉：通山县。九岭山脉：奉新县，宜春市区。武功山脉：茶陵县。万洋山脉：永兴县。

红胸田鸡 *Zapornia fusca* (Linnaeus)

　　河湖及池塘，湿地。

　　分布：万洋山脉：遂川县 SYS b002870。

斑胁田鸡 *Zapornia paykullii* (Ljungh)

　　河湖及池塘，湿地。

　　分布：万洋山脉：遂川县。

小田鸡 *Zapornia pusilla* (Pallas)

　　河湖及池塘，湿地。

　　分布：万洋山脉：井冈山。

董鸡 *Gallicrex cinerea* (Gmelin)

　　河湖及池塘，湿地。

　　分布：万洋山脉：遂川县 SYS b002859。

黑水鸡 *Gallinula chloropus* (Linnaeus)

河湖及池塘，湿地。

分布：九岭山脉：奉新县。武功山脉：茶陵县，衡东县。万洋山脉：遂川县 SYS b006103。诸广山脉：资兴市。

白骨顶 *Fulica atra* Linnaeus

河湖及池塘，湿地。

分布：万洋山脉：永兴县。诸广山脉：资兴市。

鹤科 Gruidae

白鹤 *Leucogeranus leucogeranus* (Pallas)

河湖及池塘，湿地。

分布：九岭山脉：靖安县（舒特生等，2012）。

鸻形目 CHARADRIIFORMES

三趾鹑科 Turnicidae

棕三趾鹑 *Turnix suscitator* (Gmelin)

草原/草地，河湖及池塘，湿地，山地。

分布：万洋山脉：遂川县 SYS b002716。

黄脚三趾鹑 *Turnix tanki* Blyth

草原/草地，河湖及池塘，湿地，山地。

分布：万洋山脉：遂川县 SYS b002865。诸广山脉：崇义县 SYS b001376。

鸻科 Charadriidae

灰头麦鸡 *Vanellus cinereus* (Blyth)

草原/草地，河湖及池塘，湿地。

分布：九岭山脉：万载县，安义县。武功山脉：安福县，茶陵县。

凤头麦鸡 *Vanellus vanellus* (Linnaeus)

草原/草地，河湖及池塘，湿地。

分布：九岭山脉：丰城市（戴年华等，1995）。诸广山脉：崇义县（黄晓凤等，2009）。万洋山脉：井冈山，炎陵县。

金眶鸻 *Charadrius dubius* Scopoli

河湖及池塘，湿地。

分布：九岭山脉：靖安县（舒特生等，2012）。万洋山脉：井冈山。

长嘴剑鸻 *Charadrius placidus* J.E. Gray et G.R. Gray

河湖及池塘，湿地。

分布：九岭山脉：奉新县，安义县。万洋山脉：炎陵县，遂川县（肖放珍等，2005）。

彩鹬科 Rostratulidae

彩鹬 *Rostratula benghalensis* (Linnaeus)

草原/草地，河湖及池塘，湿地。

分布：九岭山脉：万载县。

水雉科 Jacanidae

水雉 *Hydrophasianus chirurgus* (Scopoli)

河湖及池塘，湿地。

分布：万洋山脉：井冈山（承勇等，2011）。诸广山脉：崇义县（黄晓凤等，2009）。

鹬科 Scolopacidae

丘鹬 *Scolopax rusticola* Linnaeus

森林，河湖及池塘，湿地，山地。

分布：万洋山脉：遂川县 SYS b006286。

扇尾沙锥 *Gallinago gallinago* (Linnaeus)

河湖及池塘，湿地。

分布：武功山脉：茶陵县。

大沙锥 *Gallinago megala* Swinhoe

河湖及池塘，湿地。

分布：诸广山脉：崇义县 SYS b001348。

针尾沙锥 *Gallinago stenura* (Bonaparte)

河湖及池塘，湿地。

分布：万洋山脉：井冈山（承勇等，2011）。

红颈瓣蹼鹬 *Phalaropus lobatus* (Linnaeus)

草原/草地，河湖及池塘，湿地。

分布：万洋山脉：遂川县（钟平华等，2009）。

矶鹬 *Actitis hypoleucos* Linnaeus

草原/草地，河湖及池塘，湿地。

分布：万洋山脉：炎陵县。诸广山脉：资兴市，崇义县 SYS b001344。

林鹬 *Tringa glareola* Linnaeus

草原/草地，河湖及池塘，湿地。

分布：万洋山脉：井冈山，炎陵县。诸广山脉：崇义县（黄晓凤等，2009）。

青脚鹬 *Tringa nebularia* (Gunnerus)

草原/草地，河湖及池塘，湿地。

分布：九岭山脉：靖安县（舒特生等，2012）。万洋山脉：井冈山，炎陵县。

白腰草鹬 *Tringa ochropus* Linnaeus

草原/草地，河湖及池塘，湿地。

分布：九岭山脉：奉新县。诸广山脉：资兴市。

泽鹬 *Tringa stagnatilis* (Bechstein)

草原/草地，河湖及池塘，湿地。

分布：万洋山脉：炎陵县。

鸥科 Laridae

红嘴鸥 *Larus ridibundus* Linnaeus

河湖及池塘，湿地。

分布：诸广山脉：资兴市。

普通燕鸥 *Sterna hirundo* Linnaeus

河湖及池塘，湿地。

分布：诸广山脉：崇义县（黄晓凤等，2009）。

须浮鸥 *Chlidonias hybrida* (Pallas)

河湖及池塘，湿地。

分布：万洋山脉：井冈山。

白翅浮鸥 *Chlidonias leucopterus* (Temminck)

河湖及池塘，湿地。

分布：万洋山脉：井冈山。

鸽形目 COLUMBIFORMES

鸠鸽科 Columbidae

珠颈斑鸠 *Streptopelia chinensis* (Scopoli)

森林，山地，城市。

分布：幕阜山脉：武宁县，修水县，通山县，平江县。九岭山脉：万载县，上高县，奉新县 LXA-4-2-5-237，安义县，宜丰县，宜春市区，浏阳市，靖安县。武功山脉：安福县，茶陵县，莲花县，衡东县。万洋山脉：炎陵县。诸广山脉：资兴市。

山斑鸠 *Streptopelia orientalis* (Latham)

森林，山地，城市。

分布：幕阜山脉：武宁县，修水县，通山县，平江县。九岭山脉：万载县，奉新县 LXA-4-2-5-259，安义县，宜丰县，铜鼓县。武功山脉：安福县，茶陵县，莲花县，衡东县。万洋山脉：井冈山，炎陵县。

火斑鸠 *Streptopelia tranquebarica* (Hermann)

森林，山地。

分布：万洋山脉：遂川县 SYS b002664。

斑尾鹃鸠 *Macropygia unchall* (Wagler)

森林，山地。

分布：万洋山脉：井冈山，炎陵县。

鹃形目 CUCULIFORMES

杜鹃科 Cuculidae

小鸦鹃 *Centropus bengalensis* (Gmelin)

森林，山地，草原/草地，河湖及池塘，湿地。

分布：万洋山脉：遂川县 SYS b002699。诸广山脉：崇义县 SYS b001382。

褐翅鸦鹃 *Centropus sinensis* (Stephens)

森林，山地，草原/草地，河湖及池塘，湿地。

分布：幕阜山脉：平江县。万洋山脉：遂川县。

红翅凤头鹃 *Clamator coromandus* (Linnaeus)

森林，山地。

分布：万洋山脉：遂川县 SYS b002857。诸广山脉：资兴市，崇义县 SYS b001130。

噪鹃 *Eudynamys scolopaceus* (Linnaeus)

森林，山地。

分布：九岭山脉：宜丰县，铜鼓县。万洋山脉：遂川县 SYS b006126。诸广山脉：崇义县 SYS b001375。

八声杜鹃 *Cacomantis merulinus* (Scopoli)

森林，山地，湿地。

分布：诸广山脉：崇义县。

乌鹃 *Surniculus lugubris* (Horsfield)

森林，山地。

分布：万洋山脉：井冈山。

北鹰鹃 *Hierococcyx hyperythrus* (Gould)

森林，山地，湿地。

分布：万洋山脉：遂川县。

霍氏鹰鹃 *Hierococcyx nisicolor* (Blyth)

森林，山地，湿地。

分布：万洋山脉：遂川县 SYS b006317。

鹰鹃 *Hierococcyx sparverioides* (Vigors)

森林，山地。

分布：武功山脉：安福县，茶陵县。万洋山脉：遂川县 SYS b006123。诸广山脉：资兴市，桂东县，崇义县 SYS b001293。

大杜鹃 *Cuculus canorus* **Linnaeus**

森林，山地，湿地，草原/草地。

分布：幕阜山脉：通山县。万洋山脉：遂川县 SYS b002780。诸广山脉：崇义县 SYS b001357，上犹县。

四声杜鹃 *Cuculus micropterus* **Gould**

森林，山地，湿地，草原/草地。

分布：九岭山脉：宜春市。万洋山脉：遂川县 SYS b002674。诸广山脉：崇义县 SYS b001356。

小杜鹃 *Cuculus poliocephalus* **Latham**

森林，山地，湿地，草原/草地。

分布：幕阜山脉：平江县。武功山脉：安福县。万洋山脉：遂川县 SYS b002842。诸广山脉：桂东县，崇义县，上犹县。

中杜鹃 *Cuculus saturatus* **Blyth**

森林，山地，湿地，草原/草地。

分布：幕阜山脉：通山县，平江县。万洋山脉：遂川县 SYS b002677。

鸮形目 STRIGIFORMES

鸱鸮科 Strigidae

领角鸮 *Otus lettia* (Hodgson)

森林，山地，城市。

分布：武功山脉：茶陵县，芦溪县。

黄嘴角鸮 *Otus spilocephalus* (Blyth)

森林，山地。

分布：万洋山脉：遂川县 SYS b002795。

红角鸮 *Otus sunia* (Hodgson)

森林，山地。

分布：武功山脉：安福县。万洋山脉：井冈山，炎陵县，遂川县 SYS b006209。诸广山脉：资兴市，崇义县，上犹县。

雕鸮 *Bubo bubo* (Linnaeus)

森林，山地。

分布：万洋山脉：井冈山（承勇等，2011）。

褐林鸮 *Strix leptogrammica* Temminck

森林，山地。

分布：万洋山脉：井冈山。

斑头鸺鹠 *Glaucidium cuculoides* (Vigors)

森林，山地，城市。

分布：幕阜山脉：通山县。万洋山脉：遂川县。

领鸺鹠 *Glaucidium brodiei* (Burton)

森林，山地。

分布：幕阜山脉：平江县。武功山脉：安福县，莲花县。万洋山脉：遂川县。诸广山脉：资兴市，崇义县 SYS b001184。

日本鹰鸮 *Ninox japonica* (Temminck et Schlegel)

森林，山地。

分布：万洋山脉：井冈山（承勇等，2011）。诸广山脉：崇义县（黄晓凤等，2009）。幕阜山脉：平江县。

短耳鸮 *Asio flammeus* (Pontoppidan)

森林，山地，草原/草地。

分布：万洋山脉：井冈山。诸广山脉：崇义县。

长耳鸮 *Asio otus* (Linnaeus)

森林，山地。

分布：万洋山脉：井冈山（承勇等，2011）。诸广山脉：崇义县（黄晓凤等，2009）。

草鸮科 Tytonidae

草鸮 *Tyto longimembris* (Jerdon)

森林，山地。

分布：万洋山脉：井冈山（宋玉赞等，2010），遂川县（熊彩云等，2009）。诸广山脉：崇义县（黄晓凤等，2009）。

夜鹰目 CAPRIMULGIFORMES

夜鹰科 Caprimulgidae

普通夜鹰 *Caprimulgus jotaka* Temminck et Schlegel

森林，山地，城市。

分布：九岭山脉。武功山脉：安福县，茶陵县。万洋山脉：井冈山。诸广山脉：桂东县，崇义县 SYS b001163。

雨燕目 APODIFORMES

雨燕科 Apodidae

白喉针尾雨燕 *Hirundapus caudacutus* (Latham)

森林，山地。

分布：万洋山脉：遂川县 SYS b006108。诸广山脉：崇义县 SYS b001347。

小白腰雨燕 *Apus nipalensis* (Hodgson)

森林，山地，城市。

分布：万洋山脉：井冈山，炎陵县。

白腰雨燕 *Apus pacificus* (Latham)

森林，山地。

分布：九岭山脉：万载县，宜春市区。武功山脉：安福县。诸广山脉：资兴市，桂东县，崇义县，上犹县。

咬鹃目 TROGONIFORMES

咬鹃科 Trogonidae

红头咬鹃 *Harpactes erythrocephalus* (Gould)

森林，山地。

分布：万洋山脉：井冈山。

佛法僧目 CORACIIFORMES

佛法僧科 Coraciidae

三宝鸟 *Eurystomus orientalis* (Linnaeus)

森林，山地，草原/草地。

分布：武功山脉：安福县。诸广山脉：崇义县 SYS b001125。

翠鸟科 Alcedinidae

蓝翡翠 *Halcyon pileata* (Boddaert)

海岸，森林，河湖及池塘，湿地。

分布：幕阜山脉：平江县。九岭山脉：宜丰县。武功山脉：安福县。万洋山脉：永新县，炎陵县，遂川县 SYS b006124。诸广山脉：崇义县 SYS b001349。

白胸翡翠 *Halcyon smyrnensis* (Linnaeus)

海岸，森林，河湖及池塘，湿地。

分布：幕阜山脉：修水县。九岭山脉：奉新县，安义县，宜丰县，宜春市区。

普通翠鸟 *Alcedo atthis* (Linnaeus)

海岸，森林，河湖及池塘，湿地，城市。

分布：幕阜山脉：武宁县，平江县。九岭山脉：万载县，上高县，奉新县，安义县，宜丰县，宜春市区，浏阳市，铜鼓县。武功山脉：安福县，衡东县。万洋山脉：永新县，炎陵县，遂川县 SYS b006128。诸广山脉：资兴市，崇义县 SYS b001251。

冠鱼狗 *Megaceryle lugubris* (Temminck)

森林，河湖及池塘，湿地。

分布：万洋山脉：井冈山。

斑鱼狗 *Ceryle rudis* (Linnaeus)

森林，河湖及池塘，湿地。

分布：九岭山脉：奉新县，安义县，宜丰县。武功山脉：衡东县。万洋山脉：炎陵县。

蜂虎科 Meropidae

蓝喉蜂虎 *Merops viridis* Linnaeus

森林，山地。

分布：幕阜山脉：修水县，通山县。武功山脉：安福县。诸广山脉：崇义县。

犀鸟目 BUCEROTIFORMES

戴胜科 Upupidae

戴胜 *Upupa epops* Linnaeus

海岸，沙漠，森林，山地，河湖及池塘，湿地，城市。

分布：万洋山脉：井冈山。

䴕形目 PICIFORMES

拟啄木鸟科 Megalaimidae

黑眉拟啄木鸟 *Psilopogon faber* (Swinhoe)

森林，山地。

分布：武功山脉：安福县。万洋山脉：井冈山，炎陵县。诸广山脉：资兴市，桂东县，崇义县，上犹县。

大拟啄木鸟 *Psilopogon virens* (Boddaert)

森林，山地。

分布：九岭山脉：宜丰县。武功山脉：安福县，芦溪县。万洋山脉：井冈山，炎陵县。诸广山脉：资兴市，桂东县，崇义县。

啄木鸟科 Picidae

蚁䴕 *Jynx torquilla* Linnaeus

森林，山地，河湖及池塘，湿地。

分布：万洋山脉：遂川县 SYS b002791。诸广山脉：崇义县 SYS b001341。

斑姬啄木鸟 *Picumnus innominatus* Burton

森林，山地。

分布：幕阜山脉：通山县 LXA-4-2-5-232。武功山脉：茶陵县。万洋山脉：井冈山，炎陵县。诸广山脉：桂东县，崇义县。

棕腹啄木鸟 *Dendrocopos hyperythrus* (Vigors)

森林，山地。

分布：诸广山脉：崇义县（黄晓凤等，2009）。

白背啄木鸟 *Dendrocopos leucotos* (Bechstein)

森林，山地。

分布：万洋山脉：井冈山。

大斑啄木鸟 *Dendrocopos major* (Linnaeus)

森林，山地，城市。

分布：万洋山脉：井冈山，炎陵县。诸广山脉：崇义县（黄晓凤等，2009）。

星头啄木鸟 *Picoides canicapillus* (Blyth)

森林，山地。

分布：幕阜山脉：通山县。九岭山脉：万载县，奉新县，宜丰县。

灰头绿啄木鸟 *Picus canus* Gmelin

森林，山地。

分布：万洋山脉：炎陵县。诸广山脉：资兴市。

黄冠啄木鸟 *Picus chlorolophus* Vieillot

森林，山地。

分布：九岭山脉：靖安县（戴年华等，1995）。

竹啄木鸟 *Gecinulus grantia* (McClelland)

森林，山地，竹林。

分布：万洋山脉：井冈山。诸广山脉：崇义县（黄晓凤等，2009）。

黄嘴栗啄木鸟 *Blythipicus pyrrhotis* (Hodgson)

森林，山地。

分布：幕阜山脉：平江县。九岭山脉：奉新县，宜丰县。武功山脉：安福县，芦溪县，莲花县。万洋山脉：井冈山，炎陵县，遂川县。诸广山脉：资兴市，桂东县，崇义县。

栗啄木鸟 *Micropternus brachyurus* (Vieillot)

森林，山地。

分布：武功山脉：安福县。万洋山脉：井冈山。诸广山脉：桂东县，崇义县。

隼形目 FALCONIFORMES

隼科 Falconidae

红脚隼 *Falco amurensis* Radde

森林，草原/草地，山地，城市。

分布：幕阜山脉：通山县，平江县。武功山脉：茶

陵县。

灰背隼 *Falco columbarius* Linnaeus

森林，草原/草地，山地。

分布：万洋山脉：遂川县（熊彩云等，2009）。诸广山脉：崇义县（黄晓凤等，2009）。

游隼 *Falco peregrinus* Tunstall

河湖及池塘，湿地，城市。

分布：武功山脉：茶陵县。诸广山脉：崇义县。

燕隼 *Falco subbuteo* Linnaeus

森林，山地。

分布：诸广山脉：崇义县。

红隼 *Falco tinnunculus* Linnaeus

沙漠，森林，草原/草地，山地，城市。

分布：九岭山脉：奉新县。武功山脉：衡东县。万洋山脉：炎陵县。诸广山脉：资兴市。

雀形目 PASSERIFORMES

八色鸫科 Pittidae

仙八色鸫 *Pitta nympha* Temminck et Schlegel

森林，山地。

分布：万洋山脉：遂川县 SYS b002702。诸广山脉：崇义县 SYS b001324。

山椒鸟科 Campephagidae

暗灰鹃鵙 *Lalage melaschistos* (Hodgson)

森林，山地。

分布：九岭山脉：奉新县。

小灰山椒鸟 *Pericrocotus cantonensis* Swinhoe

森林，山地。

分布：幕阜山脉：修水县，通山县。九岭山脉：宜春市区，靖安县。

灰山椒鸟 *Pericrocotus divaricatus* (Raffles)

森林，山地。

分布：诸广山脉：崇义县（黄晓凤等，2009）。万洋山脉：井冈山，炎陵县。

灰喉山椒鸟 *Pericrocotus solaris* Blyth

森林，山地。

分布：幕阜山脉：通山县 LXA-4-2-5-204。九岭山脉：宜丰县。武功山脉：安福县，芦溪县。万洋山脉：井冈山，炎陵县。诸广山脉：资兴市，桂东县，崇义县。

赤红山椒鸟 *Pericrocotus speciosus* (Latham)

森林,山地。

分布:九岭山脉:靖安县。

钩嘴鵙科 Tephrodornithidae

钩嘴林鵙 *Tephrodornis virgatus* (Temminck)

森林,山地。

分布:诸广山脉:崇义县(黄晓凤等,2009)。

伯劳科 Laniidae

牛头伯劳 *Lanius bucephalus* Temminck et Schlegel

森林,山地。

分布:九岭山脉:靖安县(戴年华等,1995)。

红尾伯劳 *Lanius cristatus* Linnaeus

森林,山地。

分布:九岭山脉。武功山脉:安福县,茶陵县,衡东县。万洋山脉:遂川县 SYS b002622。诸广山脉:崇义县 SYS b001387。

棕背伯劳 *Lanius schach* Linnaeus

森林,山地,草原/草地。

分布:幕阜山脉:武宁县,修水县,通山县,平江县。九岭山脉:万载县,上高县,奉新县,安义县,宜丰县,宜春市区,浏阳市,铜鼓县,靖安县。武功山脉:安福县,茶陵县,芦溪县,耒阳市,莲花县,衡东县。万洋山脉:永新县,炎陵县,井冈山,遂川县。诸广山脉:资兴市,崇义县。

灰背伯劳 *Lanius tephronotus* (Vigors)

森林,山地。

分布:九岭山脉:万载县。诸广山脉:资兴市。

虎纹伯劳 *Lanius tigrinus* Drapiez

森林,山地。

分布:万洋山脉:遂川县 SYS b002662。诸广山脉:崇义县 SYS b001138。

莺雀科 Vireonidae

白腹凤鹛 *Erpornis zantholeuca* (Blyth)

森林,山地。

分布:诸广山脉:崇义县(黄晓凤等,2009)。万洋山脉:井冈山,炎陵县。

红翅鵙鹛 *Pteruthius aeralatus* Blyth

森林,山地。

分布:万洋山脉:井冈山。

淡绿鵙鹛 *Pteruthius xanthochlorus* Gray

森林,山地。

分布:万洋山脉:井冈山。

黄鹂科 Oriolidae

黑枕黄鹂 *Oriolus chinensis* Linnaeus

森林,山地。

分布:万洋山脉:遂川县 SYS b006114。诸广山脉:崇义县 SYS b001351。

卷尾科 Dicruridae

发冠卷尾 *Dicrurus hottentottus* (Linnaeus)

森林,山地。

分布:幕阜山脉:武宁县,修水县。武功山脉:安福县,茶陵县。万洋山脉:炎陵县,遂川县。诸广山脉:崇义县 SYS b001241。

灰卷尾 *Dicrurus leucophaeus* Vieillot

森林,山地。

分布:武功山脉:茶陵县。

黑卷尾 *Dicrurus macrocercus* Vieillot

森林,山地。

分布:幕阜山脉:修水县,通山县,平江县。九岭山脉:安义县。武功山脉:安福县,茶陵县,莲花县,衡东县。

王鹟科 Monarchidae

寿带 *Terpsiphone paradisi* (Linnaeus)

森林,山地。

分布:武功山脉:茶陵县。万洋山脉:井冈山。

鸦科 Corvidae

松鸦 *Garrulus glandarius* (Linnaeus)

森林,山地。

分布:幕阜山脉:通山县,平江县。九岭山脉:万载县,奉新县,宜丰县,铜鼓县。武功山脉:茶陵县,芦溪县,衡东县。万洋山脉:炎陵县 SYS b002158。诸广山脉:资兴市。

灰喜鹊 *Cyanopica cyanus* (Pallas)

森林,山地,城市。

分布:九岭山脉:万载县。

红嘴蓝鹊 *Urocissa erythroryncha* (Boddaert)

森林,山地,城市。

分布：幕阜山脉：武宁县，修水县，通山县，平江县。九岭山脉：万载县，奉新县，安义县，宜丰县，宜春市区，浏阳市，铜鼓县，靖安县。武功山脉：安福县，茶陵县，芦溪县，莲花县。万洋山脉：永兴县，井冈山，炎陵县，遂川县。诸广山脉：资兴市，桂东县，崇义县。

灰树鹊 *Dendrocitta formosae* Swinhoe

森林，山地。

分布：幕阜山脉：修水县，通山县，平江县。九岭山脉：安义县，宜丰县，铜鼓县。武功山脉：安福县，芦溪县，莲花县。万洋山脉：井冈山，永新县，炎陵县，遂川县。诸广山脉：资兴市，桂东县，崇义县。

喜鹊 *Pica pica* (Linnaeus)

森林，山地，城市。

分布：九岭山脉：万载县。武功山脉：安福县，莲花县，衡东县。诸广山脉：资兴市。

大嘴乌鸦 *Corvus macrorhynchos* Wagler

森林，山地。

分布：幕阜山脉：武宁县。九岭山脉：浏阳市。武功山脉：莲花县。万洋山脉：井冈山，炎陵县，遂川县。诸广山脉：资兴市，桂东县。

白颈鸦 *Corvus torquatus* Lesson

平原，耕地，河滩，城市。

分布：九岭山脉：上高县。万洋山脉：遂川县。

玉鹟科 Stenostiridae

方尾鹟 *Culicicapa ceylonensis* (Swainson)

森林，山地。

分布：幕阜山脉：通山县。武功山脉：安福县。万洋山脉：井冈山。诸广山脉：桂东县。

山雀科 Paridae

远东山雀 *Parus minor* Temminck et Schlegel

森林，山地。

分布：幕阜山脉：武宁县，修水县，通山县，平江县。九岭山脉：万载县，奉新县，安义县，宜丰县，宜春市区，浏阳市，铜鼓县，靖安县。武功山脉：安福县，芦溪县，莲花县，衡东县。万洋山脉：永兴县，炎陵县，遂川县。诸广山脉：资兴市，桂东县，崇义县。

黄腹山雀 *Parus venustulus* (Swinhoe)

森林，山地。

分布：幕阜山脉：修水县，通山县。九岭山脉：奉

新县 LXA-4-2-5-263，宜丰县。万洋山脉：炎陵县，遂川县。诸广山脉：桂东县。

黄颊山雀 *Machlolophus spilonotus* (Bonaparte)

森林，山地。

分布：万洋山脉：井冈山，炎陵县，遂川县 SYS b002722。诸广山脉：桂东县，崇义县 SYS b001316，上犹县。

攀雀科 Remizidae

中华攀雀 *Remiz consobrinus* (Swinhoe)

农田，湿地。

分布：诸广山脉：桂东县。

百灵科 Alaudidae

小云雀 *Alauda gulgula* (Franklin)

农田，湿地。

分布：诸广山脉：崇义县（黄晓凤等，2009）。万洋山脉：井冈山，炎陵县。

鹎科 Pycnonotidae

领雀嘴鹎 *Spizixos semitorques* Swinhoe

森林，山地。

分布：幕阜山脉：武宁县，修水县，通山县 LXA-4-2-5-213，平江县。九岭山脉：万载县，上高县，奉新县，安义县，宜丰县，宜春市区，浏阳市，铜鼓县，靖安县。武功山脉：安福县，茶陵县，芦溪县，莲花县，衡东县。万洋山脉：井冈山，炎陵县，遂川县 SYS b006222。诸广山脉：资兴市，桂东县，崇义县，上犹县。

红耳鹎 *Pycnonotus jocosus* (Linnaeus)

森林，山地。

分布：万洋山脉：炎陵县。

白头鹎 *Pycnonotus sinensis* (Gmelin)

森林，山地。

分布：幕阜山脉：通山县，平江县。九岭山脉：万载县，上高县，奉新县，安义县，宜丰县，宜春市区，浏阳市，铜鼓县，靖安县。武功山脉：安福县，茶陵县，芦溪县，衡东县。万洋山脉：永兴县，炎陵县，遂川县 SYS b002727。诸广山脉：资兴市，崇义县，上犹县。

黄臀鹎 *Pycnonotus xanthorrhous* Anderson

森林，山地。

分布：幕阜山脉：武宁县，修水县，通山县，平江

县。九岭山脉：安义县，浏阳市。

绿翅短脚鹎 *Ixos mcclellandii* (Horsfield)

森林，山地。

分布：幕阜山脉：通山县。九岭山脉：宜丰县。万洋山脉：井冈山，炎陵县，遂川县。诸广山脉：资兴市，桂东县。

栗背短脚鹎 *Hemixos castanonotus* Swinhoe

森林，山地。

分布：幕阜山脉：武宁县，修水县，通山县，平江县。九岭山脉：奉新县，安义县，浏阳市，铜鼓县。武功山脉：安福县。万洋山脉：井冈山，炎陵县，遂川县。诸广山脉：资兴市，桂东县，崇义县。

黑短脚鹎 *Hypsipetes leucocephalus* (Gmelin)

森林，山地。

分布：幕阜山脉：修水县，通山县，平江县。九岭山脉：浏阳市。武功山脉：安福县，茶陵县。万洋山脉：井冈山，炎陵县，遂川县。诸广山脉：资兴市，桂东县，上犹县。

燕科 Hirundinidae

淡色沙燕 *Riparia diluta* (Sharpe et Wyatt)

河湖及池塘，湿地。

分布：武功山脉：衡东县。诸广山脉：资兴市。

家燕 *Hirundo rustica* Linnaeus

森林，山地。

分布：幕阜山脉：武宁县，修水县，通山县，平江县。九岭山脉：万载县，奉新县，安义县，宜丰县，宜春市区，浏阳市，铜鼓县，靖安县。武功山脉：安福县，茶陵县，衡东县。万洋山脉：井冈山，炎陵县，遂川县 SYS b002819。诸广山脉：资兴市，崇义县，上犹县。

烟腹毛脚燕 *Delichon dasypus* (Bonaparte)

森林，山地。

分布：幕阜山脉：修水县，通山县。武功山脉：安福县。万洋山脉：井冈山。诸广山脉：桂东县，崇义县，上犹县。

金腰燕 *Cecropis daurica* Linnaeus

森林，山地。

分布：幕阜山脉：武宁县，修水县，通山县，平江县。九岭山脉：万载县，奉新县，安义县，宜丰县，宜春市区，浏阳市，铜鼓县。武功山脉：安福县，茶陵县，莲花县，衡东县。万洋山脉：炎陵县，遂川县。诸广山脉：资兴市，桂东县，崇义县，上犹县。

鳞胸鹪鹛科 Pnoepygidae

小鳞胸鹪鹛 *Pnoepyga pusilla* Hodgson

森林，山地。

分布：武功山脉：安福县。万洋山脉：井冈山，炎陵县，遂川县。诸广山脉：资兴市，桂东县，崇义县。

树莺科 Cettiidae

棕脸鹟莺 *Abroscopus albogularis* (Hodgson)

森林，山地。

分布：幕阜山脉：通山县 LXA-4-2-5-230，平江县。武功山脉：安福县。万洋山脉：井冈山，炎陵县，遂川县。诸广山脉：资兴市，桂东县，崇义县，上犹县。

金头缝叶莺 *Phyllergates cucullatus* (Temminck)

森林，山地。

分布：万洋山脉：井冈山，炎陵县。

远东树莺 *Horornis diphone* (Kittlitz)

森林，山地。

分布：幕阜山脉：修水县。武功山脉：安福县。

强脚树莺 *Horornis fortipes* Hodgson

森林，山地。

分布：幕阜山脉：武宁县，修水县，通山县，平江县。九岭山脉：奉新县，安义县，宜丰县，宜春市区，浏阳市，铜鼓县。武功山脉：安福县，茶陵县，衡东县。万洋山脉：炎陵县 SYS b002154，遂川县 SYS b006217。诸广山脉：桂东县，崇义县。

黄腹树莺 *Cettia acanthizoides* (Verreaux)

森林，山地。

分布：万洋山脉：遂川县 SYS b006188。诸广山脉：上犹县。

鳞头树莺 *Urosphena squameiceps* (Swinhoe)

森林，山地。

分布：万洋山脉：遂川县 SYS b006303。诸广山脉：崇义县 SYS b001372。

长尾山雀科 Aegithalidae

红头长尾山雀 *Aegithalos concinnus* (Gould)

森林，山地。

分布：幕阜山脉：修水县，通山县。九岭山脉：奉新县，安义县，宜丰县，宜春市区，铜鼓县，靖安县。武功山脉：安福县，茶陵县，衡东县。万洋山脉：炎陵县，遂川县 SYS b002861。诸广山脉：资兴市，桂东县，上犹县。

柳莺科 Phylloscopidae

黄腹柳莺 *Phylloscopus affinis* (Tickell)

　　森林，山地。

　　分布：万洋山脉：井冈山。

极北柳莺 *Phylloscopus borealis* (Blasius)

　　森林，山地。

　　分布：武功山脉：安福县，芦溪县。万洋山脉：遂川县 SYS b002724。诸广山脉：崇义县 SYS b001201。

栗头鹟莺 *Phylloscopus castaniceps* (Hodgson)

　　森林，山地。

　　分布：武功山脉：安福县。万洋山脉：井冈山，炎陵县，遂川县 SYS b006175。诸广山脉：桂东县，崇义县。

冕柳莺 *Phylloscopus coronatus* (Temminck et Schlegel)

　　森林，山地。

　　分布：万洋山脉：井冈山，炎陵县。

褐柳莺 *Phylloscopus fuscatus* (Blyth)

　　森林，山地。

　　分布：九岭山脉：宜丰县。武功山脉：衡东县。万洋山脉：遂川县 SYS b002850。

黄眉柳莺 *Phylloscopus inornatus* (Blyth)

　　森林，山地。

　　分布：幕阜山脉：通山县。九岭山脉：宜丰县，靖安县。武功山脉：安福县，茶陵县，芦溪县，莲花县。万洋山脉：遂川县 SYS b006161。诸广山脉：资兴市，崇义县 SYS b001185。

白眶鹟莺 *Phylloscopus intermedius* (La Touche)

　　森林，山地。

　　分布：万洋山脉：井冈山，炎陵县。

白斑尾柳莺 *Phylloscopus ogilviegranti* La Touche

　　森林，山地。

　　分布：万洋山脉：炎陵县。

双斑绿柳莺 *Phylloscopus plumbeitarsus* (Sundevall)

　　森林，山地。

　　分布：万洋山脉：井冈山。

黄腰柳莺 *Phylloscopus proregulus* (Pallas)

　　森林，山地。

分布：幕阜山脉：通山县。九岭山脉：宜丰县。

冠纹柳莺 *Phylloscopus reguloides* (Blyth)

　　森林，山地。

　　分布：武功山脉：安福县。万洋山脉：井冈山，炎陵县，遂川县。诸广山脉：资兴市，桂东县。

黑眉柳莺 *Phylloscopus ricketti* (Slater)

　　森林，山地。

　　分布：幕阜山脉：通山县。九岭山脉：浏阳市。武功山脉：安福县。万洋山脉：井冈山，炎陵县。诸广山脉：资兴市，桂东县。

淡尾鹟莺 *Phylloscopus soror* (Alström et Olsson)

　　森林，山地。

　　分布：万洋山脉：炎陵县。诸广山脉：桂东县。

棕腹柳莺 *Phylloscopus subaffinis* Ogilvie-Grant

　　森林，山地。

　　分布：武功山脉：安福县。诸广山脉：崇义县。

淡脚柳莺 *Phylloscopus tenellipes* Swinhoe

　　森林，山地。

　　分布：幕阜山脉：平江县。武功山脉：茶陵县，莲花县。诸广山脉：崇义县。

灰冠鹟莺 *Phylloscopus tephrocephalus* (Anderson)

　　森林，山地。

　　分布：万洋山脉：遂川县 SYS b002757。

比氏鹟莺 *Phylloscopus valentini* (Hartert)

　　森林，山地。

　　分布：万洋山脉：炎陵县。诸广山脉：桂东县。

云南柳莺 *Phylloscopus yunnanensis* Alström, Olsson et Colston

　　森林，山地。

　　分布：万洋山脉：井冈山。

苇莺科 Acrocephalidae

黑眉苇莺 *Acrocephalus bistrigiceps* Swinhoe

　　森林，山地。

　　分布：万洋山脉：遂川县 SYS b002887。诸广山脉：崇义县 SYS b001367。

钝翅苇莺 *Acrocephalus concinens* (Swinhoe)

　　森林，山地。

　　分布：万洋山脉：井冈山，炎陵县。

东方大苇莺 *Acrocephalus orientalis* **(Temminck et Schlegel)**

森林，山地。

分布：诸广山脉：崇义县 SYS b001337。

厚嘴苇莺 *Arundinax aedon* **(Pallas)**

森林，山地。

分布：万洋山脉：遂川县 SYS b002879。诸广山脉：崇义县 SYS b001338。

蝗莺科 Locustellidae

小蝗莺 *Locustella certhiola* **(Pallas)**

森林，山地。

分布：万洋山脉：遂川县 SYS b002787。诸广山脉：崇义县 SYS b001170。

矛斑蝗莺 *Locustella lanceolata* **(Temminck)**

森林，山地。

分布：万洋山脉：遂川县 SYS b006312。诸广山脉：崇义县 SYS b001327。

棕褐短翅莺 *Locustella luteoventris* **(Hodgson)**

森林，山地。

分布：武功山脉：安福县。诸广山脉：桂东县，崇义县，上犹县。

高山短翅莺 *Locustella mandelli* **(Brooks)**

森林，山地。

分布：武功山脉：安福县。万洋山脉：炎陵县，遂川县。诸广山脉：桂东县，崇义县，上犹县。

扇尾莺科 Cisticolidae

棕扇尾莺 *Cisticola juncidis* **(Rafinesque)**

森林，山地。

分布：武功山脉：衡东县。诸广山脉：崇义县。

黑喉山鹪莺 *Prinia atrogularis* **(Moore)**

森林，山地。

分布：诸广山脉：桂东县，上犹县。

黄腹山鹪莺 *Prinia flaviventris* **(Delessert)**

森林，山地。

分布：武功山脉：安福县。万洋山脉：永兴县，炎陵县，遂川县。

纯色山鹪莺 *Prinia inornata* **Sykes**

森林，山地。

分布：幕阜山脉：修水县，平江县。九岭山脉：万载县，奉新县，安义县，宜丰县，宜春市区，浏阳市。武功山脉：安福县，茶陵县，莲花县，衡东县。万洋山脉：永兴县，遂川县。诸广山脉：资兴市，崇义县，上犹县。

山鹪莺 *Prinia striata* **(Swinhoe)**

森林，山地。

分布：武功山脉：安福县。万洋山脉：炎陵县。诸广山脉：桂东县，崇义县。

长尾缝叶莺 *Orthotomus sutorius* **(Pennant)**

森林，山地。

分布：诸广山脉：崇义县（黄晓凤等，2009）。万洋山脉：永兴县，遂川县，井冈山。

林鹛科 Timaliidae

华南斑胸钩嘴鹛 *Erythrogenys swinhoei* **David**

森林，山地。

分布：九岭山脉。武功山脉：安福县，茶陵县，芦溪县，莲花县。万洋山脉：井冈山，炎陵县，遂川县 SYS b002858。诸广山脉：资兴市，桂东县，崇义县。

棕颈钩嘴鹛 *Pomatorhinus ruficollis* **Hodgson**

森林，山地。

分布：幕阜山脉：武宁县，修水县，通山县 LXA-4-2-5-192，平江县。九岭山脉：奉新县，安义县，浏阳市，铜鼓县，靖安县。武功山脉：安福县，茶陵县，芦溪县。万洋山脉：井冈山，炎陵县，遂川县 SYS b002812。诸广山脉：资兴市，桂东县，崇义县，上犹县。

红头穗鹛 *Cyanoderma ruficeps* **(Blyth)**

森林，山地。

分布：九岭山脉：万载县，奉新县，宜丰县，宜春市区，靖安县。武功山脉：安福县，茶陵县，芦溪县，莲花县。万洋山脉：永兴县，井冈山，炎陵县 SYS b002155，遂川县。诸广山脉：资兴市，桂东县，崇义县。

幽鹛科 Pellorneidae

褐顶雀鹛 *Schoeniparus brunneus* **(Gould)**

森林，山地。

分布：幕阜山脉：武宁县，修水县，通山县 SYS b002732。九岭山脉：奉新县，铜鼓县，靖安县。武功山脉：安福县，茶陵县。万洋山脉：炎陵县，遂川县。诸广山脉：上犹县。

淡眉雀鹛 *Alcippe hueti* **David**

森林，山地。

分布：幕阜山脉：武宁县，修水县，通山县。九岭山脉：万载县，奉新县，安义县，宜丰县，靖安县。武功山脉：安福县，茶陵县，芦溪县，莲花县。万洋山脉：永兴县，井冈山，炎陵县 SYS b002152，遂川县 SYS b002753。诸广山脉：资兴市，桂东县，崇义县 SYS b001317，上犹县。

噪鹛科 Leiothrichidae

画眉 *Garrulax canorus* (Linnaeus)

森林，山地。

分布：幕阜山脉：武宁县，修水县，通山县，平江县。九岭山脉：奉新县，宜丰县，宜春市区，靖安县。武功山脉：安福县，茶陵县，莲花县。万洋山脉：井冈山，炎陵县，遂川县 SYS b006203。诸广山脉：资兴市，桂东县，崇义县。

灰翅噪鹛 *Garrulax cineraceus* (Godwin-Austen)

森林，山地。

分布：诸广山脉：资兴市。

矛纹草鹛 *Garrulax lanceolatus* (Verreaux)

森林，山地。

分布：武功山脉：安福县（杨道德等，2004）。

小黑领噪鹛 *Garrulax monileger* Riley

森林，山地。

分布：诸广山脉：崇义县。万洋山脉：井冈山，炎陵县。

黑领噪鹛 *Garrulax pectoralis* (Gould)

森林，山地。

分布：武功山脉：安福县，莲花县。万洋山脉：井冈山。诸广山脉：桂东县，崇义县。

黑脸噪鹛 *Garrulax perspicillatus* (Gmelin)

森林，山地，城市。

分布：幕阜山脉：通山县。九岭山脉：万载县，奉新县，安义县，宜丰县，宜春市区，铜鼓县。武功山脉：安福县，茶陵县。万洋山脉：炎陵县。

白颊噪鹛 *Garrulax sannio* Swinhoe

森林，山地，城市。

分布：幕阜山脉：武宁县，修水县，通山县，平江县。九岭山脉：万载县，上高县，奉新县 LXA-4-2-5-251，安义县，宜丰县，宜春市区，浏阳市，铜鼓县，靖安县。武功山脉：茶陵县，耒阳市，衡东县。

红嘴相思鸟 *Leiothrix lutea* (Scopoli)

森林，山地。

分布：幕阜山脉：修水县，通山县。九岭山脉：奉

新县，宜丰县，浏阳市。武功山脉：安福县，茶陵县，芦溪县，莲花县。万洋山脉：井冈山，炎陵县，遂川县 SYS b006191。诸广山脉：资兴市，桂东县，崇义县 SYS b001343。

莺鹛科 Sylviidae

棕头鸦雀 *Sinosuthora webbiana* (Gould)

森林，山地，城市。

分布：幕阜山脉：武宁县，修水县，通山县 LXA-4-2-5-191，平江县。九岭山脉：万载县，上高县，奉新县，安义县，宜丰县，宜春市区，浏阳市，铜鼓县。武功山脉：安福县。万洋山脉：井冈山，炎陵县 SYS b002156，遂川县 SYS b002823。诸广山脉：资兴市，桂东县，崇义县。

金色鸦雀 *Suthora verreauxi* Sharpe

森林，山地。

分布：万洋山脉：遂川县。诸广山脉：桂东县。

短尾鸦雀 *Neosuthora davidiana* (Slater)

森林，山地。

分布：诸广山脉：崇义县。

灰头鸦雀 *Psittiparus gularis* (Gray)

森林，山地。

分布：幕阜山脉：通山县。武功山脉：安福县。万洋山脉：遂川县。

绣眼鸟科 Zosteropidae

栗颈凤鹛 *Yuhina torqueola* (Swinhoe)

森林，山地。

分布：幕阜山脉：通山县。武功山脉：安福县，芦溪县。万洋山脉：井冈山，炎陵县，遂川县 SYS b006198。诸广山脉：资兴市，桂东县，上犹县。

红胁绣眼鸟 *Zosterops erythropleurus* Swinhoe

森林，山地，城市。

分布：万洋山脉：井冈山。

暗绿绣眼鸟 *Zosterops japonicus* Temminck et Schlegel

森林，山地，城市。

分布：幕阜山脉：武宁县，修水县，通山县。九岭山脉：铜鼓县。武功山脉：安福县，茶陵县，衡东县。万洋山脉：炎陵县，遂川县 SYS b002729。诸广山脉：资兴市。

丽星鹩鹛科 Elachuridae

丽星鹩鹛 *Elachura formosa* (Walden)

森林，山地。

分布：武功山脉：安福县，芦溪县。万洋山脉：井冈山，炎陵县，遂川县 SYS b002789。诸广山脉：桂东县，上犹县。

鹪鹩科 Troglodytidae

鹪鹩 *Troglodytes troglodytes* (Linnaeus)

森林，山地。

分布：九岭山脉：宜丰县（戴年华等，1997）。

䴓科 Sittidae

普通䴓 *Sitta europaea* Linnaeus

森林，山地。

分布：九岭山脉：宜丰县（戴年华等，1995），靖安县（戴年华等，1995）。

椋鸟科 Sturnidae

八哥 *Acridotheres cristatellus* (Linnaeus)

森林，山地，城市。

分布：幕阜山脉：武宁县，修水县，平江县。九岭山脉：万载县，上高县，奉新县，安义县，宜丰县，宜春市区，浏阳市，铜鼓县，靖安县。武功山脉：安福县，茶陵县，莲花县，衡东县。万洋山脉：炎陵县。

灰椋鸟 *Spodiopsar cineraceus* (Temminck)

森林，山地，城市。

分布：诸广山脉：崇义县（黄晓凤等，2009）。万洋山脉：井冈山。

丝光椋鸟 *Spodiopsar sericeus* (Gmelin)

森林，山地，城市。

分布：幕阜山脉：修水县，通山县，平江县。九岭山脉：万载县，上高县，奉新县，宜丰县，浏阳市，铜鼓县。武功山脉：安福县，莲花县，衡东县。

黑领椋鸟 *Gracupica nigricollis* (Paykull)

森林，山地。

分布：九岭山脉：万载县，奉新县，安义县。武功山脉：安福县，茶陵县，衡东县。万洋山脉：炎陵县。诸广山脉：资兴市。

北椋鸟 *Agropsar sturninus* (Pallas)

森林，山地。

分布：诸广山脉：崇义县。

鸫科 Turdidae

橙头地鸫 *Geokichla citrina* (Latham)

森林，山地。

分布：万洋山脉：遂川县 SYS b002632。

白眉地鸫 *Geokichla sibirica* (Pallas)

森林，山地。

分布：万洋山脉：遂川县 SYS b002851。诸广山脉：崇义县 SYS b001389。

怀氏虎鸫 *Zoothera aurea* (Holandre)

森林，山地。

分布：万洋山脉：遂川县 SYS b002701。

乌灰鸫 *Turdus cardis* Temminck

森林，山地。

分布：诸广山脉：崇义县（黄晓凤等，2009）。万洋山脉：井冈山，炎陵县。

斑鸫 *Turdus eunomus* Temminck

森林，山地。

分布：九岭山脉：宜丰县。

灰背鸫 *Turdus hortulorum* Sclater

森林，山地。

分布：诸广山脉：崇义县（黄晓凤等，2009）。万洋山脉：井冈山，炎陵县。

乌鸫 *Turdus merula* Linnaeus

草原/草地，森林，山地，城市。

分布：幕阜山脉：平江县。九岭山脉：上高县，奉新县 LXA-4-2-5-258，安义县，宜丰县，铜鼓县，靖安县。武功山脉：安福县，耒阳市，莲花县，衡东县。万洋山脉：永兴县，炎陵县，遂川县 SYS b006282。

宝兴歌鸫 *Turdus mupinensis* Laubmann

森林，山地，草原/草地。

分布：九岭山脉：宜丰县（魏振华等，2015）。

白腹鸫 *Turdus pallidus* Gmelin

森林，山地。

分布：万洋山脉：井冈山，炎陵县。诸广山脉：崇义县（黄晓凤等，2009）。

灰头鸫 *Turdus rubrocanus* Hodgson

森林，山地。

分布：九岭山脉：靖安县（魏振华等，2017）。

鹟科 Muscicapidae

蓝歌鸲 *Larvivora cyane* (Pallas)

森林，山地。

分布：万洋山脉：遂川县 SYS b002822。诸广山脉：

崇义县 SYS b001260。

红尾歌鸲 *Larvivora sibilans* Swinhoe

森林，山地。

分布：万洋山脉：遂川县 SYS b006342。

红喉歌鸲 *Calliope calliope* (Pallas)

森林，山地。

分布：武功山脉：茶陵县。万洋山脉：遂川县。诸广山脉：崇义县。

红胁蓝尾鸲 *Tarsiger cyanurus* (Pallas)

海岸，森林，山地，城市。

分布：九岭山脉：奉新县，宜丰县。

白喉短翅鸲 *Brachypteryx leucophris* (Temminck)

森林，山地。

分布：万洋山脉：炎陵县，遂川县 SYS b002153。诸广山脉：桂东县，崇义县，上犹县。

鹊鸲 *Copsychus saularis* (Linnaeus)

森林，山地，城市。

分布：幕阜山脉：通山县。九岭山脉：万载县，奉新县，宜春市区，浏阳市，铜鼓县，靖安县。武功山脉：安福县，耒阳市，衡东县。万洋山脉：永兴县，炎陵县。

北红尾鸲 *Phoenicurus auroreus* (Pallas)

森林，山地，城市。

分布：幕阜山脉：通山县 LXA-4-2-5-217，修水县，平江县。九岭山脉：奉新县，宜丰县 LXA-4-2-5-246。武功山脉：衡东县。万洋山脉：永兴县，炎陵县，遂川县。

红尾水鸲 *Phoenicurus fuliginosus* (Vigors)

森林，山地。

分布：幕阜山脉：修水县，通山县，平江县。九岭山脉：奉新县，宜丰县，浏阳市，铜鼓县，靖安县。武功山脉：安福县。万洋山脉：永兴县，井冈山，炎陵县，遂川县。诸广山脉：资兴市，桂东县，崇义县。

白顶溪鸲 *Phoenicurus leucocephalus* Vigors

森林，山地。

分布：九岭山脉：奉新县，宜丰县。万洋山脉：井冈山。

白尾蓝地鸲 *Myiomela leucura* (Hodgson)

森林，山地。

分布：诸广山脉：桂东县，崇义县。

紫啸鸫 *Myophonus caeruleus* (Scopoli)

森林，山地。

分布：幕阜山脉：修水县。武功山脉：安福县，芦溪县 SYS b00188。万洋山脉：井冈山。诸广山脉：资兴市，桂东县，崇义县。

白冠燕尾 *Enicurus leschenaulti* (Vieillot)

森林，山地。

分布：幕阜山脉：修水县，通山县，平江县。九岭山脉：奉新县，宜丰县。武功山脉：安福县，茶陵县，芦溪县，莲花县。万洋山脉：井冈山，炎陵县，遂川县。诸广山脉：资兴市，桂东县，崇义县，上犹县。

灰背燕尾 *Enicurus schistaceus* (Hodgson)

森林，山地。

分布：万洋山脉：炎陵县。诸广山脉：资兴市，桂东县，崇义县。

小燕尾 *Enicurus scouleri* Vigors

森林，山地。

分布：幕阜山脉：武宁县，修水县，通山县，平江县。九岭山脉：铜鼓县，靖安县。武功山脉：安福县。万洋山脉：炎陵县。诸广山脉：桂东县。

灰林䳭 *Saxicola ferreus* J.E. Gray et G.R. Gray

森林，山地。

分布：武功山脉：安福县。万洋山脉：井冈山，炎陵县，遂川县 SYS b002813。

东亚石䳭 *Saxicola stejnegeri* (Parrot)

森林，山地。

分布：九岭山脉：宜丰县。武功山脉：安福县。万洋山脉：永兴县，炎陵县，遂川县 SYS b002816。诸广山脉：桂东县。

栗腹矶鸫 *Monticola rufiventris* (Jardine et Selby)

森林，山地。

分布：诸广山脉：桂东县。

蓝矶鸫 *Monticola solitarius* (Linnaeus)

海岸，森林，山地。

分布：万洋山脉：井冈山。诸广山脉：崇义县（黄晓凤等，2009）。

北灰鹟 *Muscicapa dauurica* Pallas

森林，山地。

分布：武功山脉：芦溪县。

褐胸鹟 *Muscicapa muttui* (Layard)

森林，山地。

分布：诸广山脉：崇义县（黄晓凤等，2009）。万洋山脉：井冈山，炎陵县。

乌鹟 *Muscicapa sibirica* Gmelin

　　森林，山地。

　　分布：武功山脉：茶陵县，芦溪县。万洋山脉：遂川县 SYS b001412。诸广山脉：崇义县。

红喉姬鹟 *Ficedula albicilla* (Pallas)

　　森林，山地。

　　分布：万洋山脉：井冈山，炎陵县。

鸲姬鹟 *Ficedula mugimaki* (Temminck)

　　森林，山地。

　　分布：万洋山脉：遂川县 SYS b006340。

白眉姬鹟 *Ficedula zanthopygia* (Hay)

　　森林，山地。

　　分布：诸广山脉：崇义县 SYS b001169。

琉璃蓝鹟 *Cyanoptila cumatilis* Thayer et Bangs

　　森林，山地。

　　分布：万洋山脉：遂川县 SYS b006220。

白腹蓝鹟 *Cyanoptila cyanomelana* (Temminck)

　　森林，山地。

　　分布：武功山脉：芦溪县。诸广山脉：崇义县 SYS b001410。

白喉林鹟 *Cyornis brunneatus* (Slater)

　　森林，山地。

　　分布：武功山脉：安福县。万洋山脉：井冈山，炎陵县。诸广山脉：桂东县，上犹县。

小仙鹟 *Niltava macgrigoriae* (Burton)

　　森林，山地。

　　分布：万洋山脉：炎陵县，遂川县 SYS b002860。诸广山脉：桂东县，上犹县。

河乌科 Cinclidae

褐河乌 *Cinclus pallasii* Temminck

　　森林，山地。

　　分布：幕阜山脉：通山县。九岭山脉：奉新县，安义县，宜丰县，铜鼓县。武功山脉：安福县。万洋山脉：炎陵县。诸广山脉：资兴市，桂东县。

叶鹎科 Chloropseidae

橙腹叶鹎 *Chloropsis hardwickii* Jardine et Selby

　　森林，山地。

　　分布：幕阜山脉：通山县。九岭山脉：奉新县。万洋山脉：井冈山，炎陵县。

啄花鸟科 Dicaeidae

红胸啄花鸟 *Dicaeum ignipectus* (Blyth)

　　森林，山地。

　　分布：武功山脉：安福县。万洋山脉：炎陵县，遂川县。诸广山脉：资兴市。

太阳鸟科 Nectariniidae

叉尾太阳鸟 *Aethopyga christinae* Swinhoe

　　森林，山地。

　　分布：武功山脉：茶陵县。万洋山脉：井冈山，炎陵县，遂川县 SYS b002761。诸广山脉：资兴市，桂东县。

雀科 Passeridae

山麻雀 *Passer cinnamomeus* (Gould)

　　沙漠，草原/草地，城市。

　　分布：幕阜山脉：武宁县，修水县，通山县 LXA-4-2-5-228，平江县。九岭山脉：奉新县，安义县，宜春市区，浏阳市，铜鼓县。武功山脉：茶陵县，衡东县。万洋山脉：炎陵县，遂川县。

树麻雀 *Passer montanus* (Linnaeus)

　　森林，山地，农田，城市。

　　分布：幕阜山脉：武宁县，修水县，通山县，平江县。九岭山脉：万载县，上高县，奉新县 LXA-4-2-5-244，安义县，宜丰县，宜春市区，浏阳市，铜鼓县，靖安县。武功山脉：安福县，茶陵县，芦溪县，衡东县。万洋山脉：炎陵县，遂川县。诸广山脉：资兴市，桂东县。

梅花雀科 Estrildidae

斑文鸟 *Lonchura punctulata* (Linnaeus)

　　草原/草地，河湖及池塘，湿地。

　　分布：幕阜山脉：修水县。九岭山脉：奉新县，浏阳市。武功山脉：茶陵县，芦溪县。万洋山脉：永兴县，炎陵县。

白腰文鸟 *Lonchura striata* (Linnaeus)

　　草原/草地，河湖及池塘，湿地。

　　分布：幕阜山脉：武宁县，修水县，通山县，平江县。九岭山脉：万载县，上高县，奉新县，安义县，宜丰县，宜春市区，浏阳市，铜鼓县。武功山脉：安福县。万洋山脉：永兴县，井冈山。诸广山脉：崇义县，上犹县。

鹡鸰科 Motacillidae

山鹡鸰 *Dendronanthus indicus* (Gmelin)

　　森林，山地。

分布：武功山脉：茶陵县。万洋山脉：炎陵县，井冈山。

白鹡鸰 *Motacilla alba* Linnaeus

草原/草地，河湖及池塘，湿地，山地，城市。

分布：幕阜山脉：武宁县，修水县，通山县。九岭山脉：万载县，上高县，奉新县，安义县，宜丰县，宜春市区，浏阳市，铜鼓县，靖安县。武功山脉：安福县，茶陵县，芦溪县，莲花县，衡东县。万洋山脉：永兴县，井冈山，永新县，炎陵县，遂川县 SYS b002808。诸广山脉：资兴市，桂东县，崇义县 SYS b001336。

灰鹡鸰 *Motacilla cinerea* Tunstall

草原/草地，河湖及池塘，湿地，山地，城市。

分布：幕阜山脉：修水县，平江县。九岭山脉：奉新县，宜丰县。武功山脉：安福县。万洋山脉：井冈山，炎陵县，遂川。诸广山脉：资兴市，桂东县，崇义县。

黄鹡鸰 *Motacilla tschutschensis* Gmelin

草原/草地，河湖及池塘，湿地，山地，城市。

分布：幕阜山脉：武宁县。万洋山脉：炎陵县，井冈山。

树鹨 *Anthus hodgsoni* Richmond

草原/草地，河湖及池塘，湿地，山地。

分布：幕阜山脉：修水县，通山县。九岭山脉：奉新县 LXA-4-2-5-241，宜丰县。武功山脉：衡东县。万洋山脉：炎陵县。诸广山脉：资兴市。

田鹨 *Anthus richardi* Vieillot

草原/草地，河湖及池塘，湿地，山地。

分布：九岭山脉：奉新县。万洋山脉：炎陵县，井冈山。

粉红胸鹨 *Anthus roseatus* Blyth

草原/草地，河湖及池塘，湿地，山地。

分布：诸广山脉：上犹县。万洋山脉：炎陵县，井冈山。

黄腹鹨 *Anthus rubescens* (Tunstall)

草原/草地，河湖及池塘，湿地，山地。

分布：九岭山脉：奉新县。

水鹨 *Anthus spinoletta* (Linnaeus)

草原/草地，河湖及池塘，湿地，山地。

分布：九岭山脉：靖安县（戴年华等，1995）。

山鹨 *Anthus sylvanus* (Blyth)

森林，山地。

分布：九岭山脉：宜丰县。武功山脉：安福县。诸广山脉：资兴市，桂东县，崇义县，上犹县。万洋山脉：井冈山。

燕雀科 Fringillidae

燕雀 *Fringilla montifringilla* Linnaeus

森林，山地，草原/草地，河湖及池塘，湿地，城市。

分布：九岭山脉：奉新县，宜丰县。武功山脉：衡东县。万洋山脉：炎陵县，井冈山。

黑尾蜡嘴雀 *Eophona migratoria* Hartert

森林，山地。

分布：九岭山脉：奉新县，宜丰县。万洋山脉：永兴县，炎陵县，井冈山。

普通朱雀 *Carpodacus erythrinus* (Pallas)

草原/草地，河湖及池塘，森林，湿地，山地。

分布：万洋山脉：炎陵县，井冈山。

金翅雀 *Chloris sinica* (Linnaeus)

森林，山地，草原/草地，河湖及池塘，湿地，城市。

分布：幕阜山脉：通山县，平江县。九岭山脉：上高县，奉新县，宜丰县。武功山脉：茶陵县，耒阳市，衡东县。

褐灰雀 *Pyrrhula nipalensis* Hodgson

森林，山地。

分布：万洋山脉：井冈山。

鹀科 Emberizidae

黄胸鹀 *Emberiza aureola* Pallas

草原/草地，河湖及池塘，森林，湿地，山地。

分布：万洋山脉：井冈山（承勇等，2011）。

黄眉鹀 *Emberiza chrysophrys* Pallas

草原/草地，河湖及池塘，森林，湿地，山地。

分布：万洋山脉：井冈山。诸广山脉：崇义县（黄晓凤等，2009）。

三道眉草鹀 *Emberiza cioides* Brandt

森林，山地。

分布：幕阜山脉：修水县，通山县。

黄喉鹀 *Emberiza elegans* Temminck

草原/草地，河湖及池塘，森林，湿地，山地。

分布：九岭山脉：奉新县，宜丰县，宜春市区（戴年华等，1995）。万洋山脉：井冈山。

栗耳鹀 *Emberiza fucata* **Pallas**

　　草原/草地，河湖及池塘，森林，湿地，山地。

　　分布：万洋山脉：井冈山，炎陵县。

凤头鹀 *Emberiza lathami* **Gray**

　　草原/草地，河湖及池塘，森林，湿地，山地。

　　分布：万洋山脉：井冈山。

小鹀 *Emberiza pusilla* **Pallas**

　　草原/草地，河湖及池塘，森林，湿地，山地。

　　分布：九岭山脉：奉新县 LXA-4-2-5-253，宜丰县。万洋山脉：炎陵县，遂川县。诸广山脉：资兴市。

田鹀 *Emberiza rustica* **Pallas**

　　草原/草地，河湖及池塘，森林，湿地，山地。

　　分布：九岭山脉：奉新县 LXA-4-2-5-247，宜丰县。

栗鹀 *Emberiza rutila* **Pallas**

　　草原/草地，河湖及池塘，森林，湿地，山地。

　　分布：万洋山脉：井冈山。

蓝鹀 *Emberiza siemsseni* **(Martens)**

　　森林，山地。

　　分布：九岭山脉：宜丰县。

灰头鹀 *Emberiza spodocephala* **Pallas**

　　草原/草地，河湖及池塘，森林，湿地，山地。

　　分布：九岭山脉：奉新县 LXA-4-2-5-245，宜丰县。万洋山脉：永兴县，炎陵县。

白眉鹀 *Emberiza tristrami* **Swinhoe**

　　草原/草地，河湖及池塘，森林，湿地，山地。

　　分布：九岭山脉：奉新县。

参 考 文 献

陈武华, 黄文娟, 杨道德. 2009. 江西武功山国家森林公园野生动物资源及保护对策[J]. 江西林业科技, (4): 36-40.

承勇, 宋玉赞, 赵健, 郑艳玲, 崔国发. 2011. 江西井冈山国家级自然保护区鸟类资源调查与分析[J]. 四川动物, 30(2): 277-282.

程松林, 林剑声. 2011. 江西武夷山国家级自然保护区鸟类多样性调查[J]. 动物学杂志, 46(5): 66-78.

戴年华, 刘玮, 蔡汝林. 1995. 江西省宜春地区鸟类区系初步研究[J]. 江西科学, 13(4): 229-240.

戴年华, 刘玮, 蔡汝林. 1997. 江西省官山自然保护区鸟类调查初报[J]. 江西科学, 15(4): 243-246.

何芬奇, 江航东, 林剑声, 刘伟民. 2006. 斑头大翠鸟在我国的分布[J]. 动物学杂志, 41(2): 58-60.

黄秦, 林鑫, 梁丹. 2016. 湖南八面山发现灰冠鹟莺和黑喉山鹪莺[J]. 动物学杂志, 51(5): 906, 913.

黄晓凤, 单继红, 孙志勇, 汪志如, 涂业苟, 崔国发, 卢和军, 黄声亮. 2009. 江西齐云山自然保护区鸟类区系与多样性分析[J]. 四川动物, 28(2): 302-308.

黄族豪, 郭会晨, 肖宜安, 左传薪, 宋玉赞. 2009. 井冈山国家级自然保护区鸟类资源研究[J]. 江西师范大学学报(自然科学版), 33(4): 452-457.

蒋志刚, 纪力强. 1999. 鸟兽物种多样性测度的 G-F 指数方法[J]. 生物多样性, 7(3): 220-225.

廖文波, 王蕾, 王英永, 刘蔚秋, 贾凤龙, 沈红星, 凡强, 李秦辉, 杨书林, 等. 2018. 湖南桃源洞国家级自然保护区生物多样性综合科学考察[M]. 北京: 科学出版社.

廖文波, 王英永, 李贞, 彭少麟, 陈春泉, 凡强, 贾凤龙, 王蕾, 刘蔚秋, 尹国胜, 石祥刚, 张丹丹, 等. 2014. 中国井冈山地区生物多样性综合科学考察[M]. 北京: 科学出版社.

舒特生, 邵明勤, 曾宾宾, 丁红秀, 李言阔, 涂小云, 黄子伟, 戴年华. 2012. 九岭山国家级自然保护区鸟类资源的研究[J]. 安徽农业科学, 40(4): 2060-2061.

宋玉赞, 张井鹤, 承勇, 黄晓凤, 贺利中. 2010. 江西七溪岭自然保护区珍稀动物资源调查[J]. 中国农学通报, 26(24): 141-143.

唐庆圆. 2009. 福建武夷山风景名胜区鸟类群落多样性及两种鸟的繁殖生态研究[D]. 福州: 福建师范大学硕士学位论文.

王德良, 罗坚. 2002. 湖南炎陵县下村乡鹭峰山候鸟考察报告[J]. 湖南林业科技, 29(2): 71-75.

魏振华, 李言阔, 李佳琦, 楼智明, 舒特生, 周鸭仙, 邵瑞清. 2017. 江西九岭山发现灰头鹀[J]. 动物学杂志, 53(1): 91.

魏振华, 应钦, 张微微, 黄慧琴, 于泽平. 2015. 江西发现宝兴歌鸫[J]. 动物学杂志, 50(6): 829.

肖放珍, 李茂军, 蒋勇. 2005. 遂川候鸟通道研究[J]. 江西林业科技, (3): 8-10.

熊彩云, 黄晓凤, 单继红, 涂叶苟, 汪志如, 孙志勇, 刘礼河, 张永明, 钟平华. 2009. 江西南风面自然保护区野生动物资源调查分析[J]. 江西林业科技, (3): 39-40.

杨道德, 马建章, 黄文娟, 陈武华. 2004. 武功山国家森林公园夏季鸟类资源调查[J]. 中南林学院学报, 24(5): 87-92.

杨炎霖. 2017. 福建武夷山脉鸟类多样性及垂直分布研究[D]. 厦门: 厦门大学硕士学位论文.

曾南京, 俞长好, 刘观华, 钱法文. 2018. 江西省鸟类种类统计与多样性分析[J]. 湿地科学与管理, 14(2): 50-60.

张荣祖. 2011. 中国动物地理[M]. 北京: 科学出版社.

郑光美. 2017. 中国鸟类分类与分布名录[M]. 3 版. 北京: 科学出版社.

钟平华, 邵明勤, 戴年华, 曾凡伟. 2009. 江西省两种鸟类新记录——白喉斑秧鸡和红颈瓣蹼鹬[J]. 动物学研究, 30(1): 16-23.

周开亚, 李悦民, 刘月珍. 1981. 江西庐山的夏季鸟类[J]. 南京师院学报(自然科学版), 3: 43-48.

邹发生, 叶冠锋. 2016. 广东陆生脊椎动物分布名录[M]. 广州: 广东科技出版社.

Wang J, Gao PX, Kang M, Lowe AJ, Huang HW. 2009. Refugia within refugia: the case study of a canopy tree (*Eurycorymbus cavaleriei*) in subtropical China[J]. Journal of Biogeography, 36(11): 2156-2164.

Wu YJ, Colwell RK, Rahbek C, Zhang CL, Quan Q, Wang CK, Lei FM. 2013. Explaining the species richness of birds along an elevational gradient in the subtropical Hengduan Mountains[J]. Journal of Biogeography, 40(12): 2310-2323.

第五章　罗霄山脉哺乳类多样性编目

　　罗霄山脉哺乳类多样性调查共记录 7 目 22 科 91 种。劳亚食虫目 Eulipotyphla：猬科 Erinaceidae 1 种，鼹科 Talpidae 2 种，鼩鼱科 Soricidae 5 种。翼手目 Chiroptera：菊头蝠科 Rhinolophidae 7 种，蹄蝠科 Hipposideridae 4 种，蝙蝠科 Vesperitilionidae 26 种。灵长目 Primates：猴科 Cercopithecidae 1 种。食肉目 Carnivora：犬科 Canidae 1 种，鼬科 Mustelidae 6 种，灵猫科 Viverridae 4 种，獴科 Herpestidae 1 种，猫科 Felidae 1 种。鲸偶蹄目 Cetartiodactyla：猪科 Suidae 1 种，鹿科 Cervidae 5 种，牛科 Bovidae 1 种。啮齿目 Rodentia：鼯鼠科 Pteromyidae 1 种，松鼠科 Sciuridae 4 种，仓鼠科 Cricetidae 2 种，鼠科 Muridae 13 种，竹鼠科 Rhizomyidae 2 种，豪猪科 Hystricidae 1 种。兔形目 Lagomorpha：兔科 Leporidae 2 种。

　　罗霄山脉哺乳类多样性编目如下。

劳亚食虫目 EULIPOTYPHLA

猬科 Erinaceidae

东北刺猬 *Erinaceus amurensis* **Schrenk**

　　林缘，农田。200～400m。

　　分布：诸广山脉（访问）。

鼹科 Talpidae

长吻鼹 *Euroscaptor longirostris* **(Milne-Edwards)**

　　林缘，农田。200～400m。

　　分布：万洋山脉：遂川县大坝里 LXA03-10023，井冈山。

华南缺齿鼹 *Mogera insularis* **(Swinhoe)**

　　林缘，农田。200～400m。

　　分布：诸广山脉（文献记载）。

鼩鼱科 Soricidae

微尾鼩 *Anourosorex squamipes* **Milne-Edwards**

　　农田，村落。200～800m。

　　分布：万洋山脉：遂川县大坝里 LXA03-10022。

喜马拉雅水鼩 *Chimarrogale himalayica* **(Gray)**

　　林缘，溪流。200～800m。

　　分布：万洋山脉：井冈山。诸广山脉（文献记录）。

臭鼩 *Suncus murinus* **(Linnaeus)**

　　林缘，农田。200～400m。

　　分布：万洋山脉：井冈山。

灰麝鼩 *Crocidura attenuata* **Milne-Edwards**

　　阔叶林。200～400m。

　　分布：万洋山脉：永新县七溪岭 LXA03-20039，遂川县大坝里。

南小麝鼩 *Crocidura indochinensis* **Robinson et Kloss**

　　林缘，农田。800m。

　　分布：武功山脉：芦溪县羊狮幕。

翼手目 CHIROPTERA

菊头蝠科 Rhinolophidae

中菊头蝠 *Rhinolophus affinis* **Horsfield**

　　石灰岩山洞，混交林。200～1000m。

　　分布：万洋山脉：遂川县大坝里 LXA03-10000、LXA03-10008，井冈山 LXA03-20016，永新县七溪岭 LXA03-20017、LXA03-20018、LXA03-20019、LXA03-20020。武功山脉：安福县章庄乡 LXA03-20021、LXA03-20022。诸广山脉：衡东县杨林镇 LXA03-15112、LXA03-15204、LXA03-16104、LXA03-16105、LXA03-16108、LXA03-16111、LXA03-16118、LXA03-16120、LXA03-16135、LXA03-16201。

华南菊头蝠 *Rhinolophus huananus* **Wu**

　　混交林，石灰岩山洞。200～400m。

　　分布：万洋山脉：井冈山。诸广山脉：衡东县杨林镇 LXA03-16211、LXA03-16206、LXA03-16209。

大菊头蝠 *Rhinolophus luctus* **Temminck**

　　洞穴。200～600m。

　　分布：万洋山脉：井冈山，炎陵县。九岭山脉：奉新县九岭山。

大耳菊头蝠 *Rhinolophus macrotis* Blyth

混交林，山区山洞。200～500m。

分布：万洋山脉：井冈山（观音庙，水库大坝）LXA03-10001、LXA03-10002。诸广山脉：衡东县杨林镇LXA03-15103、LXA03-15109、LXA03-15115、LXA03-15208、LXA03-16214、LXA03-16240、LXA03-16253、LXA03-16607。

皮氏菊头蝠 *Rhinolophus pearsoni* Horsfield

洞穴。200～1200m。

分布：万洋山脉：井冈山石溪 LXA03-10003、LXA03-10004、LXA03-20025、LXA03-20026，安福县LXA03-20027，炎陵县桃源洞 LXA03-20028、LXA03-20029。武功山脉：芦溪县万龙山乡 LXA03-30001、LXA03-30002。

小菊头蝠 *Rhinolophus pusillus* (Temminck)

石缝，洞穴。200～600m。

分布：武功山脉：芦溪县LXA03-40018。幕阜山脉：通山县LXA03-50016，通山县九宫山 LXA-4-2-7-027。诸广山脉：衡东县杨林镇LXA03-15105、LXA03-15117、LXA03-15118、LXA03-15120、LXA03-15122、LXA03-15127、LXA03-16106。

中华菊头蝠 *Rhinolophus sinicus* Andersen

洞穴。200～1000m。

分布：万洋山脉：井冈山 LXA03-10005、LXA03-10006、LXA03-20023，安福县章庄乡LXA03-20024，炎陵县桃源洞 LXA03-30003、LXA03-30004。幕阜山脉：通山县九宫山 LXA03-50001、LXA03-50003、LXA03-50004、LXA03-50008、LXA03-50009。九岭山脉：武宁县 LXA03-50023、LXA03-50024、LXA03-50025，万载县三十把，万载县竹山洞，奉新县九岭山。诸广山脉：衡东县杨林镇 LXA03-16132、LXA03-15110、LXA03-15114、LXA03-15121、LXA03-15123、LXA03-15124、LXA03-16102、LXA03-16119。

蹄蝠科 Hipposideridae

大蹄蝠 *Hipposideros armiger* (Hodgson)

洞穴。200～1000m。

分布：万洋山脉：井冈山 LXA03-10009、LXA03-10010，炎陵县桃源洞。

普氏蹄蝠 *Hipposideros pratti* (Thomas)

洞穴。200～1000m。

分布：诸广山脉。

中蹄蝠 *Hipposideros larvatus* (Horsfield)

洞穴。200～1000m。

分布：诸广山脉（冯磊等，2017）。

无尾蹄蝠 *Coelops frithi* Blyth

洞穴。200～400m。

分布：万洋山脉：井冈山 LXA03-10011。

蝙蝠科 Vesperitilionidae

西南鼠耳蝠 *Myotis altarium* Thomas

混交林，石灰岩山洞。400m。

分布：万洋山脉：井冈山 LXA03-10016、LXA03-10017。诸广山脉：衡东县杨林镇LXA03-16248、LXA03-15148、LXA03-15159、LXA03-16126、LXA03-16207、LXA03-16237、LXA03-16245。

中华鼠耳蝠 *Myotis chinensis* (Tomes)

石缝，房屋。200～400m。

分布：万洋山脉：井冈山。幕阜山脉：通山县九宫山。

大卫鼠耳蝠 *Myotis davidii* Peters

混交林，石灰岩山洞。200～400m。

分布：万洋山脉：井冈山 LXA03-20004、LXA03-20000，永新县七溪岭 LXA03-20006、LXA03-20007、LXA03-20008，炎陵县桃源洞。幕阜山脉：通山县九宫山 LXA-4-2-7-013、LXA-4-2-7-014、LXA-4-2-7-023，武宁县。诸广山脉：衡东县杨林镇LXA03-15129、LXA03-15130（任锐君等，2017）。

黄金鼠耳蝠 *Myotis formosus* (Hodgson)

石灰岩山洞，混交林。160～463m。

分布：诸广山脉：衡东县杨林镇LXA03-16136。

长尾鼠耳蝠 *Myotis frater* G. Allen

洞穴。200～400m。

分布：万洋山脉：井冈山。

华南水鼠耳蝠 *Myotis laniger* (Peters)

混交林，石灰岩山洞。200～400m。

分布：万洋山脉：井冈山 LXA03-10014、LXA03-10015、LXA03-20009、LXA03-20010、LXA03-20011、LXA03-20012，永新县七溪岭 LXA03-20013，炎陵县桃源洞 LXA03-30005、LXA03-30006。诸广山脉：衡东县杨林镇 LXA03-15135、LXA03-15136、LXA03-15141、LXA03-15152、LXA03-15203、LXA03-15215。

长指鼠耳蝠 *Myotis longipes* (Dobson)

混交林，石灰岩山洞。200～400m。

分布：万洋山脉：井冈山。诸广山脉：衡东县杨林镇（余子寒等，2018）。

东亚水鼠耳蝠 *Myotis petax* (Hollister)

石灰岩山洞，混交林。160～463m。

分布：诸广山脉：衡东县杨林镇 LXA03-16216、LXA03-16127、LXA03-16138（冯磊等，2019）。

大足鼠耳蝠 *Myotis pilosus* (Peters)

石灰岩山洞，混交林。160～463m。

分布：诸广山脉：衡东县杨林镇 LXA03-16610。

渡濑氏鼠耳蝠 *Myotis rufoniger* Tomes

石灰岩山洞，混交林。200～800m。

分布：万洋山脉：井冈山。武功山脉：芦溪县羊狮幕。诸广山脉：衡东县杨林镇 LXA03-15106、LXA03-16117。

鼠耳蝠属未定种 *Myotis* sp.

山洞，石缝。200～800m。

分布：万洋山脉：井冈山，炎陵县，永新县七溪岭。幕阜山脉：通山县九宫山 LXA-4-2-7-021、LXA-4-2-7-022、LXA-4-2-7-024。

东亚伏翼 *Pipistrellus abramus* (Temminck)

房屋。200～600m。

分布：万洋山脉：井冈山。幕阜山脉：通山县九宫山。

爪哇伏翼 *Pipistrellus javanicus* (Gray)

房屋或森林。200～600m。

分布：万洋山脉：井冈山（文献记录）。

伏翼属未定种 *Pipistrellus* sp.

房屋。400～600m。

分布：万洋山脉：井冈山。

灰伏翼 *Hypsugo pulveratus* (Peters)

混交林，房屋。200～600m。

分布：诸广山脉：衡东县。

大棕蝠 *Eptesicus serotinus* Schreber

混交林，房屋。200～600m。

分布：诸广山脉：衡东县。

中华山蝠 *Nyctalus plancyi* Gerbe

房屋。200～600m。

分布：万洋山脉：井冈山。

褐扁颅蝠 *Tylonycteris robustula* Thomas

竹林。300～600m。

分布：万洋山脉：井冈山（张秋萍等，2014），永新县七溪岭。

斑蝠 *Scotomanes ornatus* (Blyth)

森林，石缝。300～600m。

分布：九岭山脉：武宁县。幕阜山脉：通山县九宫山 LXA-4-2-7-038。

亚洲长翼蝠 *Miniopterus fuliginosus* Hodgson

混交林，石灰岩山洞，石缝。200～1000m。

分布：万洋山脉：井冈山 LXA03-10012、LXA03-10013、LXA03-20015。幕阜山脉：通山县 LXA03-50002、LXA03-50006、LXA03-50011、LXA03-50012、LXA03-50013、LXA03-50014、LXA03-50015，通山县九宫山 LXA-4-2-7-007、LXA-4-2-7-008、LXA-4-2-7-009、LXA-4-2-7-010、LXA-4-2-7-011、LXA-4-2-7-012。诸广山脉：衡东县杨林镇 LXA03-16605、LXA03-16612、LXA03-16614。

艾氏管鼻蝠 *Murina eleryi* Furey

森林树栖。300～600m。

分布：万洋山脉：井冈山 LXA03-20001，炎陵县桃源洞，永新县七溪岭。武功山脉：芦溪县羊狮幕。

哈氏管鼻蝠 *Murina harrisoni* Csorba et Bates

森林树栖。200～400m。

分布：万洋山脉：井冈山，炎陵县桃源洞，永新县七溪岭。

中管鼻蝠 *Murina huttoni* (Peters)

森林树栖。300～600m。

分布：万洋山脉：井冈山 LXA03-10018、LXA03-10019，炎陵县桃源洞 LXA03-30010、LXA03-30011、LXA03-30012、LXA03-30013，永新县七溪岭，遂川县。武功山脉：羊狮幕。幕阜山脉：通山县九宫山 LXA-4-2-7-016、LXA-4-2-7-017、LXA-4-2-7-019、LXA-4-2-7-025、LXA-4-2-7-033、LXA-4-2-7-034、LXA-4-2-7-036、LXA-4-2-7-040。九岭山脉：武宁县（黄正澜懿等，2018）。

水甫管鼻蝠 *Murina shuipuensis* Eger et Lim.

森林树栖。300～600m。

分布：万洋山脉：井冈山，炎陵县桃源洞，永新县七溪岭。

毛翼管鼻蝠 *Harpiocephalus harpia* (Temminck)

森林树栖，石缝。300～600m。

分布：万洋山脉：井冈山 LXA03-20002、LXA03-20003，炎陵县桃源洞。幕阜山脉：通山县九宫山 LXA-4-2-

7-020、LXA-4-2-7-031（陈柏承等，2015；岳阳等，2019；余文华等，2017）。

暗褐彩蝠 *Kerivoula furva* Kuo et al.

森林树栖。300～1150m。

分布：万洋山脉：井冈山（李锋等，2015），遂川县，永新县七溪岭，炎陵县桃源洞。武功山脉：芦溪县羊狮幕。幕阜山脉：通山县九宫山 LXA-4-2-7-001、LXA-4-2-7-015、LXA-4-2-7-032、LXA-4-2-7-035、LXA-4-2-7-037。九岭山脉：武宁县。

灵长目 PRIMATES

猴科 Cercopithecidae

藏酋猴 *Macaca thibetana* (Milne-Edwards)

阔叶林，混交林。200～800m。

分布：武功山脉：芦溪县羊狮幕 LXS03-6004-4。

食肉目 CARNIVORA

犬科 Canidae

貉 *Nyctereutes procyonoides* (Gray)

阔叶林，溪流，湖泊附近。

分布：九岭山脉：奉新县九岭山，铜鼓县天柱峰。幕阜山脉：通山县九宫山。

鼬科 Mustelidae

青鼬 *Martes flavigula* (Boddaert)

阔叶林，混交林，村落。200～600m。

分布：万洋山脉：井冈山 LXS03-6004-2。

黄腹鼬 *Mustela kathiah* Hodgson

文献记录。400～800m。

黄鼬 *Mustela sibirica* Pallas

阔叶林，混交林，村落，柴草堆下，乱石堆。200～400m。

分布：万洋山脉：永新县七溪岭 LXS03-6004-3。九岭山脉。幕阜山脉。

鼬獾 *Melogale moschata* (Gray)

阔叶林，混交林，丘陵，灌木林，草丛。200～400m。

分布：万洋山脉：井冈山。九岭山脉。幕阜山脉。

亚洲狗獾 *Meles leucurus* (Linnaeus)

森林，灌木林，田野。200～600m。

分布：九岭山脉。幕阜山脉。

猪獾 *Arctonyx collaris* F. Cuvier

阔叶林，混交林，路旁，田埂。200～400m。

分布：万洋山脉：井冈山 LXS03-6004-9。九岭山脉。幕阜山脉。

灵猫科 Viverridae

大灵猫 *Viverra zibetha* Linnaeus

常绿阔叶林，灌木丛，草丛。200～800m。

分布：武功山脉：安福县明月山。幕阜山脉：九宫山。

小灵猫 *Viverricula indica* Desmartest

阔叶林，混交林，低山森林，灌木丛。200～800m。

分布：万洋山脉：永新县七溪岭 LXS03-6004-7。武功山脉：安福县明月山。幕阜山脉：九宫山。

斑林狸 *Prionodon pardicolor* Hodgson

阔叶林，混交林。200～800m。

分布：万洋山脉：永新县七溪岭 LXS03-6004-1。

果子狸 *Paguma larvata* (Hamilton-Smith)

阔叶林，混交林，灌木丛，岩洞。200～800m。

分布：万洋山脉：井冈山。武功山脉：芦溪县羊狮幕。幕阜山脉：九宫山。

獴科 Herpestidae

食蟹獴 *Herpestes urva* (Hodgson)

阔叶林，混交林。200～400m。

分布：武功山脉：羊狮幕 LXS03-6004-5。

猫科 Felidae

豹猫 *Prionailurus bengalensis* Kerr

阔叶林，混交林，树洞，土洞，石块下，石缝。200～1000m。

分布：万洋山脉：井冈山。九岭山脉：奉新县陶仙岭，奉新县九岭山。幕阜山脉：九宫山。

鲸偶蹄目 CETARTIODACTYLA

猪科 Suidae

野猪 *Sus scrofa* Linnaeus

阔叶林，混交林，山地，丘陵，荒漠，森林，草地。200～1000m。

分布：武功山脉：芦溪县羊狮幕 LXS03-6004-8。万洋山脉：井冈山，七溪岭。九岭山脉：浏阳市大围山，百丈山。幕阜山脉：武宁县伊山，黄龙山，五梅山。

鹿科 Cervidae

獐 *Hydropotes inermis* Swinhoe

河岸，湖边。200～500m。

分布：九岭山脉：大围山，百丈山，奉新县九岭山，铜鼓县连云山。幕阜山脉：九宫山，武宁县伊山。

毛冠鹿 *Elaphodus cephalophus* Milne-Edwards

文献记录。200～1000m。

赤麂 *Muntiacus muntjak* (Boddaert)

阔叶林，混交林，山区，丘陵，灌木林。200～1000m。

分布：万洋山脉：井冈山，炎陵县鸡公岩。武功山脉：芦溪县羊狮幕。九岭山脉：大围山，百丈山。幕阜山脉：九宫山。

小麂 *Muntiacus reevesi* (Ogilby)

阔叶林，混交林。200～1000m。

分布：万洋山脉：炎陵县桃源洞 LXS03-6004-6，井冈山，七溪岭。武功山脉：芦溪县羊狮幕。

水鹿 *Cervus unicolor* Kerr

阔叶林，混交林。200～400m。

分布：武功山脉：芦溪县羊狮幕。

牛科 Bovidae

中华斑羚 *Naemorhedus griseus* Milne-Edwards

文献记录。200～800m。

啮齿目 RODENTIA

鼯鼠科 Pteromyidae

棕鼯鼠 *Petaurista petaurista* Pallas

阔叶林，混交林。200～1000m。

分布：诸广山脉。

松鼠科 Sciuridae

隐纹花松鼠 *Tamiops swinhoei* (Milne-Edwards)

阔叶林，混交林，常在林缘和灌木林活动。200～400m。

分布：万洋山脉：井冈山。九岭山脉：奉新县九岭山。幕阜山脉：武宁县伊山，通山县九宫山。

珀氏长吻松鼠 *Dremomys pernyi* (Milne-Edwards)

阔叶林，混交林。200～800m。

分布：万洋山脉：井冈山，七溪岭。武功山脉：芦

溪县羊狮幕。

红腿长吻松鼠 *Dremomys pyrrhomerus* (Thomas)

文献记录。200～800m。

赤腹松鼠 *Callosciurus erythraeus* (Pallas)

阔叶林，混交林，灌木林，竹林。200～800m。

分布：九岭山脉：宜春市袁州区飞剑潭乡。

仓鼠科 Cricetidae

黑腹绒鼠 *Eothenomys melanogaster* (Milne-Edwards)

农田。200～600m。

万洋山脉：井冈山。

东方田鼠 *Microtus fortis* Buchner

灌木林，阔叶林。400m。

分布：万洋山脉：炎陵县桃源洞。

鼠科 Muridae

巢鼠 *Micromys minutus* (Pallas)

文献记录。200～500m。

黑线姬鼠 *Apodemus agrarius* (Pallas)

阔叶林，丘陵。300～800m。

分布：诸广山脉（文献记载）。

中华姬鼠 *Apodemus draco* (Barrett-Hamilton)

灌木林，阔叶林。200～900m。

分布：万洋山脉：井冈山 LXA03-10024。

黄毛鼠 *Rattus losea* (Swinhoe)

灌木林，阔叶林，丘陵树林。300～800m。

分布：诸广山脉（文献记载）。

大足鼠 *Rattus nitidus* (Hodgson)

混交林。500m。

分布：九岭山脉：衡东县杨林镇 LXA03-15125、LXA03-15126、LXA03-15163。

褐家鼠 *Rattus norvegicus* (Berkenhout)

农舍。450m。

分布：武功山脉：宜春市 LXA03-20040。幕阜山脉：通山县九宫山 LXA-4-2-5-176、LXA-4-2-5-185、LXA-4-2-5-187、LXA-4-2-5-188、LXA-4-2-5-240、LXA-4-2-5-242。诸广山脉：资兴市八面山瑶族乡 LXA03-15403。

黑家鼠 *Rattus rattus* Linnaeus

阔叶林，丘陵树林。300～800m。

分布：诸广山脉（文献记载）。

黄胸鼠 *Rattus tanezumi* (Milne-Edwards)

仓库，农舍。200～800m。

分布：九岭山脉。幕阜山脉：通山县九宫山 LXA-4-2-5-175。

社鼠 *Niviventer confucianus* (Milne-Edwards)

灌木林，阔叶林，丘陵树林，竹林。300～600m。

分布：万洋山脉：遂川县大坝里，井冈山。幕阜山脉：通山县九宫山 LXA-4-2-5-172、LXA-4-2-5-173、LXA-4-2-5-174、LXA-4-2-5-179、LXA-4-2-5-183、LXA-4-2-5-186、LXA-4-2-5-252。

针毛鼠 *Niviventer fulvescens* (Gray)

灌木林，阔叶林。300～1200m。

分布：诸广山脉：资兴市八面山瑶族乡 LXA03-15401、LXA03-15402、LXA03-15404，桂东县普乐镇 LXA03-15502，衡东县杨林镇 LXA03-15162。万洋山脉：井冈山 LXA03-10020、XA03-10021，遂川县七溪岭 LXA03-20030、LXA03-20031、LXA03-20032、LXA03-20033、LXA03-20034、LXA03-20035，炎陵县桃源洞 LXA03-30014、LXA03-30015、LXA03-30016、LXA03-30017、LXA03-40013。武功山脉：芦溪县 LXA03-20036、LXA03-20037、LXA03-20038、LXA03-40001，安福县明月山。幕阜山脉：通山县九宫山 LXA03-50005、LXA03-50020、LXA03-50021、LXA03-50022。九岭山脉：武宁县 LXA03-50007，宜春市袁州区飞剑潭乡，奉新县九岭山。

青毛硕鼠 *Berylmys bowersi* (Anderson)

灌木林，阔叶林，混交林。300～800m。

分布：诸广山脉：桂东县普乐镇 LXA03-15501。万洋山脉：遂川县大坝里。

白腹巨鼠 *Leopoldamys edwardsi* (Thomas)

灌木林，阔叶林。300～800m。

分布：武功山脉：芦溪县羊狮幕 LXA03-40004、LXA03-40015、LXA03-40021。九岭山脉：武宁县，奉新县九岭山 LXA03-50026、LXA03-50027。幕阜山脉：通山县九宫山 LXA-4-2-5-171、LXA-4-2-5-189。

小家鼠 *Mus musculus* Linnaeus

农舍。200～400m。

分布：万洋山脉。诸广山脉（文献记载）。

竹鼠科 Rhizomyidae

银星竹鼠 *Rhizomys pruinosus* Blyth

灌木林，竹林。200～400m。

分布：万洋山脉：炎陵县。

中华竹鼠 *Rhizomys sinensis* Gray

灌木林，竹林。200～400m。

分布：万洋山脉：井冈山。

豪猪科 Hystricidae

豪猪 *Hystrix hodgsoni* (Gray)

山坡，草地，密林，洞穴。200～600m。

分布：九岭山脉：铜鼓县连云山，奉新县九岭山，奉新县百丈山。幕阜山脉：通山县九宫山。

兔形目 LAGOMORPHA

兔科 Leporidae

华南兔 *Lepus sinensis* Gray

灌木林，农田。200～400m。

分布：万洋山脉：井冈山，炎陵县。武功山脉：安福县明月山。九岭山脉：连云山。幕阜山脉：通山县九宫山。

蒙古兔（草兔）*Lepus tolai* Pallas

树林，草丛，灌木林。200～600m。

分布：九岭山脉：大围山，百丈山。幕阜山脉：武宁县伊山，黄龙山，五梅山。

参 考 文 献

陈柏承，余文华，吴毅，李锋，徐忠鲜，张秋萍，原田正史，本川雅治，彭红元. 2015. 毛翼管鼻蝠在广西和江西分布新纪录及其性二型现象[J]. 四川动物，34(2): 211-215, 222.

冯磊，吴倩倩，石胜超，任锐君，刘宜敏，余子寒，邓学建. 2017. 湖南发现的中蹄蝠形态结构及系统发育研究[J]. 生命科学研究，21(6): 515-518.

冯磊，吴倩倩，余子寒，刘钊，邓学建，柳勇湖. 2019. 湖南衡东发现东亚水鼠耳蝠[J]. 动物学杂志，54(1): 22-29.

宫辉力，庄文颖，廖文波. 2016. 罗霄山脉地区生物多样性综合科学考察[J]. 中国科技成果，17(22): 9-10.

黄正澜懿，胡宜峰，吴华，曹阳，刘宝权，周佳俊，吴毅，余文华. 2018. 中管鼻蝠在湖北和浙江的分布新纪录[J]. 西部林业科学，47(6): 73-77.

蒋志刚, 江建平, 王跃招, 张鹗, 张雁云, 李立立, 谢锋, 蔡波, 曹亮, 郑光美, 董路, 张正旺, 丁平, 罗振华, 丁长青, 马志军, 汤宋华, 曹文宣, 李春旺, 胡慧建, 马勇, 吴毅, 王应祥, 周开亚, 刘少英, 陈跃英, 李家堂, 冯祚建, 王燕, 王斌, 李成, 宋雪琳, 蔡蕾, 臧春鑫, 曾岩, 孟智斌, 方红霞, 平晓鸽. 2016. 中国脊椎动物红色名录[J]. 生物多样性, 24(5): 500-551.

蒋志刚, 马勇, 吴毅, 王应祥, 周开亚, 刘少英, 冯祚建, 李立立. 2015. 中国哺乳动物多样性及地理分布[M]. 北京: 科学出版社.

李锋, 余文华, 吴毅, 陈柏承, 张秋萍, 徐忠鲜, 王英永, 陈春泉, 原田正史. 2015. 江西省发现泰坦尼亚彩蝠[J]. 动物学杂志, 50(1): 1-8.

廖文波, 王蕾, 王英永, 刘蔚秋, 贾凤龙, 沈红星, 凡强, 李秦辉, 杨书林, 等. 2018. 湖南桃源洞国家级自然保护区生物多样性综合科学考察[M]. 北京: 科学出版社.

廖文波, 王英永, 李贞, 彭少麟, 陈春泉, 凡强, 贾凤龙, 王蕾, 刘蔚秋, 尹国胜, 石祥刚, 张丹丹, 等. 2014. 中国井冈山地区生物多样性综合科学考察[M]. 北京: 科学出版社.

刘少英, 吴毅. 2019. 中国兽类图鉴[M]. 福州: 海峡书局.

潘清华, 王应祥, 岩崑. 2007. 中国哺乳动物彩色图鉴[M]. 北京: 中国林业出版社.

任锐君, 石胜超, 吴倩倩, 邓学建, 陈意中. 2017. 湖南省衡东县发现大卫鼠耳蝠[J]. 动物学杂志, 53(5): 870-876.

盛和林, 大泰司纪之, 陆厚基. 1999. 中国野生哺乳动物[M]. 北京: 中国林业出版社.

王晓云, 张秋萍, 郭伟健, 李锋, 陈柏承, 徐忠鲜, 王英永, 吴毅, 余文华. 2016. 水甫管鼻蝠在模式产地外的发现——广东和江西省新纪录[J]. 兽类学报, 36(1): 118-122.

王应祥. 2003. 中国哺乳动物种和亚种分类名录与分布大全[M]. 北京: 中国林业出版社.

杨奇森, 夏霖, 冯祚建, 马勇, 全国强, 吴毅. 2007. 兽类头骨测量标准Ⅴ: 食虫目、翼手目[J]. 动物学杂志, 42(2): 56-62.

余文华, 胡宜锋, 郭伟健, 黎舫, 王晓云, 李玉春, 吴毅. 2017. 毛翼管鼻蝠在湖南的新发现及中国适生分布区预测[J]. 广州大学学报(自然科学版), 16(3): 15-20.

余子寒, 吴倩倩, 石胜超, 任锐君, 刘宜敏, 冯磊, 邓学建. 2018. 湖南衡东县发现长指鼠耳蝠[J]. 动物学杂志, 53(5): 701-708.

岳阳, 胡宜峰, 雷博宇, 吴毅, 吴华, 刘宝权, 余文华. 2019. 毛翼管鼻蝠性二型特征及其在湖北和浙江的分布新纪录. 兽类学报, 39(2): 142-154.

张秋萍, 余文华, 吴毅, 徐忠鲜, 李锋, 陈柏承, 原田正史, 本川雅治, 王英永. 2014. 江西省蝙蝠新纪录——褐扁颅蝠及其核型报道[J]. 四川动物, 33(5): 746-749, 757.

张荣祖. 2011. 中国动物地理[M]. 北京: 科学出版社.

Smith AT, 解焱. 2009. 中国兽类野外手册[M]. 长沙: 湖南科学技术出版社.

Allen GM. 1940. The Mammals of China and Mongolia[M]. Vol. XI, Part II. New York: The American Museum of Natural History.

Bates PJJ, Harrison DL. 1997. Bats of the Indian Subcontinent[M]. Kent: Harrison Zoological Museum: 28.

Csorba G, Ujhelyi P, Thomsa N. 2003. Horseshoe Bats of the World (Chiroptera: Rhinolophidae)[M]. Exeter: Pelagic Publishing.

Ellerman JR, Morrison-Scott TCS. 1951. Checklist of Palaearctic and Indian mammals, 1758 to 1946[M]. London: British Museum (Natural History).

Wilson DE, Reeder DM. 2005. Mammal Species of the World: A Taxonomic and Geographic Reference[M]. 3rd ed. Baltimore: Johns Hopkins University Press.

第六章 罗霄山脉六足动物多样性编目

本编目是依据采自罗霄山脉的标本鉴定的结果，包括弹尾纲 Collembola 6 科 8 种，昆虫纲 Insecta 21 目 270 科 3658 种。其中，昆虫纲有石蛃目 Microcoryphia 1 科 1 种，衣鱼目 Zygentoma 1 科 1 种，蜉蝣目 Ephemeroptera 10 科 100 种，蜻蜓目 Odonata 12 科 111 种，直翅目 Orthoptera 20 科 203 种，革翅目 Dermaptera 5 科 34 种，蜚蠊目 Blattodea 3 科 36 种，螳螂目 Mantodea 4 科 18 种，蟾目 Phasmatodea 2 科 3 种，等翅目 Isoptera 3 科 7 种，襀翅目 Plecoptera 5 科 22 种，啮虫目 Psocoptera 2 科 2 种，缨翅目 Thysanoptera 4 科 169 种，半翅目 Hemiptera 39 科 437 种，脉翅目 Neuroptera 6 科 18 种，广翅目 Megaloptera 2 科 24 种，鞘翅目 Coleoptera 55 科 1107 种，毛翅目 Trichoptera 14 科 34 种，鳞翅目 Lepidoptera 39 科 1030 种，双翅目 Diptera 25 科 103 种，膜翅目 Hymenoptera 18 科 198 种。尚未发表的新种也在本书中列出，并在种名后以 sp. nov. 标识出。

弹尾纲 COLLEMBOLA

等节蚖科 Isotomidae

库蚖属未定种 Coloburella sp.

江西省：井冈山 26°37′23″N，114°07′04″E。

近缺蚖属未定种 Paranurophorus sp.

江西省：井冈山 26°37′23″N，114°07′04″E。

途蚖属未定种 Turia sp.

江西省：井冈山 26°37′23″N，114°07′04″E。

棘蚖科 Onychiuridae

棘蚖属未定种 Onychiurus sp.

江西省：井冈山 26°37′23″N，114°07′04″E。

爪蚖科 Paronellidae

爪蚖属未定种 Paronella sp.

江西省：井冈山 26°37′23″N，114°07′04″E。

蚖科 Poduridae

水蚖虫 Podura aquatica Linnaeus

江西省：井冈山 26°37′23″N，114°07′04″E。

圆蚖科 Sminthuridae

羽圆蚖属未定种 Dicyrtomina sp.

江西省：井冈山 26°37′23″N，114°07′04″E。

鳞蚖科 Tomoceridae

鳞蚖属未定种 Tomocerus sp.

江西省：井冈山 26°37′23″N，114°07′04″E。

昆虫纲 INSECTA

石蛃目 MICROCORYPHIA

石蛃科 Machilidae

宋氏跃蛃 Pedetontinus songi Zhang et Li

湖南省：浏阳市大围山森林公园 28°25′30″N，114°06′45″E。株洲市炎陵县神农谷自然保护区 26°30′43″N，113°59′44″E。

衣鱼目 ZYGENTOMA

衣鱼科 Lepismatidae

多毛栉衣鱼 Ctenolepisma villosa (Fabricius)

江西省：赣州市上犹县齐云山国家级自然保护区 25°55′03″N，114°02′48″E。

湖南省：浏阳市大围山森林公园 28°25′30″N，114°06′45″E。

蜉蝣目 EPHEMEROPTERA

四节蜉科 Baetidae

东洋狭翅蜉 Acentrella gnom (Kluge)

江西省：赣州市崇义县横水镇阳岭国家森林公园 25°37′50″N，114°18′16″E。

湖南省：郴州市汝城县热水镇飞水寨 25°52′52″N，113°91′77″E。株洲市炎陵县神农谷自然保护区 26°30′43″N，113°59′44″E。

狭翅蜉属未定种 1 Acentrella sp. 1

江西省：赣州市崇义县横水镇阳岭国家森林公园 25°37′50″N，114°18′16″E。

狭翅蜉属未定种 2 *Acentrella* **sp. 2**

江西省：赣州市崇义县横水镇阳岭国家森林公园 25°37′50″N，114°18′16″E。

双突花翅蜉 *Baetiella bispinosa* **Gose**

江西省：井冈山：26°37′23″N，114°07′04″E。赣州市崇义县横水镇阳岭国家森林公园 25°37′50″N，114°18′16″E。

湖南省：郴州市汝城县热水镇 25°50′38″N，113°86′72″E。株洲市炎陵县水口镇木湾 26°34′16″N，113°80′88″E。株洲市炎陵县神农谷自然保护区 26°30′43″N，113°59′44″E。

麦氏花翅蜉 *Baetiella macani* **(Müller-Liebenau)**

江西省：赣州市崇义县横水镇阳岭国家森林公园 25°37′50″N，114°18′16″E。

湖南省：郴州市汝城县热水镇飞水寨 25°52′52″N，113°91′77″E。株洲市炎陵县神农谷自然保护区 26°30′43″N，113°59′44″E。

三突花翅蜉 *Baetiella trispinata* **Tong et Dudgeon**

江西省：井冈山市下湾村 26°49′93″N，114°06′56″E。

湖南省：株洲市炎陵县神农谷自然保护区 26°30′43″N，113°59′44″E。

花翅蜉属未定种 1 *Baetiella* **sp. 1**

湖南省：郴州市汝城县热水镇 25°50′38″N，113°86′72″E。株洲市炎陵县神农谷自然保护区 26°49′93″N，114°06′56″E。

花翅蜉属未定种 2 *Baetiella* **sp. 2**

湖南省：郴州市汝城县热水镇 25°50′38″N，113°86′72″E。株洲市炎陵县神农谷自然保护区 26°49′93″N，114°06′56″E。

花翅蜉属未定种 3 *Baetiella* **sp. 3**

湖南省：株洲市炎陵县神农谷自然保护区 26°49′93″N，114°06′56″E。

壮四节蜉 *Baetis illiesi* **Müller-Liebenau**

江西省：井冈山 26°37′23″N，114°07′04″E。

湖南省：株洲市炎陵县水口镇木湾 26°34′16″N，113°80′88″E。株洲市炎陵县神农谷桃花溪 26°49′93″N，114°06′56″E。株洲市炎陵县神农谷自然保护区 26°49′93″N，114°06′56″E。

斑腹四节蜉 *Baetis maculosus* **Tong, Dudgeon et Shi**

江西省：井冈山市下湾村 26°49′93″N，114°06′56″E。

湖南省：株洲市炎陵县神农谷自然保护区 26°30′43″N，113°59′44″E。郴州市汝城县热水镇飞水寨 25°52′52″N，113°91′77″E。

红眼四节蜉 *Baetis rutilocylindratus* **Wang, Qin, Chen et Zhou**

江西省：赣州市上犹县齐云山国家级自然保护区 25°55′03″N，114°02′48″E。

湖南省：永州市东安县芦洪市镇伍家桥村 26°72′89″N，111°57′87″E。

四节蜉属未定种 1 *Baetis* **sp. 1**

江西省：赣州市上犹县齐云山国家级自然保护区 25°55′03″N，114°02′48″E。

湖南省：株洲市炎陵县神农谷自然保护区 26°30′43″N，113°59′44″E。郴州市汝城县热水镇飞水寨 25°52′52″N，113°91′77″E。

四节蜉属未定种 2 *Baetis* **sp. 2**

湖南省：株洲市炎陵县神农谷自然保护区 26°30′43″N，113°59′44″E。

四节蜉属未定种 3 *Baetis* **sp. 3**

江西省：赣州市上犹县齐云山国家级自然保护区 25°55′03″N，114°02′48″E。

四节蜉属未定种 4 *Baetis* **sp. 4**

江西省：赣州市上犹县齐云山国家级自然保护区 25°55′03″N，114°02′48″E。

四节蜉属未定种 5 *Baetis* **sp. 5**

江西省：赣州市上犹县齐云山国家级自然保护区 25°55′03″N，114°02′48″E。

四节蜉属未定种 6 *Baetis* **sp. 6**

江西省：赣州市上犹县齐云山国家级自然保护区 25°55′03″N，114°02′48″E。

四节蜉属未定种 7 *Baetis* **sp. 7**

江西省：赣州市上犹县齐云山国家级自然保护区 25°55′03″N，114°02′48″E。

四节蜉属未定种 8 *Baetis* **sp. 8**

江西省：赣州市上犹县齐云山国家级自然保护区 25°55′03″N，114°02′48″E。

纺锤毛胫蜉 *Bungona fusina* **(Tong et Dudgeon)**

湖南省：株洲市炎陵县神农谷自然保护区 26°30′43″N，113°59′44″E。

江西省：井冈山 26°37′23″N，114°07′04″E。

短须毛胫蜉 *Bungona longisetosa* (Braasch et Soldán)

湖南省：株洲市炎陵县神农谷自然保护区 26°30′43″N，113°59′44″E。

江西省：井冈山 26°37′23″N，114°07′04″E。

毛胫蜉属未定种 *Bungona* sp.

江西省：井冈山 26°37′23″N，114°07′04″E。

湖南省：株洲市炎陵县神农谷桃花溪 26°49′93″N，114°06′56″E。

哈氏二翅蜉 *Cloeon harveyi* (Kimmins)

江西省：井冈山 26°37′23″N，114°07′04″E。

湖南省：株洲市炎陵县水口镇木湾 26°34′16″N，113°80′88″E。

边缘二翅蜉 *Cloeon marginale* Hagen

江西省：井冈山 26°37′23″N，114°07′04″E。

湖南省：郴州市汝城县热水镇飞水寨 25°52′52″N，113°91′77″E。

锚状异唇蜉 *Labiobaetis ancoralis* Shi et Tong

江西省：井冈山 26°37′23″N，114°07′04″E。

湖南省：永州市东安县芦洪市镇伍家桥中学附近 26°72′89″N，111°57′87″E。

紫腹异唇蜉东方亚种 *Labiobaetis atrebatinus orientalis* (Kluge)

湖南省：郴州市汝城县热水镇飞水寨 25°52′52″N，113°91′77″E。株洲市炎陵县神农谷自然保护区 26°30′43″N，113°59′44″E。

圆顶异唇蜉 *Labiobaetis diffundus* (Müller-Liebenau)

湖南省：岳阳市临湘市羊楼司镇龙源村 29°44′41″N，113°69′33″E。郴州市汝城县热水镇飞水寨 25°52′52″N，113°91′77″E。

鲜异唇蜉 *Labiobaetis mustus* (Kang et Yang)

湖南省：株洲市炎陵县神农谷自然保护区 26°49′93″N，114°06′56″E。郴州市汝城县热水镇飞水寨 25°52′52″N，113°91′77″E。

真黎氏蜉 *Liebebiella vera* (Müller-Liebenau)

湖南省：郴州市汝城县热水镇飞水寨 25°52′52″N，113°91′77″E。株洲市炎陵县神农谷自然保护区 26°30′43″N，113°59′44″E。

标致黑四节蜉 *Nigrobaetis facetus* (Chang et Yang)

湖南省：株洲市炎陵县神农谷桃花溪 26°49′93″N，114°06′56″E。株洲市炎陵县神农谷自然保护区 26°30′43″N，113°59′44″E。郴州市汝城县热水镇飞水寨 25°52′52″N，113°91′77″E。

大图黑四节蜉 *Nigrobaetis tatuensis* (Müller-Liebenau)

江西省：赣州市上犹县齐云山国家级自然保护区 25°55′03″N，114°02′48″E。

湖南省：株洲市炎陵县水口镇木湾 26°34′16″N，113°80′88″E。株洲市炎陵县神农谷桃花溪 26°49′93″N，114°06′56″E。

毕氏扁四节蜉 *Platybaetis bishopi* Müller-Liebenau

湖南省：株洲市炎陵县神农谷桃花溪 26°49′93″N，114°06′56″E。株洲市炎陵县神农谷自然保护区 26°30′43″N，113°59′44″E。郴州市汝城县热水镇飞水寨 25°52′52″N，113°91′77″E。

羽缘原二翅蜉 *Procloeon pennulatum* Eaton

湖南省：郴州市汝城县热水镇飞水寨 25°52′52″N，113°91′77″E。

原二翅蜉属未定种 *Procloeon* sp.

江西省：井冈山 26°37′23″N，114°07′04″E。

湖南省：株洲市炎陵县神农谷自然保护区 26°30′43″N，113°59′44″E。郴州市汝城县九龙江国家森林公园 25°23′20″N，113°46′27″E。

尖臀鳞四节蜉 *Takobia acutulus* (Tong et Dudgeon)

湖南省：株洲市炎陵县神农谷自然保护区 26°30′43″N，113°59′44″E。郴州市汝城县热水镇飞水寨 25°52′52″N，113°91′77″E。郴州市汝城县九龙江国家森林公园 25°23′20″N，113°46′27″E。

舌臀鳞四节蜉 *Takobia lingulatus* (Tong et Dudgeon)

湖南省：郴州市汝城县热水镇飞水寨 25°52′52″N，113°91′77″E。郴州市汝城县九龙江国家森林公园 25°23′20″N，113°46′27″E。株洲市炎陵县神农谷自然保护区 26°30′43″N，113°59′44″E。

鳞四节蜉属未定种 *Takobia* sp.

湖南省：株洲市炎陵县神农谷自然保护区 26°30′43″N，113°59′44″E。郴州市汝城县热水镇飞水寨 25°52′52″N，113°91′77″E。

非常刺垫四节蜉 *Tenuibaetis pseudofrequentus* (**Müller-Liebenau**)

湖南省：株洲市炎陵县神农谷自然保护区 26°30′43″N，113°59′44″E。郴州市汝城县九龙江国家森林公园 25°23′20″N，113°46′27″E。

刺垫四节蜉属未定种 1 *Tenuibaetis* sp. 1

湖南省：株洲市炎陵县神农谷自然保护区 26°30′43″N，113°59′44″E。郴州市汝城县九龙江国家森林公园 25°23′20″N，113°46′27″E。

刺垫四节蜉属未定种 2 *Tenuibaetis* sp. 2

湖南省：株洲市炎陵县神农谷自然保护区 26°30′43″N，113°59′44″E。郴州市汝城县九龙江国家森林公园 25°23′20″N，113°46′27″E。

小蜉科 Ephemerellidae

棘腿带肋蜉 *Cincticostella femorata* (**Tshernova**)

江西省：赣州市上犹县齐云山国家级自然保护区 25°55′03″N，114°02′48″E。

御氏带肋蜉 *Cincticostella gosei* **Allen**

江西省：赣州市上犹县齐云山国家级自然保护区 25°55′03″N，114°02′48″E。

湖南省：株洲市炎陵县水口镇木湾 26°34′16″N，113°80′88″E。

黑带肋蜉 *Cincticostella nigra* (**Ueno**)

湖南省：株洲市炎陵县神农谷自然保护区 26°30′43″N，113°59′44″E。

带肋蜉属未定种 1 *Cincticostella* sp. 1

江西省：赣州市上犹县齐云山国家级自然保护区 25°55′03″N，114°02′48″E。

带肋蜉属未定种 2 *Cincticostella* sp. 2

江西省：赣州市上犹县齐云山国家级自然保护区 25°55′03″N，114°02′48″E。

带肋蜉属未定种 3 *Cincticostella* sp. 3

江西省：赣州市上犹县齐云山国家级自然保护区 25°55′03″N，114°02′48″E。

隐足弯握蜉 *Drunella cryptomeria* (**Imanishi**)

江西省：赣州市上犹县齐云山国家级自然保护区 25°55′03″N，114°02′48″E。

湖南省：株洲市炎陵县神农谷桃花溪 26°49′93″N，114°06′56″E。株洲市炎陵县神农谷自然保护区 26°30′43″N，113°59′44″E。

弯握蜉属未定种 *Drunella* sp.

江西省：吉安市安福县武功山风景名胜区 27°29′48″N，114°11′12″E。

锐利蜉属未定种 *Ephacerella* sp.

江西省：吉安市安福县武功山风景名胜区 27°29′48″N，114°11′12″E。

湖南省：株洲市炎陵县神农谷自然保护区 26°30′43″N，113°59′44″E。

小蜉属未定种 1 *Ephemerella* sp. 1

江西省：吉安市安福县武功山风景名胜区 27°29′48″N，114°11′12″E。

小蜉属未定种 2 *Ephemerella* sp. 2

江西省：吉安市安福县武功山风景名胜区 27°29′48″N，114°11′12″E。

小蜉属未定种 3 *Ephemerella* sp. 3

江西省：吉安市安福县武功山风景名胜区 27°29′48″N，114°11′12″E。

小蜉属未定种 4 *Ephemerella* sp. 4

江西省：吉安市安福县武功山风景名胜区 27°29′48″N，114°11′12″E。

景洪无须蜉 *Teloganopsis jinghongensis* (**Xu, You et Hsu**)

湖南省：株洲市炎陵县水口镇木湾 26°34′16″N，113°80′88″E。株洲市炎陵县神农谷自然保护区 26°30′43″N，113°59′44″E。

江西省：吉安市安福县武功山风景名胜区 27°29′48″N，114°11′12″E。

红天角蜉 *Teloganopsis punctisetae* (**Matsumura**)

湖南省：郴州市汝城县热水镇飞水寨 25°52′52″N，113°91′77″E。株洲市炎陵县神农谷自然保护区 26°30′43″N，113°59′44″E；26°49′93″N，114°06′56″E。

尼泊尔大鳃蜉 *Torleya nepalica* (**Allen et Edmunds**)

湖南省：株洲市炎陵县神农谷自然保护区 26°30′43″N，113°59′44″E；26°49′93″N，114°06′56″E。郴州市汝城县热水镇飞水寨 25°50′38″N，113°86′72″E。

大鳃蜉属未定种 1 *Torleya* sp. 1

湖南省：株洲市炎陵县神农谷自然保护区 26°49′3″N，114°06′56″E。

大鳃蜉属未定种 2 *Torleya* sp. 2

湖南省：株洲市炎陵县神农谷自然保护区

26°49′93″N，114°06′56″E。

蜉蝣科 Ephemeridae

徐氏蜉 *Ephemera hsui* Zhang, Gui et You

湖南省：株洲市炎陵县神农谷桃花溪 26°49′93″N，114°06′56″E。株洲市炎陵县水口镇木湾 26°34′16″N，113°80′88″E。

紫蜉 *Ephemera purpurata* Ulmer

湖南省：株洲市炎陵县神农谷自然保护区 26°30′43″N，113°59′44″E。株洲市炎陵县神农谷桃花溪 26°49′93″N，114°06′56″E。株洲市炎陵县水口镇木湾 26°34′16″N，113°80′88″E。

绢蜉 *Ephemera serica* Eaton

湖南省：株洲市炎陵县神农谷自然保护区 26°30′43″N，113°59′44″E。株洲市炎陵县水口镇木湾 26°34′16″N，113°80′88″E。

生米蜉 *Ephemera shengmi* Hsu

湖南省：株洲市炎陵县神农谷桃花溪 26°49′93″N，114°06′56″E。株洲市炎陵县神农谷自然保护区 26°30′43″N，113°59′44″E。株洲市炎陵县水口镇木湾 26°34′16″N，113°80′88″E。

二点蜉 *Ephemera spilosa* Navás

湖南省：株洲市炎陵县神农谷自然保护区 26°30′43″N，113°59′44″E。株洲市炎陵县水口镇木湾 26°34′16″N，113°80′88″E。

梧州蜉 *Ephemera wuchowensis* Hsu

湖南省：株洲市炎陵县神农谷桃花溪 26°49′93″N，114°06′56″E。

蜉蝣属未定种 *Ephemera* sp.

湖南省：株洲市炎陵县神农谷自然保护区 26°30′43″N，113°59′44″E。株洲市炎陵县水口镇木湾 26°34′16″N，113°80′88″E。

细蜉科 Caenidae

光滑细蜉 *Caenis lubrica* Tong et Dudgeon

湖南省：株洲市炎陵县神农谷自然保护区 26°30′43″N，113°59′44″E。株洲市炎陵县水口镇木湾 26°34′16″N，113°80′88″E。

扁蜉科 Heptageniidae

透明亚非蜉 *Afronurus hyalinus* (Ulmer)

江西省：吉安市安福县武功山风景名胜区

27°29′48″N，114°11′12″E。

湖南省：郴州市汝城县热水镇飞水寨 25°52′52″N，113°91′77″E。株洲市炎陵县神农谷桃花溪 26°49′93″N，114°06′56″E。

斜纹亚非蜉 *Afronurus obliquistrita* (You et al.)

江西省：吉安市安福县武功山风景名胜区 27°29′48″N，114°11′12″E。

湖南省：株洲市炎陵县神农谷自然保护区 26°30′43″N，113°59′44″E。郴州市汝城县热水镇飞水寨 25°52′52″N，113°91′77″E。

红斑亚非蜉 *Afronurus rubromaculata* (You et al.)

江西省：井冈山 26°37′23″N，114°07′04″E。吉安市安福县武功山风景名胜区 27°29′48″N，114°11′12″E。

湖南省：株洲市炎陵县神农谷自然保护区 26°30′43″N，113°59′44″E。

宜兴亚非蜉 *Afronurus yixingensis* (Wu et You)

江西省：吉安市安福县武功山风景名胜区 27°29′48″N，114°11′12″E。

亚非蜉属未定种 1 *Afronurus* sp. 1

湖南省：株洲市炎陵县神农谷自然保护区 26°49′93″N，114°06′56″E。

亚非蜉属未定种 2 *Afronurus* sp. 2

湖南省：株洲市炎陵县神农谷自然保护区 26°49′93″N，114°06′56″E。

亚非蜉属未定种 3 *Afronurus* sp. 3

湖南省：株洲市炎陵县神农谷自然保护区 26°49′93″N，114°06′56″E。

微动蜉属未定种 *Cinygmula* sp.

湖南省：株洲市炎陵县神农谷自然保护区 26°49′93″N，114°06′56″E。

赫氏高翔蜉 *Epeorus herklotsi* (Hsu)

江西省：井冈山 26°37′23″N，114°07′04″E。

湖南省：株洲市炎陵县神农谷桃花溪 26°49′93″N，114°06′56″E。株洲市炎陵县神农谷自然保护区 26°49′93″N，114°06′56″E；26°30′43″N，113°59′44″E。

美丽高翔蜉 *Epeorus melli* (Ulmer)

江西省：赣州市崇义县横水镇阳岭国家森林公园 25°37′50″N，114°18′16″E。

湖南省：株洲市炎陵县神农谷自然保护区 26°30′43″N，113°59′44″E，26°49′93″N，114°06′56″E。

小假蜉 *Epeorus minor* Hsu

　　江西省：赣州市崇义县横水镇阳岭国家森林公园 25°37′50″N，114°18′16″E。井冈山 26°37′23″N，114°07′04″E。吉安市安福县武功山风景名胜区 27°29′48″N，114°11′12″E。萍乡市芦溪县武功山 27°27′53″N，114°10′47″E。

　　湖南省：郴州市汝城县热水镇飞水寨 25°52′52″N，113°91′77″E。

箭鬃高翔蜉 *Epeorus sagittatus* Tong et Dudgeon

　　江西省：井冈山 26°37′23″N，114°07′04″E。吉安市安福县武功山风景名胜区 27°29′48″N，114°11′12″E。

高翔蜉属未定种 1 *Epeorus* sp. 1

　　江西省：吉安市安福县武功山风景名胜区 27°29′48″N，114°11′12″E。

高翔蜉属未定种 2 *Epeorus* sp. 2

　　湖南省：郴州市汝城县热水镇飞水寨 25°52′52″N，113°91′77″E。

高翔蜉属未定种 3 *Epeorus* sp. 3

　　湖南省：株洲市炎陵县神农谷自然保护区 26°30′43″N，113°59′44。

　　江西省：吉安市安福县武功山风景名胜区 27°29′48″N，114°11′12″E。

高翔蜉属未定种 4 *Epeorus* sp. 4

　　江西省：吉安市安福县武功山风景名胜区 27°29′48″N，114°11′12″E。

　　湖南省：郴州市汝城县九龙江国家森林公园 25°23′20″N，113°46′27″E。

桶形赞蜉 *Paegniodes cupulatus* Eaton

　　湖南省：株洲市炎陵县神农谷桃花溪 26°49′93″N，114°06′56″E。株洲市炎陵县神农谷自然保护区 26°30′43″N，113°59′44″E。郴州市汝城县九龙江国家森林公园 25°23′20″N，113°46′27″E。

赞蜉属未定种 *Paegniodes* sp.

　　湖南省：郴州市汝城县九龙江国家森林公园 25°23′20″N，113°46′27″E。

奇特溪颏蜉 *Rhithrogena unica* Zhou et Peters

　　湖南省：郴州市汝城县九龙江国家森林公园 25°23′20″N，113°46′27″E。

等蜉科 Isonychiidae

江西等蜉 *Isonychia kiangsinensis* Hsu

　　江西省：井冈山 26°37′23″N，114°07′04″E。吉安市

安福县武功山风景名胜区 27°29′48″N，114°11′12″E。

　　湖南省：株洲市炎陵县神农谷自然保护区 26°30′43″N，113°59′44″E。

细裳蜉科 Leptophlebiidae

面宽基蜉 *Choroterpes facialis* Gillies

　　江西省：吉安市安福县武功山风景名胜区 27°29′48″N，114°11′12″E。

　　湖南省：株洲市炎陵县水口镇木湾 26°34′16″N，113°80′88″E。株洲市炎陵县神农谷自然保护区 26°30′43″N，113°59′44″E。

三叉宽基蜉 *Choroterpes trifurcatus* Ueno

　　江西省：吉安市安福县武功山风景名胜区 27°29′48″N，114°11′12″E。

　　湖南省：株洲市炎陵县神农谷自然保护区 26°30′43″N，113°59′44″E。

吉氏柔裳蜉 *Habrophlebiodes gilliesi* Peters

　　江西省：吉安市安福县武功山风景名胜区 27°29′48″N，114°11′12″E。

　　湖南省：株洲市炎陵县水口镇木湾 26°34′16″N，113°80′88″E。株洲市炎陵县神农谷自然保护区 26°30′43″N，113°59′44″E。

柔裳蜉属未定种 *Habrophlebiodes* sp.

　　江西省：井冈山 26°37′23″N，114°07′04″E。

　　湖南省：株洲市炎陵县神农谷自然保护区 26°30′43″N，113°59′44″E。

拟细裳蜉属未定种 *Paraleptophlebia* sp.

　　江西省：井冈山 26°37′23″N，114°07′04″E。

毕氏思罗蜉 *Thraulus bishopi* Peters et Tsui

　　江西省：井冈山 26°37′23″N，114°07′04″E。

　　湖南省：郴州市汝城县热水镇飞水寨 25°52′52″N，113°91′77″E。

思罗蜉属未定种 *Thraulus* sp.

　　江西省：井冈山 26°37′23″N，114°07′04″E。

河花蜉科 Potamanthidae

美丽河花蜉 *Potamanthus formosus* Eaton

　　湖南省：郴州市汝城县热水镇飞水寨 25°52′52″N，113°91′77″E。郴州市桂东县八面山国家级自然保护区 26°01′03″N，113°40′59″E。

河花蜉属未定种 *Potamanthus* sp.

　　湖南省：株洲市炎陵县神农谷自然保护区 26°30′

43″N，113°59′44″E。郴州市桂东县八面山国家级自然保护区26°01′03″N，113°40′59″E。

湖南红纹蜉 *Rhoenanthus hunanensis* You et Gui

湖南省：株洲市炎陵县水口镇木湾 26°34′16″N，113°80′88″E。郴州市桂东县八面山国家级自然保护区 26°01′03″N，113°40′59″E。

短丝蜉科 Siphlonuridae

亚美蜉属未定种 *Ameletus* sp.

湖南省：株洲市炎陵县水口镇木湾 26°34′16″N，113°80′88″E。株洲市炎陵县神农谷自然保护区 26°49′93″N，114°06′56″E。

短丝蜉属未定种 *Siphlonurus* sp.

湖南省：株洲市炎陵县神农谷自然保护区 26°49′93″N，114°06′56″E。

拟短丝蜉科 Siphluriscidae

中国拟短丝蜉 *Siphluriscus chinensis* Ulmer

湖南省：株洲市炎陵县神农谷自然保护区26°30′43″N，113°59′44″E；26°49′93″N，114°06′56″E。

蜻蜓目 ODONATA

蟌科 Coenagrionidae

翠胸黄蟌 *Ceriagrion auranticum* Asahina

江西省：吉安市安福县武功山风景名胜区27°29′48″N，114°11′12″E。

湖南省：郴州市汝城县热水镇飞水寨 25°52′52″N，113°91′77″E。

长尾黄蟌 *Ceriagrion fallax* Ris

江西省：宜春市袁州区明月山 27°35′44″N，114°16′26″E。宜春市靖安县三爪仑国家森林公园 28°58′36″N，115°14′11″E。吉安市安福县武功山风景名胜区27°29′48″N，114°11′12″E。

短尾黄蟌 *Ceriagrion melanurum* Selys

江西省：吉安市安福县武功山风景名胜区27°29′48″N，114°11′12″E。

赤黄蟌 *Ceriagrion nipponicum* Asahina

江西省：宜春市奉新县百丈山 28°41′35″N，114°46′27″E。井冈山大井26°22′47.10″N，114°07′30.19″E。

东亚异痣蟌 *Ischnura asiatica* (Brauer)

江西省：吉安市安福县武功山风景名胜区27°29′48″N，114°11′12″E。

褐斑异痣蟌 *Ischnura senegalensis* (Rambur)

江西省：吉安市安福县武功山风景名胜区 27°29′48″N，114°11′12″E。

色蟌科 Calopterygidae

白尾野蟌 *Agriomorpha fusca* May

湖南省：郴州市汝城县九龙江国家森林公园25°23′20″N，113°46′27″E。

赤基色蟌 *Archineura incarnata* (Karsch)

江西省：井冈山 26°37′23″N，114°07′04″E。

湖南省：郴州市汝城县九龙江国家森林公园25°23′20″N，113°46′27″E。

黑暗色蟌 *Atrocalopteryx atrata* (Selys)

湖南省：株洲市炎陵县神农谷自然保护区26°49′93″N，114°06′56″E。

黑顶暗色蟌 *Atrocalopteryx melli* Ris

江西省：井冈山湘洲 26°32.0′N，114°11.1′E。

亮闪色蟌 *Caliphaea nitens* Navás

湖南省：株洲市炎陵县神农谷自然保护区26°49′93″N，114°06′56″E。

透顶单脉色蟌 *Matrona basilaris* Selys

江西省：宜春市奉新县九岭山28°41′51″N，114°45′08″E。

湖南省：郴州市汝城县热水镇飞水寨 25°52′52″N，113°91′77″E。浏阳市大围山森林公园28°25′30″N，114°06′45″E。株洲市炎陵县神农谷自然保护区 26°30′43″N，113°59′44″E；26°49′93″N，114°06′56″E。

伊氏绿色蟌 *Mnais earnshawi* Williamson

江西省：井冈山湘洲 26°32.0′N，114°11.1′E。

烟翅绿色蟌 *Mnais mneme* Ris

江西省：井冈山湘洲 26°32.0′N，114°11.1′E。

湖南省：株洲市炎陵县神农谷自然保护区26°49′93″N，114°06′56″E。

黄翅绿色蟌 *Mnais tenuis* Oguma

湖南省：株洲市炎陵县神农谷自然保护区26°49′93″N，114°06′56″E。

华艳色蟌 *Neurobasis chinensis* (Linnaeus)

湖南省：株洲市炎陵县神农谷自然保护区26°30′43″N，113°59′44″E。

黑角细色螅 *Vestalaria venusta* (Hämäläinen)

江西省：宜春市奉新县九岭山 28°41′51″N，114°45′08″E。

鼻螅科 Chlorocyphidae

赵氏圣鼻螅 *Aristocypha chaoi* (Wilson)

湖南省：株洲市炎陵县神农谷自然保护区 26°49′93″N，114°06′56″E。

三斑阳鼻螅 *Heliocypha perforata* (Percheron)

湖南省：株洲市炎陵县神农谷自然保护区 26°49′93″N，114°06′56″E。

大溪螅科 Philogangidae

壮大溪螅指名亚种 *Philoganga robusta robusta* Navás

湖南省：郴州市汝城县九龙江国家森林公园 25°23′20″N，113°46′27″E。

大溪螅 *Philoganga vetusta* Ris

湖南省：郴州市汝城县九龙江国家森林公园 25°23′20″N，113°46′27″E。

溪螅科 Euphaeidae

庆元异翅溪螅 *Anisopleura qingyuanensis* Zhou

湖南省：郴州市汝城县九龙江国家森林公园 25°23′20″N，113°46′27″E。

巨齿尾溪螅 *Bayadera melanopteryx* Ris

湖南省：郴州市汝城县九龙江国家森林公园 25°23′20″N，113°46′27″E。

方带溪螅 *Euphaea decorata* Hagen

湖南省：郴州市汝城县九龙江国家森林公园 25°23′20″N，113°46′27″E。

褐翅溪螅 *Euphaea opaca* Selys

湖南省：株洲市炎陵县神农谷自然保护区 26°30′43″N，113°59′44″E。郴州市汝城县九龙江国家森林公园 25°23′20″N，113°46′27″E。

扇螅科 Platycnemididae

黄纹长腹扇螅 *Coeliccia cyanomelas* Ris

江西省：宜春市靖安县三爪仑国家森林公园 28°58′36″N，115°14′11″E。吉安市安福县武功山风景名胜区 27°29′48″N，114°11′12″E。宜春市奉新县百丈山

28°41′35″N，114°46′27″E。

四斑长腹螅 *Coeliccia didyma* (Selys)

江西省：宜春市靖安县三爪仑国家森林公园 28°58′36″N，115°14′11″E。吉安市安福县武功山风景名胜区 27°29′48″N，114°11′12″E。

白狭扇螅 *Copera annulata* (Selys)

江西省：井冈山大井 26°22′47.10″N，114°07′30.19″E。吉安市安福县武功山风景名胜区 27°29′48″N，114°11′12″E。

黄狭扇螅 *Copera marginipes* (Rambur)

江西省：宜春市靖安县三爪仑国家森林公园 28°58′36″N，115°14′11″E。赣州市上犹县齐云山国家级自然保护区 25°55′03″N，114°02′48″E。

印扇螅 *Indocnemis orang* (Förster)

江西省：赣州市上犹县齐云山国家级自然保护区 25°55′03″N，114°02′48″E。

综螅科 Synlestidae

绿综螅属未定种 *Megalestes* sp.

江西省：赣州市崇义县横水镇阳岭国家森林公园 25°37′50″N，114°18′16″E。赣州市上犹县齐云山国家级自然保护区 25°55′03″N，114°02′48″E。

黄肩华综螅 *Sinolestes editus* Needham

江西省：赣州市上犹县齐云山国家级自然保护区 25°55′03″N，114°02′48″E。

蜓科 Aeshnidae

斑伟蜓 *Anax guttatus* (Burmerister)

湖南省：株洲市炎陵县水口镇木湾 26°34′16″N，113°80′88″E。株洲市炎陵县神农谷自然保护区 26°49′93″N，114°06′56″E。

黑纹伟蜓 *Anax nigrofasciatus* Oguma

湖南省：株洲市炎陵县神农谷自然保护区 26°49′93″N，114°06′56″E。

尼氏头蜓 *Cephalaeschna needhami* Asahina

湖南省：株洲市炎陵县神农谷自然保护区 26°49′93″N，114°06′56″E。

日本长尾蜓 *Gynacantha japonica* Bartenev

湖南省：株洲市炎陵县神农谷自然保护区 26°49′93″N，114°06′56″E。

细腰长尾蜓 *Gynacantha subinterrupta* **Rambur**

湖南省：株洲市炎陵县神农谷自然保护区 26°49′93″N，114°06′56″E。

赵氏佩蜓 *Periaeschna chaoi* (**Asahina**)

湖南省：郴州市汝城县热水镇飞水寨 25°52′52″N，113°91′77″E。

福临佩蜓 *Periaeschna flinti* **Asahina**

湖南省：株洲市炎陵县神农谷自然保护区 26°30′43″N，113°59′44″E。

狭痣佩蜓 *Periaeschna magdalena* **Martin**

湖南省：郴州市汝城县热水镇飞水寨 25°52′52″N，113°91′77″E。

郝氏黑额蜓 *Planaeschna haui* **Wilson et Xu**

江西省：赣州市崇义县横水镇阳岭国家森林公园 25°37′50″N，114°18′16″E。

红褐多棘蜓 *Polycanthagyna erythromelas* (**McLachlan**)

湖南省：郴州市汝城县热水镇飞水寨 25°52′52″N，113°91′77″E。

黄绿多棘蜓 *Polycanthagyna melanictera* (**Selys**)

湖南省：郴州市汝城县热水镇飞水寨 25°52′52″N，113°91′77″E。

沃氏短痣蜓 *Tetracanthagyna waterhousei* **McLachlan**

湖南省：株洲市炎陵县神农谷自然保护区 26°49′93″N，114°06′56″E。

大蜓科 Cordulegastridae

巨圆臀大蜓 *Anotogaster sieboldii* (**Selys**)

江西省：吉安市安福县武功山风景名胜区 27°29′48″N，114°11′12″E。宜春市袁州区明月山 27°35′44″N，114°16′26″E。

湖南省：株洲市炎陵县神农谷桃花溪 26°49′93″N，114°06′56″E。

长鼻裂唇蜓指名亚种 *Chlorogomphus nasutus nasutus* **Needham**

江西省：吉安市安福县武功山风景名胜区 27°29′48″N，114°11′12″E。

蝴蝶裂唇蜓 *Chlorogomphus papilio* **Ris**

江西省：吉安市安福县武功山风景名胜区 27°29′48″N，114°11′12″E。

山裂唇蜓 *Chlorogomphus shanicus* **Wilson**

江西省：吉安市安福县武功山风景名胜区 27°29′48″N，114°11′12″E。

高翔裂唇蜓 *Chloropetalia soarer* **Wilson**

湖南省：郴州市汝城县九龙江国家森林公园 25°23′20″N，113°46′27″E。

春蜓科 Gomphidae

汉森安春蜓 *Amphigomphus hansoni* **Chao**

湖南省：郴州市汝城县热水镇飞水寨 25°52′52″N，113°91′77″E。

安氏异春蜓 *Anisogomphus anderi* **Lieftinck**

江西省：宜春市宜丰县官山国家级自然保护区 28°33′21″N，114°35′20″E。

湖南省：株洲市炎陵县水口镇木湾 26°34′16″N，113°80′88″E。株洲市炎陵县神农谷自然保护区 26°30′43″N，113°59′44″E。郴州市汝城县热水镇飞水寨 25°52′52″N，113°91′77″E。

马奇异春蜓 *Anisogomphus maacki* (**Selys**)

江西省：宜春市宜丰县官山国家级自然保护区 28°33′21″N，114°35′20″E。

海南亚春蜓 *Asiagomphus hainanensis* (**Chao**)

湖南省：郴州市汝城县热水镇飞水寨 25°52′52″N，113°91′77″E。

和平亚春蜓 *Asiagomphus pacificus* (**Chao**)

湖南省：郴州市汝城县热水镇飞水寨 25°52′52″N，113°91′77″E。

凹缘亚春蜓 *Asiagomphus septimus* (**Needham**)

江西省：宜春市宜丰县官山国家级自然保护区 28°33′21″N，114°35′20″E。

湖南省：株洲市炎陵县水口镇木湾 26°34′16″N，113°80′88″E。

索氏缅春蜓 *Burmagomphus sowerbyi* (**Needham**)

江西省：井冈山 26°37′23″N，114°07′04″E。宜春市宜丰县官山国家级自然保护区 28°33′21″N，114°35′20″E。

联纹缅春蜓 *Burmagomphus vermicularis* (**Martin**)

江西省：宜春市宜丰县官山国家级自然保护区 28°33′21″N，114°35′20″E。

湖南省：株洲市炎陵县神农谷自然保护区 26°30′43″N，113°59′44″E。

费鲁戴春蜓 *Davidius fruhstorferi* Martin

江西省：赣州市上犹县齐云山国家级自然保护区 25°55′03″N，114°02′48″E。

湖南省：株洲市炎陵县神农谷自然保护区 26°30′43″N，113°59′44″E。

星著闽春蜓 *Fukienogomphus promineus* Chao

江西省：赣州市上犹县齐云山国家级自然保护区 25°55′03″N，114°02′48″E。

长腹春蜓 *Gastrogomphus abdominalis* (McLachlan)

江西省：赣州市上犹县齐云山国家级自然保护区 25°55′03″N，114°02′48″E。

小叶春蜓属未定种 *Gomphidia* sp.

江西省：井冈山 26°37′23″N，114°07′04″E。

扭尾曦春蜓 *Heliogomphus retroflexus* (Ris)

江西省：赣州市上犹县齐云山国家级自然保护区 25°55′03″N，114°02′48″E。

海南环尾春蜓 *Lamelligomphus hainanensis* (Chao)

湖南省：长沙市浏阳市大围山 28°25′28″N，114°04′52″E。

脊纹环尾春蜓 *Lamelligomphus trinus* (Navás)

江西省：井冈山 26°37′23″N，114°07′04″E。

歧角纤春蜓 *Leptogomphus divaricatus* Chao

江西省：赣州市崇义县横水镇阳岭国家森林公园 25°37′50″N，114°18′16″E。

居间纤春蜓 *Leptogomphus intermedius* Chao

江西省：赣州市崇义县横水镇阳岭国家森林公园 25°37′50″N，114°18′16″E。吉安市安福县武功山风景名胜区 27°29′48″N，114°11′12″E。

双峰弯尾春蜓 *Melligomphus ardens* (Needham)

江西省：吉安市安福县武功山风景名胜区 27°29′48″N，114°11′12″E。

中华长钩春蜓 *Ophiogomphus sinicus* (Chao)

江西省：赣州市崇义县横水镇阳岭国家森林公园 25°37′50″N，114°18′16″E。吉安市安福县武功山风景名胜区 27°29′48″N，114°11′12″E。

克雷扩腹春蜓 *Stylurus kreyenbergi* (Ris)

江西省：吉安市安福县武功山风景名胜区 27°29′48″N，114°11′12″E。

纯鎏尖尾春蜓 *Stylogomphus chunliuae* Chao

江西省：赣州市崇义县横水镇阳岭国家森林公园 25°37′50″N，114°18′16″E。吉安市安福县武功山风景名胜区 27°29′48″N，114°11′12″E。

蜻科 Libellulidae

锥腹蜻 *Acisoma panorpoides* Rambur

江西省：吉安市安福县武功山风景名胜区 27°29′48″N，114°11′12″E。

红腹异蜻 *Aethriamanta brevipennis* (Rambur)

江西省：吉安市安福县武功山风景名胜区 27°29′48″N，114°11′12″E。

蓝额疏脉蜻 *Brachydiplax flavovittata* Ris

江西省：吉安市安福县武功山风景名胜区 27°29′48″N，114°11′12″E。

黄翅蜻 *Brachythemis contaminata* (Fabricius)

江西省：赣州市上犹县齐云山国家级自然保护区 25°55′03″N，114°02′48″E。

长尾红蜻 *Crocothemis erythraea* (Brullé)

江西省：赣州市上犹县齐云山国家级自然保护区 25°55′03″N，114°02′48″E。

红蜻指名亚种 *Crocothemis servilia servilia* (Drury)

江西省：赣州市上犹县齐云山国家级自然保护区 25°55′03″N，114°02′48″E。

湖南省：株洲市炎陵县神农谷自然保护区 26°30′43″N，113°59′44″E。

纹蓝小蜻 *Diplacodes trivialis* (Rambur)

江西省：赣州市上犹县齐云山国家级自然保护区 25°55′03″N，114°02′48″E。

臀斑楔翅蜻 *Hydrobasileus croceus* (Brauer)

江西省：赣州市上犹县齐云山国家级自然保护区 25°55′03″N，114°02′48″E。

米尔蜻 *Libellula melli* Schmidt

江西省：赣州市上犹县齐云山国家级自然保护区 25°55′03″N，114°02′48″E。

闪绿宽腹蜻 *Lyriothemis pachygastra* (Selys)

江西省：赣州市上犹县齐云山国家级自然保护区 25°55′03″N，114°02′48″E。

侏红小蜻 *Nannophya pygmaea* **Rambur**

江西省：赣州市上犹县齐云山国家级自然保护区 25°55′03″N，114°02′48″E。

褐基脉蜻 *Neurothemis intermedia* **(Rambur)**

江西省：赣州市上犹县齐云山国家级自然保护区 25°55′03″N，114°02′48″E。

白尾灰蜻 *Orthetrum albistylum* **Selys**

江西省：井冈山湘洲 26°32.0′N，114°11.1′E。吉安市安福县武功山风景名胜区 27°29′48″N，114°11′12″E。赣州市上犹县齐云山国家级自然保护区 25°55′03″N，114°02′48″E。

黑尾灰蜻 *Orthetrum glaucum* **(Brauer)**

江西省：赣州市上犹县齐云山国家级自然保护区 25°55′03″N，114°02′48″E。

褐肩灰蜻 *Orthetrum internum* **McLachlan**

湖南省：郴州市桂东县八面山国家级自然保护区 26°01′03″N，113°40′59″E。

吕宋灰蜻 *Orthetrum luzonicum* **(Brauer)**

湖南省：郴州市桂东县八面山国家级自然保护区 26°01′03″N，113°40′59″E。

狭腹灰蜻 *Orthetrum sabina* **(Drury)**

湖南省：郴州市桂东县八面山国家级自然保护区 26°01′03″N，113°40′59″E。

江西省：井冈山大井 26°22′47.10″N，114°07′30.19″E。

鼎脉灰蜻 *Orthetrum triangulare* **(Selys)**

江西省：井冈山大井 26°22′47.10″N，114°07′30.19″E。

湖南省：郴州市桂东县八面山国家级自然保护区 26°01′03″N，113°40′59″E。郴州市汝城县热水镇飞水寨 25°52′52″N，113°91′77″E。

高翔漭蜻 *Macrodiplax cora* **(Brauer)**

江西省：宜春市袁州区明月山 27°35′44″N，114°16′26″E。

六斑曲缘蜻 *Palpopleura sexmaculata* **(Fabricius)**

江西省：井冈山大井 26°22′47.10″N，114°07′30.19″E。井冈山湘洲 26°32.0′N，114°11.1′E。

湖南省：郴州市桂东县八面山国家级自然保护区 26°01′03″N，113°40′59″E。

黄蜻 *Pantala flavescens* **(Fabricius)**

江西省：井冈山大井 26°22′47.10″N，114°07′30.19″E。宜春市袁州区明月山 27°35′44″N，114°16′26″E。

湖南省：浏阳市大围山森林公园 28°25′30″N，114°06′45″E。郴州市桂东县八面山国家级自然保护区 26°01′03″N，113°40′59″E。株洲市炎陵县桃源洞 26°29′14″N，114°00′42″E。

湿地狭翅蜻 *Potamarcha congener* **(Rambur)**

湖南省：郴州市桂东县八面山国家级自然保护区 26°01′03″N，113°40′59″E。

玉带蜻 *Pseudothemis zonata* **(Burmeister)**

江西省：赣州市崇义县横水镇阳岭国家森林公园 25°37′50″N，114°18′16″E。

黑丽翅蜻 *Rhyothemis fuliginosa* **Selys**

湖南省：郴州市桂东县八面山国家级自然保护区 26°01′03″N，113°40′59″E。

斑丽翅蜻多斑亚种 *Rhyothemis variegata arria* **Drury**

湖南省：郴州市桂东县八面山国家级自然保护区 26°01′03″N，113°40′59″E。

大赤蜻指名亚种 *Sympetrum baccha baccha* **(Selys)**

江西省：宜春市靖安县三爪仑国家森林公园 28°58′36″N，115°14′11″E。

湖南省：郴州市汝城县九龙江国家森林公园 25°23′20″N，113°46′27″E。

半黄赤蜻 *Sympetrum croceolum* **Selys**

湖南省：郴州市汝城县九龙江国家森林公园 25°23′20″N，113°46′27″E。

夏赤蜻 *Sympetrum darwinianum* **Selys**

江西省：井冈山大井 26°22′47.10″N，114°07′30.19″E。吉安市安福县武功山风景名胜区 27°29′48″N，114°11′12″E。宜春市袁州区明月山 27°35′44″N，114°16′26″E。宜春市靖安县三爪仑国家森林公园 28°58′36″N，115°14′11″E。

湖南省：郴州市汝城县九龙江国家森林公园 25°23′20″N，113°46′27″E。

竖眉赤蜻多纹亚种 *Sympetrum eroticum ardens* **(McLachlan)**

江西省：井冈山大井 26°22′47.10″N，114°07′30.19″E。宜春市靖安县三爪仑国家森林公园 28°58′36″N，115°14′11″E。宜春市宜丰县官山国家级自然保护区 28°33′21″N，114°35′20″E。吉安市安福县武功山风景名胜区 27°29′48″N，114°11′12″E。

湖南省：浏阳市大围山森林公园 28°25′30″N，114°06′45″E。郴州市汝城县九龙江国家森林公园

25°23′20″N，113°46′27″E。

方氏赤蜻 *Sympetrum fonscolombii* (Selys)

湖南省：郴州市汝城县九龙江国家森林公园 25°23′20″N，113°46′27″E。

褐顶赤蜻 *Sympetrum infuscatum* (Selys)

江西省：宜春市宜丰县官山国家级自然保护区 28°33′21″N，114°35′20″E。吉安市安福县武功山风景名胜区 27°29′48″N，114°11′12″E。宜春市靖安县三爪仑国家森林公园 28°58′36″N，115°14′11″E。

小黄赤蜻 *Sympetrum kunckeli* (Selys)

江西省：井冈山大井 26°22′47.10″N，114°07′30.19″E。井冈山主峰 26°53.0′N，114.35°E。吉安市安福县武功山风景名胜区 27°29′48″N，114°11′12″E。宜春市袁州区明月山 27°35′44″N，114°16′26″E。宜春市靖安县三爪仑国家森林公园 28°58′36″N，115°14′11″E。

湖南省：浏阳市大围山森林公园 28°25′30″N，114°06′45″E。

姬赤蜻 *Sympetrum parvulum* (Bartenev)

江西省：吉安市安福县武功山风景名胜区 27°29′48″N，114°11′12″E。

湖南省：郴州市汝城县九龙江国家森林公园 25°23′20″N，113°46′27″E。

李氏赤蜻 *Sympetrum risi risi* Bartenev

江西省：宜春市袁州区明月山 27°35′44″N，114°16′26″E。

湖南省：株洲市炎陵县神农谷自然保护区 26°49′93″N，114°06′56″E。

宽翅方蜻 *Tetrathemis platyptera* Selys

湖南省：株洲市炎陵县神农谷自然保护区 26°49′93″N，114°06′56″E。

华斜痣蜻 *Tramea viriginia* (Rambur)

江西省：宜春市靖安县三爪仑国家森林公园 28°58′36″N，115°14′11″E。

湖南省：浏阳市大围山森林公园 28°25′30″N，114°06′45″E。

晓褐蜻 *Trithemis aurora* (Burmeister)

江西省：井冈山主峰 26°53.0′N，114.35°E。宜春市奉新县九岭山 28°41′51″N，114°45′08″E。

湖南省：株洲市炎陵县神农谷自然保护区 26°49′93″N，114°06′56″E。

庆褐蜻 *Trithemis festiva* (Rambur)

湖南省：株洲市炎陵县神农谷自然保护区

26°49′93″N，114°06′56″E。

彩虹蜻 *Zygonyx iris insignis* Kirby

湖南省：株洲市炎陵县神农谷自然保护区 26°30′43″N，113°59′44″E。

大伪蜻科 Macromiidae

长角异伪蜻 *Idionyx carinata* Fraser

湖南省：株洲市炎陵县神农谷自然保护区 26°49′93″N，114°06′56″E。

福建大伪蜻 *Macromia malleifera* Lieftinck

湖南省：株洲市炎陵县神农谷自然保护区 26°49′93″N，114°06′56″E。

直翅目 ORTHOPTERA

枝背蚱科 Cladonotidae

广东澳汉蚱 *Austrohancockia kwangtungensis* (Tinkham)

江西省：井冈山湘洲 26°32′N，114°11.0′E。

短翼蚱科 Metrodoridae

圆头波蚱 *Bolivaritettix circinihumerus* Zheng

江西省：井冈山松木坪 26°34′N，114°04′E。井冈山湘洲 26°32′N，114°11.0′E。

肩波蚱 *Bolivaritettix humeralis* Günther

江西省：井冈山小溪洞 26°26′N，114°11′E。井冈山松木坪 26°34′N，114°04′E。井冈山湘洲 26°32′N，114°11.0′E。宜春市靖安县璪都镇观音岩 29°01′48″N，115°25′00″E。宜春市宜丰县官山国家级自然保护区 28°33′16″N，113°34′55″E。宜春市奉新县百丈山 28°41′35″N，114°46′27″E。

湖南省：浏阳市大围山森林公园 28°25′30″N，114°06′45″E。

宽顶波蚱 *Bolivaritettix lativertex* (Brunner von Wattenwyl)

江西省：井冈山荆竹山 26°31′N，114°05.9′E。井冈山松木坪 26°34′N，114°04′E。井冈山主峰 26°53′N，114°15′E。井冈山大井 26°33′N，114°07′E。井冈山湘洲 26°32′N，114°11.0′E。

锡金波蚱 *Bolivaritettix sikkinensis* (Bolivar)

江西省：井冈山水库 26°33′N，114°10′E。井冈山主峰 26°53′N，114°15′E。井冈山大井 26°33′N，

114°07′E。井冈山罗浮 26°39′N，114°13′E。井冈山湘洲 26°32′N，114°11.0′E。

湖南省：株洲市炎陵县桃源洞自然保护区田心岭 26°28′00″N，114°02′00″E。株洲市炎陵县桃源洞自然保护区游客服务中心 26°29′00″N，114°01′00″E。浏阳市大围山森林公园 28°25′30″N，114°06′45″E；28°25′28″N，114°04′52″E。

周氏狭顶蚱 *Systolederus zhoui* Liang et Jia

江西省：井冈山罗浮 26°33′N，114°09′E。

狭顶蚱属未定种 *Systolederus* sp.

江西省：宜春市靖安县璪都镇南山村 29°01′00″N，115°16′00″E。吉安市遂川县南风面国家级自然保护区 26°17′04″N，114°03′53″E。宜春市靖安县璪都镇观音岩 29°01′48″N，115°25′00″E。

湖南省：郴州市桂东县八面山国家级自然保护区 25°58′21″N，113°42′37″E。

隆背希蚱 *Xistrella cliva* Zheng et Liang

江西省：井冈山罗浮 26°39′N，114°13′E。井冈山湘洲 26°32′N，114°11.0′E。

湖南希蚱 *Xistrella hunanensis* Wang

江西省：吉安市安福县武功山风景名胜区 27°29′48″N，114°11′12″E。

武夷山希蚱 *Xistrella wuyishana* Zheng et Liang

江西省：井冈山湘洲 26°32.0′N，114°11.0′E。吉安市安福县武功山风景名胜区 27°29′48″N，114°11′12″E。

刺翼蚱科 Scelimenidae

横刺羊角蚱 *Criotettix transpinus* Zheng et Deng

江西省：井冈山松木坪 26°34′N，114°04′E。井冈山罗浮 26°39′N，114°13′E。

钝优角蚱 *Eucriotettix dohertyi* (Hancock)

江西省：宜春市奉新县越山 28°47′19″N，115°10′01″E。

大优角蚱 *Eucriotettix grandis* (Hancock)

江西省：井冈山主峰 26°53′N，114°15′E。吉安市安福县武功山风景名胜区 27°29′48″N，114°11′12″E。

突眼优角蚱 *Eucriotettix oculata* (Bolivar)

江西省：宜春市奉新县百丈山 28°41′35″N，114°46′27″E。井冈山主峰 26°53′N，114°15′E。井冈山水库 26°33′N，114°10′E。井冈山罗浮 26°39′N，114°13′E。宜春市靖安县璪都镇南山村 29°01′00″N，115°16′00″E。宜春市靖安县三爪仑国家森林公园 28°58′36″N，115°14′11″E。吉

安市安福县武功山风景名胜区 27°29′48″N，114°11′12″E。

湖南省：株洲市炎陵县桃源洞自然保护区 26°28′00″N，114°02′00″E；26°29′00″N，114°01′00″E；26°31′00″N，113°03′00″E。

弯刺佯鳄蚱 *Paragavialidium curvispinum* Zheng

江西省：宜春市奉新县越山 28°47′19″N，115°10′01″E。吉安市安福县武功山风景名胜区 27°29′48″N，114°11′12″E。

湖南省：株洲市炎陵县桃源洞自然保护区 26°28′00″N，114°02′00″E。

梅氏刺翼蚱 *Scelimena melli* Günther

江西省：宜春市奉新县百丈山 28°41′35″N，114°46′27″E。

瘤蚱 *Thoradonta nodulosa* (Stål)

江西省：井冈山小溪洞 26°26′N，114°11′E。吉安市安福县武功山风景名胜区 27°29′48″N，114°11′12″E。

蚱科 Tetrigidae

微翅蚱属未定种 *Alulatettix* sp.

江西省：吉安市安福县武功山 27°19′00″N，114°13′00″E。

湖南省：郴州市桂东县八面山国家级自然保护区 25°58′21″N，113°42′37″E。

突眼蚱 *Ergatettix dorsifera* (Walker)

江西省：宜春市靖安县璪都镇观音岩 29°01′48″N，115°25′00″E。井冈山湘洲 26°32′N，114°11.0′E。井冈山罗浮山三级站水库尾 26°33′N，114°10′E。井冈山小溪洞 26°26′N，114°11′E。赣州市崇义县横水镇阳岭国家森林公园 25°37′50″N，114°18′16″E。

庐山台蚱 *Formosatettix lushanensis* Zheng et Yang

江西省：宜春市奉新县百丈山 28°41′35″N，114°46′27″E。

湖南拟台蚱 *Formosatettixoides hunanensis* (Zheng et Fu)

湖南省：浏阳市大围山国家森林公园 28°25′28″N，114°04′52″E。

武夷山拟台蚱 *Formosatettixoides wuyishanensis* Zheng et Liang

江西省：宜春市奉新县百丈山 28°41′35″N，114°46′27″E。

冠庭蚱 *Hedotettix cristitergus* Hancock

江西省：宜春市靖安县璪都镇观音岩 29°01′48″N，

115°25′00″E。井冈山湘洲 26°32′N，114°11.0′E。赣州市崇义县横水镇阳岭国家森林公园 25°37′50″N，114°18′16″E。

细庭蚱 *Hedotettix gracilis* De Haan

江西省：赣州市上犹县光菇山自然保护区 25°55′11″N，114°03′04″E。

湖南省：郴州市桂东县八面山国家级自然保护区 25°58′21″N，113°42′37″E。

毛长背蚱 *Paratettix hirsutus* Brunner von Wattenwyl

湖南省：株洲市炎陵县桃源洞 26°29′14″N，114°00′42″E。

波氏蚱 *Tetrix bolivari* Saulcy

江西省：宜春市靖安县璪都镇观音岩 29°01′48″N，115°25′00″E。宜春市靖安县璪都镇南山村 29°01′00″N，115°16′00″E。井冈山松木坪 26°34′N，114°04′E。井冈山罗浮 26°39′N，114°13′E。井冈山小溪洞 26°26′N，114°11′E。宜春市靖安县三爪仑乡 29°04′00″N，115°11′00″E。赣州市崇义县横水镇阳岭国家森林公园 25°37′50″N，114°18′16″E。

湖南省：资兴市回龙山瑶族乡回龙山 26°04′33.34″N，113°23′15.85″E。株洲市炎陵县桃源洞自然保护区游客服务中心 26°29′00″N，114°01′00″E。

中华喀蚱 *Tetrix ceperoi chinensis* Liang

江西省：宜春市靖安县璪都镇南山村 29°01′00″N，115°16′00″E；27°33′00″N，114°23′00″E。

日本蚱 *Tetrix japonica* (Bolivar)

江西省：井冈山罗浮 26°39′N，114°13′E。井冈山松木坪 26°34′N，114°04′E。井冈山小溪洞 26°26′N，114°11′E。井冈山荆竹山 26°31′N，114°05.9′E。井冈山弯坑 26°53′N，114°25′E。赣州市崇义县横水镇阳岭国家森林公园 25°37′50″N，114°18′16″E。宜春市靖安县璪都镇观音岩 29°01′48″N，115°25′00″E。宜春市靖安县璪都镇南山村 29°01′00″N，115°16′00″E。吉安市安福县武功 27°19′00″N，114°13′00″E。

乳源蚱 *Tetrix ruyanensis* Liang

江西省：吉安市安福县武功山风景名胜区 27°29′48″N，114°11′12″E。赣州市崇义县横水镇阳岭国家森林公园 25°37′50″N，114°18′16″E。

湖南省：株洲市炎陵县桃源洞自然保护区 26°31′00″N，113°03′00″E；26°29′00″N，114°01′00″E。

扁角蚱科 Discotettigidae

南昆山扁角蚱 *Flatocerus nankunshanensis* Liang et Zheng

江西省：井冈山罗浮 26°39′N，114°13′E。井冈山湘洲 26°32′N，114°11.0′E。井冈山主峰 26°53′N，114°15′E。吉安市安福县武功山风景名胜区 27°29′48″N，114°11′12″E。吉安市遂川县南风面国家级自然保护区 26°17′04″N，114°03′53″E。宜春市奉新县百丈山 28°41′35″N，114°46′27″E。

湖南省：郴州市桂东县八面山国家级自然保护区 25°58′21″N，113°42′37″E。

武夷山扁角蚱 *Flatocerus wuyishanensis* Zheng

湖南省：株洲市炎陵县桃源洞自然保护区 26°29′00″N，114°01′00″E；26°50′00″N，114°39′00″E。

扁角蚱属未定种 *Flatocerus* sp.

江西省：井冈山湘洲 26°32′N，114°11.0′E。

蝾科 Eumastacidae

多恩乌蝾 *Erianthus dohrni* Bolivar

江西省：吉安市安福县武功山风景名胜区 27°29′48″N，114°11′12″E。

湖南省：浏阳市大围山森林公园 28°25′30″N，114°06′45″E。

乌蝾属未定种 *Erianthus* sp.

江西省：井冈山 26°37′23″N，114°07′04″E。

湖南省：浏阳市大围山森林公园 28°25′30″N，114°06′45″E。

脊蝾科 Chorotypidae

慕唐华蝾 *China mantispoides* (Walker)

江西省：宜春市奉新县越山 28°47′19″N，115°10′01″E。

锥头蝗科 Pyrgomorphidae

短额负蝗 *Atractomorpha sinensis* I. Bolivar

江西省：吉安市安福县武功山风景名胜区 27°29′48″N，114°11′12″E。

瘤锥蝗科 Chrotogonidae

印度橄蝗 *Tagasta indica* Bolivar

江西省：宜春市奉新县百丈山 28°41′35″N，114°46′27″E。

斑腿蝗科 Catantopidae

黑膝胸斑蝗 *Apalacris nigrogeniculata* Bi

江西省：井冈山主峰 26°53′N，114°15′E。吉安市安福县武功山风景名胜区 27°29′48″N，114°11′12″E。

比氏卵翅蝗 *Caryanda pieli* Chang

江西省：宜春市奉新县九岭山 28°41′51″N，114°45′08″E。宜春市奉新县百丈山 28°41′35″N，114°46′27″E。

卵翅蝗属未定种 *Caryanda* sp.

湖南省：资兴市回龙山瑶族乡回龙山 26°04′33.34″N，113°23′15.85″E。

红褐斑腿蝗 *Catantops pinguis* (Stål)

江西省：宜春市宜丰县官山国家级自然保护区 28°33′21″N，114°35′20″E。宜春市靖安县璪都镇观音岩 29°01′48″N，115°25′00″E。宜春市靖安县璪都镇南山村 29°01′00″N，115°16′00″E。

湖南省：郴州市桂东县八面山国家级自然保护区 25°58′21″N，113°42′37″E。

棉蝗 *Chondracris rosea rosea* (De Geer)

江西省：宜春市宜丰县官山国家级自然保护区 28°33′21″N，114°35′20″E。

斜翅蝗 *Eucoptacra praemorsa* (Stål)

江西省：宜春市宜丰县官山国家级自然保护区 28°33′21″N，114°35′20″E。

越北腹露蝗 *Fruhstorferiola tonkinensis* Willemse

江西省：井冈山大井 26°33′N，114°07′E。宜春市宜丰县官山国家级自然保护区 28°33′21″N，114°35′20″E。

绿腿腹露蝗 *Fruhstorferiola viridifemorata* (Caudell)

江西省：井冈山小溪洞 26°26′N，114°11′E。宜春市奉新县百丈山 28°41′35″N，114°46′27″E。

芋蝗 *Gesonula punctifrons* Stål

江西省：宜春市靖安县三爪仑国家森林公园 28°58′36″N，115°14′11″E。宜春市宜丰县官山国家级自然保护区 28°33′21″N，114°35′20″E。

山稻蝗 *Oxya agavisa* Tsai

江西省：井冈山主峰 26°53′N，114°15′E。井冈山弯坑 26°53′N，114°25′E。井冈山笔架山风景区 26°31′N，114°09′E。井冈山大井 26°33′N，114°07′E。井冈山罗浮山三级站水库尾 26°33′N，114°10′E。井冈山双溪口 26°31.4′N，114°11.3′E。宜春市宜丰县官山国家级自然保护区 28°33′21″N，114°35′20″E。宜春市靖安县大杞山生态林场 28°67′00″N，115°07′00″E。宜春市靖安县璪都镇南山村 29°01′00″N，115°16′00″E。宜春市奉新县百丈山 28°41′35″N，114°46′27″E。

中华稻蝗 *Oxya chinensis* Thunberg

江西省：宜春市宜丰县官山国家级自然保护区 28°33′21″N，114°35′20″E。

湖南省：株洲市炎陵县神农谷自然保护区 26°30′43″N，113°59′44″E。

小稻蝗 *Oxya intricata* (Stål)

江西省：井冈山大井 26°33′N，114°07′E。宜春市宜丰县官山国家级自然保护区 28°33′21″N，114°35′20″E。宜春市靖安县璪都镇观音岩 29°01′48″N，115°25′00″E。宜春市靖安县璪都镇南山村 29°01′00″N，115°16′00″E。

日本稻蝗 *Oxya japonica* (Thunberg)

江西省：宜春市靖安县璪都镇观音岩 29°01′48″N，115°25′00″E。

丁氏稻蝗 *Oxya tinkhami* Uvarov

江西省：井冈山大井 26°33′N，114°07′E。

稻蝗属未定种 *Oxya* sp.

江西省：宜春市靖安县璪都镇观音岩 29°01′48″N，115°25′00″E。

长翅大头蝗 *Oxyrrhepes obtusa* (De Haan)

湖南省：浏阳市大围山森林公园 28°25′30″N，114°06′45″E。

日本黄脊蝗 *Patanga japonica* I. Bolivar

江西省：宜春市靖安县璪都镇观音岩 29°01′48″N，115°25′00″E。吉安市遂川县南风面国家级自然保护区 26°17′04″N，114°03′53″E。赣州市上犹县光菇山自然保护区 25°55′11″N，114°03′04″E。井冈山小溪洞 26°26′N，114°11′E。

湖南省：浏阳市大围山森林公园 28°25′30″N，114°06′45″E。

赤胫伪稻蝗 *Pseudoxya diminuta* (Walker)

江西省：宜春市靖安县璪都镇观音岩 29°01′48″N，115°25′00″E。宜春市靖安县璪都镇南山村 29°01′00″N，115°16′00″E。

九连山蹦蝗 *Sinopodisma jiulianshana* Huang

江西省：宜春市奉新县百丈山 28°41′35″N，114°46′27″E。

卡氏蹦蝗 *Sinopodisma kelloggii* (Chang)

江西省：宜春市奉新县百丈山 28°41′35″N，114°46′27″E。

湖南省：浏阳市大围山森林公园 28°25′30″N，114°06′45″E。

比氏蹦蝗 *Sinopodisma pieli* (Chang)

江西省：宜春市靖安县璪都镇观音岩 29°01′48″N，115°25′00″E。

山蹦蝗 *Sinopodisma lofaoshana* (Tinkham)

江西省：井冈山大井 26°33.0′N，114°07.0′E。井冈山

主峰26°53′N，114°15′E。井冈山锡坪山26°33′N，114°14′E。井冈山笔架山风景区26°31′N，114°09′E。

湖南省：浏阳市大围山森林公园28°25′30″N，114°06′45″E。

蔡氏蹦蝗 *Sinopodisma tsaii* (Chang)

江西省：宜春市靖安县大杞山生态林场28°67′00″N，115°07′00″E。宜春市靖安县璪都镇。井冈山小溪洞26°26′N，114°11′E。井冈山湘洲26°32.0′N，114°11.0′E。井冈山罗浮26°39′N，114°13′E。井冈山荆竹山26°31′N，114°05.9′E。井冈山下庄26°32.42′N，114°11.26′E。

湖南省：资兴市回龙山瑶族乡回龙山26°04′33.34″N，113°23′15.85″E。

短角直斑腿蝗 *Stenocatantops mistshenkoi* F. Willemse

江西省：井冈山松木坪26°34′N，114°04′E。

湖南省：浏阳市大围山森林公园28°25′30″N，114°06′45″E。

长角直斑腿蝗 *Stenocatantops splendens* (Thunberg)

江西省：井冈山荆竹山26°31′N，114°05.9′E。井冈山主峰26°53′N，114°15′E。井冈山大井26°33′N，114°07′E。井冈山松木坪26°34′N，114°04′E。井冈山笔架山风景区26°31′N，114°09′E。

湖南省：浏阳市大围山森林公园28°25′30″N，114°06′45″E。郴州市桂东县八面山国家级自然保护区25°58′21″N，113°42′37″E。

黄胫凸额蝗 *Traulia orchotibialis* Liang et Zheng

江西省：宜春市奉新县百丈山28°41′35″N，114°46′27″E。

东方凸额蝗 *Traulia orientalis* Ramme

江西省：井冈山湘洲26°32.0′N，114°11.0′E。宜春市宜丰县官山国家级自然保护区28°33′21″N，114°35′20″E。宜春市奉新县九岭山28°41′51″N，114°45′08″E。

湖南省：郴州市桂东县八面山国家级自然保护区25°58′21″N，113°42′37″E。

短翅凸额蝗 *Traulia ornata* Shiraki

江西省：宜春市奉新县百丈山28°41′35″N，114°46′27″E。

短角外斑腿蝗 *Xenocatantops brachycerus* (C. Willemse)

江西省：井冈山主峰26°53′N，114°15′E。井冈山荆竹山26°31′N，114°05.9′E。井冈山松木坪26°34′N，114°04′E。井冈山笔架山风景区26°31′N，114°09′E。井

冈山小溪洞26°26′N，114°11′E。井冈山湘洲26°32.0′N，114°11.0′E。井冈山弯坑26°53′N，114°25′E。

大斑外斑腿蝗 *Xenocatantops humilis* (Audinet-Serville)

江西省：宜春市奉新县百丈山28°41′35″N，114°46′27″E。

湖南省：浏阳市大围山森林公园28°25′30″N，114°06′45″E。

剑角蝗科 Acrididae

中华剑角蝗 *Acrida cinerea* (Thunberg)

江西省：萍乡市芦溪县羊狮幕27°33′38″N，114°14′35″E。

短翅佛蝗 *Phlaeoba angustidorsis* Bolivar

江西省：宜春市奉新县九岭山28°41′51″N，114°45′08″E。井冈山双溪口26°31.4′N，114°11.3′E。井冈山锡坪山26°33.4′N，114°12.2′E。赣州市上犹县齐云山国家级自然保护区25°55′03″N，114°02′48″E。宜春市宜丰县官山国家级自然保护区28°33′21″N，114°35′20″E。

长角佛蝗 *Phlaeoba antennata* Brunner von Wattebwyl

江西省：宜春市宜丰县官山国家级自然保护区28°33′21″N，114°35′20″E。吉安市安福县武功山风景名胜区27°29′48″N，114°11′12″E。宜春市靖安县三爪仑国家森林公园28°58′36″N，115°14′11″E。赣州市上犹县齐云山国家级自然保护区25°55′03″N，114°02′48″E。宜春市靖安县璪都镇观音岩29°01′48″N，115°25′00″E。

湖南省：浏阳市大围山森林公园28°25′30″N，114°06′45″E。

僧帽佛蝗 *Phlaeoba infumata* Brunner von Wattenwyl

江西省：赣州市上犹县光菇山自然保护区25°55′11″N，114°03′04″E。井冈山湘洲26°32.0′N，114°11.0′E。井冈山小溪洞26°26′N，114°11′E。

湖南省：株洲市炎陵县桃源洞自然保护区26°30′05.63″N，114°00′53.19″E。郴州市桂东县八面山国家级自然保护区25°58′21″N，113°42′37″E。株洲市炎陵县神农谷自然保护区26°49′93″N，114°06′56″E。

暗色佛蝗 *Phlaeoba tenebrosa* Walker

湖南省：株洲市炎陵县神农谷自然保护区26°49′93″N，114°06′56″E。

斑翅蝗科 Oedipodidae

花胫绿纹蝗 *Aiolopus tamulus* (Fabricius)

江西省：井冈山小溪洞26°26′N，114°11′E。

湖南省：株洲市炎陵县神农谷自然保护区 26°49′93″N，114°06′56″E。

云斑车蝗 *Gastrimargus marmoratus* (Thunberg)

江西省：宜春市靖安县大杞山生态林场 28°67′00″N，115°07′00″E。宜春市靖安县璪都镇观音岩 29°01′48″N，115°25′00″E。

湖南省：株洲市炎陵县桃源洞 26°29′14″N，114°00′42″E。

方异距蝗 *Heteropternis respondens* (Walker)

江西省：宜春市宜丰县官山国家级自然保护区 28°33′21″N，114°35′20″E。

湖南省：株洲市炎陵县神农谷自然保护区 26°49′93″N，114°06′56″E。

东亚飞蝗 *Locusta migratoria manilensis* (Meyen)

江西省：宜春市靖安县璪都镇观音岩 29°01′48″N，115°25′00″E。

黄胫小车蝗 *Oedaleus infernalis* Saussure

江西省：宜春市宜丰县官山国家级自然保护区 28°33′21″N，114°35′20″E。

红胫小车蝗 *Oedaleus manjius* Chang

江西省：井冈山大井 26°33′47.10″N，114°07′30.20″E。

红翅踵蝗 *Pternoscirta sauteri* (Karny)

江西省：吉安市遂川县南风面国家级自然保护区 26°17′04″N，114°03′53″E。

疣蝗 *Trilophidia annulata* (Thunberg)

江西省：宜春市靖安县璪都镇观音岩 29°01′48″N，115°25′00″E。宜春市奉新县百丈山 28°41′35″N，114°46′27″E。井冈山大井 26°33.0′N，114°07.0′E。宜春市宜丰县官山国家级自然保护区 28°33′21″N，114°35′20″E。

湖南省：株洲市炎陵县神农谷自然保护区 26°49′93″N，114°06′56″E。

网翅蝗科 Arcypteridae

大青脊竹蝗 *Ceracris nigricornis* Walker

江西省：宜春市靖安县璪都镇观音岩 29°01′48″N，115°25′00″E。宜春市袁州区明月山 27°35′44″N，114°16′26″E。井冈山大井 26°33.0′N，114°07.0′E。井冈山平水山 26°27′N，114°21′E。井冈山双溪口 26°31.4′N，114°11.3′E。井冈山主峰 26°53′N，114°15′E。宜春市宜丰县官山国家级自然保护区 28°33′21″N，114°35′20″E。

湖南省：株洲市炎陵县神农谷自然保护区 26°49′93″N，114°06′56″E。

鹤立雏蝗 *Chorthippus fuscipennis* (Caudell)

江西省：宜春市奉新县百丈山 28°41′35″N，114°46′27″E。

条纹暗蝗 *Dnopherula taeniatus* (Bolivar)

江西省：吉安市安福县武功山风景名胜区 27°29′48″N，114°11′12″E。

湖南省：株洲市炎陵县神农谷自然保护区 26°49′93″N，114°06′56″E。

黄脊雷篦蝗 *Rammeacris kiangsu* (Tsai)

江西省：宜春市靖安县璪都镇观音岩 29°01′48″N，115°25′00″E。萍乡市芦溪县武功山 27°27′53″N，114°10′47″E。

湖南省：株洲市炎陵县神农谷自然保护区 26°49′93″N，114°06′56″E。

丑螽科 Anostostomatidae

糜螽属未定种 *Paterdecolyus* sp.

湖南省：株洲市炎陵县南风面 26°17′00″N，113°59′00″E。

螽斯科 Tettigoniidae

张氏寰螽 *Atlanticus changi* Tinkham

江西省：宜春市奉新县百丈山 28°41′35″N，114°46′27″E。

广东寰螽 *Atlanticus kwangtungensis* Tinkham

江西省：宜春市奉新县百丈山 28°41′35″N，114°46′27″E。

歧尾鼓鸣螽 *Bulbistridulous furcatus* Xia et Liu

江西省：宜春市奉新县百丈山 28°41′35″N，114°46′27″E。

比氏锥尾螽 *Conanalus pieli* (Tinkham)

江西省：宜春市奉新县九岭山 28°41′51″N，114°45′08″E。

褐草螽 *Conocephalus fuscus* (Fabricius)

江西省：吉安市安福县武功山风景名胜区 27°29′48″N，114°11′12″E。

湖南省：郴州市汝城县九龙江国家森林公园 25°23′20″N，113°46′27″E。

大草螽 *Conocephalus gigantius* (Matsumura et Shiraki)

湖南省：株洲市炎陵县神农谷自然保护区 26°30′43″N，113°59′44″E。郴州市汝城县九龙江国家森林公园 25°23′20″N，113°46′27″E。

长瓣草螽 *Conocephalus gladiatus* (Redtenbacher)

江西省：宜春市奉新县百丈山 28°41′35″N，114°46′27″E。

广东草螽 *Conocephalus guangdongensis* Shi et Liang

湖南省：株洲市炎陵县南风面26°17′00″N，113°59′00″E。

长翅草螽 *Conocephalus longipennis* (de Haan)

江西省：宜春市奉新县百丈山28°41′35″N，114°46′27″E。

湖南省：郴州市汝城县九龙江国家森林公园25°23′20″N，113°46′27″E。

班翅草螽 *Conocephalus maculatus* (Le Gouillou)

江西省：宜春市奉新县九岭山28°41′51″N，114°45′08″E。

湖南省：郴州市汝城县九龙江国家森林公园 25°23′20″N，113°46′27″E。

悦鸣草螽 *Conocephalus melaenus* (Haan)

江西省：宜春市靖安县璪都镇茶子山村29°01′00″N，115°16′00″E。宜春市奉新县越山28°47′19″N，115°10′01″E。吉安市安福县武功山风景名胜区27°29′48″N，114°11′12″E。宜春市宜丰县官山国家级自然保护区28°33′21″N，114°35′20″E。

湖南省：郴州市汝城县九龙江国家森林公园25°23′20″N，113°46′27″E。

黑翅细螽 *Conocephalus melas* De Haan

江西省：宜春市奉新县越山28°47′18″N，113°12′39″E。

裂涤螽 *Decma fissa* (Xia et Liu)

江西省：宜春市靖安县璪都镇茶子山村29°01′00″N，115°16′00″E。

端尖斜缘螽 *Deflorita apicalis* Wang, Lu et Shi

江西省：宜春市奉新县越山28°47′19″N，115°10′01″E。

褐斜缘螽 *Deflorita deflorita* (Brunner von Wattenwyl)

江西省：宜春市靖安县骆家坪29°01′42″N，115°18′07″E。宜春市靖安县璪都镇观音岩29°01′48″N，115°25′00″E。宜春市靖安县璪都镇茶子山村29°01′00″N，115°16′00″E。

日本条螽 *Ducetia japonica* (Thunberg)

江西省：吉安市安福县武功山风景名胜区27°19′00″N，114°13′00″E。萍乡市芦溪县武功山27°27′53″N，114°10′47″E。吉安市安福县武功山风景名胜区 27°29′48″N，114°11′12″E。宜春市靖安县三爪仑国家森林公园 28°58′36″N，115°14′11″E。宜春市宜丰县官山国家级自然保护区28°33′21″N，114°35′20″E。

湖南省：株洲市炎陵县神农谷自然保护区26°49′93″N，114°06′56″E。

黄褐仰螽 *Ectadia fulva* Brunner von Wattenwyl

江西省：宜春市奉新县百丈山28°41′35″N，114°46′27″E。

布氏掩耳螽 *Elimaea brevezoskii* Bey-Bienkol

江西省：宜春市奉新县百丈山28°41′35″N，114°46′27″E。

陈氏掩耳螽 *Elimaea cheni* Kang et Yang

江西省：宜春市奉新县百丈山28°41′35″N，114°46′27″E。

宽肛掩耳螽 *Elimaea megalopygmaea* Mu, He et Wang

江西省：宜春市靖安县璪都镇茶子山村 29°01′00″N，115°16′00″E。宜春市靖安县璪都镇观音岩 29°01′48″N，115°25′00″E。宜春市奉新县百丈山28°41′35″N，114°46′27″E。

长裂掩耳螽 *Elimaea longifissa* Mu, He et Wang

江西省：宜春市奉新县百丈山28°41′35″N，114°46′27″E。

掩耳螽属未定种 *Elimaea* sp.

湖南省：株洲市炎陵县神农谷自然保护区26°49′93″N，114°06′56″E。

陈氏原栖螽 *Eoxizicus cheni* (Bey-Bienko)

江西省：宜春市奉新县萝卜潭28°43′10″N，115°05′30″E。

凹板原栖螽 *Eoxizicus concavilamina* (Jin)

江西省：宜春市奉新县百丈山28°41′35″N，114°46′27″E。

贺氏原栖螽 *Eoxizicus howardi* (Tinkham)

江西省：宜春市靖安县骆家坪29°01′42″N，115°18′07″E。萍乡市芦溪县羊狮幕27°33′38″N，114°14′35″E。宜春市靖安县璪都镇茶子山村29°01′00″N，115°16′00″E。宜春市宜丰县官山国家级自然保护区28°33′21″N，114°35′20″E。

大亚栖螽 *Eoxizicus magna* Liu

江西省：宜春市奉新县百丈山 28°41′35″N，114°46′27″E。

短瓣优草螽 *Euconocephalus brachyxiphus* (Redtenbacher)

江西省：宜春市奉新县越山28°47′19″N，115°10′01″E。

鼻优草螽 *Euconocephalus nasutus* (Thunberg)

江西省：宜春市靖安县璪都镇茶子山村 29°01′00″N，115°16′00″E。宜春市奉新县九岭山28°41′51″N，114°45′08″E。

压痕优剑螽 *Euxiphidiopsis impressa* Bey-Bienko

江西省：宜春市袁州区明月山27°35′44″N，114°16′26″E。

中华蝈螽 *Gampsocleis sinensis* (Walker)

湖南省：郴州市汝城县九龙江国家森林公园25°23′20″N，113°46′27″E。

二裂戈露螽 *Gregoryella dimorpha* Uvarov

江西省：宜春市宜丰县官山国家级自然保护区 28°33′21″N，114°35′20″E。宜春市靖安县三爪仑国家森林公园 28°58′36″N，115°14′11″E。

中华半掩耳露螽 *Hemielimaea chinensis* **Brunner von Wattenwyl**

江西省：宜春市靖安县璪都镇观音岩 29°01′48″N，115°25′00″E。宜春市奉新县百丈山 28°41′35″N，114°46′27″E。

日本似织螽 *Hexacentrus japonicus* **Karny**

江西省：宜春市靖安县璪都镇茶子山村 29°01′00″N，115°16′00″E。宜春市靖安县璪都镇观音岩 29°01′48″N，115°25′00″E。宜春市靖安县骆家坪 29°01′42″N，115°18′07″E。

素色似织螽 *Hexacentrus unicolor* **Serville**

江西省：宜春市奉新县百丈山 28°41′35″N，114°46′27″E。

细齿平背螽 *Isopsera denticulata* **Ebner**

江西省：宜春市靖安县骆家坪 29°01′42″N，115°18′07″E。宜春市靖安县璪都镇观音岩 29°01′48″N，115°25′00″E。宜春市靖安县璪都镇茶子山村 29°01′00″N，115°16′00″E。萍乡市芦溪县羊狮幕 27°33′38″N，114°14′35″E。

歧尾平背螽 *Isopsera furcocerca* **Chen et Liu**

江西省：宜春市奉新县百丈山 28°41′35″N，114°46′27″E。

截缘迟螽 *Lipotactes truncatus* **Chang, Shi et Ran**

湖南省：株洲市炎陵县南风面 26°16′00″N，113°58′00″E。

中华桑螽 *Kuwayamaea chinensis* (**Brunner von Wattenwyl**)

江西省：萍乡市芦溪县武功山 27°27′53″N，114°10′47″E。

湖南桑螽 *Kuwayamaea hunani* **Gorochov et Kang**

湖南省：株洲市炎陵县桃源洞 26°29′14″N，114°00′42″E。

纺织娘 *Mecopoda elongata* (**Linnaeus**)

江西省：吉安市安福县武功山风景名胜区 27°29′48″N，114°11′12″E。宜春市宜丰县官山国家级自然保护区 28°33′21″N，114°35′20″E。

日本纺织娘 *Mecopoda niponensis* **Haan**

江西省：宜春市靖安县璪都镇茶子山村 29°01′00″N，115°16′00″E。宜春市靖安县骆家坪 29°01′42″N，115°18′07″E。

拟四点黑斑螽 *Nigrimacula paraquadrinotata* (**Wang, Liu et Li**)

江西省：萍乡市芦溪县武功山 27°27′53″N，114°10′47″E。

素胸肘隆螽 *Onomarchus unimotatus* **Serville**

江西省：宜春市宜丰县官山国家级自然保护区 28°33′21″N，114°35′20″E。井冈山 26°37′23″N，114°07′04″E。

山陵丽叶螽 *Orophyllus montanus* **Beier**

江西省：宜春市靖安县骆家坪 29°01′42″N，115°18′07″E。吉安市安福县武功山风景名胜区 27°19′00″N，114°13′00″E。

黑带副缘螽 *Parapsyra nigrovittata* **Xia et Liu**

江西省：宜春市奉新县越山 28°47′19″N，115°10′01″E。

知名副缘螽 *Parapsyra notabilis* **Carl**

江西省：宜春市奉新县萝卜潭 28°43′10″N，115°05′30″E。

近中华似褶缘螽 *Paraxantia parasinica* **Liu et Kang**

江西省：宜春市奉新县百丈山 28°41′35″N，114°46′27″E。

湖南省：株洲市炎陵县神农谷自然保护区 26°49′93″N，114°06′56″E。

短尾吟螽 *Phlugiolopsis brevis* **Hsia et Liu**

江西省：萍乡市芦溪县武功山 27°27′53″N，114°10′47″E。

小吟螽 *Phlugiolopsis minuta* (**Tinkham**)

江西省：宜春市靖安县璪都镇观音岩 29°01′48″N，115°25′00″E。宜春市奉新县九岭山 28°41′51″N，114°45′08″E。

柯氏翡螽 *Phyllomimus klapperichi* **Beier**

江西省：萍乡市芦溪县羊狮幕 27°33′38″N，114°14′35″E。

中华翡螽 *Phyllomimus sinicus* **Beier**

江西省：宜春市靖安县骆家坪 29°01′42″N，115°18′07″E。

湖南省：株洲市炎陵县桃源洞 26°29′14″N，114°00′42″E。

岐安露螽 *Prohimerta dispar* (**Bey-Bienko**)

江西省：宜春市奉新县百丈山 28°41′35″N，114°46′27″E。

厚头拟喙螽 *Pseudorhynchus crassiceps* (**Haan**)

江西省：宜春市奉新县九岭山 28°41′51″N，114°45′08″E。

巨拟叶螽 *Pseudophyllus titan* **White**

湖南省：株洲市炎陵县神农谷自然保护区 26°30′43″N，113°59′44″E。

小锥头螽 *Pyrgocorypha parva* **Liu**

江西省：宜春市靖安县骆家坪29°01′42″N，115°18′07″E。宜春市奉新县泥洋山28°49′12″N，115°03′26″E。

凸翅糙颈螽 *Ruidocollaris convexipennis* (Caudell)

湖南省：郴州市汝城县九龙江国家森林公园25°23′20″N，113°46′27″E。

污翅糙颈螽 *Ruidocollaris obscura* **Liu et Jin**

江西省：宜春市奉新县百丈山28°41′35″N，114°46′27″E。

切叶糙颈螽 *Ruidocollaris truncatolobata* **Brunner von Wattenwyl**

江西省：宜春市靖安县璪都镇观音岩29°01′48″N，115°25′00″E。宜春市靖安县骆家坪 29°01′42″N，115°18′07″E。

疑钩顶螽 *Ruspolia dubia* (Redtenbacher)

江西省：宜春市靖安县骆家坪29°01′42″N，115°18′07″E。宜春市奉新县越山28°47′19″N，115°10′01″E。

长裂华绿螽 *Sinochlora longifissa* **Matsumura et Shiraki**

江西省：宜春市奉新县百丈山28°41′35″N，114°46′27″E。

湖南华绿螽 *Sinochlora mesominora* **Liu et Kang**

江西省：萍乡市芦溪县武功山27°27′53″N，114°10′47″E。

中华华绿螽 *Sinochlora sinensis* **Tinkham**

江西省：宜春市奉新县百丈山28°41′35″N，114°46′27″E。

湖南省：郴州市汝城县九龙江国家森林公园25°23′20″N，113°46′27″E。

四川华绿螽 *Sinochlora szechwanensis* **Tinkham**

江西省：宜春市靖安县骆家坪29°01′42″N，115°18′07″E。宜春市靖安县璪都镇茶子山村29°01′00″N，115°16′00″E。萍乡市芦溪县羊狮幕27°33′38″N，114°14′35″E。

狭沟华穿螽 *Sinocyrtaspis angustisulcus* **Chang, Bian et Shi**

江西省：宜春市袁州区明月山27°35′44″N，114°16′26″E。

双带麻螽 *Tapiena bivittata* **Xia et Liu**

湖南省：郴州市汝城县九龙江国家森林公园25°23′20″N，113°46′27″E。

绿背覆翅螽 *Tegra novaehollandiae viridinotata* (Stål)

江西省：吉安市安福县武功山风景名胜区

27°19′00″N， 114°13′00″E。萍乡市芦溪县羊狮幕27°33′38″N，114°14′35″E。宜春市靖安县三爪仑国家森林公园28°58′36″N，115°14′11″E。

巨叉大畸螽 *Teratura megafurcula* **Tinkham**

江西省：萍乡市芦溪县羊狮幕27°33′38″N，114°14′35″E。

中华螽斯 *Tettigonia chinensis* **Willemse**

江西省：宜春市奉新县百丈山28°41′35″N，114°46′27″E。萍乡市芦溪县武功山27°27′53″N，114°10′47″E。宜春市宜丰县官山国家级自然保护区28°33′21″N，114°35′20″E。

陈氏戈螽 *Xizicus cheni* **Kang et Yang**

江西省：宜春市奉新县百丈山28°41′35″N，114°46′27″E。

近似副栖螽 *Xizicus fallax* **Wang et Liu**

湖南省：浏阳市大围山国家森林公园28°25′28″N，114°04′52″E。

显凹原栖螽 *Xizicus incisus* **Xia et Liu**

江西省：萍乡市芦溪县武功山27°35′07″N，114°10′47″E。

蟋螽科 Gryllacrididae

双叶疾蟋螽 *Apotrechus bilobus* **Guo et Shi**

江西省：宜春市奉新县九岭山28°41′51″N，114°45′08″E。

黑颊婆蟋螽 *Marthogryllacris melanocrania* (Kamy)

江西省：萍乡市芦溪县武功山27°27′53″N，114°10′47″E。

谦恭姬蟋螽 *Metriogryllacris permodesta* (Griffini)

江西省：萍乡市芦溪县武功山27°27′53″N，114°10′47″E。

锈褐眼蟋螽 *Ocellarnaca fuscotessellata* (Karny)

江西省：萍乡市芦溪县武功山27°27′53″N，114°10′47″E。

湖南省：浏阳市大围山国家森林公园28°25′28″N，114°04′52″E。

夏氏眼蟋螽 *Ocellarnaca xiai* **Li, Fang, Liu et Li**

江西省：萍乡市芦溪县武功山27°27′53″N，114°10′47″E。

圆柱饰蟋螽 *Prosopogryllacris cylindrigera* **Karny**

江西省：萍乡市芦溪县武功山27°27′53″N，114°10′47″E。

十点杆蟋螽 *Phryganogryllacris decempunctata* **Liu, Bi et Zhang**

江西省：萍乡市芦溪县羊狮幕27°33′38″N，114°14′35″E。

湖北杆蟋螽 *Phryganogryllacris hubeiensis* **Li, Liu et Li**

江西省：宜春市奉新县越山 28°47′19″N，115°10′01″E。

超角杆蟋螽 *Phryganogryllacris superangulata* **Gorochov**

湖南省：浏阳市大围山国家森林公园 28°25′28″N，114°04′52″E。

杆蟋螽属未定种 1 *Phryganogryllacris* **sp. 1**

湖南省：浏阳市大围山国家森林公园 28°25′28″N，114°04′52″E。

杆蟋螽属未定种 2 *Phryganogryllacris* **sp. 2**

江西省：吉安市安福县武功山风景名胜区 27°29′48″N，114°11′12″E。井冈山 26°37′23″N，114°07′04″E。

驼螽科 Rhaphidophoridae

长须突灶螽 *Diestramima palpata* **(Rehn)**

湖南省：郴州市汝城县九龙江国家森林公园 25°23′20″N，113°46′27″E。

直突灶螽 *Diestramima subrectis* **Qin, Wang, Liu et Li**

江西省：萍乡市芦溪县武功山 27°27′53″N，114°10′47″E。

洞穴裸灶螽 *Diestrammena caverna* **Jiao, Niu, Liu, Lei et Bi**

江西省：萍乡市芦溪县羊狮幕 27°33′38″N，114°14′35″E。

拉氏疾灶螽 *Diestrammena rammei* **Karny**

江西省：萍乡市芦溪县武功山 27°27′53″N，114°10′47″E。

相似小疾灶螽 *Microtachycines fallax* **sp. nov.**

江西省：萍乡市芦溪县武功山 27°27′53″N，114°10′47″E。

无刺拟疾灶螽 *Pseudotachycines inermis* **sp. nov.**

江西省：萍乡市芦溪县武功山 27°27′53″N，114°10′47″E。

单刺疾灶螽 *Tachycines unispinosa* **sp. nov.**

江西省：萍乡市芦溪县武功山 27°27′53″N，114°10′47″E。

炎陵疾灶螽 *Tachycines yanlingensis* **sp. nov.**

江西省：萍乡市芦溪县武功山 27°27′53″N，114°10′47″E。

蝼蛄科 Gryllotalpidae

台湾蝼蛄 *Gryllotalpa formosana* **Shiraki**

江西省：宜春市袁州区明月山 27°35′44″N，114°16′26″E。

东方蝼蛄 *Gryllotalpa orientalis* **Burmeister**

江西省：宜春市靖安县璪都镇茶子山村 29°01′00″N，115°16′00″E。宜春市靖安县璪都镇观音岩 29°01′48″N，115°25′00″E。井冈山 26°37′23″N，114°07′04″E。

湖南省：郴州市桂东县八面山国家级自然保护区 25°58′21″N，113°42′37″E。

蝼蛄属未定种 *Gryllotalpa* **sp.**

湖南省：浏阳市大围山国家森林公园 28°25′43″N，114°08′56″E。

蟋蟀科 Gryllidae

刻点哑蟋 *Gonigryllus punctatus* **Chopard**

江西省：萍乡市芦溪县羊狮幕 27°33′38″N，114°14′35″E。

附突棺头蟋 *Loxoblemmus appendicularis* **Shiraki**

江西省：宜春市奉新县越山 28°47′19″N，115°10′01″E。

棺头蟋属未定种 *Loxoblemmus* **sp.**

湖南省：株洲市炎陵县南风面 26°17′00″N，113°59′00″E。

中国姬蟋 *Modicogryllus chinensis* **(Weber)**

江西省：宜春市奉新县越山 28°47′19″N，115°10′01″E。

黄树蟋 *Oecanthus rufescens* **Serville**

江西省：吉安市安福县武功山风景名胜区 27°29′48″N，114°11′12″E。

中华树蟋 *Oecanthus sinensis* **Walker**

湖南省：株洲市炎陵县桃源洞 26°29′14″N，114°00′42″E。

长额蟋属未定种 *Patiscus* **sp.**

江西省：井冈山 26°37′23″N，114°07′04″E。

湖南省：株洲市炎陵县神农谷自然保护区 26°30′43″N，113°59′44″E。

线纹伪鸣蟋 *Pseuditara lineaticeps* **Chopard**

湖南省：株洲市炎陵县桃源洞 26°29′14″N，114°00′42″E。

黄脸油葫芦 *Teleogryllus emma* **Ohmachi et Matsumura**

江西省：吉安市安福县武功山风景名胜区 27°29′48″N，114°11′12″E。宜春市宜丰县官山国家级自然保护区 28°33′21″N，114°35′20″E。井冈山 26°37′23″N，114°07′04″E。

黑脸油葫芦 *Teleogryllus occipitalis* **(Serville)**

江西省：宜春市袁州区明月山 27°35′44″N，114°16′26″E。

油葫芦 *Teleogryllus testaceus* (Walker)

江西省:吉安市安福县武功山风景名胜区 27°29′48″N,114°11′12″E。

梨片蟋 *Truljalia hibinonis* Matsumura

江西省:吉安市安福县武功山风景名胜区 27°29′48″N,114°11′12″E。宜春市靖安县三爪仑国家森林公园 28°58′36″N,115°14′11″E。

瘤突片蟋 *Truljalia tylacantha* Wang et Woo

湖南省:株洲市炎陵县桃源洞 26°29′14″N,114°00′42″E。

长颚斗蟋 *Velarifictorus asperses* (Walker)

湖南省:株洲市炎陵县桃源洞 26°29′14″N,114°00′42″E。

南斗蟋 *Velarifictorus ryukyuensis* Oshiro

湖南省:株洲市炎陵县桃源洞 26°29′14″N,114°00′42″E。

莎蟋属未定种 *Xabea* sp.

湖南省:株洲市炎陵县神农谷自然保护区 26°30′43″N,113°59′44″E。

蛉蟋科 Trigonidiidae

斑腿双针蟋 *Dianemobius fascipes* (Walker)

江西省:宜春市袁州区明月山 27°35′44″N,114°16′26″E。井冈山 26°37′23″N,114°07′04″E。

黑足墨蛉蟋 *Homoeoxipha nigripes* Hsia et Liu

湖南省:株洲市炎陵县桃源洞 26°29′14″N,114°00′42″E。

墨蛉蟋属未定种 *Homoeoxipha* sp.

江西省:吉安市安福县武功山风景名胜区 27°29′48″N,114°11′12″E。

湖南省:株洲市炎陵县神农谷自然保护区 26°30′43″N,113°59′44″E。

亮黑拟蛉蟋 *Paratrigonidium nitidum* (Brunner von Wattenwyl)

江西省:宜春市奉新县百丈山 28°41′35″N,114°46′27″E。

拟蛉蟋属未定种 *Paratrigonidium* sp.

江西省:吉安市安福县武功山风景名胜区 27°29′48″N,114°11′12″E。

湖南省:株洲市炎陵县神农谷自然保护区 26°30′43″N,113°59′44″E。

黄角灰针蟋 *Polionemobius flavoantennalis* Shiraki

湖南省:株洲市炎陵县桃源洞 26°29′14″N,114°00′42″E。

灰针蟋属未定种 *Polionemobius* sp.

江西省:宜春市靖安县三爪仑国家森林公园 28°58′36″N,115°14′11″E。井冈山 26°37′23″N,114°07′04″E。

亮褐异针蟋 *Pteronemobius nitidus* (Bolívar)

湖南省:株洲市炎陵县桃源洞 26°29′14″N,114°00′42″E。

虎甲蛉蟋 *Trigonidium cicindeloides* Ramber

江西省:宜春市袁州区明月山 27°35′44″N,114°16′26″E。

革翅目 DERMAPTERA

蠼螋科 Labiduridae

岸栖蠼螋 *Labidura riparia* (Pallas)

江西省:萍乡市芦溪县武功山 27°27′55″N,114°10′10″E。

尼纳蠼螋 *Nala nepalensis* (Burr)

江西省:井冈山小溪洞 26°26′N,114°11′E。井冈山荆竹山 26°31.0′N,114°05.9′E。萍乡市芦溪县武功山 27°27′55″N,114°10′10″E。

肥螋科 Anisolabididae

密点小肥螋 *Euborellia punctata* Borelli

江西省:宜春市袁州区明月山 27°35′44″N,114°16′26″E。

镰殖肥螋 *Gonolabis fallax* (Bey-Bienko)

江西省:宜春市袁州区明月山 27°35′13″N,114°16′53″E。

玛殖肥螋 *Gonolabis magna* (Bey-Bienko)

江西省:宜春市袁州区明月山 27°35′44″N,114°16′26″E。

缘殖肥螋 *Gonolabis marginolis* (Dohrn)

江西省:宜春市袁州区明月山 27°35′44″N,114°16′26″E。

扁肥螋 *Platylabia major* Dohrn

江西省:萍乡市芦溪县武功山 27°27′59″N,114°09′54″E。

球螋科 Forficulidae

陈氏异螋 *Allodahlia cheni* Sakai et Liu

湖南省:浏阳市大围山国家森林公园 28°25′37″N,114°07′43″E。

异螋 *Allodahlia scabriuscula* (Audinet-Serville)

江西省:吉安市安福县武功山风景名胜区 27°29′48″N,114°11′12″E。萍乡市芦溪县武功山 27°27′53″N,114°10′47″E。

日本张球蠼 *Anechura japonica* (de Bormans)

江西省：宜春市袁州区明月山 27°35′32″N，114°17′13″E。

环张球蠼 *Anechura torquata* Burr

江西省：萍乡市芦溪县武功山 27°27′39″N，114°10′03″E。

棒形敬蠼 *Cordax claviger* (Burr)

湖南省：株洲市炎陵县桃源洞 26°29′55″N，114°02′54″E。

无齿敬蠼 *Cordax inermis* (Cooper)

江西省：萍乡市芦溪县武功山 27°27′59″N，114°09′54″E。

单齿敬蠼 *Cordax unidentatus* (Borelli)

江西省：萍乡市芦溪县武功山 27°27′39″N，114°10′03″E。

奥氏慈蠼 *Eparchus oberthuri* Burr

江西省：赣州市上犹县齐云山国家级自然保护区 25°55′03″N，114°02′48″E。

湖南省：株洲市炎陵县桃源洞 26°29′55″N，114°02′54″E。

简慈蠼 *Eparchus simplex* (de Bormans)

江西省：赣州市上犹县齐云山国家级自然保护区 25°55′03″N，114°02′48″E。萍乡市芦溪县武功山 27°27′53″N，114°10′47″E。

质球蠼 *Forficula ambigua* Burr

湖南省：株洲市炎陵县桃源洞 26°29′14″N，114°00′42″E。

隆线球蠼 *Forficula carinata* Zhang et Yang

江西省：宜春市袁州区明月山 27°35′32″N，114°17′13″E。

达氏球蠼 *Forficula davidi* Burr

江西省：井冈山市石门岭村山三级站尾 26°39′N，114°13′E。井冈山主峰 26°53′N，114°15′E。

湖南省：株洲市炎陵县桃源洞 26°29′55″N，114°02′54″E。

金佛山球蠼 *Forficula kinfumontis* Liu

江西省：宜春市袁州区明月山 27°35′32″N，114°17′13″E。

施氏球蠼 *Forficula schlagintwiti* (Burr)

江西省：井冈山小溪洞 26°26′N，114°11′E。井冈山

松木坪 26°34.0′N，114°04′E。宜春市袁州区明月山 27°35′32″N，114°17′13″E。

华球蠼 *Forficula sinica* (Bey-Bienko)

江西省：赣州市上犹县齐云山国家级自然保护区 25°55′03″N，114°02′48″E。

湖南省：株洲市炎陵县神农谷自然保护区 26°30′43″N，113°59′44″E。

桃源球蠼 *Forficula taoyuanensis* Ma et Chen

江西省：萍乡市芦溪县武功山 27°27′53″N，114°10′47″E。

球蠼属未定种 *Forficula* sp.

江西省：赣州市上犹县齐云山国家级自然保护区 25°55′03″N，114°02′48″E。

玉山唇蠼 *Mesolabia niitakaensis* Shiraki

江西省：宜春市袁州区明月山 27°35′44″N，114°16′26″E。

中华山球蠼 *Oreasiobia chinensis* Steinmans

江西省：萍乡市芦溪县武功山 27°27′55″N，114°10′10″E。

黄头拟乔球蠼 *Paratimomenus flavocapitatus* (Shiraki)

湖南省：株洲市炎陵县桃源洞 26°29′14″N，114°00′42″E。

翼蠼属未定种 *Pterygida* sp.

江西省：吉安市安福县武功山风景名胜区 27°29′48″N，114°11′12″E。

净乔球蠼 *Timomenus inermis* (Borelli)

江西省：赣州市上犹县齐云山国家级自然保护区 25°55′03″N，114°02′48″E。宜春市袁州区明月山 27°35′32″N，114°17′13″E。

科氏乔蠼 *Timomenus komarowi* (Semenov)

江西省：赣州市上犹县齐云山国家级自然保护区 25°55′03″N，114°02′48″E。

乔球蠼 *Timomenus oannes* (Burr)

湖南省：株洲市炎陵县桃源洞 26°29′14″N，114°00′42″E。

垫跗蠼科 Chelisochidae

首垫跗蠼 *Proreus simulans* (Stål)

江西省：赣州市上犹县齐云山国家级自然保护区

25°55′03″N，114°02′48″E。

湖南省：株洲市炎陵县神农谷自然保护区 26°30′43″N，113°59′44″E。

丝尾螋科 Diplatyidae

坳头单突丝尾螋 *Haplodiplatys aotouensis* Ma et Chen

江西省：萍乡市芦溪县武功山 27°27′26″N，114°10′12″E。

中华单突丝尾螋 *Haplodiplatys chinensis* (Hincks)

江西省：萍乡市芦溪县武功山 27°27′26″N，114°10′12″E。

蜚蠊目 BLATTODEA

硕蠊科 Blaberidae

近似龟蠊 *Corydidarum fallax* (Bey-Bienko)

江西省：萍乡市芦溪县武功山 27°27′39″N，114°10′03″E。

拟大弯翅蠊 *Panesthia spadica* (Shiraki)

湖南省：株洲市炎陵县桃源洞 26°29′14″N，114°00′42″E。

褐缘大光蠊 *Rhabdoblatta brunneoginra* Caudell

江西省：吉安市青原区青原山 27°06′57″N，115°06′01″E。

湖南省：岳阳市平江县幕阜山 28°59′18″N，113°49′33″E。

黄色大光蠊 *Rhabdoblatta luteola* Anisyukin

江西省：萍乡市芦溪县武功山 27°27′39″N，114°10′03″E。

黑带大光蠊 *Rhabdoblatta nigrovittata* Bey-Bienko

江西省：井冈山 26°56′17″N，114°13′19″E。

中华大光蠊 *Rhabdoblatta sinensis* (Walker)

江西省：宜春市袁州区明月山 27°35′44″N，114°16′26″E。

高桥大光蠊 *Rhabdoblatta takahashii* Asahina

江西省：赣州市上犹县齐云山国家级自然保护区 25°55′03″N，114°02′48″E。宜春市靖安县璪都镇观音岩 29°01′48″N，115°25′00″E。吉安市青原区河东街道 27°06′57″N，115°06′01″E。

丽木蠊 *Salganea concina* (Feng et Woo)

湖南省：株洲市炎陵县桃源洞 26°29′14″N，114°00′42″E。

拉氏木蠊 *Salganea raggei* Roth

江西省：宜春市袁州区明月山 27°35′13″N，114°16′53″E。

黑栗麻蠊 *Stictolampra melancholica* Bey-Bienko

江西省：宜春市靖安县璪都镇南山村 29°01′00″N，115°16′00″E。萍乡市芦溪县武功山 27°27′39″N，114°10′03″E。

湖南省：株洲市炎陵县桃源洞自然保护区 26°30′05.63″N，114°00′53.19″E。

相似麻蠊 *Stictolampra similis* Bei-Bienko

江西省：萍乡市芦溪县武功山 27°27′59″N，114°09′54″E。

姬蠊科 Blattellidae

峨眉褶翅蠊 *Anaplecta omei* Bey-Bienko

江西省：宜春市奉新县百丈山 28°41′18″N，114°46′13″E。

简褶翅蠊 *Anaplecta simplex* Shiraki

江西省：宜春市奉新县萝卜潭 28°43′10″N，115°05′30″E。

异伪褶翅蠊 *Anaplectoidea varia* Bey-Bienko

江西省：萍乡市芦溪县武功山 27°27′39″N，114°10′03″E。

双纹小蠊 *Blattella bisignata* (Brunner)

江西省：宜春市靖安县璪都镇南山村 29°01′00″N，115°16′00″E。吉安市青原区青原山 27°06′57″N，115°06′01″E。赣州市上犹县齐云山国家级自然保护区 25°55′03″N，114°02′48″E。

湖南省：株洲市炎陵县神农谷自然保护区 26°49′93″N，114°06′56″E。

德国小蠊 *Blattella germanica* (Linnaeus)

江西省：井冈山市茨坪镇井冈山国家级自然保护区 26°37′23″N，114°07′04″E。赣州市上犹县齐云山国家级自然保护区 25°55′03″N，114°02′48″E。

广纹小蠊 *Blattella latistriga* (Walker)

江西省：赣州市上犹县齐云山国家级自然保护区 25°55′03″N，114°02′48″E。

日本姬蠊 *Blattella nipponica* **Asahina**

　　江西省：宜春市袁州区明月山 27°35′13″N，114°16′53″E。

台湾拟歪尾蠊 *Episymploce formosana* **Shiraki**

　　江西省：赣州市上犹县齐云山国家级自然保护区 25°55′03″N，114°02′48″E。

　　湖南省：岳阳市平江县幕阜山 28°58′18″N，113°49′55″E。

中华拟歪尾蠊 *Episymploce hunanensis* **(Guo et Feng)**

　　江西省：赣州市上犹县齐云山国家级自然保护区 25°55′03″N，114°02′48″E。

晶拟歪尾蠊 *Episymploce vicina* **Bey-Bienko**

　　江西省：萍乡市芦溪县武功山 27°27′53″N，114°10′47″E。

郑氏拟歪尾蠊 *Episymploce zhengi* **Guo, Liu et Li**

　　江西省：萍乡市芦溪县武功山 27°27′39″N，114°10′03″E。

黄缘拟截尾蠊 *Hemithyrsocera lateralis* **(Walker)**

　　江西省：赣州市上犹县齐云山国家级自然保护区 25°55′03″N，114°02′48″E。

中华摩褶翅蠊 *Malaccina isomorpha* **(Walker)**

　　江西省：萍乡市芦溪县武功山 27°27′39″N，114°10′03″E。

双印玛蠊 *Margattea bisignata* **Bey-Bienko**

　　江西省：萍乡市芦溪县武功山 27°27′39″N，114°10′03″E。

无斑玛蠊 *Margattea immaculata* **Liu et Zhou**

　　江西省：宜春市袁州区明月山 27°35′44″N，114°16′26″E。

淡边玛蠊 *Margattea limbata* **Bey-Bienko**

　　江西省：宜春市奉新县百丈山 28°41′35″N，114°46′27″E。

刺缘玛蠊 *Margattea spinifera* **Bey-Bienko**

　　江西省：宜春市靖安县璪都镇南山村 29°01′00″N，115°16′00″E。宜春市奉新县百丈山 28°41′35″N，114°46′27″E。

愉快小平板蠊 *Mimosilpha gaudens* **(Shelford)**

　　湖南省：株洲市炎陵县桃源洞 26°29′14″N，114°00′42″E。

申氏乙蠊 *Sigmella schenklingi* **(Karny)**

　　江西省：宜春市靖安县璪都镇观音岩 29°01′48″N，115°25′00″E。吉安市安福县武功山 27°19′00″N，114°13′00″E。宜春市靖安县大杞山生态林场 28°67′00″N，115°16′00″E。萍乡市芦溪县武功山 27°27′59″N，114°09′54″E。

台湾革蠊 *Sorineuchora formosana* **Matsumura**

　　江西省：赣州市上犹县齐云山国家级自然保护区 25°55′03″N，114°02′48″E。萍乡市芦溪县武功山 27°27′39″N，114°10′03″E。

黑背革蠊 *Sorineuchora nigra* **(Shiraki)**

　　江西省：宜春市靖安县璪都镇南山村 29°01′00″N，115°16′00″E。

　　湖南省：长沙市浏阳市大围山 28°25′37″N，114°07′43″E。

武陵歪尾蠊 *Symploce wulingensis* **Feng et Woo**

　　江西省：宜春市靖安县璪都镇观音岩 29°01′48″N，115°25′00″E。

蜚蠊科 Blattidae

美洲大蠊 *Periplaneta americana* **(Linnaeus)**

　　江西省：井冈山市茨坪镇井冈山国家级自然保护区 26°37′23″N，114°07′04″E。

黑褐大蠊 *Periplaneta fuliginosa* **(Serville)**

　　江西省：井冈山 26°56′17″N，114°13′19″E。萍乡市莲花县高天岩 27°23′51″N，114°00′54″E。

　　湖南省：株洲市炎陵县神农谷自然保护区 26°49′93″N，114°06′56″E。

大蠊属未定种 *Periplaneta* **sp.**

　　湖南省：株洲市炎陵县桃源洞 26°29′14″N，114°00′42″E。

螳螂目 MANTODEA

花螳科 Hymenopodidae

日本姬螳 *Acromantis japonica* **Westwood**

　　江西省：宜春市靖安县璪都镇南山村 29°01′00″N，115°16′00″E。宜春市靖安县璪都镇观音岩 29°01′48″N，115°25′00″E。井冈山小溪洞 26°26′N，114°11′E。井冈山湘洲 26°32.0′N，114°11.0′E。

　　湖南省：郴州市桂东县八面山国家级自然保护区

25°58′21″N，113°42′37″E。

中华原螳 *Anaxarcha sinensis* Beier

江西省：井冈山主峰 26°53′N，114°15′E。井冈山罗浮山三级站水库尾 26°33′N，114°10′E。井冈山锡坪山 26°33′N，114°14′E。井冈山湘洲 26°32.0′N，114°11.0′E。

湖南省：浏阳市大围山森林公园 28°25′30″N，114°06′45″E。

丽眼斑螳 *Creobroter gemmata* Stoll

湖南省：郴州市汝城县热水镇飞水寨 25°52′52″N，113°91′77″E。浏阳市大围山森林公园 28°25′30″N，114°06′45″E。

武夷巨腿螳 *Hestiasula wuyishana* Yang et Wang

江西省：井冈山小溪洞 26°26′N，114°11′E。

中华齿螳 *Odontomantis sinensis* Giglio-Tos

江西省：宜春市奉新县百丈山 28°41′35″N，114°46′27″E。

华丽弧纹螳 *Theopropus elegans* Westwood

江西省：井冈山 26°56′17″N，114°13′19″E。井冈山罗浮 26°39′N，114°13′E。

虹翅螳科 Iridopterygidae

丽斑腿螳 *Leptomantella punctifemura* Yang

江西省：井冈山大井 26°33′N，114°07′E。井冈山主峰 26°53′N，114°15′E。井冈山笔架山风景区 26°31′N，114°09′E。

齿华螳 *Sinomantis denticulata* Beier

湖南省：株洲市炎陵县神农谷自然保护区 26°30′43″N，113°59′44″E。郴州市汝城县九龙江国家森林公园 25°23′20″N，113°46′27″E。

顶瑕螳 *Spilomantis occipitalis* (Westwood)

江西省：井冈山湘洲 26°32.0′N，114°11.0′E。井冈山笔架山风景区 26°31′N，114°09′E。井冈山主峰 26°53′N，114°15′E。

细足螳科 Thespidae

淡色古细足螳 *Palaeothespis pallidus* Zhang

江西省：宜春市奉新县百丈山 28°41′35″N，114°46′27″E。

螳科 Mantidae

中华斧螳 *Hierodula chinensis* Werner

湖南省：长沙市浏阳市大围山 28°25′28″N，114°04′

52″E。

台湾斧螳 *Hierodula formosana* Giglio-Tos

江西省：井冈山笔架山风景区 26°31′N，114°09′E。井冈山大井 26°33′N，114°07′E。井冈山锡坪山 26°33′N，114°14′E。井冈山主峰 26°53′N，114°15′E。

勇斧螳 *Hierodula membranacea* Burmeister

江西省：宜春市奉新县百丈山 28°41′35″N，114°46′27″E。

广斧螳 *Hierodula patellifera* (Serville)

江西省：井冈山 26°37′23″N，114°07′04″E。

湖南省：浏阳市大围山森林公园 28°25′30″N，114°06′45″E。

薄翅螳 *Mantis religiosa* Linnaeus

湖南省：郴州市汝城县九龙江国家森林公园 25°23′20″N，113°46′27″E。

魏氏屏顶螳 *Phyllothelys wernei* Karny

江西省：井冈山 26°56′17″N，114°13′19″E。

棕静螳 *Statilia maculata* Thunberg

江西省：井冈山主峰 26°53′N，114°15′E。

湖南省：郴州市汝城县九龙江国家森林公园 25°23′20″N，113°46′27″E。

中华刀螳 *Tenodera sinensis* Saussure

湖南省：郴州市汝城县九龙江国家森林公园 25°23′20″N，113°46′27″E。

螩目 PHASMATODEA

螩科 Phasmatidae

皮螩属未定种 *Phraortes* sp.

江西省：井冈山 26°37′23″N，114°07′04″E。

湖南省：浏阳市大围山森林公园 28°25′30″N，114°06′45″E。

短棒螩属未定种 *Ramulus* sp.

湖南省：浏阳市大围山森林公园 28°25′30″N，114°06′45″E。

迪螩科 Diapheromeridae

棉管螩 *Sipyloidea sipylus* (Westwood)

湖南省：浏阳市大围山森林公园 28°25′30″N，114°06′45″E。

等翅目 ISOPTERA

木白蚁科 Kalotermitidae

截头堆砂白蚁 Cryptotermes domesticus (Haviland)

江西省：赣州市上犹县齐云山国家级自然保护区 25°55′03″N，114°02′48″E。

白蚁科 Termitidae

黄翅大白蚁 Macrotermes barneyi Light

江西省：赣州市上犹县齐云山国家级自然保护区 25°55′03″N，114°02′48″E。

黑翅土白蚁 Odontotermes formosanus (Shiraki)

江西省：赣州市上犹县齐云山国家级自然保护区 25°55′03″N，114°02′48″E。

鼻白蚁科 Rhinotermitidae

台湾乳白蚁 Coptotermes formosanus Shiraki

江西省：赣州市上犹县齐云山国家级自然保护区 25°55′03″N，114°02′48″E。

棒白蚁属未定种 Parrhinotermes sp.

江西省：赣州市上犹县齐云山国家级自然保护区 25°55′03″N，114°02′48″E。

黄胸散白蚁 Reticulitermes flaviceps (Oshima)

江西省：赣州市上犹县齐云山国家级自然保护区 25°55′03″N，114°02′48″E。

散白蚁属未定种 Reticulitermes sp.

江西省：赣州市上犹县齐云山国家级自然保护区 25°55′03″N，114°02′48″E。

襀翅目 PLECOPTERA

绿襀科 Chloroperlidae

苏瓦襀属未定种 Suwallia sp.

湖南省：郴州市桂东县八面山国家级自然保护区 26°01′03″N，113°40′59″E。

叉襀科 Nemouridae

倍叉襀属未定种 1　Amphinemura sp. 1

江西省：井冈山 26°37′23″N，114°07′04″E。

湖南省：郴州市桂东县八面山国家级自然保护区 26°01′03″N，113°40′59″E。

倍叉襀属未定种 2　Amphinemura sp. 2

湖南省：郴州市桂东县八面山国家级自然保护区 26°01′03″N，113°40′59″E。

叉襀属未定种 Nemoura sp.

湖南省：株洲市炎陵县神农谷自然保护区 26°30′43″N，113°59′44″E。郴州市桂东县八面山国家级自然保护区 26°01′03″N，113°40′59″E。

单叶叉襀属未定种 Podmosta sp.

湖南省：郴州市桂东县八面山国家级自然保护区 26°01′03″N，113°40′59″E。

原叉襀属未定种 Protonemura sp.

湖南省：郴州市桂东县八面山国家级自然保护区 26°01′03″N，113°40′59″E。

扁襀科 Peltoperlidae

刺扁襀属未定种 Cryptoperla sp.

湖南省：郴州市汝城县三江口瑶族镇 25°47′05″N，113°88′57″E。株洲市炎陵县神农谷自然保护区 26°49′93″N，114°06′56″E。

襀科 Perlidae

剑襀属未定种 Agnetina sp.

湖南省：株洲市炎陵县神农谷自然保护区 26°30′43″N，113°59′44″E；26°49′93″N，114°06′56″E。

曲翅网襀属未定种 Arcynopleryx sp.

湖南省：株洲市炎陵县神农谷自然保护区 26°49′93″N，114°06′56″E。

凯氏襀属未定种 Calineuria sp.

湖南省：株洲市炎陵县神农谷自然保护区 26°49′93″N，114°06′56″E。

克襀属未定种 Claassenia sp.

湖南省：株洲市炎陵县神农谷自然保护区 26°30′43″N，113°59′44″E；26°49′93″N，114°06′56″E。

瑶黄襀 Flavoperla dao Stark et Sivec

江西省：吉安市安福县武功山风景名胜区 27°29′48″N，114°11′12″E。

湖南省：株洲市炎陵县神农谷自然保护区 26°30′43″N，113°59′44″E。

刺钩𫜫属未定种 *Kamimuria* **sp.**

江西省：吉安市安福县武功山风景名胜区 27°29′48″N，114°11′12″E。

扣𫜫属未定种 *Kiotina* **sp.**

江西省：吉安市安福县武功山风景名胜区 27°29′48″N，114°11′12″E。

新𫜫属未定种 *Neoperla* **sp.**

江西省：吉安市安福县武功山风景名胜区 27°29′48″N，114°11′12″E。

湖南省：株洲市炎陵县神农谷自然保护区 26°30′43″N，113°59′44″E。

纯𫜫属未定种 *Paragnetina* **sp.**

江西省：吉安市安福县武功山风景名胜区 27°29′48″N，114°11′12″E。

湖南省：株洲市炎陵县神农谷自然保护区 26°30′43″N，113°59′44″E。

拟𫜫属未定种 *Perlesta* **sp.**

江西省：井冈山 26°37′23″N，114°07′04″E。

湖南省：株洲市炎陵县神农谷自然保护区 26°30′43″N，113°59′44″E。

杵𫜫属未定种 *Tetropina* **sp.**

江西省：井冈山 26°37′23″N，114°07′04″E。

湖南省：株洲市炎陵县神农谷自然保护区 26°30′43″N，113°59′44″E。

长形襟𫜫 *Togoperla perpicta* **Klapálek**

江西省：井冈山主峰 26°53′N，114°15′E。井冈山弯坑 26°53′20.01″N，114°25′15.01″E。

襟𫜫属未定种 *Togoperla* **sp.**

江西省：井冈山 26°37′23″N，114°07′04″E。

湖南省：株洲市炎陵县神农谷自然保护区 26°30′43″N，113°59′44″E。

瘤𫜫属未定种 *Tyloperla* **sp.**

江西省：宜春市靖安县三爪仑国家森林公园 28°58′36″N，115°14′11″E。井冈山 26°37′23″N，114°07′04″E。

卷𫜫科 Leuctridae

诺𫜫属未定种 *Rhopalopsole* **sp.**

江西省：井冈山 26°37′23″N，114°07′04″E。

湖南省：株洲市炎陵县神农谷自然保护区 26°30′43″N，113°59′44″E。

啮虫目 PSOCOPTERA

半啮科 Hemipsocidae

半啮属未定种 *Hemipsocus* **sp.**

江西省：赣州市上犹县齐云山国家级自然保护区 25°55′03″N，114°02′48″E。

啮虫科 Psocidae

曲啮虫属未定种 *Sigmatoneura* **sp.**

江西省：赣州市上犹县齐云山国家级自然保护区 25°55′03″N，114°02′48″E。

湖南省：浏阳市大围山森林公园 28°25′30″N，114°06′45″E。

缨翅目 THYSANOPTERA

纹蓟马科 Aeolothripidae

云南纹蓟马 *Aeolothrips yunnanensis* **Han**

湖南省：浏阳市大围山森林公园 28°25′30″N，114°06′45″E。株洲市炎陵县神农谷自然保护区 26°49′93″N，114°06′56″E。

管蓟马科 Phlaeothripidae

中华斑管蓟马 *Adraneothrips chinensis* **(Zhang et Tong)**

湖南省：株洲市炎陵县神农谷自然保护区 26°49′93″N，114°06′56″E。

异色斑管蓟马 *Adraneothrips russatus* **(Haga)**

江西省：井冈山 26°37′23″N，114°07′04″E。宜春市靖安县三爪仑国家森林公园 28°58′36″N，115°14′11″E。

湖南省：株洲市炎陵县神农谷牛角垄 26°30′08″N，114°03′39″E。株洲市炎陵县神农谷自然保护区 26°49′93″N，114°06′56″E。

云南斑管蓟马 *Adraneothrips yunnanensis* **Dang, Mound et Qiao**

湖南省：郴州市汝城县热水镇飞水寨 25°52′52″N，113°91′77″E。株洲市炎陵县神农谷自然保护区 26°49′93″N，114°06′56″E。

台湾奇管蓟马 *Allothrips taiwanus* **Okajima**

湖南省：株洲市炎陵县神农谷自然保护区 26°49′93″N，114°06′56″E。

小齿网管蓟马 *Apelaunothrips dentiellus* **Zhao, Jia et Tong**

江西省：吉安市安福县武功山风景名胜区 27°29′48″N，114°11′12″E。

海南网管蓟马 *Apelaunothrips hainanensis* **Zhang et Tong**

江西省：宜春市宜丰县官山国家级自然保护区 28°33′21″N，114°35′20″E。宜春市靖安县三爪仑国家森林公园 28°58′36″N，115°14′11″E。吉安市安福县武功山风景名胜区 27°29′48″N，114°11′12″E。

湖南省：株洲市炎陵县水口镇木湾 26°34′16″N，113°80′88″E。株洲市炎陵县神农谷牛角垄 26°30′08″N，114°03′39″E。

小眼网管蓟马 *Apelaunothrips lieni* **Okajima**

江西省：吉安市安福县武功山风景名胜区 27°29′48″N，114°11′12″E。

长齿网管蓟马 *Apelaunothrips longidens* **Zhang et Tong**

江西省：吉安市安福县武功山风景名胜区 27°29′48″N，114°11′12″E。

湖南省：株洲市炎陵县神农谷牛角垄 26°30′08″N，114°03′39″E。

褐斑网管蓟马 *Apelaunothrips luridus* **Okajima**

江西省：赣州市崇义县横水镇阳岭国家森林公园 25°37′50″N，114°18′16″E。井冈山 26°37′23″N，114°07′04″E。

湖南省：株洲市炎陵县神农谷自然保护区 26°49′93″N，114°06′56″E。

长头网管蓟马 *Apelaunothrips medioflavus* **(Karny)**

湖南省：株洲市炎陵县神农谷自然保护区 26°49′93″N，114°06′56″E。

暗翅网管蓟马 *Apelaunothrips nigripennis* **Okajima**

湖南省：株洲市炎陵县神农谷自然保护区 26°49′93″N，114°06′56″E。

短棒管蓟马 *Bactrothrips brevitubus* **Takahashi**

湖南省：株洲市炎陵县神农谷自然保护区 26°49′93″N，114°06′56″E。

楔贝管蓟马 *Baenothrips cuneatus* **Zhao et Tong**

江西省：井冈山 26°37′23″N，114°07′04″E。

短竹管蓟马 *Bamboosiella brevis* **Okajima**

江西省：赣州市崇义县横水镇阳岭国家森林公园 25°37′50″N，114°18′16″E。

褐尾竹管蓟马 *Bamboosiella caudibruna* **Zhao, Wang et Tong**

江西省：赣州市崇义县横水镇阳岭国家森林公园 25°37′50″N，114°18′16″E。

草竹管蓟马 *Bamboosiella graminella* **(Ananthakrishnan et Jagadish)**

江西省：赣州市崇义县横水镇阳岭国家森林公园 25°37′50″N，114°18′16″E。吉安市安福县武功山风景名胜区 27°29′48″N，114°11′12″E。

巨竹管蓟马 *Bamboosiella lewisi* **(Bagnall)**

江西省：吉安市安福县武功山风景名胜区 27°29′48″N，114°11′12″E。宜春市靖安县三爪仑国家森林公园 28°58′36″N，115°14′11″E。吉安市安福县武功山风景名胜区 27°29′48″N，114°11′12″E。

娜竹管蓟马 *Bamboosiella nayari* **(Ananthakrishnan)**

江西省：吉安市安福县武功山风景名胜区 27°29′48″N，114°11′12″E。

莎莎竹管蓟马 *Bamboosiella sasa* **Okajima**

江西省：吉安市安福县武功山风景名胜区 27°29′48″N，114°11′12″E。

黑角竹管蓟马 *Bamboosiella varia* **(Ananthakrishnan et Jagadish)**

江西省：吉安市安福县武功山风景名胜区 27°29′48″N，114°11′12″E。

齿胫锥管蓟马 *Ecacanthothrips tibialis* **(Ashmead)**

江西省：吉安市安福县武功山风景名胜区 27°29′48″N，114°11′12″E。

齿钩鬃管蓟马 *Elaphrothrips denticollis* **(Bagnall)**

江西省：吉安市安福县武功山风景名胜区 27°29′48″N，114°11′12″E。

格林钩鬃管蓟马 *Elaphrothrips greeni* **(Bagnall)**

江西省：井冈山 26°37′23″N，114°07′04″E。

马来钩鬃管蓟马 *Elaphrothrips malayensis* **(Bagnall)**

江西省：井冈山 26°37′23″N，114°07′04″E。

步钩鬃管蓟马 *Elaphrothrips procer* (Schmutz)

江西省：井冈山 26°37′23″N，114°07′04″E。

刺钩鬃管蓟马 *Elaphrothrips spiniceps* **Bagnal**

江西省：井冈山 26°37′23″N，114°07′04″E。

稻简管蓟马 *Haplothrips aculeatus* (Fabricius)

湖南省：浏阳市大围山森林公园 28°25′30″N，114°06′45″E。

华简管蓟马 *Haplothrips chinensis* **Priesner**

江西省：井冈山 26°37′23″N，114°07′04″E。

湖南省：株洲市炎陵县水口镇木湾 26°34′16″N，113°80′88″E。株洲市炎陵县十都镇神农谷牛角垄 26°30′08″N，114°03′39″E。浏阳市大围山森林公园 28°25′30″N，114°06′45″E。

草简管蓟马 *Haplothrips ganglbaueri* **Schmutz**

江西省：赣州市崇义县横水镇阳岭国家森林公园 25°37′50″N，114°18′16″E。井冈山市井冈山国家级自然保护区 26°37′23″N，114°07′04″E。

湖南省：郴州市汝城县热水镇邓家洞村 25°50′38″N，113°86′72″E。株洲市炎陵县神农谷自然保护区 26°30′43″N，113°59′44″E。浏阳市大围山森林公园 28°25′30″N，114°06′45″E。

菊简管蓟马 *Haplothrips gowdeyi* (Franklin)

湖南省：浏阳市大围山森林公园 28°25′30″N，114°06′45″E。

豆简管蓟马 *Haplothrips kurdjumovi* **Karny**

江西省：井冈山 26°37′23″N，114°07′04″E。

湖南省：株洲市炎陵县水口镇木湾 26°34′16″N，113°80′88″E。浏阳市大围山森林公园 28°25′30″N，114°06′45″E。

日本简管蓟马 *Haplothrips nipponicus* **Okajima**

江西省：井冈山 26°37′23″N，114°07′04″E。赣州市上犹县齐云山国家级自然保护区 25°55′03″N，114°02′48″E。

湖南省：株洲市炎陵县水口镇木湾 26°34′16″N，113°80′88″E。

芳贺全管蓟马 *Holothrips hagai* **Okajima**

江西省：赣州市上犹县齐云山国家级自然保护区 25°55′03″N，114°02′48″E。

湖南全管蓟马 *Holothrips hunanensis* **Han et Li**

江西省：赣州市上犹县齐云山国家级自然保护区

25°55′03″N，114°02′48″E。

摩箭管蓟马 *Holurothrips morikawai* **Kurosawa**

江西省：赣州市崇义县横水镇阳岭国家森林公园 25°37′50″N，114°18′16″E。宜春市宜丰县官山国家级自然保护区 28°33′21″N，114°35′20″E。

黄足武雄管蓟马 *Hoplandrothrips flavipes* **Bagnall**

江西省：赣州市上犹县齐云山国家级自然保护区 25°55′03″N，114°02′48″E。

野中武雄管蓟马 *Hoplandrothrips nonakai* **Okajima**

湖南省：株洲市炎陵县神农谷自然保护区 26°49′93″N，114°06′56″E。

黄褐武雄管蓟马 *Hoplandrothrips ochraceus* **Okajima et Urushihara**

湖南省：株洲市炎陵县神农谷自然保护区 26°49′93″N，114°06′56″E。

黄足器管蓟马 *Hoplothrips flavipes* (Bagnall)

湖南省：株洲市炎陵县神农谷自然保护区 26°49′93″N，114°06′56″E。

食菌器管蓟马 *Hoplothrips fungosus* **Moulton**

湖南省：株洲市炎陵县神农谷自然保护区 26°49′93″N，114°06′56″E。

日本器管蓟马 *Hoplothrips japonicus* (Karny)

湖南省：株洲市炎陵县神农谷自然保护区 26°49′93″N，114°06′56″E。

广东疏缨管蓟马 *Hyidiothrips guangdongensis* **Wang, Tong et Zhang**

江西省：宜春市宜丰县官山国家级自然保护区 28°33′21″N，114°35′20″E。

日本疏缨管蓟马 *Hyidiothrips japonicus* **Okajima**

江西省：宜春市靖安县三爪仑国家森林公园 28°58′36″N，115°14′11″E。宜春市宜丰县官山国家级自然保护区 28°33′21″N，114°35′20″E。

黄胫卡氏管蓟马 *Karnyothrips flavipes* (Jones)

江西省：宜春市宜丰县官山国家级自然保护区 28°33′21″N，114°35′20″E。

两色卡氏管蓟马 *Karnyothrips melaleucus* (Bagnall)

江西省：吉安市安福县武功山风景名胜区 27°29′48″N，114°11′12″E。井冈山 26°37′23″N，

114°07′04″E。

冈岛软管蓟马 *Lissothrips okajimai* Mound

江西省：宜春市宜丰县官山国家级自然保护区 28°33′21″N，114°35′20″E。

黄匙管蓟马 *Mystrohthrips flavidus* Okajima

江西省：赣州市崇义县横水镇阳岭国家森林公园 25°37′50″N，114°18′16″E。宜春市宜丰县官山国家级自然保护区 28°33′21″N，114°35′20″E。井冈山 26°37′23″N，114°07′04″E。

长角匙管蓟马 *Mystrohthrips longantennus* Wang, Tong et Zhang

江西省：井冈山 26°37′23″N，114°07′04″E。

短颈岛管蓟马 *Nesothrips brevicollis* (Bagnall)

江西省：吉安市安福县武功山风景名胜区 27°29′48″N，114°11′12″E。井冈山 26°37′23″N，114°07′04″E。

额脊背管蓟马 *Oidanothrips frontalis* (Bagnall)

湖南省：浏阳市大围山森林公园 28°25′30″N，114°06′45″E。

江西省：井冈山 26°37′23″N，114°07′04″E。

台湾脊背管蓟马 *Oidanothrips taiwanus* Okajima

湖南省：株洲市炎陵县神农谷自然保护区 26°49′93″N，114°06′56″E。

芒眼管蓟马 *Ophthalmothrips miscanthicola* (Haga)

湖南省：株洲市炎陵县神农谷自然保护区 26°49′93″N，114°06′56″E。

五角管蓟马 *Pentagonothrips antennalis* Haga et Okajima

湖南省：株洲市炎陵县神农谷自然保护区 26°49′93″N，114°06′56″E。

似竹管蓟马 *Phylladothrips similis* Okajima

江西省：宜春市靖安县三爪仑国家森林公园 28°58′36″N，115°14′11″E。

湖南省：株洲市炎陵县神农谷自然保护区 26°49′93″N，114°06′56″E。

细棍翅管蓟马 *Preeriella parvula* Okajima

湖南省：株洲市炎陵县神农谷自然保护区 26°49′93″N，114°06′56″E。

黑头剪管蓟马 *Psalidothrips ascitus* (Ananthakrishnan)

江西省：赣州市崇义县横水镇阳岭国家森林公园 25°37′50″N，114°18′16″E。井冈山 26°37′23″N，114°07′04″E。

赣州市上犹县齐云山国家级自然保护区 25°55′03″N，114°02′48″E。

车八岭剪管蓟马 *Psalidothrips chebalingicus* Zhang et Tong

江西省：赣州市上犹县齐云山国家级自然保护区 25°55′03″N，114°02′48″E。

湖南省：株洲市炎陵县神农谷牛角垄 26°30′08″N，114°03′39″E。

残翅剪管蓟马 *Psalidothrips lewisi* (Bagnall)

江西省：井冈山 26°37′23″N，114°07′04″E。赣州市上犹县齐云山国家级自然保护区 25°55′03″N，114°02′48″E。

缺眼剪管蓟马 *Psalidothrips simplus* Haga

江西省：井冈山 26°37′23″N，114°07′04″E。赣州市上犹县齐云山国家级自然保护区 25°55′03″N，114°02′48″E。

黑短头管蓟马 *Sophiothrips nigrus* Ananthakrishnan

江西省：赣州市上犹县齐云山国家级自然保护区 25°55′03″N，114°02′48″E。

湖南省：浏阳市大围山森林公园 28°25′30″N，114°06′45″E。

南方冠管蓟马 *Stephanothrips austrinus* Tong et Zhao

江西省：井冈山 26°37′23″N，114°07′04″E。

台湾冠管蓟马 *Stephanothrips formosanus* Okajima

江西省：井冈山 26°37′23″N，114°07′04″E。

日本冠管蓟马 *Stephanothrips japonicus* Saikawa

江西省：宜春市宜丰县官山国家级自然保护区 28°33′21″N，114°35′20″E。井冈山 26°37′23″N，114°07′04″E。

湖南省：浏阳市大围山森林公园 28°25′30″N，114°06′45″E。

西方冠管蓟马 *Stephanothrips occidentalis* Hood et Williams

江西省：井冈山 26°37′23″N，114°07′04″E。

安氏胫管蓟马 *Terthrothrips ananthakrishnani* Kudô

江西省：井冈山 26°37′23″N，114°07′04″E。

缺翅胫管蓟马 *Terthrothrips apterus* Kudô

江西省：井冈山 26°37′23″N，114°07′04″E。

四鬃胫管蓟马 *Terthrothrips parvus* Okajima

　　江西省：井冈山 26°37′23″N，114°07′04″E。

三角胫管蓟马 *Terthrothrips trigonius* Zhao et Tong

　　江西省：井冈山 26°37′23″N，114°07′04″E。

秃顶尾管蓟马 *Urothrips calvus* Tong et Zhao

　　江西省：井冈山 26°37′23″N，114°07′04″E。

绣纹木管蓟马 *Xylaplothrips pictipes* (Bagnall)

　　江西省：赣州市崇义县横水镇阳岭国家森林公园 25°37′50″N，114°18′16″E。

　　湖南省：株洲市茶陵县云阳国家森林公园 26°47′58″N，113°30′18″E。

大腿蓟马科 Merothripidae

光滑大腿蓟马 *Merothrips laevis* Hood

　　湖南省：株洲市茶陵县云阳国家森林公园 26°47′58″N，113°30′18″E。

摩氏大腿蓟马 *Merothrips morgani* Hood

　　湖南省：株洲市茶陵县云阳国家森林公园 26°47′58″N，113°30′18″E。

蓟马科 Thripidae

黄呆蓟马 *Anaphothrips obscurus* (Müller)

　　湖南省：浏阳市大围山森林公园 28°25′30″N，114°06′45″E。株洲市茶陵县云阳国家森林公园 26°47′58″N，113°30′18″E。

苏丹呆蓟马 *Anaphothrips sudanensis* Trybom

　　江西省：九江市庐山 29°33′41″N，115°58′19″E。吉安市安福县武功山风景名胜区 27°29′48″N，114°11′12″E。宜春市宜丰县官山国家级自然保护区 28°33′21″N，114°35′20″E。

　　湖南省：浏阳市大围山森林公园 28°25′30″N，114°06′45″E。株洲市茶陵县云阳国家森林公园 26°47′58″N，113°30′18″E。郴州市汝城县热水镇飞水寨 25°52′52″N，113°91′77″E。

丽异毛针蓟马 *Anisopilothrips venustulus* (Priesner)

　　湖南省：株洲市茶陵县云阳国家森林公园 26°47′58″N，113°30′18″E。

墨西哥宽柄蓟马 *Arorathrips mexicanus* (Crawford)

　　湖南省：株洲市茶陵县云阳国家森林公园 26°47′58″N，113°30′18″E。

黑斑棘蓟马 *Asprothrips atermaculosus* Wang et Tong

　　湖南省：株洲市茶陵县云阳国家森林公园 26°47′58″N，113°30′18″E。

暗色棘蓟马 *Asprothrips fuscipennis* Kudô

　　湖南省：株洲市炎陵县神农谷自然保护区 26°49′93″N，114°06′56″E。

斑腹棘蓟马 *Asprothrips punctulosus* Tong, Wang et Mirab-balou

　　湖南省：株洲市炎陵县神农谷自然保护区 26°49′93″N，114°06′56″E。

珊星针蓟马 *Astrothrips aucubae* Kurosawa

　　江西省：赣州市上犹县齐云山国家级自然保护区 25°55′03″N，114°02′48″E。

七星寮星针蓟马 *Astrothrips chisinliaoensis* Chen

　　江西省：赣州市上犹县齐云山国家级自然保护区 25°55′03″N，114°02′48″E。

豇豆毛蓟马 *Ayyaria chaetophora* Karny

　　江西省：赣州市上犹县齐云山国家级自然保护区 25°55′03″N，114°02′48″E。

黑角巴蓟马 *Bathrips melanicornis* (Shumsher)

　　江西省：赣州市上犹县齐云山国家级自然保护区 25°55′03″N，114°02′48″E。

东方包蓟马 *Bolacothrips striatopennatus* (Schmutz)

　　江西省：赣州市上犹县齐云山国家级自然保护区 25°55′03″N，114°02′48″E。

二型前囱蓟马 *Bregmatothrips dimorphus* (Priesner)

　　江西省：赣州市上犹县齐云山国家级自然保护区 25°55′03″N，114°02′48″E。

非洲指蓟马 *Chirothrips africanus* Priesner

　　湖南省：浏阳市大围山森林公园 28°25′30″N，114°06′45″E。

褐缘巢针蓟马 *Caliothrips quadrifasciatus* (Girault)

　　江西省：赣州市上犹县齐云山国家级自然保护区 25°55′03″N，114°02′48″E。

童氏巢针蓟马 *Caliothrips tongi* Mound, Zhang et Bei

　　江西省：宜春市靖安县三爪仑国家森林公园 28°58′36″N，115°14′11″E。赣州市信丰县正平镇横管下村

25°21′25″N，114°45′32″E。吉安市安福县武功山风景名胜区 27°29′48″N，114°11′12″E。赣州市上犹县齐云山国家级自然保护区 25°55′03″N，114°02′4″E。

湖南省：株洲市炎陵县神农谷自然保护区 26°30′43″N，113°59′44″E。

楠毛呆蓟马 *Chaetanaphothrips machili* Hood

江西省：赣州市上犹县齐云山国家级自然保护区 25°55′03″N，114°02′48″E。

兰毛呆蓟马 *Chaetanaphothrips orchidii* (Moulton)

江西省：赣州市信丰县正平镇横管下村 25°21′25″N，114°45′32″E。宜春市靖安县三爪仑国家森林公园 28°58′36″N，115°14′11″E。

湖南省：浏阳市大围山森林公园 28°25′30″N，114°06′45″E。

茶毛呆蓟马 *Chaetanaphothrips theiperdus* (Karny)

江西省：宜春市宜丰县官山国家级自然保护区 28°33′21″N，114°35′20″E。

湖南省：株洲市茶陵县云阳国家森林公园 26°47′58″N，113°30′18″E。

袖指蓟马 *Chirothrips manicatus* (Haliday)

湖南省：株洲市茶陵县云阳国家森林公园 26°47′58″N，113°30′18″E。

八节矛鬃针蓟马 *Copidothrips octarticulatus* (Schmutz)

江西省：宜春市靖安县三爪仑国家森林公园 28°58′36″N，115°14′11″E。

湖南省：株洲市茶陵县云阳国家森林公园 26°47′58″N，113°30′18″E。

微缘膜蓟马 *Craspedothrips minor* (Bagnall)

湖南省：株洲市茶陵县云阳国家森林公园 26°47′58″N，113°30′18″E。

绢蓟马属未定种 *Cricothrips* sp.

湖南省：浏阳市大围山森林公园 28°25′30″N，114°06′45″E。

滑背梳蓟马 *Ctenothrips leionotus* Tong et Zhang

湖南省：浏阳市大围山森林公园 28°25′30″N，114°06′45″E。株洲市茶陵县云阳国家森林公园 26°47′58″N，113°30′18″E。

江西省：吉安市安福县武功山风景名胜区 27°29′48″N，114°11′12″E。

旋花背刺蓟马 *Dendrothripoides innoxius* (Karny)

湖南省：株洲市茶陵县云阳国家森林公园 26°47′58″N，113°30′18″E。

茶棍蓟马 *Dendrothrips minowai* Priesner

江西省：赣州市崇义县横水镇阳岭国家森林公园 25°37′50″N，114°18′16″E。宜春市靖安县三爪仑国家森林公园 28°58′36″N，115°14′11″E。吉安市安福县武功山风景名胜区 27°29′48″N，114°11′12″E。

湖南省：郴州市汝城县三江口瑶族镇 25°47′05″N，113°88′57″E。株洲市炎陵县神农谷自然保护区 26°30′43″N，113°59′44″E。浏阳市大围山森林公园 28°25′30″N，114°06′45″E。株洲市茶陵县云阳国家森林公园 26°47′58″N，113°30′18″E。

斯密二鬃蓟马 *Dichromothrips smithi* (Zimmermann)

江西省：宜春市靖安县三爪仑国家森林公园 28°58′36″N，115°14′11″E。

美洲棘蓟马 *Echinothrips americanus* Morgan

江西省：宜春市靖安县三爪仑国家森林公园 28°58′36″N，115°14′11″E。

裂片膜蓟马 *Ernothrips lobatus* (Bhatti)

江西省：宜春市靖安县三爪仑国家森林公园 28°58′36″N，115°14′11″E。

泰国片膜蓟马 *Ernothrips thailandicus* Masumoto et Okajima

湖南省：浏阳市大围山森林公园 28°25′30″N，114°06′45″E。

首花蓟马 *Frankliniella cephalica* (D. L. Crawford)

江西省：宜春市靖安县三爪仑国家森林公园 28°58′36″N，115°14′11″E。

花蓟马 *Frankliniella intonsa* (Trybom)

江西省：赣州市信丰县正平镇横管下村 25°21′25″N，114°45′32″E。

湖南省：浏阳市大围山森林公园 28°25′30″N，114°06′45″E。

禾花蓟马 *Frankliniella tenuicornis* (Uzel)

江西省：宜春市靖安县三爪仑国家森林公园 28°58′36″N，115°14′11″E。

茭白花蓟马 *Frankliniella zizaniophila* **Han et Zhang**

江西省：宜春市靖安县三爪仑国家森林公园 28°58′36″N，115°14′11″E。

蔗腹齿蓟马 *Fulmekiola serrata* **(Kobus)**

江西省：九江市庐山市庐山 29°33′41″N，115°58′19″E。

安领针蓟马 *Helionothrips aino* **(Ishida)**

江西省：九江市庐山市庐山 29°33′41″N，115°58′19″E。

木姜子领针蓟马 *Helionothrips annosus* **Wang**

江西省：九江市庐山市庐山 29°33′41″N，115°58′19″E。

首领针蓟马 *Helionothrips cephalicus* **Hood**

江西省：九江市庐山市庐山 29°33′41″N，115°58′19″E。

庐山领针蓟马 *Helionothrips lushanensis* **Wang et Tong**

江西省：九江市庐山市庐山 29°33′41″N，115°58′19″E。

木通领针蓟马 *Helionothrips mube* **Kudô**

江西省：宜春市宜丰县官山国家级自然保护区 28°33′21″N，114°35′20″E。

微领针蓟马 *Helionothrips parvus* **Bhatti**

江西省：宜春市宜丰县官山国家级自然保护区 28°33′21″N，114°35′20″E。

小领针蓟马 *Helionothrips ponkikiri* **Kudô**

湖南省：浏阳市大围山森林公园 28°25′30″N，114°06′45″E。

神农架领针蓟马 *Helionothrips shennongjiaensis* **Feng, Yang et Zhang**

江西省：宜春市靖安县三爪仑国家森林公园 28°58′36″N，115°14′11″E。

领针蓟马属未定种 *Helionothrips* **sp.**

湖南省：浏阳市大围山森林公园 28°25′30″N，114°06′45″E。

温室蓟马 *Heliothrips haemorrhoidalis* **(Bouché)**

江西省：宜春市宜丰县官山国家级自然保护区 28°33′21″N，114°35′20″E。

马里库兰蓟马 *Kranzithrips mareebai* **Mound**

江西省：赣州市信丰县横管下村北江源 25°21′25″N，114°45′32″E。

褐三鬃蓟马 *Lefroyothrips lefroyi* **(Bagnall)**

湖南省：浏阳市大围山森林公园 28°25′30″N，114°06′45″E。

端大蓟马 *Megalurothrips distalis* **(Karny)**

江西省：赣州市上犹县齐云山国家级自然保护区 25°55′03″N，114°02′48″E。

豆大蓟马 *Megalurothrips usitatus* **(Bagnall)**

江西省：赣州市信丰县横管下村 25°21′25″N，114°45′32″E。吉安市安福县武功山风景名胜区 27°29′48″N，114°11′12″E。

腹小头蓟马 *Microcephalothrips abdominalis* **(Crawford)**

江西省：赣州市信丰县横管下村 25°21′25″N，114°45′32″E。吉安市安福县武功山风景名胜区 27°29′48″N，114°11′12″E。

湖南省：郴州市汝城县热水镇邓家洞村 25°50′38″N，113°86′72″E。

指圈针蓟马 *Monilothrips kempi* **Moulton**

江西省：赣州市上犹县齐云山国家级自然保护区 25°55′03″N，114°02′48″E。

戴斯喙蓟马 *Mycterothrips desleyae* **Masumoto et Okajima**

湖南省：株洲市炎陵县水口镇木湾 26°34′16″N，113°80′88″E。

江西省：井冈山 26°37′23″N，114°07′04″E。

豆喙蓟马 *Mycterothrips glycines* **(Okamoto)**

湖南省：浏阳市大围山森林公园 28°25′30″N，114°06′45″E。

尼尔喙蓟马 *Mycterothrips nilgiriensis* **(Ananthakrishnan)**

湖南省：株洲市炎陵县神农谷自然保护区 26°30′43″N，113°59′44″E。

喙蓟马属未定种 *Mycterothrips* **sp.**

湖南省：浏阳市大围山森林公园 28°25′30″N，114°06′45″E。

凹新绢蓟马 *Neohydatothrips concavus* **Mirabbalou, Tong et Yang**

江西省：赣州市崇义县横水镇阳岭国家森林公园 25°37′50″N，114°18′16″E。

叉锥针蓟马 *Panchaetothrips bifurcus* Mirabbalou et Tong

　　江西省：赣州市崇义县横水镇阳岭国家森林公园 25°37′50″N，114°18′16″E。

栎拟斑蓟马 *Parabaliothrips coluckus* (Kudô)

　　江西省：井冈山 26°37′23″N，114°07′04″E。

　　湖南省：株洲市炎陵县水口镇木湾 26°34′16″N，113°80′88″E。浏阳市大围山森林公园 28°25′30″N，114°06′45″E。

二色缺缨针蓟马 *Phibalothrips peringueyi* (Faure)

　　江西省：宜春市靖安县三爪仑国家森林公园 28°58′36″N，115°14′11″E。

皱纹缺缨针蓟马 *Phibalothrips rugosus* Kudô

　　江西省：宜春市靖安县三爪仑国家森林公园 28°58′36″N，115°14′11″E。

美丽皱针蓟马 *Rhipiphorothrips pulchellus* Morgan

　　江西省：宜春市靖安县三爪仑国家森林公园 28°58′36″N，115°14′11″E。

长吻蓟马 *Salpingothrips aimotofus* Kudô

　　江西省：赣州市崇义县横水镇阳岭国家森林公园 25°37′50″N，114°18′16″E。

茶黄硬蓟马 *Scirtothrips dorsalis* Hood

　　江西省：赣州市崇义县横水镇阳岭国家森林公园 25°37′50″N，114°18′16″E。宜春市靖安县三爪仑国家森林公园 28°58′36″N，115°14′11″E。宜春市宜丰县官山国家级自然保护区 28°33′21″N，114°35′20″E。

　　湖南省：浏阳市大围山镇大围山森林公园 28°25′30″N，114°06′45″E。

塔六点蓟马 *Scolothrips takahashii* Priesner

　　江西省：吉安市安福县武功山风景名胜区 27°29′48″N，114°11′12″E。

　　湖南省：郴州市汝城县热水镇邓家洞村 25°50′38″N，113°86′72″E。

红带滑胸针蓟马 *Selenothrips rubrocinctus* (Giard)

　　湖南省：株洲市炎陵县水口镇木湾 26°34′16″N，113°80′88″E。

带暹罗蓟马 *Siamothrips balteus* Wang et Tong

　　江西省：宜春市靖安县三爪仑国家森林公园 28°58′36″N，115°14′11″E。

淡角直鬃蓟马 *Stenchaetothrips albicornus* Zhang et Tong

　　湖南省：浏阳市大围山森林公园 28°25′30″N，114°06′45″E。

无齿直鬃蓟马 *Stenchaetothrips apheles* Wang

　　湖南省：浏阳市大围山森林公园 28°25′30″N，114°06′45″E。

　　江西省：宜春市靖安县三爪仑国家森林公园 28°58′36″N，115°14′11″E。

竹直鬃蓟马 *Stenchaetothrips bambusae* (Shumsher)

　　湖南省：浏阳市大围山森林公园 28°25′30″N，114°06′45″E。

稻直鬃蓟马 *Stenchaetothrips biformis* (Bagnall)

　　湖南省：浏阳市大围山森林公园 28°25′30″N，114°06′45″E。

　　江西省：宜春市宜丰县官山国家级自然保护区 28°33′21″N，114°35′20″E。

侧齿直鬃蓟马 *Stenchaetothrips brochus* Wang

　　湖南省：浏阳市大围山森林公园 28°25′30″N，114°06′45″E。

禾直鬃蓟马 *Stenchaetothrips faurei* (Bhatti)

　　江西省：宜春市宜丰县官山国家级自然保护区 28°33′21″N，114°35′20″E。

　　湖南省：浏阳市大围山森林公园 28°25′30″N，114°06′45″E。

印度直鬃蓟马 *Stenchaetothrips indicus* (Ramakrishna et Margabandhu)

　　湖南省：浏阳市大围山森林公园 28°25′30″N，114°06′45″E。

暗直鬃蓟马 *Stenchaetothrips tenebricus* (Ananthakrishnan et Jagadish)

　　江西省：井冈山市井冈山国家级自然保护区 26°37′23″N，114°07′04″E。

波齿直鬃蓟马 *Stenchaetothrips undatus* Wang

　　江西省：赣州市崇义县横水镇阳岭国家森林公园 25°37′50″N，114°18′16″E。

　　湖南省：浏阳市大围山森林公园 28°25′30″N，114°06′45″E。

直鬃蓟马属未定种 *Stenchaetothrips* sp.

江西省：赣州市信丰县北江源 25°21′25″N，114°45′32″E。

湖南省：浏阳市大围山森林公园 28°25′30″N，114°06′45″E。

油加律带蓟马 *Taeniothrips eucharii* (Whetzel)

江西省：吉安市安福县武功山风景名胜区 27°29′48″N，114°11′12″E。

湖南省：株洲市炎陵县水口镇木湾 26°34′16″N，113°80′88″E。

葱韭蓟马 *Thrips alliorum* (Priesner)

江西省：井冈山市井冈山国家级自然保护区 26°37′23″N，114°07′04″E。

杜鹃蓟马 *Thrips andrewsi* (Bagnall)

江西省：井冈山市井冈山国家级自然保护区 26°37′23″N，114°07′04″E。

红蓝菊蓟马 *Thrips carthami* Shumsher

江西省：赣州市崇义县横水镇阳岭国家森林公园 25°37′50″N，114°18′16″E。井冈山市井冈山国家级自然保护区 26°37′23″N，114°07′04″E。

色蓟马 *Thrips coloratus* Schmutz

江西省：赣州市崇义县横水镇阳岭国家森林公园 25°37′50″N，114°18′16″E。

灵蓟马 *Thrips facetus* Palmer

江西省：赣州市崇义县横水镇阳岭国家森林公园 25°37′50″N，114°18′16″E。

八节黄蓟马 *Thrips flavidulus* (Bagnall)

江西省：井冈山 26°37′23″N，114°07′04″E。

湖南省：浏阳市大围山森林公园28°25′30″N，114°06′45″E。

黄蓟马 *Thrips flavus* Schrank

湖南省：浏阳市大围山森林公园 28°25′30″N，114°06′45″E。

金翅蓟马 *Thrips garuda* Bhatti

江西省：赣州市崇义县横水镇阳岭国家森林公园 25°37′50″N，114°18′16″E。

黄胸蓟马 *Thrips hawaiiensis* (Morgan)

江西省：赣州市崇义县横水镇阳岭国家森林公园 25°37′50″N，114°18′16″E。

东方蓟马 *Thrips orientalis* (Bagnall)

江西省：赣州市崇义县横水镇阳岭国家森林公园 25°37′50″N，114°18′16″E。

棕榈蓟马 *Thrips palmi* Karny

江西省：吉安市安福县武功山风景名胜区 27°29′48″N，114°11′12″E。宜春市宜丰县官山国家级自然保护区 28°33′21″N，114°35′20″E。

湖南省：浏阳市大围山森林公园 28°25′30″N，114°06′45″E。

烟蓟马 *Thrips tabaci* Lindeman

江西省：赣州市崇义县横水镇阳岭国家森林公园 25°37′50″N，114°18′16″E。

蓟马属未定种 *Thrips* sp.

湖南省：浏阳市大围山森林公园 28°25′30″N，114°06′45″E。

黄羚异色蓟马 *Trichromothrips xanthius* (Williams)

江西省：井冈山市井冈山国家级自然保护区 26°37′23″N，114°07′04″E。

异色蓟马属未定种 1 *Trichromothrips* sp. 1

湖南省：浏阳市大围山森林公园 28°25′30″N，114°06′45″E。

异色蓟马属未定种 2 *Trichromothrips* sp. 2

湖南省：浏阳市大围山森林公园 28°25′30″N，114°06′45″E。

异色蓟马属未定种 3 *Trichromothrips* sp. 3

江西省：宜春市宜丰县官山国家级自然保护区 28°33′21″N，114°35′20″E。

苏门答腊尾突蓟马 *Tusothrips sumatrensis* (Karny)

江西省：宜春市靖安县三爪仑国家森林公园 28°58′36″N，115°14′11″E。

小主吉野蓟马 *Yoshinothrips ponkamui* Kudô

江西省：宜春市宜丰县官山国家级自然保护区 28°33′21″N，114°35′20″E。

半翅目 HEMIPTERA

蝉科 Cicadidae

黑蚱蝉 *Cryptotympana atrata* (Fabricius)

江西省：井冈山下庄 26°32′42.24″N，114°11′26.15″E。

湖南省：株洲市炎陵县桃源洞 26°29′44″N，114°04′39″E。

南蚱蝉 *Cryptotympana holsti* Distant

湖南省：株洲市炎陵县桃源洞 26°29′44″N，114°04′39″E。

春蝉属未定种 *Euterpnosia* sp.

湖南省：株洲市炎陵县桃源洞 26°29′44″N，114°04′39″E。

斑蝉 *Gaeana maculate* (Drury)

江西省：宜春市靖安县三爪仑国家森林公园 28°58′36″N，115°14′11″E。

胡蝉 *Graptopsaltria tienta* Karsch

江西省：井冈山大井 26°33.0′N，114°07.0′E。

湖南省：株洲市炎陵县桃源洞 26°29′44″N，114°04′39″E。

红蝉 *Heuchys sanguinea* (De Geer)

江西省：宜春市靖安县璪都镇南山村 29°01′00″N，115°16′00″E。

周氏寒蝉 *Meimuna choui* Lei

江西省：井冈山 26°56′17″N，114°13′19″E。

蒙古寒蝉 *Meimuna mongolica* (Distant)

江西省：宜春市奉新县泥洋山 28°49′12″N，115°03′26″E。

湖南省：株洲市炎陵县神农谷自然保护区 26°49′93″N，114°06′56″E。

松寒蝉 *Meimuna opalifera* (Walker)

湖南省：株洲市炎陵县桃源洞 26°29′44″N，114°04′39″E。

宽头小宁蝉 *Miniterpnosia mega* (Chou et Lei)

江西省：宜春市宜丰县官山国家级自然保护区 28°33′16″N，113°34′55″E。

草蝉 *Mogannia cyanea* Walker

江西省：宜春市靖安县璪都镇南山村 29°01′00″N，115°16′00″E。

湖南省：株洲市炎陵县桃源洞自然保护区 26°30′05.63″N，114°00′53.19″E；26°29′44″N，114°04′39″E。郴州市桂东县八面山国家级自然保护区 25°58′21″N，113°42′37″E。资兴市回龙山瑶族乡回龙山 26°04′33.34″N，113°23′15.85″E。

绿草蝉 *Mogannia hebes* (Walker)

江西省：吉安市遂川县南风面国家级自然保护区 26°17′04″N，114°03′53″E。井冈山下庄 26°32′42.24″N，114°11′26.15″E。

湖南省：株洲市炎陵县桃源洞 26°29′44″N，114°04′39″E。

靛青草蝉 *Mogannia indigotea* Distant

江西省：宜春市靖安县璪都镇南山村 29°01′00″N，115°16′00″E。

湖南省：资兴市回龙山瑶族乡回龙山 26°04′33.34″N，113°23′15.85″E。

大鼻草蝉 *Mogannia nasalis* (White)

湖南省：株洲市炎陵县桃源洞自然保护区 26°30′05.63″N，114°00′53.19″E。

江西省：宜春市靖安县璪都镇南山村 29°01′00″N，115°16′00″E。赣州市上犹县光菇山自然保护区 25°55′11″N，114°03′04″E。

鸣蝉 *Oncotympana maculaticollis* (Motschulsky)

湖南省：株洲市炎陵县桃源洞 26°29′44″N，114°04′39″E。

震旦马蝉 *Platylomia pieli* Kato

江西省：井冈山大井 26°33.0′N，114°07.0′E。

湖南省：株洲市炎陵县桃源洞 26°29′44″N，114°04′39″E。

皱瓣马蝉 *Platylomia radha* (Distant)

江西省：井冈山主峰 26°53′N，114°15′E。

蟪蛄 *Platypleura kaempferi* (Fabricius)

湖南省：株洲市炎陵县桃源洞 26°29′44″N，114°04′39″E。

螂蝉 *Pomponia linearis* (Walker)

湖南省：郴州市桂东县八面山国家级自然保护区 25°58′21″N，113°42′37″E。

江西省：井冈山 26°56′17″N，114°13′19″E。井冈山主峰 26°53′N，114°15′E。吉安市遂川县南风面国家级自然保护区 26°17′04″N，114°03′53″E。

暗翅蝉 *Scieroptera splendidula* (Fabricius)

湖南省：株洲市炎陵县桃源洞 26°29′44″N，114°04′39″E。

柯氏半瓣蝉 *Semia klapperichi* Jacobi

江西省：吉安市遂川县南风面国家级自然保护区

26°17′04″N，114°03′53″E。

中华红眼蝉 *Talainga chinensis* Distant

湖南省：株洲市炎陵县神农谷自然保护区 26°49′93″N，114°06′56″E。

蟪蝉 *Tanna japonensis* (Distant)

湖南省：株洲市炎陵县神农谷自然保护区 26°49′93″N，114°06′56″E。

端晕日宁蝉 *Yezoterpnosia fuscoapicalis* (Kata)

湖南省：资兴市回龙山瑶族乡回龙山 26°04′33.34″N，113°23′15.85″E。

叶蝉科 Cicadellidae

色斑大叶蝉 *Anatkina candidipes* (Walker)

江西省：井冈山荆竹山 26°31.0′N，114°05.9′E。井冈山松木坪 26°34.0′N，114°04′E。井冈山湘洲 26°32.0′N，114°11.0′E。

点翅大叶蝉 *Anatkina illustris* (Distant)

湖南省：长沙市浏阳市大围山 28°25′28″N，114°04′52″E。

凹斑大叶蝉 *Anatkina incurata* Kuoh et Zhuo

江西省：井冈山松木坪 26°34.0′N，114°04′E。井冈山湘洲 26°32.0′N，114°11.0′E。

双斑条大叶蝉 *Atkinsoniella bimanculata* Cai et Shen

江西省：井冈山大井 26°33.0′N，114°07.0′E。

黑边条大叶蝉 *Atkinsoniella heiyuana* Li

江西省：井冈山主峰 26°53′N，114°15′E。

黑缘条大叶蝉 *Atkinsoniella limba* Li

江西省：井冈山大井 26°33.0′N，114°07.0′E。井冈山荆竹山 26°31.0′N，114°05.9′E。井冈山主峰 26°53′N，114°15′E。井冈山松木坪 26°34.0′N，114°04′E。井冈山湘洲 26°32.0′N，114°11.0′E。吉安市安福县武功山风景名胜区 27°29′48″N，114°11′12″E。

湖南省：株洲市炎陵县神农谷自然保护区 26°49′93″N，114°06′56″E；26°30′43″N，113°59′44″E。岳阳市平江县幕阜山 28°59′18″N，113°49′33″E。

黑胸条大叶蝉 *Atkinsoniella nigridorsum* Kuoh et Zhuo

江西省：井冈山小溪洞 26°26′N，114°11′E。井冈山湘洲 26°32.0′N，114°11.0′E。

色条大叶蝉 *Atkinsoniella opponens* (Walker)

湖南省：长沙市浏阳市大围山 28°25′28″N，114°04′52″E。

黄条大叶蝉 *Atkinsoniella sulphurata* (Distant)

江西省：井冈山平水山 26°27′N，114°21′E。

隐纹条大叶蝉 *Atkinsoniella thalia* (Distant)

江西省：井冈山荆竹山 26°31.0′N，114°05.9′E。井冈山主峰 26°53′N，114°15′E。

黑尾大叶蝉 *Bothrogonia ferruginea* (Fabricius)

江西省：宜春市靖安县璪都镇南山村 29°01′00″N，115°16′00″E。吉安市安福县武功山 27°19′00″N，114°13′00″E。宜春市靖安县璪都镇观音岩 29°01′48″N，115°25′00″E。宜春市宜丰县官山国家级自然保护区 28°33′21″N，114°35′20″E。井冈山主峰 26°53′N，114°15′E。井冈山小溪洞 26°26′N，114°11′E。井冈山大井 26°33.0′N，114°07.0′E。井冈山锡坪山 26°33.4′N，114°12.2′E。井冈山双溪口 26°31.4′N，114°11.3′E。井冈山荆竹山 26°31.0′N，114°05.9′E。井冈山湘洲 26°32.0′N，114°11.0′E。井冈山松木坪 26°34.7′N，114°04.3′E。井冈山平水山 26°27′N，114°21′E。

湖南省：郴州市汝城县热水镇飞水寨 25°52′52″N，113°91′77″E。长沙市浏阳市大围山 28°25′28″N，114°04′52″E。

长斑黑尾大叶蝉 *Bothrogonia indistincta* (Walker)

江西省：井冈山湘洲 26°32.0′N，114°11.0′E。

湖南省：长沙市浏阳市大围山 28°25′28″N，114°04′52″E。

大斑凹大叶蝉 *Bothrogonia macromaculata* Kuoh

湖南省：岳阳市平江县幕阜山 28°59′18″N，113°49′33″E。

黔凹大叶蝉 *Bothrogonia qianana* Yang et Li

湖南省：长沙市浏阳市大围山 28°25′28″N，114°04′52″E。

华凹大叶蝉 *Bothrogonia sinica* Yang et Li

湖南省：长沙市浏阳市大围山 28°25′28″N，114°04′52″E。

二刺丽叶蝉 *Calodia obliquasimilaris* Zhang

江西省：井冈山罗浮山三级站水库尾 26°39′N，114°13′E。

赫氏消室叶蝉 *Chudania hellerina* Zhang et Yang

湖南省：长沙市浏阳市大围山 28°25′28″N，114°04′52″E。

橙带突额叶蝉 *Gunungidia aurantiifasciata* (Jacobi)

江西省：宜春市靖安县璪都镇南山村 29°01′00″N，115°16′00″E。吉安市安福县武功山 27°19′00″N，114°13′00″E。

湖南省：资兴市回龙山瑶族乡回龙山 26°04′33.34″N，113°23′15.85″E。长沙市浏阳市大围山森林公园 28°25′30″N，114°06′45″E。郴州市汝城县热水镇飞水寨 25°52′52″N，113°91′77″E。株洲市炎陵县神农谷自然保护区 26°30′43″N，113°59′44″E。长沙市浏阳市大围山 28°25′28″N，114°04′52″E。

心耳叶蝉 *Ledra cordata* Cai et Meng

江西省：宜春市靖安县璪都镇南山村 29°01′00″N，115°16′00″E。

湖南省：资兴市回龙山瑶族乡回龙山 26°04′33.34″N，113°23′15.85″E。株洲市炎陵县桃源洞自然保护区 26°30′05.63″N，114°00′53.19″E。

肖耳叶蝉 *Ledropsis obligens* (Walker)

江西省：井冈山荆竹山 26°31.0′N，114°05.9′E。井冈山湘洲 26°32.0′N，114°11.0′E。

窗翅叶蝉 *Mileewa margheritae* Distant

江西省：宜春市靖安县璪都镇南山村 29°01′00″N，115°16′00″E。

肖片叶蝉属未定种 *Parapetaloccpha* sp.

江西省：井冈山主峰 26°53′N，114°15′E。

绿片头叶蝉 *Petalocephala chlorocephala* (Walker)

江西省：井冈山罗浮山三级站水库尾 26°39′N，114°13′E。

片头叶蝉属未定种 *Petalocephala* sp.

江西省：井冈山荆竹山 26°31.0′N，114°05.9′E。

白边大叶蝉 *Tettigoniella albomarginata* (Signoret)

江西省：井冈山主峰 26°53′N，114°15′E。井冈山松木坪 26°34.0′N，114°04′E。井冈山大井 26°33.0′N，114°07.0′E。井冈山荆竹山 26°31.0′N，114°05.9′E。

大青叶蝉 *Tettigoniella viridis* (Linnaeus)

江西省：井冈山主峰 26°53′N，114°15′E。井冈山罗浮 26°39′N，114°13′E。

湖南省：株洲市炎陵县神农谷自然保护区 26°49′93″N，114°06′56″E；26°30′43″N，113°59′44″E。岳阳市平江县幕阜山 28°59′18″N，113°49′33″E。

黑缘角胸叶蝉 *Tituria planata* Fabricius

江西省：宜春市宜丰县官山国家级自然保护区 28°33′16.73″N，113°34′55.97″E。

湖南省：株洲市炎陵县神农谷自然保护区 26°49′93″N，114°06′56″E。

角胸叶蝉属未定种 *Tituria* sp.

江西省：宜春市宜丰县官山国家级自然保护区 28°33′16.73″N，113°34′55.97″E。

角蝉科 Membracidae

新鹿角蝉 *Elaphiceps neocervus* Yuan et Chou

江西省：宜春市宜丰县官山国家级自然保护区 28°33′16.73″N，113°34′55.97″E；28°33′21″N，114°35′20″E。

鹿角蝉属未定种 *Elaphiceps* sp.

江西省：井冈山松木坪 26°34.0′N，114°04′E。

黑圆角蝉 *Gargara genistae* (Fabricius)

江西省：井冈山主峰 26°53′N，114°15′E。

曲矛角蝉 *Leptobelus decurvatus* Funkhouser

湖南省：郴州市汝城县热水镇飞水寨 25°52′52″N，113°91′77″E。

羚羊矛角蝉 *Leptobelus gazella* (Fairmaire)

江西省：井冈山罗浮山 26°39′N，114°13′E。井冈山荆竹山 26°31.0′N，114°05.9′E。

湖南省：株洲市炎陵县桃源洞自然保护区中礁石工区 26°31′00″N，113°03′00″E。

撒矛角蝉 *Leptobelus sauteri* Schumacher

湖南省：郴州市桂东县八面山国家级自然保护区 25°58′21″N，113°42′37″E。

安耳角蝉 *Maurya angulata* Funkhouser

江西省：井冈山小溪洞 26°26′N，114°11′E。

栎耳角蝉 *Maurya querci* Yuan

湖南省：岳阳市平江县幕阜山 28°58′12.09″N，113°49′06.24″E。

耳角蝉属未定种 *Maurya* sp.

湖南省：资兴市回龙山瑶族乡回龙山 26°04′33.34″N，113°23′15.85″E。

背峰锯角蝉 *Pantaleon dorsalis* (Matsumura)

江西省：萍乡市芦溪县武功山 27°27′53″N，114°10′47″E。

湖南省：资兴市回龙山瑶族乡回龙山 26°04′33.34″N，113°23′15.85″E。株洲市炎陵县神农谷自然保护区 26°30′43″N，113°59′44″E。岳阳市平江县幕阜山 28°59′18″N，113°49′33″E。

油桐三刺角蝉 *Tricentrus aleuritis* Chou

江西省：吉安市遂川县南风面国家级自然保护区 26°17′04″N，114°03′53″E。井冈山罗浮山 26°39′N，114°13′E。

湖南省：资兴市回龙山瑶族乡回龙山 26°04′33.34″N，113°23′15.85″E。

沫蝉科 Cercopidae

四斑长头沫蝉 *Abidama contigua* (Walker)

江西省：宜春市靖安县璪都镇南山村 29°01′00″N，115°16′00″E。吉安市遂川县南风面国家级自然保护区 26°17′04″N，114°03′53″E。宜春市靖安县璪都镇观音岩 29°01′48″N，115°25′00″E。井冈山罗浮 26°39′N，114°13′E。井冈山湘洲 26°36.0′N，114°16.0′E。

平尖胸沫蝉 *Aphrophora horizontalis* Kato

江西省：宜春市靖安县璪都镇南山村 29°01′00″N，115°16′00″E。

湖南省：岳阳市平江县幕阜山 28°58′12.09″N，113°49′06.24″E。资兴市回龙山瑶族乡回龙山 26°04′33.34″N，113°23′15.85″E。

白带尖胸沫蝉 *Aphrophora intermedia* Uhler

湖南省：株洲市炎陵县神农谷自然保护区 26°30′43″N，113°59′44″E。

黑点尖胸沫蝉 *Aphrophora tsuruana* Matsumura

湖南省：株洲市炎陵县神农谷自然保护区 26°30′43″N，113°59′44″E。

大尖胸沫蝉 *Aphropsis gigantea* Metcalf et Horton

江西省：井冈山湘洲 26°36′20.26″N，114°16′20.33″E。

稻沫蝉 *Callitettix versicolor* (Fabricius)

江西省：宜春市靖安县璪都镇南山村 29°01′00″N，115°16′00″E。宜春市靖安县璪都镇观音岩 29°01′48″N，115°25′00″E。

多带铲头沫蝉 *Clovia multilineata* (Stål)

湖南省：资兴市回龙山瑶族乡回龙山 26°04′33″N，113°23′15″E。株洲市炎陵县桃源洞自然保护区中礁石工区 26°31′00″N，113°03′00″E。

铲头沫蝉属未定种 *Clovia* sp.

湖南省：株洲市炎陵县神农谷自然保护区 26°30′43″N，113°59′44″E。

斑带丽沫蝉 *Cosmoscarta bispecularis* (White)

江西省：宜春市靖安县璪都镇南山村 29°01′00″N，115°16′00″E。吉安市安福县武功山 27°19′00″N，114°13′00″E。宜春市靖安县璪都镇观音岩 29°01′48″N，115°25′00″E。井冈山大井 26°33′47.10″N，114°07′30.19″E。井冈山罗浮 26°39′N，114°13′E。井冈山小溪洞 26°26′N，114°11′E。井冈山湘洲 26°36.0′N，114°16.0′E。宜春市靖安县三爪仑国家森林公园 28°58′36″N，115°14′11″E。吉安市安福县武功山风景名胜区 27°29′48″N，114°11′12″E。宜春市宜丰县官山国家级自然保护区 28°33′21″N，114°35′20″E。宜春市奉新县越山 28°47′19″N，115°10′01″E。

湖南省：浏阳市大围山镇大围山森林公园 28°25′30″N，114°06′45″E。

背斑丽沫蝉 *Cosmoscarta dorsimacula* (Walker)

江西省：赣州市上犹县光菇山 25°54′55″N，114°03′09″E。井冈山下庄 26°32′42.24″N，114°11′26.15″E。

湖南省：株洲市炎陵县神农谷自然保护区 26°30′43″N，113°59′44″E。长沙市浏阳市大围山 28°25′28″N，114°04′52″E。

紫胸丽沫蝉 *Cosmoscarta exultans* (Walker)

江西省：赣州市上犹县光菇山 25°54′55″N，114°03′09″E。井冈山湘洲 26°36.0′N，114°16.0′E。井冈山下庄 26°32′42.24″N，114°11′26.15″E。井冈山主峰 26°53′N，114°15′E。井冈山松木坪 26°34′36.81″N，114°04′24.42″E。井冈山罗浮 26°39′N，114°13′E。

湖南省：资兴市回龙山瑶族乡回龙山 26°04′33″N，113°23′15″E。岳阳市平江县幕阜山 28°58′12.09″N，113°49′06.24″E。

福建丽沫蝉 *Cosmoscarta fokienensis* Lallemand et Synave

江西省：宜春市靖安县璪都镇南山村 29°01′00″N，115°16′00″E。井冈山湘洲 26°36.0′N，114°16.0′E。井冈山主峰 26°53′N，114°15′E。井冈山小溪洞 26°26′N，114°11′E。

湖南省：株洲市炎陵县桃源洞自然保护区 26°59′00″N，113°99′00″E。株洲市炎陵县桃源洞自然保护区中礁石工区 26°31′00″N，113°03′00″E。

东方丽沫蝉 *Cosmoscarta heros* (Fabricius)

江西省：井冈山主峰 26°53′N，114°15′E。井冈山双溪口 26°31.4′N，114°11.3′E。

拟三带丽沫蝉 *Cosmoscarta trichodias* Jacobi

湖南省：资兴市回龙山瑶族乡回龙山 26°04′33″N，113°23′15″E。

丽沫蝉属未定种 1 *Cosmoscarta* sp. 1

江西省：吉安市安福县武功山 27°19′00″N，114°13′00″E。宜春市靖安县璪都镇观音岩 29°01′48″N，115°25′00″E。

丽沫蝉属未定种 2 *Cosmoscarta* sp. 2

江西省：井冈山市井冈山国家级自然保护区 26°37′23″N，114°07′04″E。

金色曙沫蝉 *Eoscarta aurora* Kirkaldy

江西省：吉安市遂川县南风面国家级自然保护区 26°17′04″N，114°03′53″E。井冈山罗浮 26°39′N，114°13′E。井冈山湘洲 26°36.0′N，114°16.0′E。井冈山小溪洞 26°26′N，114°11′E。

湖南省：资兴市回龙山瑶族乡回龙山 26°04′33″N，113°23′15″E。郴州市桂东县八面山国家级自然保护区 25°58′21″N，113°42′37″E。

南方曙沫蝉 *Eoscarta borealis* (Distant)

江西省：宜春市宜丰县官山国家级自然保护区 28°33′16.73″N，113°34′55.97″E。

湖南省：郴州市桂东县八面山国家级自然保护区 25°58′21″N，113°42′37″E。

卡氏曙沫蝉 *Eoscarta karschi* Schmidt

湖南省：郴州市桂东县八面山国家级自然保护区 25°58′21″N，113°42′37″E。

中脊沫蝉 *Mesoptyelus decoratus* (Melichar)

江西省：宜春市靖安县大杞山生态林场 28°67′00″N，115°07′00″E。

湖南省：岳阳市平江县幕阜山 28°58′12.09″N，113°49′06.24″E。资兴市回龙山瑶族乡回龙山 26°04′33.34″N，113°23′15.85″E。长沙市浏阳市大围山 28°25′28″N，114°04′52″E。

脊沫蝉属未定种 *Mesoptyelus* sp.

江西省：宜春市宜丰县官山国家级自然保护区 28°33′16.73″N，113°34′55.97″E。

红头凤沫蝉 *Paphnutius ruficeps* (Meilichar)

江西省：井冈山湘洲 26°36.0′N，114°16.0′E。井冈山大井 26°33′47.10″N，114°07′30.19″E。井冈山松木坪 26°34′36.81″N，114°04′24.42″E。井冈山双溪口 26°31.4′N，

114°11.3′E。井冈山弯坑 26°53′20.01″N，114°25′15.01″E。井冈山小溪洞 26°26′N，114°11′E。井冈山主峰 26°53′N，114°15′E。井冈山荆竹山 26°31.0′N，114°05.9′E。

白纹象沫蝉 *Philagra albinotata* Uhler

江西省：吉安市安福县武功山 27°19′00″N，114°13′00″E。

湖南省：岳阳市平江县幕阜山 28°58′12.09″N，113°49′06.24″E。

黄翅象沫蝉 *Philagra dissimilis* Distant

江西省：宜春市宜丰县官山国家级自然保护区 28°33′16.73″N，113°34′55.97″E。井冈山主峰 26°53′N，114°15′E。井冈山湘洲 26°36.0′N，114°16.0′E。井冈山罗浮 26°39′N，114°13′E。

湖南省：株洲市炎陵县桃源洞自然保护区游客服务中心 26°29′00″N，114°01′00″E。株洲市炎陵县桃源洞自然保护区中礁石工区 26°31′00″N，113°03′00″E。

四斑象沫蝉 *Philagra quadrimaculata* Schmidt

江西省：吉安市遂川县南风面国家级自然保护区 26°17′04″N，114°03′53″E。吉安市安福县武功山 27°33′00″N，114°23′00″E。

湖南省：岳阳市平江县幕阜山 28°58′12.09″N，113°49′06.24″E。

象沫蝉属未定种 *Philagra* sp.

湖南省：岳阳市平江县幕阜山 28°58′12.09″N，113°49′06.24″E。

黄山疣胸沫蝉 *Phymatostetha huangshanensis* Ouchi

江西省：宜春市宜丰县官山国家级自然保护区 28°33′16.73″N，113°34′55.97″E。宜春市靖安县璪都镇南山村 29°01′00″N，115°16′00″E。

湖南省：资兴市回龙山瑶族乡回龙山 26°04′33″N，113°23′15″E。

疣胸沫蝉属未定种 *Phymatostetha* sp.

江西省：吉安市安福县武功山 27°19′00″N，114°13′00″E。

蜡蝉科 Fulgoridae

龙眼鸡 *Fulgora condelaria* (Linnaeus)

江西省：井冈山笔架山 26°53′N，114°15′E。

湖南省：株洲市炎陵县神农谷自然保护区 26°30′43″N，113°59′44″E。

斑衣蜡蝉 *Lycorma delicatula* (White)

江西省：吉安市安福县武功山 27°19'00"N，114°13'00"E。宜春市靖安县璪都镇观音岩 29°01'48"N，115°25'00"E。井冈山 26°37'23"N，114°07'04"E。宜春市奉新县越山 28°47'19"N，115°10'01"E。

湖南省：株洲市炎陵县神农谷自然保护区 26°30'43"N，113°59'44"E。

蛾蜡蝉科 Flatidae

碧蛾蜡蝉 *Geisha distinctissima* (Walker)

江西省：井冈山主峰 26°53'N，114°15'E。井冈山罗浮 26°39'N，114°13'E。

湖南省：郴州市汝城县热水镇飞水寨 25°52'52"N，113°91'77"E。

褐缘蛾蜡蝉 *Salurnis marginella* (Guerin)

江西省：井冈山 26°37'23"N，114°07'04"E。

袖蜡蝉科 Derbidae

红袖蜡蝉 *Diostrombus politus* Uhler

湖南省：郴州市汝城县热水镇飞水寨 25°52'52"N，113°91'77"E。

甘蔗长袖蜡蝉 *Zoraida pterophoroides* (Westwood)

江西省：井冈山大井 26°33'47.10"N，114°07'30.19"E。井冈山主峰 26°53'N，114°15'E。

广翅蜡蝉科 Ricaniidae

眼纹广翅蜡蝉 *Euricania ocellus* (Walker)

湖南省：株洲市炎陵县桃源洞 26°29'44"N，114°04'39"E。

圆纹广翅蜡蝉 *Pochazia guttifera* Walker

江西省：吉安市安福县武功山风景名胜区 27°29'48"N，114°11'12"E。

湖南省：株洲市炎陵县神农谷自然保护区 26°49'93"N，114°06'56"E。

缘纹广翅蜡蝉 *Ricania marginalis* (Walker)

湖南省：株洲市炎陵县神农谷自然保护区 26°49'93"N，114°06'56"E。

纹广翅蜡蝉 *Ricania simulans* Walker

江西省：井冈山湘洲 26°36.0'N，114°16.0'E。井冈山罗浮 26°39'N，114°13'E。井冈山下庄 26°32'42.24"N，114°11'26.15"E。井冈山小溪洞 26°26'N，114°11'E。井冈山主峰 26°53'N，114°15'E。

钩纹广翅蜡蝉 *Ricania speculum* Walker

江西省：宜春市奉新县百丈山 28°41'35"N，114°46'27"E。

柿广翅蜡蝉 *Ricania sublimata* Jacobi

江西省：井冈山罗浮 26°39'N，114°13'E。吉安市安福县武功山风景名胜区 27°29'48"N，114°11'12"E。

娜蜡蝉科 Nogodinidae

红眼莹娜蜡蝉 *Indogaetulia rubiocellata* (Chou et Lu)

湖南省：资兴市回龙山瑶族乡回龙山 26°04'33.34"N，113°23'15.85"E。

瓢蜡蝉科 Issidae

叉脊瓢蜡蝉属未定种 *Eusarima* sp.

湖南省：株洲市炎陵县神农谷自然保护区 26°49'93"N，114°06'56"E。

粉圆瓢蜡蝉 *Gergithus variabilis* Butler

江西省：宜春市奉新县越山 28°47'19"N，115°10'01"E。

球瓢蜡蝉属未定种 *Hemisphaerius* sp.

江西省：井冈山主峰 26°53'N，114°15'E。

象蜡蝉科 Dictyopharidae

中华象蜡蝉 *Dictyophara sinica* Walker

江西省：宜春市靖安县璪都镇南山村 29°01'00"N，115°16'00"E。宜春市靖安县璪都镇观音岩 29°01'48"N，115°25'00"E。

湖南省：株洲市炎陵县神农谷自然保护区 26°30'43"N，113°59'44"E。

象蜡蝉属未定种 *Dictyophara* sp.

江西省：宜春市靖安县璪都镇南山村 29°01'00"N，115°16'00"E。

丽象蜡蝉 *Orthopagus splendens* (Germar)

湖南省：株洲市炎陵县神农谷自然保护区 26°49'93"N，114°06'56"E。

瘤鼻象蜡蝉 *Saigona gibbosa* Matsumura

江西省：井冈山弯坑 26°53'20.01"N，114°25'15.01"E。

湖南省：资兴市回龙山瑶族乡回龙山 26°04'33.34"N，113°23'15.85"E。株洲市炎陵县桃源洞自然保护区游客服务中心 26°29'00"N，114°01'00"E。株洲市炎陵县桃源洞自然保护区甲水 26°59′00″N，113°99′00″E。

尖鼻象蜡蝉 *Saigona ussuriensis* (Lethierry)

江西省：宜春市奉新县百丈山 28°41′35″N，114°46′27″E。

飞虱科 Delphacidae

灰飞虱 *Laodelphax striatellus* (Fallen)

江西省：宜春市奉新县泥洋山 28°49′12″N，115°03′26″E。

负子蝽科 Belostomatidae

艾氏负子蝽 *Diplonychus esakii* Miyamoto et Lee

江西省：宜春市靖安县璪都镇观音岩 29°01′48″N，115°25′00″E。宜春市奉新县百丈山 28°41′35″N，114°46′27″E。

褐负子蝽 *Diplonychus rusticus* (Fabricius)

江西省：宜春市靖安县璪都镇观音岩 29°01′48″N，115°25′00″E。井冈山小溪洞 26°26′N，114°11′E。

蝎蝽科 Nepidae

日本壮蝎蝽 *Laccotrephes japonensis* Scott

江西省：井冈山白银湖 26°36.8′N，114°11.1′E。

长壮蝎蝽 *Laccotrephes robustus* Stål

江西省：宜春市靖安县璪都镇观音岩 29°01′48″N，115°25′00″E。宜春市靖安县璪都镇南山村 29°01′00″N，115°16′00″E。赣州市上犹县光菇山自然保护区 25°55′11″N，114°03′04″E。

中华螳蝎蝽 *Ranatra chinensis* Mayr

湖南省：郴州市汝城县九龙江国家森林公园 25°23′20″N，113°46′27″E。

仰蝽科 Notonectidae

细仰蝽属未定种 *Nychia* sp.

江西省：井冈山白银湖 26°36.8′N，114°11.1′E。

水黾科 Gerridae

长翅大黾蝽 *Aquarius elongatus* (Uhler)

江西省：宜春市靖安县璪都镇观音岩 29°01′48″N，115°25′00″E。

细角黾蝽 *Gerris gracilicornis* (Hrovath)

湖南省：株洲市炎陵县神农谷自然保护区 26°49′

93″N，114°06′56″E。

背黾蝽属未定种 *Rhagadotarsus* sp.

江西省：井冈山。

大涧黾属未定种 *Rhyacobates* sp.

江西省：井冈山双溪口 26°31.4′N，114°11.3′E。

宽黾蝽科 Veliidae

郝氏小宽黾蝽 *Microvelia horvathi* Lundblad

江西省：井冈山。

划蝽科 Corixidae

小划蝽属未定种 *Micronecta* sp.

湖南省：株洲市炎陵县神农谷自然保护区 26°30′43″N，113°59′44″E。

盖蝽科 Aphelocheiridae

广盖蝽 *Aphelocheirus cantonensis* Polhemus et Polhemus

湖南省：株洲市炎陵县神农谷自然保护区 26°30′43″N，113°59′44″E。

盖蝽属未定种 *Aphelocheirus* sp.

湖南省：株洲市炎陵县神农谷自然保护区 26°30′43″N，113°59′44″E。

固蝽科 Pleidae

邻固蝽属未定种 *Paraplea* sp.

湖南省：株洲市炎陵县神农谷自然保护区 26°30′43″N，113°59′44″E。

网蝽科 Tingidae

长角网蝽属未定种 *Copium* sp.

湖南省：株洲市炎陵县神农谷自然保护区 26°30′43″N，113°59′44″E。

方翅网蝽属未定种 *Corythucha* sp.

湖南省：株洲市炎陵县神农谷自然保护区 26°30′43″N，113°59′44″E。

高负板网蝽 *Cysteochila chiniana* Drake

湖南省：株洲市炎陵县神农谷自然保护区 26°30′43″N，113°59′44″E。

大负板网蝽 *Cysteochila delineata* (Distant)

湖南省：株洲市炎陵县神农谷自然保护区 26°30′

43″N，113°59′44″E。

满负板网蝽 Cysteochila ponda Drake

江西省：井冈山双溪口 26°31.4′N，114°11.3′E。

大角网蝽属未定种 Paracopium sp.

江西省：井冈山主峰 26°53′N，114°15′E。

直脊冠网蝽 Stephanitis mendica Horvath

江西省：吉安市安福县武功山风景名胜区 27°29′48″N，114°11′12″E。

长脊冠网蝽 Stephanitis svensoni Drake

江西省：宜春市奉新县百丈山 28°41′35″N，114°46′27″E。

盲蝽科 Miridae

后丽盲蝽属未定种 Apolygus sp.

湖南省：株洲市炎陵县神农谷自然保护区 26°30′43″N，113°59′44″E。

灰黄厚盲蝽 Eurystylus luteus Hsiao

湖南省：株洲市炎陵县神农谷自然保护区 26°30′43″N，113°59′44″E。

明翅盲蝽 Isabel ravana (Kirby)

湖南省：株洲市炎陵县神农谷自然保护区 26°30′43″N，113°59′44″E。

丽盲蝽属未定种 Lygocoris sp.

湖南省：株洲市炎陵县神农谷自然保护区 26°30′43″N，113°59′44″E。

绿盲蝽 Lygus lucorum Meyer-Dur

湖南省：株洲市炎陵县神农谷自然保护区 26°30′43″N，113°59′44″E。

短角异盲蝽 Polymerus brevicornis (Reuter)

湖南省：株洲市炎陵县神农谷自然保护区 26°30′43″N，113°59′44″E。

山地狭盲蝽 Stenodema alpestris Reuter

湖南省：株洲市炎陵县神农谷自然保护区 26°30′43″N，113°59′44″E。长沙市浏阳市大围山 28°25′28″N，114°04′52″E。

狭盲蝽属未定种 Stenodema sp.

湖南省：株洲市炎陵县神农谷自然保护区 26°30′43″N，113°59′44″E。

长蝽科 Lygaeidae

黄柄眼长蝽 Aethalotus tonkinensis Scudddder

江西省：萍乡市芦溪县羊狮幕 27°35′07″N，114°15′41″E。

丝肿鳃长蝽 Arocatus sericans (Stål)

江西省：萍乡市芦溪县武功山 27°27′59″N，114°09′54″E。

豆突眼长蝽 Chauliops fallax Scott

江西省：井冈山笔架山 26°31′N，114°09′E。

平伸突眼长蝽 Chauliops horizontalis Zheng

江西省：宜春市奉新县九岭山 28°41′57″N，114°44′33″E。

长足长蝽 Dieuches femoralis Dohrn

湖南省：长沙市浏阳市大围山 28°25′28″N，114°04′52″E。

高粱狭长蝽 Dimorphopterus japonicus (Hidaka)

江西省：井冈山松木坪 26°34′N，114°04′E。井冈山荆竹山 26°31′N，114°05.9′E。井冈山主峰 26°53′N，114°15′E。

隆背脊盾长蝽 Entisberus gibbus Zheng

湖南省：长沙市浏阳市大围山 28°25′28″N，114°04′52″E。

褐纹隆胸长蝽 Eucosmetus formosus Bergroth

江西省：井冈山主峰 26°53′N，114°15′E。

大头隆胸长蝽 Eucosmetus incisus (Walker)

江西省：井冈山荆竹山 26°31′N，114°05.9′E。

斑角隆胸长蝽 Eucosmetus tenuipes Zheng

江西省：宜春市靖安县璪都镇观音岩 29°01′48″N，115°25′00″E。

宽大眼长蝽 Geocoris varius (Uhler)

江西省：井冈山主峰 26°53′N，114°15′E。

大眼长蝽属未定种 Geocoris sp.

江西省：宜春市奉新县越山 28°47′19″N，115°10′01″E。

狭背缢胸长蝽 Gyndes angusticollis Zheng

江西省：萍乡市芦溪县武功山 27°27′59″N，114°09′54″E。

中华异腹长蝽 *Heterogaster chinensis* Zou et Zheng

江西省：宜春市奉新县越山 28°47′19″N，115°10′01″E。

小异腹长蝽 *Heterogaster minimus* Zou et Zheng

江西省：萍乡市芦溪县羊狮幕 27°35′07″N，114°15′41″E。

白边刺胫长蝽 *Horridipamera lateralis* (Scott)

江西省：宜春市奉新县百丈山 28°41′18″N，114°46′13″E。

瓜束长蝽 *Malcus inconspicuus* Stys

湖南省：株洲市炎陵县神农谷自然保护区 26°30′43″N，113°59′44″E。

东亚毛肩长蝽 *Neolethaeus dallasi* (Scott)

江西省：井冈山主峰 26°53′N，114°15′E。

小长蝽 *Nysius ericae* (Schilling)

江西省：吉安市安福县武功山风景名胜区 27°29′48″N，114°11′12″E。

丝光小长蝽 *Nysius thymi* (Wolff)

湖南省：长沙市浏阳市大围山 28°25′28″N，114°04′52″E。

莎草鼓胸长蝽 *Pachybrachius luridus* (Hahn)

江西省：吉安市遂川县南风面国家级自然保护区 26°17′04″N，114°03′53″E。井冈山小溪洞 26°26′N，114°11′E。井冈山主峰 26°53′N，114°15′E。井冈山大井 26°33.0′N，114°07.0′E。井冈山罗浮山 26°39′N，114°13′E。井冈山湘洲 26°32.0′N，114°11.0′E。井冈山双溪口 26°31.4′N，114°11.3′E。

鼓胸长蝽属未定种 *Pachybrachius* sp.

江西省：井冈山小溪洞 26°26′N，114°11′E。井冈山主峰 26°53′N，114°15′E。井冈山大井 26°33.0′N，114°07.0′E。

长须梭长蝽 *Pachygrontha antennata* (Uhler)

江西省：吉安市安福县武功山风景名胜区 27°29′48″N，114°11′12″E。

二点梭长蝽 *Pachygrontha bipunctata* Stål

江西省：吉安市遂川县南风面国家级自然保护区 26°17′04″N，114°03′53″E。

黄纹梭长蝽 *Pachygrontha flavolineata* Zheng, Zou et Hsiao

江西省：井冈山小溪洞 26°26′N，114°11′E。井冈山主峰 26°53′N，114°15′E。井冈山主峰 26°53′N，114°15′E。井冈山大井 26°33.0′N，114°07.0′E。井冈山罗浮山 26°39′N，114°13′E。井冈山湘洲 26°32.0′N，114°11.0′E。井冈山双溪口 26°31.4′N，114°11.3′E。井冈山下庄 26°32′42.24″N，114°11′26.15″E。井冈山荆竹山 26°31.0′N，114°05.9′E。

湖南省：岳阳市平江县幕阜山 28°58′18″N，113°49′55″E。

黑盾梭长蝽 *Pachygrontha nigrovittata* Stål

江西省：萍乡市芦溪县羊狮幕 27°35′07″N，114°15′41″E。

拟黄纹梭长蝽 *Pachygrontha similis* Uhler

湖南省：长沙市浏阳市大围山 28°25′37″N，114°07′43″E。

淡足筒胸长蝽 *Pamerarma punctulata* (Motschulsky)

江西省：萍乡市芦溪县羊狮幕 27°33′38″N，114°14′35″E。

褐筒胸长蝽 *Pamerarma rustica* (Scott)

江西省：萍乡市芦溪县羊狮幕 27°33′38″N，114°14′35″E。

筒胸长蝽属未定种 *Pamerarma* sp.

江西省：萍乡市芦溪县羊狮幕 27°33′38″N，114°14′35″E。

淡角缢胸长蝽 *Paraeucosmetus pallicornis* (Dallas)

湖南省：长沙市浏阳市大围山 28°25′37″N，114°07′43″E。

竹后刺长蝽 *Pirkimerus japonicus* (Hidaka)

江西省：井冈山湘洲 26°32.0′N，114°11.0′E。

长刺棘胸长蝽 *Primierus longispinus* Zheng

江西省：井冈山弯坑 26°53′N，114°25′E。

灰褐蒴长蝽 *Pylorgus sordidus* Zheng, Zou et Hsiao

湖南省：岳阳市平江县幕阜山 28°58′18″N，113°49′55″E。

地长蝽属未定种 *Rhyparochromus* sp.

湖南省：株洲市炎陵县神农谷自然保护区 26°30′43″N，113°59′44″E。

红脊长蝽 *Tropidothorax elegans* (Distant)

湖南省：株洲市炎陵县神农谷自然保护区 26°30′

43″N，113°59′44″E。

峨眉细颈长蝽 *Vertomannus emeia* Zheng

湖南省：岳阳市平江县幕阜山 28°58′18″N，113°49′55″E。

束蝽科 Colobathristidae

锥突束蝽 *Phaenacantha marcida* Horváth

湖南省：株洲市炎陵县神农谷自然保护区 26°30′43″N，113°59′44″E。

环足突束蝽 *Phaenacantha trilineata* Horváth

江西省：井冈山主峰 26°53′N，114°15′E。宜春市奉新县越山 28°47′19″N，115°10′01″E。

奇蝽科 Enicocephalidae

瘤背奇蝽 *Hoplitocoris lewisi* (Distant)

湖南省：株洲市炎陵县桃源洞 26°29′55″N，114°02′54″E。

沟背奇蝽 *Oncylocotis shirozui* Miyamoto

湖南省：株洲市炎陵县桃源洞 26°29′55″N，114°02′54″E。

红蝽科 Pyrrhocoridae

离斑棉红蝽 *Dysdercus cingulatus* (Fabricius)

湖南省：株洲市炎陵县神农谷自然保护区 26°30′43″N，113°59′44″E。

联斑棉红蝽 *Dysdercus poecilus* (Herrich-Schaeffer)

湖南省：株洲市炎陵县神农谷自然保护区 26°30′43″N，113°59′44″E。

巨红蝽 *Macroceroea grandis* (Gray)

江西省：宜春市奉新县百丈山 28°41′35″N，114°46′27″E。

艳绒红蝽 *Melamphaus rubrocinctus* (Stål)

江西省：宜春市奉新县百丈山 28°41′18″N，114°46′13″E。

小斑红蝽 *Physopelta cincticollis* Stål

江西省：吉安市安福县武功山 27°19′00″N，114°13′00″E。吉安市遂川县南风面国家级自然保护区 26°17′04″N，114°03′53″E。赣州市上犹县光菇山 25°54′55″N，114°03′09″E。井冈山主峰 26°53′N，114°15′E。井冈山罗浮 26°39′N，114°13′E。赣州市崇义县横水镇阳岭国家森

林公园 25°37′50″N，114°18′16″E。吉安市安福县武功山风景名胜区 27°29′48″N，114°11′12″E。

湖南省：郴州市桂东县八面山国家级自然保护区 25°58′21″N，113°42′37″E。株洲市炎陵县神农谷自然保护区 26°30′43″N，113°59′44″E。

突背斑红蝽 *Physopelta gutta* (Burmeister)

江西省：井冈山主峰 26°53′N，114°15′E。宜春市靖安县三爪仑国家森林公园 28°58′36″N，115°14′11″E。吉安市安福县武功山风景名胜区 27°29′48″N，114°11′12″E。宜春市奉新县越山 28°47′19″N，115°10′01″E。宜春市靖安县观音岩 29°01′48″N，115°25′00″E。

湖南省：资兴市回龙山瑶族乡回龙山 26°04′33.34″N，113°23′15.85″E。岳阳市平江县幕阜山 28°58′12.09″N，113°49′06.24″E。株洲市炎陵县神农谷自然保护区 26°49′93″N，114°06′56″E。浏阳市大围山镇大围山森林公园 28°25′30″N，114°06′45″E。

四斑红蝽 *Physopelta quadriguttata* Bergroth

江西省：宜春市奉新县百丈山 28°41′35″N，114°46′27″E。

湖南省：郴州市桂东县八面山国家级自然保护区 25°58′21″N，113°42′37″E。

红蝽属未定种 *Pyrrhocoris* sp.

江西省：井冈山荆竹山 26°31′N，114°05.9′E。

直红蝽 *Pyrrhopeplus carduelis* (Stål)

江西省：井冈山荆竹山 26°31′N，114°05.9′E。井冈山小溪洞 26°26′N，114°11′E。井冈山锡坪山 26°33′N，114°14′E。

龟蝽科 Plataspidae

达圆龟蝽 *Coptosoma davidi* Montandon

江西省：井冈山湘洲 26°36.0′N，114°16.0′E。

湖南省：资兴市回龙山瑶族乡回龙山 26°04′33.34″N，113°23′15.85″E。株洲市炎陵县神农谷自然保护区 26°30′43″N，113°59′44″E。

刺盾圆龟蝽 *Coptosoma lasciva* Bergroth

江西省：宜春市奉新县百丈山 28°41′18″N，114°46′13″E。

小饰圆龟蝽 *Coptosoma parvipicta* Montandon

江西省：宜春市靖安县观音岩 29°01′48″N，115°25′00″E。

小黑圆龟蝽 *Coptosoma nigrella* **Hsiao et Jen**

江西省：井冈山主峰 26°53′N，114°15′E。井冈山下庄 26°32′42.24″N，114°11′26.15″E。井冈山大井 26°33′47.10″N，114°07′30.19″E。宜春市奉新县九岭山 28°41′57″N，114°44′33″E。

黎黑圆龟蝽 *Coptosoma nigricolor* **Montandon**

江西省：吉安市遂川县南风面国家级自然保护区 26°17′04″N，114°03′53″E。

显著圆龟蝽 *Coptosoma notabilis* **Montandon**

江西省：井冈山小溪洞 26°26′N，114°11′E。宜春市奉新县百丈山 28°41′35″N，114°46′27″E。

平伐圆龟蝽 *Coptosoma pinfa* **Yang**

江西省：宜春市奉新县百丈山 28°41′35″N，114°46′27″E。

半黄圆龟蝽 *Coptosoma semiflava* **Jakovlev**

江西省：宜春市奉新县百丈山 28°41′18″N，114°46′13″E。赣州市上犹县光菇山自然保护区 25°55′11″N，114°03′04″E。

多变圆龟蝽 *Coptosoma variegata* **(Herrich-Schaffer)**

湖南省：资兴市回龙山瑶族乡回龙山 26°04′33″N，113°23′15″E。株洲市炎陵县桃源洞自然保护区 26°59′00″N，113°99′00″E。

筛豆龟蝽 *Megacopta cribraria* **(Fabricius)**

江西省：宜春市奉新县百丈山 28°41′18″N，114°46′13″E。

小筛豆龟蝽 *Megacopta cribriella* **Hsiao et Jen**

湖南省：株洲市炎陵县桃源洞自然保护区 26°59′00″N，113°99′00″E。资兴市回龙山瑶族乡回龙山 26°04′33.34″N，113°23′15.85″E。

和豆龟蝽 *Megacopta horvathi* **(Montandon)**

江西省：宜春市靖安县璪都镇南山村 29°01′00″N，115°16′00″E。

坎肩豆龟蝽 *Megacopta lobata* **(Walker)**

湖南省：株洲市炎陵县桃源洞自然保护区 26°59′00″N，113°99′00″E。

豆龟蝽属未定种 *Megacopta* sp.

湖南省：株洲市炎陵县桃源洞自然保护区 26°30′05.63″N，114°00′53.19″E 。

圆头异龟蝽 *Ponsilasia cycloceps* **(Hsiao et Jen)**

江西省：赣州市上犹县光菇山 25°54′55″N，114°03′09″E。井冈山主峰 26°53′N，114°15′E。宜春市奉新县九岭山 28°41′57″N，114°44′33″E。

湖南省：株洲市炎陵县桃源洞自然保护区 26°59′00″N，113°99′00″E。资兴市回龙山瑶族乡回龙山 26°04′33″N，113°23′15″E。

方头异龟蝽 *Ponsilasia montana* **(Distant)**

江西省：赣州市上犹县光菇山 25°54′55″N，114°03′09″E。井冈山湘洲 26°36.0′N，114°16.0′E。井冈山罗浮 26°39′N，114°13′E。井冈山主峰 26°53′N，114°15′E。井冈山小溪洞 26°26′N，114°11′E。宜春市奉新县百丈山 28°41′18″N，114°46′13″E。

湖南省：郴州市桂东县八面山国家级自然保护区 25°58′21″N，113°42′37″E。株洲市炎陵县桃源洞自然保护区 26°59′00″N，113°99′00″E。

盾蝽科 Scutelleridae

丽盾蝽 *Chrysocoris grandis* **(Thunberg)**

湖南省：株洲市炎陵县神农谷自然保护区 26°30′43″N，113°59′44″E。

紫蓝丽盾蝽 *Chrysocoris stolii* **(Wolff)**

湖南省：株洲市炎陵县神农谷自然保护区 26°30′43″N，113°59′44″E。

半球盾蝽 *Hyperoncus lateritius* **(Westwood)**

江西省：宜春市靖安县璪都镇观音岩 29°01′48″N，115°25′00″E。

鼻盾蝽 *Hotea curculionoides* **(Herrich-Schaefer)**

湖南省：岳阳市平江县幕阜山 28°58′18″N，113°49′55″E。

亮盾蝽 *Lamprocoris roylii* **(Westwood)**

湖南省：株洲市炎陵县桃源洞自然保护区 26°59′00″N，113°99′00″E。岳阳市平江县幕阜山 28°58′12.09″N，113°49′06.24″E。岳阳市平江县幕阜山 28°58′18″N，113°49′55″E。

桑宽盾蝽 *Poecilocoris druraei* **(Linnaeus)**

湖南省：岳阳市平江县幕阜山 28°58′18″N，113°49′55″E。

油茶宽盾蝽 *Poecilocoris latus* **Dallas**

湖南省：株洲市炎陵县神农谷自然保护区 26°30′43″N，113°59′44″E。

荔蝽科 Tessaratomidae

矩角方蝽 *Asiarcha nigridorsis* (Stål)

江西省：赣州市上犹县光菇山自然保护区 25°55′11″N，114°03′04″E。

硕蝽 *Eurostus validus* Dallas

江西省：宜春市奉新县百丈山 28°41′35″N，114°46′27″E。

湖南省：资兴市回龙山瑶族乡回龙山 26°04′33″N，113°23′15″E。郴州市桂东县八面山国家级自然保护区 25°58′21″N，113°42′37″E。岳阳市平江县幕阜山 28°58′18″N，113°49′55″E。

异色巨蝽 *Eusthenes cupreus* (Westwood)

江西省：宜春市靖安县璪都镇南山村 29°01′00″N，115°16′00″E。宜春市靖安县璪都镇观音岩 29°01′48″N，115°25′00″E。宜春市靖安县大杞山生态林场 25°55′11″N，114°03′04″E。

斑缘巨荔蝽 *Eusthenes femoralis* Zia

江西省：宜春市靖安县璪都镇观音岩 29°01′48″N，115°25′00″E。井冈山湘洲 26°32.0′N，114°11.0′E。

巨蝽 *Eusthenes robustus* (Lepeletier et Serville)

湖南省：长沙市浏阳市大围山 28°25′28″N，114°04′52″E。

暗绿巨蝽 *Eusthenes saevus* Stål

江西省：宜春市靖安县大杞山生态林场 25°55′11″N，114°03′04″E。宜春市靖安县璪都镇南山村 29°01′00″N，115°16′00″E。

玛蝽 *Mattiphus splendidus* Distant

湖南省：资兴市回龙山瑶族乡回龙山 26°04′33″N，113°23′15″E。

荔蝽 *Tessaratoma papillosa* (Drury)

江西省：宜春市靖安县大杞山生态林场 25°55′11″N，114°03′04″E。

蝽科 Pentatomidae

伊蝽 *Aenaria lewisi* (Scott)

湖南省：资兴市回龙山瑶族乡回龙山 26°04′33.34″N，113°23′15.85″E。

宽缘伊蝽 *Aenaria pinchii* Yang

江西省：井冈山小溪洞 26°26′N，114°11′E。井冈山罗浮 26°39′N，114°13′E。

湖南省：长沙市浏阳市大围山 28°25′43″N，114°08′56″E。

枝蝽 *Aeschrocoris ceylonicus* Distant

江西省：井冈山小溪洞 26°26′N，114°11′E。

长叶蝽 *Amyntor obscurus* (Dallas)

湖南省：株洲市炎陵县神农谷自然保护区 26°30′43″N，113°59′44″E。

侧刺蝽 *Andrallus spinidens* (Fabricius)

湖南省：长沙市浏阳市大围山 28°25′43″N，114°08′56″E。

刺蝽属未定种 *Andrallus* sp.

湖南省：长沙市浏阳市大围山 28°25′43″N，114°08′56″E。

蠋蝽 *Arma custos* (Fabricius)

湖南省：株洲市炎陵县神农谷自然保护区 26°30′43″N，113°59′44″E。

牙蝽 *Axiagastus mitescens* Distant

江西省：宜春市奉新县百丈山 28°41′35″N，114°46′27″E。

鲁牙蝽 *Axiagastus rosmarus* Dallas

江西省：赣州市上犹县光菇山自然保护区 25°55′11″N，114°03′04″E。

驼蝽 *Brachycerocoris camelus* Costa

湖南省：株洲市炎陵县神农谷桃花溪 26°49′93″N，114°06′56″E。

棕薄蝽 *Brachymna castanea* Lin et Zhang

湖南省：郴州市桂东县八面山国家级自然保护区 25°58′21″N，113°42′37″E。资兴市回龙山瑶族乡回龙山 26°04′33.34″N，113°23′15.85″E。岳阳市平江县幕阜山 28°58′12.09″N，113°49′06.24″E。

薄蝽 *Brachymna tenuis* Stål

江西省：萍乡市莲花县高天岩 27°23′51″N，114°00′54″E。

湖南省：资兴市回龙山瑶族乡回龙山 26°04′33.34″N，113°23′15.85″E。

历蝽 *Cantheconidea concinna* (Walker)

湖南省：郴州市桂东县八面山国家级自然保护区 25°58′21″N，113°42′37″E。

江西省：井冈山主峰 26°53′N，114°15′E。

尖角历蝽 *Cantheconidea humeralis* (Distant)

湖南省：长沙市浏阳市大围山 28°25′28″N，114°04′52″E。

红角辉蝽 *Carbula crassiventris* (Dallas)

湖南省：郴州市桂东县八面山国家级自然保护区 25°58′21″N，113°42′37″E。

江西省：吉安市安福县武功山风景名胜区 27°29′48″N，114°11′12″E。

辉蝽 *Carbula obtusangula* Reuter

江西省：赣州市上犹县光菇山自然保护区 25°55′11″N，114°03′04″E。井冈山平水山 26°27′N，114°21′E。井冈山下庄 26°32′42.24″N，114°11′26.15″E。井冈山罗浮 26°39′N，114°13′E。井冈山双溪口 26°31.4′N，114°11.3′E。井冈山大井 26°33′47.10″N，114°07′30.19″E。井冈山小溪洞 26°26′N，114°11′E。井冈山主峰 26°53′N，114°15′E。

湖南省：资兴市回龙山瑶族乡回龙山 26°04′33.34″N，113°23′15.85″E。株洲市炎陵县桃源洞自然保护区 26°30′05.63″N，114°00′53.19″E；26°29′55″N，114°02′54″E。株洲市炎陵县神农谷自然保护区 26°30′43″N，113°59′44″E。

凹肩辉蝽 *Carbula sinica* Hsiao et Cheng

湖南省：株洲市炎陵县桃源洞 26°29′44″N，114°04′39″E。

辉蝽属未定种 *Carbula* sp.

江西省：井冈山小溪洞 26°26′N，114°11′E。

红显蝽 *Catacanthus incarnates* (Drury)

湖南省：长沙市浏阳市大围山 28°25′28″N，114°04′52″E。

峰疣蝽 *Cazira horvathi* Breddin

江西省：井冈山主峰 26°53′N，114°15′E。

湖南省：长沙市浏阳市大围山 28°25′43″N，114°08′56″E。

中华岱蝽 *Dalpada cinctipes* Walker

江西省：吉安市遂川县南风面国家级自然保护区 26°17′04″N，114°03′53″E。宜春市宜丰县官山国家级自然保护区 28°33′16.73″N，113°34′55.97″E。

湖南省：资兴市回龙山瑶族乡回龙山 26°04′33″N，113°23′15″E。

小斑岱蝽 *Dalpada nodifera* Walker

江西省：宜春市奉新县百丈山 28°41′35″N，114°46′27″E。

红缘岱蝽 *Dalpada perelegans* Breddin

湖南省：郴州市汝城县热水镇飞水寨 25°52′52″N，113°91′77″E。株洲市炎陵县神农谷自然保护区 26°30′43″N，113°59′44″E。

绿岱蝽 *Dalpada smaragdina* (Walker)

江西省：宜春市靖安县璪都镇南山村 29°01′00″N，115°16′00″E。井冈山小溪洞 26°26′N，114°11′E。

湖南省：长沙市浏阳市大围山 28°25′28″N，114°04′52″E。

奥喙蝽 *Dinorhynchus dybowskyi* Jakovlev

湖南省：长沙市浏阳市大围山 28°25′37″N，114°07′43″E。

剪蝽 *Diplorhinus furcatus* (Westwood)

江西省：吉安市遂川县南风面国家级自然保护区 26°17′04″N，114°03′53″E。宜春市奉新县百丈山 28°41′35″N，114°46′27″E。

斑须蝽 *Dolycoris baccarum* (Linnaeus)

江西省：赣州市上犹县光菇山自然保护区 25°55′11″N，114°03′04″E。井冈山下庄 26°32′42.24″N，114°11′26.15″E。萍乡市莲花县高天岩 27°23′51″N，114°00′54″E。

湖南省：株洲市炎陵县神农谷自然保护区 26°30′43″N，113°59′44″E。

平蝽 *Drinostia fissiceps* Stål

湖南省：资兴市回龙山瑶族乡回龙山 26°04′33.34″N，113°23′15.85″E。

滴蝽 *Dybowskyia reticulata* (Dallas)

江西省：吉安市遂川县南风面国家级自然保护区 26°17′04″N，114°03′53″E。井冈山小溪洞 26°26′N，114°11′E。

麻皮蝽 *Erthesina fullo* Thunberg

湖南省：株洲市炎陵县神农谷自然保护区 26°30′43″N，113°59′44″E。

菜蝽 *Eurydema dominulus* (Scopoli)

湖南省：郴州市汝城县热水镇飞水寨 25°52′52″N，113°91′77″E。

厚蝽 *Exithemus assamensis* Distant

江西省：井冈山主峰 26°53′N，114°15′E。井冈山罗浮山 26°39′N，114°13′E。

拟二星蝽 Eysarcoris annamita (Breddin)

湖南省：株洲市炎陵县神农谷自然保护区 26°30′43″N，113°59′44″E。

二星蝽 Eysarcoris guttiger (Thunberg)

江西省：吉安市遂川县南风面国家级自然保护区 26°17′04″N，114°03′53″E。井冈山小溪洞 26°26′N，114°11′E。井冈山主峰 26°53′N，114°15′E。井冈山大井 26°33.0′N，114°07.0′E。井冈山罗浮山 26°39′N，114°13′E。井冈山湘洲 26°32.0′N，114°11.0′E。井冈山双溪口 26°31.4′N，114°11.3′E。井冈山下庄 26°32′42.24″N，114°11′26.15″E。井冈山荆竹山 26°31.0′N，114°05.9′E。赣州市上犹县光菇山自然保护区 25°55′11″N，114°03′04″E。吉安市青原区青原山 27°06′57″N，115°06′01″E。

湖南省：长沙市浏阳市大围山 28°25′43″N，114°08′56″E。

锚二星蝽 Eysarcoris montivagus (Distant)

江西省：吉安市遂川县南风面国家级自然保护区 26°17′04″N，114°03′53″E。赣州市上犹县光菇山自然保护区 25°55′11″N，114°03′04″E。宜春市靖安县璪都镇观音岩 29°01′48″N，115°25′00″E。

湖南省：郴州市汝城县热水镇飞水寨 25°52′52″N，113°91′77″E。株洲市炎陵县神农谷自然保护区 26°30′43″N，113°59′44″E。长沙市浏阳市大围山 28°25′28″N，114°04′52″E。

广二星蝽 Eysarcoris ventralis (Westwood)

江西省：吉安市遂川县南风面国家级自然保护区 26°17′04″N，114°03′53″E。井冈山双溪口 26°31.4′N，114°11.3′E。井冈山荆竹山 26°31.0′N，114°05.9′E。

湖南省：株洲市炎陵县神农谷自然保护区 26°30′43″N，113°59′44″E。

二星蝽属未定种 Eysarcoris sp.

江西省：吉安市遂川县南风面国家级自然保护区 26°17′04″N，114°03′53″E。

谷蝽 Gonopsis affinis (Uhler)

江西省：吉安市遂川县南风面国家级自然保护区 26°17′04″N，114°03′53″E。赣州市上犹县光菇山 25°54′55″N，114°03′09″E。

青蝽 Glaucias subpunctatus (Walker)

江西省：赣州市上犹县光菇山自然保护区 25°55′11″N，114°03′04″E。

茶翅蝽 Halyomorpha halys (Fabcicius)

江西省：宜春市靖安县璪都镇南山村 29°01′00″N，

115°16′00″E。吉安市安福县武功山 27°19′00″N，114°13′00″E。吉安市遂川县南风面国家级自然保护区 26°17′04″N，114°03′53″E。井冈山罗浮 26°39′N，114°13′E。井冈山小溪洞 26°26′N，114°11′E。井冈山主峰 26°53′N，114°15′E。井冈山荆竹山 26°31.0′N，114°05.9′E。

湖南省：株洲市炎陵县神农谷自然保护区 26°30′43″N，113°59′44″E。长沙市浏阳市大围山 28°25′43″N，114°08′56″E。

卵圆蝽 Hippotiscus dorsalis (Stål)

江西省：宜春市宜丰县官山国家级自然保护区 28°33′16.73″N，113°34′55.97″E。井冈山主峰 26°53′N，114°15′E。

湖南省：资兴市回龙山瑶族乡回龙山 26°04′33″N，113°23′15″E。郴州市桂东县八面山国家级自然保护区 25°58′21″N，113°42′37″E。长沙市浏阳市大围山 28°25′28″N，114°04′52″E。

全蝽 Homalogonia obtusa (Walker)

湖南省：资兴市回龙山瑶族乡回龙山 26°04′33.34″N，113°23′15.85″E。岳阳市平江县幕阜山 28°58′18″N，113°49′55″E。

红玉蝽 Hoplistodera pulchra Yang

江西省：井冈山松木坪 26°34.0′N，114°04′E。

玉蝽属未定种 Hoplistodera sp.

湖南省：资兴市回龙山瑶族乡回龙山 26°04′33″N，113°23′15″E。

剑蝽 Iphiarusa compacta (Distant)

江西省：宜春市靖安县璪都镇观音岩 29°01′48″N，115°25′00″E。井冈山湘洲 26°36.0′N，114°16.0′E。

平尾梭蝽 Megarrhamphus truncatus (Westwood)

江西省：宜春市靖安县璪都镇观音岩 29°01′48″N，115°25′00″E。井冈山湘洲 26°36.0′N，114°16.0′E。宜春市奉新县百丈山 28°41′35″N，114°46′27″E。

湖南省：株洲市炎陵县神农谷自然保护区 26°30′43″N，113°59′44″E。

墨蝽 Melanophara dentata Haglund

江西省：井冈山大井 26°33′47.10″N，114°07′30.19″E。

紫蓝曼蝽 Menida violacea Motschulsky

江西省：井冈山大井 26°33′47.10″N，114°07′30.19″E。井冈山松木坪 26°34′36.81″N，114°04′24.42″E。宜春市奉新县百丈山 28°41′18″N，114°46′13″E。

湖南省：郴州市桂东县八面山国家级自然保护区

25°58′21″N，113°42′37″E。

秀蝽 *Neojurtina typica* Distant

江西省：井冈山主峰 26°53′N，114°15′E。

湖南省：株洲市炎陵县神农谷自然保护区 26°30′43″N，113°59′44″E。

稻绿蝽 *Nezara viridula* (Linnaeus)

江西省：宜春市靖安县璪都镇南山村 29°01′00″N，115°16′00″E。吉安市遂川县南风面国家级自然保护区 26°17′04″N，114°03′53″E。

湖南省：郴州市桂东县八面山国家级自然保护区 25°58′21″N，113°42′37″E。长沙市浏阳市大围山 28°25′43″N，114°08′56″E。

碧蝽 *Palomena angulosa* Motschulsky

湖南省：岳阳市平江县幕阜山 28°58′12.09″N，113°49′06.24″E。

川甘碧蝽 *Palomena haemorrhoidalis* Lindberg

江西省：井冈山湘洲 26°36.0′N，114°16.0′E。

益蝽 *Picromerus lewisi* Scott

江西省：井冈山湘洲 26°36.0′N，114°16.0′E。井冈山松木坪 26°34′N，114°04′E。

绿点益蝽 *Picromerus viridipunctatus* Yang

江西省：井冈山小溪洞 26°26′N，114°11′E。井冈山湘洲 26°36.0′N，114°16.0′E。

并蝽 *Pinthaeus sanguinipes* (Fabricius)

江西省：宜春市宜丰县官山国家级自然保护区 28°33′16.73″N，113°34′55.97″E。

湖南省：长沙市浏阳市大围山 28°25′37″N，114°07′43″E。

斑莽蝽 *Placosternum urus* Stål

湖南省：长沙市浏阳市大围山 28°25′43″N，114°08′56″E。

莽蝽属未定种 *Placosternum* sp.

江西省：宜春市宜丰县官山国家级自然保护区 28°33′16.73″N，113°34′55.97″E。

珀蝽 *Plautia fimbriata* (Fabricius)

江西省：宜春市靖安县璪都镇观音岩 29°01′48″N，115°25′00″E。吉安市安福县武功山风景名胜区 27°29′48″N，114°11′12″E。宜春市奉新县百丈山 28°41′35″N，114°46′27″E。

尖角普蝽 *Priassus spiniger* Haglund

湖南省：长沙市浏阳市大围山 28°25′43″N，114°08′56″E。

普蝽属未定种 *Priassus* sp.

江西省：井冈山大井 26°33′47.10″N，114°07′30.19″E。

雷蝽 *Rhacognathus punctatus* (Linnaeus)

湖南省：岳阳市平江县幕阜山 28°59′18″N，113°49′33″E。

雷蝽属未定种 *Rhacognathus* sp.

湖南省：郴州市桂东县八面山国家级自然保护区 25°58′21″N，113°42′37″E。

弯刺黑蝽 *Scotinophara horvathi* Distant

江西省：吉安市遂川县南风面国家级自然保护区 26°17′04″N，114°03′53″E。宜春市奉新县百丈山 28°41′35″N，114°46′27″E。

湖南省：郴州市桂东县八面山国家级自然保护区 25°58′21″N，113°42′37″E。

稻黑蝽 *Scotinophara lurida* (Burmeister)

江西省：赣州市上犹县光菇山自然保护区 25°55′11″N，114°03′04″E。宜春市靖安县璪都镇观音岩 29°01′48″N，115°25′00″E。井冈山湘洲 26°32.0′N，114°11.0′E。井冈山罗浮山 26°39′N，114°13′E。宜春市奉新县百丈山 28°41′35″N，114°46′27″E。

丸蝽 *Sepontia variolosa* (Walker)

江西省：赣州市上犹县光菇山自然保护区 25°55′11″N，114°03′04″E。

滇紫蝽 *Tachengia yunnana* Hsiao et Cheng

湖南省：株洲市炎陵县神农谷自然保护区 26°30′43″N，113°59′44″E。

点蝽碎斑型 *Tolumnia latipes* (Dallas)

江西省：井冈山主峰 26°53′N，114°15′E。

湖南省：资兴市回龙山瑶族乡回龙山 26°04′33.34″N，113°23′15.85″E。

烟蝽属未定种 *Valescus* sp.

湖南省：株洲市炎陵县神农谷自然保护区 26°30′43″N，113°59′44″E。

伟蝽 *Vitruvius insignis* Distant

江西省：赣州市上犹县光菇山自然保护区 25°55′11″N，114°03′04″E。

蓝蝽 *Zicrona caerulea* (Linnaeus)

江西省：井冈山湘洲 26°36.0′N，114°16.0′E。

湖南省：株洲市炎陵县桃源洞 26°29′14″N，114°00′42″E。

蓝蝽属未定种 *Zicrona* sp.

江西省：井冈山湘洲 26°32.0′N，114°11.0′E。

兜蝽科 Dinidoridae

九香虫 *Coridius chinensis* (Dallas)

江西省：井冈山湘洲 26°36.0′N，114°16.0′E。井冈山主峰 26°53′N，114°15′E。

湖南省：资兴市回龙山瑶族乡回龙山 26°04′33″N，113°23′15″E。郴州市桂东县八面山国家级自然保护区 25°58′21″N，113°42′37″E。株洲市炎陵县神农谷自然保护区 26°49′93″N，114°06′56″E。

棕兜蝽 *Coridius fuscus* (Westwood)

江西省：吉安市遂川县南风面国家级自然保护区 26°17′04″N，114°03′53″E。

湖南省：株洲市炎陵县桃源洞自然保护区 26°30′05.63″N，114°00′53.19″E。

大皱蝽 *Cyclopelta obscura* (Lepeletier et Serville)

湖南省：长沙市浏阳市大围山 28°25′43″N，114°08′56″E。

小皱蝽 *Cyclopelta parva* Distant

江西省：宜春市靖安县骆家坪 29°01′42″N，115°18′07″E。井冈山湘洲 26°36.0′N，114°16.0′E。

短角瓜蝽 *Megymenum brevicornis* (Fabricius)

江西省：赣州市上犹县光菇山 25°55′11″N，114°03′04″E。

湖南省：郴州市桂东县八面山国家级自然保护区 25°58′21″N，113°42′37″E。

细角瓜蝽 *Megymenum gracilicorne* Dallas

江西省：赣州市上犹县光菇山 25°55′11″N，114°03′04″E。

湖南省：株洲市炎陵县桃源洞自然保护区游客服务中心 26°29′00″N，114°01′00″E。

土蝽科 Cydnidae

大鳖土蝽 *Adrisa magna* Uhler

江西省：宜春市奉新县百丈山 28°41′35″N，114°46′27″E。

湖南省：株洲市炎陵县神农谷自然保护区 26°30′43″N，113°59′44″E。

黑鳖土蝽 *Adrisa nigra* Amyot et Serville

江西省：宜春市奉新县百丈山 28°41′35″N，114°46′27″E。

印度伊土蝽 *Aethus indicus* (Westwood)

江西省：宜春市奉新县百丈山 28°41′35″N，114°46′27″E。

黑伊土蝽 *Aethus nigritus* (Fabricius)

湖南省：岳阳市平江县幕阜山 28°58′18″N，113°49′55″E。

长佛土蝽 *Fromundus biimpressus* (Horvath)

江西省：宜春市靖安县璪都镇观音岩 29°01′48″N，115°25′00″E。宜春市袁州区明月山 27°35′44″N，114°16′26″E。

小佛土蝽 *Fromundus pygmaeus* (Dallas)

湖南省：岳阳市平江县幕阜山 28°58′18″N，113°49′55″E。

青革土蝽 *Macroscytus subaeneus* (Dallas)

江西省：宜春市宜丰县官山国家级自然保护区 28°33′16.73″N，113°34′55.97″E。宜春市靖安县璪都镇观音岩 29°01′48″N，115°25′00″E。井冈山主峰 26°53′N，114°15′E。井冈山湘洲 26°36.0′N，114°16.0′E。宜春市奉新县百丈山 28°41′35″N，114°46′27″E。

湖南省：资兴市回龙山瑶族乡回龙山 26°04′33″N，113°23′15″E。

日本朱土蝽 *Parastrachia japonensis* (Scott)

江西省：宜春市宜丰县官山国家级自然保护区 28°33′16.73″N，113°34′55.97″E。

华西朱蝽 *Parastrachia nagaensis* (Distant)

湖南省：长沙市浏阳市大围山 28°25′28″N，114°04′52″E。

同蝽科 Acanthosomatidae

显同蝽 *Acanthosoma distinctum* Dallas

江西省：宜春市奉新县越山 28°47′19″N，115°10′01″E。

宽铗同蝽 *Acanthosoma labiduroides* Jakovlev

江西省：赣州市上犹县光菇山自然保护区 25°55′11″N，114°03′04″E。

小斑翘同蝽 *Anaxandra sigillata* Stål

江西省：宜春市奉新县越山 28°47′19″N，115°10′01″E。

翘同蝽属未定种 *Anaxandra* sp.

江西省：井冈山 26°37′23″N，114°07′04″E。

宽肩直同蝽 *Elasmostethus humeralis* Jakovlev

江西省：宜春市宜丰县官山国家级自然保护区 28°33′21″N，114°35′20″E。

湖南省：株洲市炎陵县神农谷自然保护区 26°30′43″N，113°59′44″E。

直同蝽 *Elasmostethus interstinctus* (Linnaeus)

江西省：宜春市宜丰县官山国家级自然保护区 28°33′21″N，114°35′20″E。

湖南省：浏阳市大围山森林公园 28°25′30″N，114°06′45″E。

钝肩直同蝽 *Elasmostethus scotti* Reuter

江西省：宜春市奉新县九岭山 28°41′57″N，114°44′33″E。

棕角匙同蝽 *Elasmucha angulare* Hsiao et Liu

江西省：宜春市奉新县越山 28°47′19″N，115°10′01″E。

背匙同蝽 *Elasmucha dorsalis* (Jakovlev)

湖南省：岳阳市平江县幕阜山 28°58′12.09″N，113°49′06.24″E。

光匙同蝽 *Elasmucha glaber* Hsiao et Liu

江西省：宜春市奉新县越山 28°47′19″N，115°10′01″E。

灰匙同蝽 *Elasmucha grisea* (Linnaeus)

江西省：井冈山 26°37′23″N，114°07′04″E。

点匙同蝽 *Elasmucha punctata* Dallas

江西省：宜春市宜丰县官山国家级自然保护区 28°33′21″N，114°35′20″E。宜春市奉新县九岭山 28°41′57″N，114°44′33″E。

伊锥同蝽 *Sastragala esakii* Hasegawa

江西省：宜春市靖安县大杞山生态林场 28°67′00″N，115°07′00″E。宜春市靖安县三爪仑乡白水洞自然保护区 29°04′00″N，115°11′00″E。宜春市奉新县越山 28°47′19″N，115°10′01″E。宜春市奉新县百丈山 28°41′35″N，114°46′27″E。井冈山双溪口 26°31.4′N，114°11.3′E。井冈山大井 26°33′47.10″N，114°07′30.19″E。井冈山主峰 26°53′N，114°15′E。

湖南省：郴州市桂东县八面山国家级自然保护区 25°58′21″N，113°42′37″E。株洲市炎陵县神农谷自然保护区 26°49′93″N，114°06′56″E。

缘蝽科 Coreidae

瘤缘蝽 *Acanthocoris scaber* (Linnaeus)

江西省：宜春市靖安县璪都镇观音岩 29°01′48″N，115°25′00″E。宜春市宜丰县官山国家级自然保护区 28°33′21″N，114°35′20″E。井冈山主峰 26°53′N，114°15′E。井冈山下庄 26°32′42.24″N，114°11′26.15″E。井冈山罗浮山 26°39′N，114°13′E。

湖南省：郴州市桂东县八面山国家级自然保护区 25°58′21″N，113°42′37″E。株洲市炎陵县水口镇木湾 26°34′16″N，113°80′88″E。株洲市炎陵县神农谷自然保护区 26°30′43″N，113°59′44″E。浏阳市大围山森林公园 28°25′30″N，114°06′45″E；28°25′28″N，114°04′52″E。

褐伊缘蝽 *Aeschyntelus sparsus* Blöte

江西省：宜春市宜丰县官山国家级自然保护区 28°33′21″N，114°35′20″E。

湖南省：株洲市炎陵县神农谷自然保护区 26°30′43″N，113°59′44″E。

钝缘蝽 *Anacestra hirticornis* Hsiao

湖南省：长沙市浏阳市大围山 28°25′28″N，114°04′52″E。

斑背安缘蝽 *Anoplocnemis binotata* Distant

江西省：井冈山松木坪 26°34.0′N，114°04′E。宜春市宜丰县官山国家级自然保护区 28°33′21″N，114°35′20″E。

红背安缘蝽 *Anoplocnemis phasiana* Fabricius

江西省：宜春市靖安县璪都镇观音岩 29°01′48″N，115°25′00″E。井冈山主峰 26°53′N，114°15′E。井冈山下庄 26°32′42.24″N，114°11′26.15″E。

异黛缘蝽 *Chinadasynus orientalis* (Distant)

江西省：赣州市上犹县齐云山国家级自然保护区 25°55′03″N，114°02′48″E。萍乡市芦溪县羊狮幕 27°33′38″N，114°14′35″E。

小棒缘蝽 *Clavigralla horrens* (Dohrn)

江西省：赣州市上犹县齐云山国家级自然保护区 25°55′03″N，114°02′48″E。

短肩棘缘蝽 *Cletus pugnator* (Fabricius)

湖南省：株洲市炎陵县神农谷自然保护区 26°30′43″N，113°59′44″E。长沙市浏阳市大围山 28°25′28″N，114°04′52″E。

江西省：宜春市宜丰县官山国家级自然保护区

28°33′21″N，114°35′20″E。

稻棘缘蝽 *Cletus punctiger* Dallas

江西省：吉安市遂川县南风面国家级自然保护区26°17′04″N，114°03′53″E。井冈山主峰 26°53′N，114°15′E。井冈山大井 26°33.0′N，114°07.0′E。井冈山荆竹山26°31.0′N，114°05.9′E。井冈山小溪洞 26°26′N，114°11′E。井冈山罗浮山 26°39′N，114°13′E。宜春市宜丰县官山国家级自然保护区 28°33′21″N，114°35′20″E。宜春市奉新县九岭山 28°41′57″N，114°44′33″E。

湖南省：岳阳市平江县幕阜山 28°58′12.09″N，113°49′06.24″E。株洲市炎陵县神农谷自然保护区 26°30′43″N，113°59′44″E。

黑须棘缘蝽 *Cletus punctulatus* (Westwood)

江西省：吉安市遂川县南风面国家级自然保护区26°17′04″N，114°03′53″E。

湖南省：郴州市桂东县八面山国家级自然保护区25°58′21″N，113°42′37″E。

宽棘缘蝽 *Cletus rusticus* Stål

江西省：宜春市宜丰县官山国家级自然保护区28°33′21″N，114°35′20″E。

湖南省：株洲市炎陵县神农谷自然保护区26°30′43″N，113°59′44″E。长沙市浏阳市大围山28°25′28″N，114°04′52″E。

宽肩棘缘蝽 *Cletus schmidti* Kiritschulsko

江西省：宜春市宜丰县官山国家级自然保护区28°33′16.73″N，113°34′55.97″E；28°33′21″N，114°35′20″E。宜春市靖安县璪都镇观音岩 29°01′48″N，115°25′00″E。赣州市上犹县齐云山国家级自然保护区 25°55′03″N，114°02′48″E。井冈山主峰26°53′N，114°15′E。井冈山大井 26°33.0′N，114°07.0′E。井冈山小溪洞 26°26′N，114°11′E。井冈山下庄 26°32′42.24″N，114°11′26.15″E。井冈山罗浮山 26°39′N，114°13′E。

湖南省：岳阳市平江县幕阜山28°58′12.09″N，113°49′06.24″E。

长肩棘缘蝽 *Cletus trigonus* (Thunberg)

江西省：赣州市上犹县齐云山国家级自然保护区25°55′03″N，114°02′48″E。

湖南省：株洲市炎陵县神农谷自然保护区 26°30′43″N，113°59′44″E。

颗缘蝽 *Coriomeris scabricornis* Panzer

湖南省：长沙市浏阳市大围山 28°25′28″N，114°04′52″E。

宽肩达缘蝽 *Dalader planiventris* Westwood

江西省：井冈山湘洲 26°32.0′N，114°11.0′E。

湖南省：株洲市炎陵县神农谷自然保护区 26°30′43″N，113°59′44″E。

格奇缘蝽 *Derepteryx grayi* (White)

江西省：井冈山湘洲 26°32.0′N，114°11.0′E。赣州市上犹县齐云山国家级自然保护区 25°55′03″N，114°02′48″E。

湖南省：郴州市桂东县八面山国家级自然保护区25°58′21″N，113°42′37″E。

狄缘蝽 *Distachys vulgaris* Hsiao

江西省：赣州市上犹县齐云山国家级自然保护区25°55′03″N，114°02′48″E。

湖南省：长沙市浏阳市大围山 28°25′28″N，114°04′52″E。

扁角岗缘蝽 *Gonocerus lictor* Horvath

江西省：井冈山大井 26°33′47.10″N，114°07′30.19″E。

日本高姬蝽 *Gorpis japonicus* Kerzhner

江西省：宜春市奉新县越山 28°47′19″N，115°10′01″E。

泛希姬蝽 *Himacerus apterus* (Fabricius)

江西省：宜春市奉新县越山 28°47′19″N，115°10′01″E。

广腹同缘蝽 *Homoeocerus dilatatus* Horvath

江西省：井冈山大井 26°33′47.10″N，114°07′30.19″E。井冈山荆竹山 26°31.0′N，114°05.9′E。赣州市上犹县齐云山国家级自然保护区 25°55′03″N，114°02′48″E。

湖南省：长沙市浏阳市大围山 28°25′28″N，114°04′52″E。

黄边同缘蝽 *Homoeocerus limbatus* Hsiao

湖南省：长沙市浏阳市大围山 28°25′28″N，114°04′52″E。

纹须同缘蝽 *Homoeocerus striicornis* Scott

江西省：井冈山平水山 26°27′N，114°21′E。井冈山主峰 26°53′N，114°15′E。井冈山松木坪 26°34.0′N，114°04′E。赣州市上犹县齐云山国家级自然保护区25°55′03″N，114°02′48″E。

湖南省：岳阳市平江县幕阜山 28°59′18″N，113°49′33″E。

一点同缘蝽 *Homoeocerus unipunctatus* Thunberg

江西省：井冈山湘洲 26°32.0′N，114°11.0′E。井冈山

松木坪 26°34.0′N，114°04′E。井冈山平水山 26°27′N，114°21′E。井冈山双溪口 26°31.4′N，114°11.3′E。井冈山主峰 26°53′N，114°15′E。井冈山荆竹山 26°31.0′N，114°05.9′E。井冈山小溪洞 26°26′N，114°11′E。井冈山下庄 26°32′42.24″N，114°11′26.15″E。井冈山罗浮山 26°39′N，114°13′E。赣州市上犹县齐云山国家级自然保护区 25°55′03″N，114°02′48″E。宜春市奉新县百丈山 28°41′35″N，114°46′27″E。

　湖南省：郴州市汝城县热水镇飞水寨 25°52′52″N，113°91′77″E。株洲市炎陵县神农谷自然保护区 26°30′43″N，113°59′44″E。

瓦同缘蝽 *Homoeocerus walkerianus* Lethierry et Severin

　江西省：赣州市上犹县齐云山国家级自然保护区 25°55′03″N，114°02′48″E。井冈山小溪洞 26°26′N，114°11′E。

　湖南省：岳阳市平江县幕阜山 28°58′12.09″N，113°49′06.24″E。

夜黑缘蝽 *Hygia noctua* Distant

　江西省：萍乡市芦溪县羊狮幕 27°35′07″N，114°15′41″E。

暗黑缘蝽 *Hygia opaca* Uhler

　江西省：井冈山湘洲 26°32.0′N，114°11.0′E。赣州市上犹县齐云山国家级自然保护区 25°55′03″N，114°02′48″E。

　湖南省：株洲市炎陵县神农谷自然保护区 26°30′43″N，113°59′44″E。

环胫黑缘蝽 *Hygia touchei* Distant

　江西省：井冈山松木坪 26°34.0′N，114°04′E。井冈山荆竹山 26°31.0′N，114°05.9′E。井冈山小溪洞 26°26′N，114°11′E。井冈山湘洲 26°32.0′N，114°11.0′E。井冈山主峰 26°53′N，114°15′E。井冈山罗浮山 26°39′N，114°13′E。赣州市上犹县齐云山国家级自然保护区 25°55′03″N，114°02′48″E。宜春市奉新县百丈山 28°42′55″N，114°46′14″E。

中华稻缘蝽 *Leptocorisa chinensis* Dallas

　江西省：宜春市靖安县璪都镇南山村 29°01′00″N，115°16′00″E。宜春市袁州区明月山 27°35′13″N，114°16′53″E。井冈山主峰 26°53′N，114°15′E。井冈山 26°37′23″N，114°07′04″E。赣州市上犹县齐云山国家级自然保护区 25°55′03″N，114°02′48″E。宜春市奉新县百丈山 28°42′40″N，114°46′35″E。

边稻缘蝽 *Leptocorisa costalis* Herrich-Schaeffer

　湖南省：长沙市浏阳市大围山 28°25′28″N，114°04′52″E。

小稻缘蝽 *Leptocorisa lepida* Breddin

　江西省：赣州市上犹县齐云山国家级自然保护区 25°55′03″N，114°02′48″E。

异稻缘蝽 *Leptocorisa varicornis* Fabricius

　江西省：赣州市上犹县齐云山国家级自然保护区 25°55′03″N，114°02′48″E。

　湖南省：株洲市炎陵县神农谷自然保护区 26°30′43″N，113°59′44″E。长沙市浏阳市大围山 28°25′37″N，114°07′43″E。

粟缘蝽 *Liorhyssus hyalinus* Fabricius

　湖南省：株洲市炎陵县神农谷自然保护区 26°30′43″N，113°59′44″E。

闽曼缘蝽 *Manocoreus vulgaris* Hsiao

　江西省：赣州市上犹县齐云山国家级自然保护区 25°55′03″N，114°02′48″E。

　湖南省：长沙市浏阳市大围山 28°25′28″N，114°04′52″E。

曼缘蝽属未定种 *Manocoreus* sp.

　江西省：赣州市上犹县齐云山国家级自然保护区 25°55′03″N，114°02′48″E。

黑长缘蝽 *Megalotomus junceus* Scopoli

　江西省：赣州市上犹县齐云山国家级自然保护区 25°55′03″N，114°02′48″E。

　湖南省：株洲市炎陵县神农谷自然保护区 26°30′43″N，113°59′44″E。

狭伕缘蝽 *Mictis angusta* Hsiao

　江西省：井冈山。

黑胫伕缘蝽 *Mictis fuscipes* Hsiao

　江西省：井冈山湘洲 26°32.0′N，114°11.0′E。井冈山主峰 26°53′N，114°15′E。吉安市安福县武功山风景名胜区 27°29′48″N，114°11′12″E。

　湖南省：长沙市浏阳市大围山 28°25′28″N，114°04′52″E。

黄胫伕缘蝽 *Mictis serina* Dallas

　江西省：宜春市靖安县三爪仑国家森林公园 28°58′36″N，115°14′11″E。吉安市安福县武功山风景名胜区 27°29′48″N，114°11′12″E。

褐奇缘蝽 *Molipteryx fuliginosa* (Uhler)

江西省：赣州市上犹县齐云山国家级自然保护区 25°55′03″N，114°02′48″E。

湖南省：郴州市汝城县热水镇飞水寨 25°52′52″N，113°91′77″E。

月肩奇缘蝽 *Molipteryx lunata* (Distant)

江西省：赣州市上犹县齐云山国家级自然保护区 25°55′03″N，114°02′48″E。

湖南省：株洲市炎陵县桃源洞 26°29′14″N，114°00′42″E。

山竹缘蝽 *Notobitus montanus* Hsiao

江西省：吉安市安福县武功山风景名胜区 27°29′48″N，114°11′12″E。

波赭缘蝽 *Ochrochira potanini* Kiritschenko

江西省：吉安市安福县武功山风景名胜区 27°29′48″N，114°11′12″E。宜春市奉新县百丈山 28°41′35″N，114°46′27″E。

细足赭缘蝽 *Ochrochira stenopodura* Ren

湖南省：长沙市浏阳市大围山 28°25′28″N，114°04′52″E。

刺副黛蝽 *Paradasynus spinosus* Hsiao

江西省：井冈山主峰 26°53′N，114°15′E。

副锤缘蝽 *Paramarcius puncticeps* Hsiao

江西省：井冈山荆竹山 26°31.0′N，114°05.9′E。

副侏缘蝽 *Paramictis validus* Hsiao

湖南省：岳阳市平江县幕阜山 28°58′18″N，113°49′55″E。

黑普缘蝽 *Plinachtus aciculais* Fabricius

湖南省：长沙市浏阳市大围山 28°25′28″N，114°04′52″E。

钝肩普缘蝽 *Plinachtus bicoloripes* Scott

湖南省：长沙市浏阳市大围山 28°25′28″N，114°04′52″E。

长腹伪侏缘蝽 *Pseudomictis distinctus* Hsiao

湖南省：长沙市浏阳市大围山 28°25′28″N，114°04′52″E。

伪侏缘蝽属未定种 *Pseudomictis* sp.

江西省：宜春市宜丰县官山国家级自然保护区 28°33′16.73″N，113°34′55.97″E。

拉缘蝽 *Rhamnomia dubia* (Hsiao)

江西省：井冈山罗浮山 26°39′N，114°13′E。

湖南省：株洲市炎陵县桃源洞 26°29′14″N，114°00′42″E。

点伊缘蝽 *Rhopalus latus* (Jakovlev)

江西省：宜春市奉新县百丈山 28°41′18″N，114°46′13″E。

黄伊缘蝽 *Rhopalus maculatus* (Fieber)

江西省：宜春市奉新县越山 28°47′19″N，115°10′01″E。井冈山罗浮山 26°39′N，114°13′E。井冈山下庄 26°32′42.24″N，114°11′26.15″E。井冈山湘洲 26°32.0′N，114°11.0′E。井冈山双溪口 26°31.4′N，114°11.3′E。井冈山大井 26°33.0′N，114°07.0′E。井冈山松木坪 26°34.0′N，114°04′E。井冈山小溪洞 26°26′N，114°11′E。井冈山荆竹山 26°31.0′N，114°05.9′E。井冈山主峰 26°53′N，114°15′E。吉安市安福县武功山风景名胜区 27°29′48″N，114°11′12″E。

条蜂缘蝽 *Riptortus linearis* Fabricius

江西省：吉安市安福县武功山风景名胜区 27°29′48″N，114°11′12″E。

点蜂缘蝽 *Riptortus pedestris* Fabricius

江西省：井冈山主峰 26°53′N，114°15′E。井冈山荆竹山 26°31.0′N，114°05.9′E。吉安市安福县武功山风景名胜区 27°29′48″N，114°11′12″E。

华黛缘蝽 *Sinodasynus stigmatus* Hsiao

江西省：井冈山主峰 26°53′N，114°15′E。

鼻缘蝽属未定种 *Sinotaginus* sp.

江西省：宜春市奉新县百丈山 28°42′55″N，114°46′14″E。

开环缘蝽 *Stictopleurus minutus* Blöte

湖南省：岳阳市平江县幕阜山 28°59′18″N，113°49′33″E。

棱须象缘蝽 *Sinotagus nasutus* Kiritshenko

江西省：宜春市奉新县百丈山 28°42′55″N，114°46′14″E。

姬蝽科 Nabidae

黄翅花姬蝽 *Prostemma flavipennis* Fukui

江西省：宜春市奉新县越山 28°47′19″N，115°10′01″E。

猎蝽科 Reduviidae

多氏田猎蝽 *Agriosphodrus dohrni* (Signoret)

江西省：宜春市奉新县越山 28°47′19″N，115°10′01″E。

勺猎蝽属未定种 *Cosmolestes* sp.

湖南省：郴州市桂东县八面山国家级自然保护区 25°58′21″N，113°42′37″E。

橘红猎蝽 *Cydnocoris gilvus* (Burmeister)

湖南省：株洲市炎陵县神农谷牛角垄 26°30′08″N，114°03′39″E。

黑光猎蝽 *Ectrychotes andreae* (Thunberg)

江西省：宜春市奉新县越山 28°47′19″N，115°10′01″E。

紫黑光猎蝽 *Ectrychotes crudelis* (Fabricius)

江西省：吉安市安福县武功山风景名胜区 27°29′48″N，114°11′12″E。

霜斑素猎蝽 *Epidaus famulus* Stål

江西省：吉安市安福县武功山风景名胜区 27°29′48″N，114°11′12″E。宜春市奉新县越山 28°47′19″N，115°10′01″E。

湖南省：株洲市炎陵县神农谷自然保护区 26°30′43″N，113°59′44″E。郴州市桂东县八面山国家级自然保护区 25°58′21″N，113°42′37″E。

暗素猎蝽 *Epidaus nebulo* (Stål)

江西省：宜春市奉新县越山 28°47′19″N，115°10′01″E。

湖南省：郴州市桂东县八面山国家级自然保护区 25°58′21″N，113°42′37″E。

六刺素猎蝽 *Epidaus sexspinus* Hsiao

江西省：井冈山湘洲 26°36.0′N，114°16.0′E。井冈山罗浮 26°39′N，114°13′E。吉安市安福县武功山风景名胜区 27°29′48″N，114°11′12″E。宜春市奉新县九岭山 28°41′57″N，114°44′33″E。宜春市靖安县璪都镇观音岩 29°01′48″N，115°25′00″E。

湖南省：郴州市桂东县八面山国家级自然保护区 25°58′21″N，113°42′37″E。资兴市回龙山瑶族乡回龙山 26°04′33″N，113°23′15″E。

彩纹猎蝽 *Euagoras plagiatus* Burmeister

湖南省：株洲市炎陵县神农谷自然保护区 26°30′43″N，113°59′44″E。

异赤猎蝽 *Haematoloecha aberrens* Hsiao

江西省：宜春市奉新县九岭山 28°41′51″N，114°45′08″E。

云斑真猎蝽 *Harpactor incertus* (Distant)

江西省：井冈山下庄 26°32′42.24″N，114°11′26.15″E。井冈山小溪洞 26°26′N，114°11′E。

黄缘真猎蝽 *Harpactor marginellus* (Fabricius)

湖南省：株洲市炎陵县神农谷自然保护区 26°30′43″N，113°59′44″E。

长头猎蝽属未定种 *Henricohahnia* sp.

江西省：宜春市奉新县百丈山 28°41′18″N，114°46′13″E。

树毛猎蝽 *Holoptilus silvanus* Hsiao

江西省：宜春市奉新县百丈山 28°41′18″N，114°46′13″E。

毛猎蝽属未定种 *Holoptilus* sp.

江西省：井冈山小溪洞 26°26′N，114°11′E。

褐菱猎蝽 *Isyndus obscurus* (Dallas)

湖南省：郴州市桂东县八面山国家级自然保护区 25°58′21″N，113°42′37″E。

短斑普猎蝽 *Oncocephalus confusus* Putshkov

江西省：井冈山罗浮 26°39′N，114°13′E。

普猎蝽属未定种 *Oncocephalus* sp.

江西省：吉安市遂川县南风面国家级自然保护区 26°17′04″N，114°03′53″E。赣州市上犹县光菇山自然保护区 25°55′11″N，114°03′04″E。

湖南省：郴州市桂东县八面山国家级自然保护区 25°58′21″N，113°42′37″E。

宽额锥绒猎蝽 *Opistoplatys seculusus* Miller

江西省：宜春市奉新县九岭山 28°41′57″N，114°44′33″E。

帕猎蝽 *Pasira perpusilla* (Walker)

江西省：宜春市奉新县百丈山 28°41′18″N，114°46′13″E。

黄纹盗猎蝽 *Pirates atromaculatus* Stål

江西省：宜春市奉新县越山 28°47′19″N，115°10′01″E。井冈山主峰 26°53′N，114°15′E。井冈山罗浮 26°39′N，114°13′E。

棘猎蝽 *Polididus armatissimus* Stål

江西省：井冈山罗浮 26°39′N，114°13′E。

双色背猎蝽 *Reduvius gregoryi* China

江西省：宜春市奉新县百丈山 28°41′18″N，114°46′13″E。

桔红背猎蝽 _Reduvius tenebrosus_ Walker

江西省：吉安市安福县武功山风景名胜区 27°29′48″N，114°11′12″E。

湖南省：株洲市炎陵县桃源洞自然保护区 26°30′05.63″N，114°00′53.19″E。资兴市回龙山瑶族乡回龙山 26°04′33″N，113°23′15″E。岳阳市平江县幕阜山 28°58′12.09″N，113°49′06.24″E。

红彩瑞猎蝽 _Rhynocoris fuscipes_ (Fabricius)

湖南省：郴州市汝城县九龙江国家森林公园 25°23′20″N，113°46′27″E。

云斑瑞猎蝽 _Rhynocoris incertis_ (Distant)

湖南省：长沙市浏阳市大围山 28°25′28″N，114°04′52″E。

华齿胫猎蝽 _Rihirbus sinicus_ Hsiao et Ren

湖南省：郴州市汝城县九龙江国家森林公园 25°23′20″N，113°46′27″E。

多变齿胫猎蝽 _Rihirbus trochantericus_ Stål

江西省：宜春市奉新县越山 28°47′19″N，115°10′01″E。

齿缘刺猎蝽 _Sclomina erinacea_ Stål

江西省：井冈山主峰 26°53′N，114°15′E。井冈山荆竹山 26°31.0′N，114°05.9′E。井冈山湘洲 26°36.0′N，114°16.0′E。井冈山双溪口 26°31.4′N，114°11.3′E。井冈山松木坪 26°34′36.81″N，114°04′24.42″E。井冈山弯坑 26°53′20.01″N，114°25′15.01″E。吉安市安福县武功山风景名胜区 27°29′48″N，114°11′12″E。宜春市奉新县越山 28°47′19″N，115°10′01″E。

湖南省：株洲市炎陵县神农谷自然保护区 26°30′43″N，113°59′44″E；26°49′93″N，114°06′56″E。

半黄足猎蝽 _Sirthenea dimidiata_ Horvath

江西省：井冈山罗浮 26°39′N，114°13′E。井冈山小溪洞 26°26′N，114°11′E。宜春市奉新县越山 28°47′19″N，115°10′01″E。

湖南省：郴州市汝城县九龙江国家森林公园 25°23′20″N，113°46′27″E。

黄足猎蝽 _Sirthenea flavipes_ (Stål)

江西省：赣州市上犹县光菇山自然保护区 25°55′11″N，114°03′04″E。宜春市奉新县九岭山 28°41′57″N，114°44′33″E。

湖南省：郴州市桂东县八面山国家级自然保护区 25°58′21″N，113°42′37″E。

红缘猛猎蝽 _Sphedanolestes gularis_ Hsiao

江西省：井冈山主峰 26°53′N，114°15′E。井冈山罗浮 26°39′N，114°13′E。井冈山下庄 26°32′42.24″N，114°11′26.15″E。井冈山小溪洞 26°26′N，114°11′E。宜春市奉新县越山 28°47′19″N，115°10′01″E。

湖南省：郴州市汝城县九龙江国家森林公园 25°23′20″N，113°46′27″E。

环斑猛猎蝽 _Sphedanolestes impressicollis_ (Stål)

江西省：井冈山湘洲 26°36.0′N，114°16.0′E。井冈山罗浮 26°39′N，114°13′E。井冈山下庄 26°32′42.24″N，114°11′26.15″E。井冈山小溪洞 26°26′N，114°11′E。宜春市奉新县越山 28°47′19″N，115°10′01″E。

湖南省：郴州市汝城县九龙江国家森林公园 25°23′20″N，113°46′27″E。

猛猎蝽属未定种 _Sphedanolestes_ sp.

江西省：井冈山湘洲 26°36.0′N，114°16.0′E。

四川犀猎蝽 _Sycanus szechuanus_ Hsiao

湖南省：郴州市汝城县九龙江国家森林公园 25°23′20″N，113°46′27″E。

跷蝽科 Berytidae

角头跷蝽 _Capyella horni_ (Breddin)

江西省：宜春市奉新县萝卜潭 28°43′10″N，115°05′30″E。

圆肩跷蝽 _Metatropis longirostris_ Hsiao

湖南省：株洲市炎陵县神农谷自然保护区 26°30′43″N，113°59′44″E。郴州市汝城县九龙江国家森林公园 25°23′20″N，113°46′27″E。

锤胁跷蝽 _Yemma signatus_ (Hsiao)

湖南省：株洲市炎陵县神农谷自然保护区 26°30′43″N，113°59′44″E。郴州市汝城县九龙江国家森林公园 25°23′20″N，113°46′27″E。

扁蝽科 Aradidae

黑扁蝽 _Aradus melas_ Jakovlev

湖南省：株洲市炎陵县桃源洞 26°29′44″N，114°04′39″E。

刺扁蝽 _Aradus spinicollis_ Jakovlev

湖南省：株洲市炎陵县桃源洞 26°29′44″N，114°04′39″E。

扁蝽属未定种 _Aradus_ sp.

江西省：宜春市奉新县越山 28°47′03″N，115°10′25″E。

萧喙扁蝽 _Mezira hsiaoi_ Blöte

湖南省：株洲市炎陵县桃源洞 26°29′44″N，114°04′39″E。

山喙扁蝽 *Mezira montana* **Bergroth**

　　江西省：宜春市奉新县越山 28°47′03″N，115°10′25″E。

毛喙扁蝽 *Mezira setosa* **Jakovlev**

　　江西省：宜春市奉新县越山 28°47′03″N，115°10′25″E。

湖北脊扁蝽 *Neuroctenus hubeiensis* **Liu**

　　湖南省：长沙市浏阳市大围山 28°25′28″N，114°04′52″E。

云南脊扁蝽 *Neuroctenus yunnanensis* **Hsiao**

　　湖南省：郴州市汝城县九龙江国家森林公园 25°23′20″N，113°46′27″E。

异蝽科 Urostylidae

光华异蝽 *Tessaromerus licenti* **Yang**

　　湖南省：郴州市汝城县九龙江国家森林公园 25°23′20″N，113°46′27″E。长沙市浏阳市大围山 28°25′28″N，114°04′52″E。

亮壮异蝽 *Urochela distincta* **Distant**

　　江西省：吉安市安福县武功山 27°19′00″N，114°13′00″E。

橘盾盲异蝽 *Urolabida khasiana* **Distant**

　　湖南省：郴州市汝城县九龙江国家森林公园 25°23′20″N，113°46′27″E。岳阳市平江县幕阜山 28°59′18″N，113°49′33″E。

角突娇异蝽 *Urostylis chinai* **Maa**

　　江西省：宜春市奉新县百丈山 28°42′55″N，114°46′14″E。

斑娇异蝽 *Urostylis tricarinata* **Maa**

　　江西省：井冈山湘洲 26°36.0′N，114°16.0′E。

娇异蝽属未定种 *Urostylis* sp.

　　湖南省：郴州市汝城县热水镇飞水寨 25°52′52″N，113°91′77″E。郴州市汝城县九龙江国家森林公园 25°23′20″N，113°46′27″E。

脉翅目 NEUROPTERA

蚁蛉科 Myrmeleontidae

长裳树蚁蛉 *Dendroleon javanus* **Bank**

　　江西省：萍乡市芦溪县武功山 27°27′53″N，114°10′47″E。

　　湖南省：郴州市汝城县热水镇飞水寨 25°52′52″N，113°91′77″E。浏阳市大围山森林公园 28°25′30″N，114°06′45″E。

黑斑离蚁蛉 *Distoleon nigricans* **(Okamoto)**

　　江西省：井冈山湘洲 26°32.0′N，114°11.0′E。井冈山主峰 26°53′N，114°15′E。

　　湖南省：浏阳市大围山森林公园 28°25′30″N，114°06′45″E。

多斑东蚁蛉 *Euroleon polyspilus* **(Gerltieker)**

　　江西省：赣州市上犹县光菇山自然保护区 25°55′11″N，114°03′04″E。宜春市靖安县璪都镇南山村 29°01′00″N，115°16′00″E。

白云蚁蛉 *Paraglenurus japonicus* **(MaLachlan)**

　　湖南省：郴州市桂东县八面山国家级自然保护区 25°58′21″N，113°42′37″E。

小白云蚁蛉 *Paraglenurus pumilus* **(Yang)**

　　江西省：赣州市崇义县横水镇阳岭国家森林公园 25°37′50″N，114°18′16″E。

　　湖南省：浏阳市大围山森林公园 28°25′30″N，114°06′45″E。

蝶角蛉科 Ascalaphidae

色锯角蝶角蛉 *Acheron trux* **(Walker)**

　　江西省：赣州市上犹县光菇山自然保护区 25°55′11″N，114°03′04″E。

　　湖南省：株洲市炎陵县桃源洞 26°29′14″N，114°00′42″E。

黄花丽蝶角蛉 *Libelloides sibiricus* **(Eversmann)**

　　江西省：吉安市安福县武功山风景名胜区 27°29′48″N，114°11′12″E。

长翅蝶角蛉 *Suhppalacsa longialata* **Yang**

　　江西省：赣州市上犹县光菇山自然保护区 25°55′11″N，114°03′04″E。

草蛉科 Chrysopidae

丽草蛉 *Chrysopa formosa* **Brauer**

　　湖南省：浏阳市大围山森林公园 28°25′30″N，114°06′45″E。

大草蛉 *Chrysopa pallens* **(Rambur)**

　　湖南省：浏阳市大围山森林公园 28°25′30″N，114°06′45″E。

普通草蛉 *Chrysoperla carnea* (Stephens)

湖南省：浏阳市大围山森林公园 28°25′30″N，114°06′45″E。

中华通草蛉 *Chrysoperla sinica* (Tjeder)

湖南省：浏阳市大围山森林公园 28°25′30″N，114°06′45″E。

日意草蛉 *Italochrysa japonica* (McLachlan)

江西省：赣州市崇义县横水镇阳岭国家森林公园 25°37′50″N，114°18′16″E。

巨意草蛉 *Italochrysa megista* Wang et Yang

湖南省：浏阳市大围山森林公园 28°25′30″N，114°06′45″E。

武陵意草蛉 *Italochrysa wulingshana* Wang et Yang

江西省：赣州市崇义县横水镇阳岭国家森林公园 25°37′50″N，114°18′16″E。

褐蛉科 Hemerobiidae

点线脉褐蛉 *Micromus linearis* Hagen

江西省：吉安市安福县武功山风景名胜区 27°29′48″N，114°11′12″E。

溪蛉科 Osmylidae

溪蛉属未定种 *Osmylus* sp.

江西省：吉安市安福县武功山风景名胜区 27°29′48″N，114°11′12″E。

螳蛉科 Mantispidae

黄基东螳蛉 *Orientispa flavacoxa* Yang

江西省：吉安市安福县武功山风景名胜区 27°29′48″N，114°11′12″E。

广翅目 MEGALOPTERA

齿蛉科 Corydalidae

东方巨齿蛉 *Acanthacorydalis orientalis* (McLachlan)

湖南省：郴州市桂东县八面山国家级自然保护区 25°58′21″N，113°42′37″E。

栉鱼蛉属未定种 *Ctenochauliodes* sp.

江西省：赣州市上犹县齐云山国家级自然保护区 25°55′03″N，114°02′48″E。

台湾斑鱼蛉 *Neochauliodes formosanus* (Okamoto)

江西省：赣州市上犹县齐云山国家级自然保护区 25°55′03″N，114°02′48″E。

污翅斑鱼蛉 *Neochauliodes fraternus* (McLachlan)

江西省：吉安市遂川县南风面国家级自然保护区 26°17′04″N，114°03′53″E。吉安市安福县武功山 27°19′00″N，114°13′00″E。赣州市上犹县齐云山国家级自然保护区 25°55′03″N，114°02′48″E。

湖南省：株洲市炎陵县桃源洞自然保护区 26°30′05.63″N，114°00′53.19″E。

圆端斑鱼蛉 *Neochauliodes rotundatus* Tjeder

江西省：萍乡市芦溪县武功山 27°27′26″N，114°10′12″E。

中华斑鱼蛉 *Neochauliodes sinensis* (Walker)

江西省：赣州市上犹县齐云山国家级自然保护区 25°55′03″N，114°02′48″E。萍乡市芦溪县武功山 27°27′26″N，114°10′12″E。

斑鱼蛉属未定种 1 *Neochauliodes* sp. 1

江西省：萍乡市芦溪县武功山 27°27′55″N，114°10′10″E。

斑鱼蛉属未定种 2 *Neochauliodes* sp. 2

湖南省：郴州市汝城县 25°47′05″N，113°88′57″E。

斑鱼蛉属未定种 3 *Neochauliodes* sp. 3

江西省：萍乡市芦溪县武功山 27°27′26″N，114°10′12″E。

普通齿蛉 *Neoneuromus ignobilis* Navás

江西省：宜春市靖安县大杞山生态林场 28°67′00″N，115°07′00″E。宜春市靖安县观音岩 29°03′00″N，115°25′00″E。赣州市上犹县齐云山国家级自然保护区 25°55′03″N，114°02′48″E。萍乡市芦溪县武功山 27°27′55″N，114°10′10″E。

麦克齿蛉 *Neoneuromus maclachlani* (Weele)

江西省：吉安市遂川县南风面国家级自然保护区 26°17′04″N，114°03′53″E。赣州市上犹县齐云山国家级自然保护区 25°55′03″N，114°02′48″E。萍乡市芦溪县武功山 27°27′55″N，114°10′10″E。

湖南省：株洲市炎陵县桃源洞自然保护区 26°30′05.63″N，114°00′53.19″E。

东方齿蛉 *Neoneuromus orientalis* Liu et Yang

江西省：吉安市遂川县南风面国家级自然保护区

26°17′04″N，114°03′53″E。宜春市宜丰县官山国家级自然保护区 28°33′16.73″N，113°34′55.97″E。赣州市上犹县齐云山国家级自然保护区 25°55′03″N，114°02′48″E。萍乡市芦溪县武功山 27°27′26″N，114°10′12″E。

湖南省：株洲市炎陵县桃源洞自然保护区 26°30′05.63″N，114°00′53.19″E。

黑鱼蛉属未定种 Nigronia sp.

湖南省：株洲市炎陵县神农谷自然保护区 26°30′43″N，113°59′44″E。郴州市汝城县九龙江国家森林公园 25°23′20″N，113°46′27″E。

尖突星齿蛉 Protohermes acutatus Liu, Hayashi et Yang

江西省：萍乡市芦溪县武功山 27°27′26″N，114°10′12″E。

花边星齿蛉 Protohermes costalis (Walker)

江西省：宜春市靖安县璪都镇南山村 29°01′00″N，115°16′00″E。井冈山 26°37′23″N，114°07′04″E。

湖南省：郴州市桂东县八面山国家级自然保护区 25°58′21″N，113°42′37″E。株洲市炎陵县桃源洞自然保护区 26°30′05.63″N，114°00′53.19″E。郴州市汝城县九龙江国家森林公园 25°23′20″N，113°46′27″E。

广西星齿蛉 Protohermes guangxiensis D. Yang et J. Yang

江西省：吉安市遂川县南风面自然保护区 26°17′04″N，114°03′53″E。

炎黄星齿蛉 Protohermes xanthodes Navas

江西省：萍乡市莲花县高天岩 27°23′51″N，114°00′54″E。

星齿蛉属未定种 1 Protohermes sp. 1

湖南省：郴州市汝城县九龙江国家森林公园 25°23′20″N，113°46′27″E。

星齿蛉属未定种 2 Protohermes sp. 2

湖南省：郴州市汝城县九龙江国家森林公园 25°23′20″N，113°46′27″E。

星齿蛉属未定种 3 Protohermes sp. 3

湖南省：郴州市汝城县九龙江国家森林公园 25°23′20″N，113°46′27″E。

星齿蛉属未定种 4 Protohermes sp. 4

湖南省：郴州市汝城县九龙江国家森林公园 25°23′20″N，113°46′27″E。

星齿蛉属未定种 5 Protohermes sp. 5

湖南省：郴州市汝城县九龙江国家森林公园 25°23′20″N，113°46′27″E。

污翅华鱼蛉 Sinochauliodes squalidus Liu et Yang

江西省：萍乡市芦溪县武功山 27°27′55″N，114°10′10″E。

泥蛉科 Sialidae

泥蛉属未定种 Sialis sp.

湖南省：郴州市汝城县九龙江国家森林公园 25°23′20″N，113°46′27″E。

鞘翅目 COLEOPTERA

藻食亚目 Myxophaga

球甲科 Sphaeriusidae

井冈山球甲 Sphaerius minitus Liang et Jia

江西省：井冈山西坪 26°33′4″N，114°12′2″E。

淘甲科 Torridincolidae

井冈佐淘甲 Satonius panghongae sp. nov.

江西省：井冈山主峰 26°32.0′N，114°08.6′E。

湖南省：炎陵县桃源洞自然保护区 26°49′93″N，114°06′56″E。

耶氏佐淘甲 Satonius jaechi Hajek, Yoshitomi, Fikacek, Hayashi et Jia

江西省：井冈山湖羊塔 26°29.9′N，114°07.3′E。吉安市安福县武功山 27°33′00″N，114°23′00″E。吉安市遂川县南风面国家级自然保护区 26°17′04″N，114°03′53″E。

肉食亚目 Adephaga

虎甲科 Cicindelidae

中华虎甲 Cicindela chinensis De Geer

江西省：吉安市安福县武功山风景名胜区 27°29′48″N，114°11′12″E。

湖南省：郴州市桂东县八面山国家级自然保护区 25°58′21″N，113°42′37″E。株洲市炎陵县桃源洞自然保护区 26°30′05.63″N，114°00′53.19″E。岳阳市平江县幕阜山 28°58′12″N，113°49′06″E。株洲市炎陵县桃源洞自然保护区甲水 26°59′00″N，113°39′00″E。株洲市炎陵县桃源洞自然保护区游客服务中心 26°29′00″N，114°01′00″E。

株洲市炎陵县桃源洞自然保护区落水源村 26°31′00″N，114°00′00″E。

芽斑虎甲 *Cicindela gemmata* Faldermann

江西省：宜春市袁州区明月山 27°35′44″N，114°16′26″E。

星斑虎甲 *Cicindela kaleea* Bates

江西省：吉安市遂川县南风面国家级自然保护区 26°17′04″N，114°03′53″E。宜春市宜丰县官山国家级自然保护区 28°33′16″N，113°34′55″E。宜春市靖安县大杞山生态林场 28°67′00″N，115°07′00″E。井冈山湘洲 26°36′00″N，114°16′00″E。

湖南省：郴州市桂东县八面山国家级自然保护区 25°58′21″N，113°42′37″E。株洲市炎陵县桃源洞自然保护区 26°31′00″N，114°00′00″E。

钳端虎甲 *Cicindela lobipennis* Bates

湖南省：岳阳市平江县幕阜山 28°58′18″N，113°49′55″E。

台湾树栖虎甲 *Collyris formosana* Bates

江西省：宜春市奉新县九岭山 28°41′51″N，114°45′08″E。

湖南省：资兴市回龙山瑶族乡回龙山 26°04′33.34″N，113°23′15.85″E。

金斑虎甲 *Cosmodela aurulenta* Fabricius

江西省：宜春市靖安县璪都镇南山村 29°01′00″N，115°16′00″E。吉安市遂川县南风面国家级自然保护区 26°17′04″N，114°03′53″E。宜春市宜丰县官山国家级自然保护区 28°33′16.73″N，113°34′55.97″E。宜春市靖安县大杞山生态林场 28°67′00″N，115°07′00″E。宜春市靖安县三爪仑国家森林公园 28°58′36″N，115°14′11″E。吉安市安福县武功山风景名胜区 27°29′48″N，114°11′12″E。

毛颊斑虎甲 *Cosmodela setosomalaris* Mandl

江西省：萍乡市芦溪县武功山 27°27′53″N，114°10′47″E。

暗斑虎甲 *Cylindera decolorata* (Horn)

湖南省：资兴市回龙山瑶族乡回龙山 26°04′33.34″N，113°23′15.85″E。郴州市桂东县八面山国家级自然保护区 25°58′21″N，113°42′37″E。

狄氏虎甲 *Cylindera delavayi* (Fairmaire)

江西省：吉安市安福县武功山风景名胜区 27°29′48″N，114°11′12″E。

湖南省：长沙市浏阳市大围山 28°25′28″N，114°04′52″E。

光背树栖虎甲 *Neocollyris bonellii* (Guerin-Meneville)

湖南省：株洲市炎陵县桃源洞 26°29′14″N，114°00′42″E。

步甲科 Carabidae

榄细胫步甲 *Agonum elainus* (Bates)

江西省：赣州市上犹县光菇山自然保护区 25°55′11″N，114°03′04″E。井冈山主峰 26°53′N，114°15′E。

湖南省：株洲市炎陵县桃源洞自然保护区 26°30′05.63″N，114°00′53.19″E。郴州市桂东县八面山国家级自然保护区 25°58′21″N，113°42′37″E。

日本细胫步甲 *Agonum japonicum* (Motschulsky)

江西省：井冈山湘洲 26°36.0′N，114°16.0′E。

雅暗步甲 *Amara congrua* Morawitz

湖南省：长沙市浏阳市大围山 28°25′28″N，114°04′52″E。

亮暗步甲 *Amara lucidissima* Baliani

江西省：宜春市奉新县九岭山 28°41′51″N，114°45′08″E。

曲暗步甲 *Amara sinuaticollis* Morawitz

湖南省：长沙市浏阳市大围山 28°25′28″N，114°04′52″E。

点翅斑步甲 *Anisodactylus punctatipennis* Morawitz

湖南省：长沙市浏阳市大围山 28°25′28″N，114°04′52″E。

寡行步甲 *Anoplogenius cyanescens* (Hope)

江西省：吉安市安福县武功山 27°19′00″N，114°13′00″E。

湖南省：株洲市炎陵县桃源洞自然保护区 26°30′05.63″N，114°00′53.19″E。郴州市桂东县八面山国家级自然保护区 25°58′21″N，113°42′37″E。

双斑长颈步甲 *Archicolliuris bimaculata* (Redtenbacher)

江西省：吉安市安福县武功山 27°19′00″N，114°13′00″E。

中国丽步甲 *Calleida chinensis* Jedlicka

江西省：吉安市安福县武功山风景名胜区 27°29′48″N，114°11′12″E。宜春市靖安县三爪仑国家森林公园 28°58′36″N，115°14′11″E。

雅丽步甲 *Calleida lepida* Redtenbacher

江西省: 宜春市靖安县大杞山生态林场 25°55′11″N, 114°03′04″E。吉安市安福县武功山风景名胜区 27°29′48″N, 114°11′12″E。井冈山湘洲 26°36.0′N, 114°16.0′E。井冈山主峰 26°53′N, 114°15′E。

闽丽步甲 *Calleida onoha* Bates

江西省: 宜春市宜丰县官山国家级自然保护区 28°33′16″N, 113°34′55″E。

湖南省: 株洲市炎陵县桃源洞自然保护区 26°30′05.63″N, 114°00′53.19″E。

红裙步甲 *Carabus augustus* Roeschke

江西省: 吉安市安福县武功山风景名胜区 27°29′48″N, 114°11′12″E。

湖南省: 长沙市浏阳市大围山 28°25′28″N, 114°04′52″E。

孟加青步甲 *Chlaenius bengalensis* Chaudoir

江西省: 宜春市袁州区明月山 27.5922°N, 114.2869°E。

双斑青步甲 *Chlaenius bimaculatus* Dejean

江西省: 井冈山湘洲 26°36.0′N, 114°16.0′E。

拟双斑青步甲 *Chlaenius bioculatus* Chaudoir

江西省: 宜春市靖安县璪都镇南山村 29°01′00″N, 115°16′00″E。宜春市靖安县璪都镇观音岩 29°01′48″N, 115°25′00″E。宜春市奉新县泥洋山 28°49′12″N, 115°03′26″E。井冈山罗浮山 26°39′N, 114°13′E。吉安市安福县武功山风景名胜区 27°29′48″N, 114°11′12″E。

脊青步甲 *Chlaenius costiger* Chaudoir

江西省: 吉安市安福县武功山风景名胜区 27°29′48″N, 114°11′12″E。

宽斑青步甲 *Chlaenius hamifer* Chaudoir

湖南省: 长沙市浏阳市大围山 28°25′28″N, 114°04′52″E。株洲市炎陵县神农谷自然保护区 26°49′93″N, 114°06′56″E。

狭边青步甲 *Chlaenius inops* Chaudoir

湖南省: 长沙市浏阳市大围山 28°25′28″N, 114°04′52″E。株洲市炎陵县神农谷自然保护区 26°49′93″N, 114°06′56″E。

黄斑青步甲 *Chlaenius micans* (Fabricius)

湖南省: 长沙市浏阳市大围山 28°25′28″N, 114°04′52″E。

毛胸青步甲 *Chlaenius naeviger* Morawitz

湖南省: 长沙市浏阳市大围山 28°25′28″N, 114°04′52″E。株洲市炎陵县神农谷自然保护区 26°49′93″N, 114°06′56″E。

淡足青步甲 *Chlaenius pallipes* Gebler

湖南省: 岳阳市平江县幕阜山 28°58′18″N, 113°49′55″E。

毛翅青步甲 *Chlaenius pubipennis* Chaudoir

湖南省: 株洲市炎陵县神农谷自然保护区 26°49′93″N, 114°06′56″E。

凹跗青步甲 *Chlaenius rambouseki* Lutshnik

湖南省: 株洲市炎陵县神农谷自然保护区 26°49′93″N, 114°06′56″E。

黄缘青步甲 *Chlaenius spoliatus* (Rossi)

江西省: 宜春市靖安县璪都镇南山村 29°01′00″N, 115°16′00″E。

湖南省: 资兴市回龙山瑶族乡回龙山 26°04′33″N, 113°23′15″E。株洲市炎陵县桃源洞自然保护区 26°30′05.63″N, 114°00′53.19″E。株洲市炎陵县神农谷自然保护区 26°49′93″N, 114°06′56″E。

豆斑青步甲 *Chlaenius virgulifer* Chaudoir

江西省: 赣州市上犹县光菇山自然保护区 25°55′11″N, 114°03′04″E。宜春市靖安县璪都镇南山村 29°01′00″N, 115°16′00″E。

栗小蜣步甲 *Clivina castanea* Westwood

江西省: 宜春市宜丰县官山国家级自然保护区 28°33′16″N, 113°34′55″E。

湖南省: 株洲市炎陵县桃源洞自然保护区 26°30′05.63″N, 114°00′53.19″E。

疑小蜣步甲 *Clivina vulgivaga* Boheman

江西省: 宜春市靖安县璪都镇南山村 29.0167°N, 115.2667°E。

Y纹小蜣步甲 *Clivina westwoodi* Putzeys

江西省: 吉安市井冈山笔架山 26.33°N, 114.10°E。

突唇敌步甲 *Dendrocellus confusus* (Hansen)

江西省: 宜春市宜丰县官山国家级自然保护区 28°33′16″N, 113°34′55″E。宜春市靖安县璪都镇南山村

29°01′00″N，115°16′00″E。吉安市安福县武功山 27°19′00″N，114°13′00″E。

叉瘦步甲 *Dicranoncus femoralis* Chaudoir

湖南省：岳阳市平江县幕阜山 28°58′18″N，113°49′55″E。

奇裂跗步甲 *Dischissus mirandus* Bates

湖南省：株洲市炎陵县神农谷自然保护区 26°49′93″N，114°06′56″E。

Eobroscus lutshniki (Roubal)

湖南省：长沙市浏阳市大围山 28°25′28″N，114°04′52″E。

镯步甲 *Dolichus halensis* Schaller

江西省：宜春市奉新县九岭山 28°41′51″N，114°45′08″E。吉安市安福县武功山风景名胜区 27°29′48″N，114°11′12″E。

湖南省：株洲市炎陵县桃源洞自然保护区 26°30′05.63″N，114°00′53.19″E。郴州市桂东县八面山国家级自然保护区 25°58′21″N，113°42′37″E。株洲市炎陵县神农谷自然保护区 26°49′93″N，114°06′56″E。

条逮步甲 *Drypta lineola* Chaudoir

江西省：吉安市安福县武功山 27°19′00″N，114°13′00″E。

湖南省：株洲市炎陵县桃源洞自然保护区 26°30′05.63″N，114°00′53.19″E。郴州市桂东县八面山国家级自然保护区 25°58′21″N，113°42′37″E。

青翅窗步甲 *Euplynes cyanipennis* Schmidt-Göbel

湖南省：长沙市浏阳市大围山 28°25′28″N，114°04′52″E。

点翅婪步甲 *Harpalus aenigma* (Tschitschérine)

湖南省：岳阳市平江县幕阜山 28°58′18″N，113°49′55″E。

铜绿婪步甲 *Harpalus chalcentus* Bates

江西省：井冈山荆竹山 26°31.0′N，114°05.9′E。

湖南省：株洲市炎陵县神农谷自然保护区 26°49′93″N，114°06′56″E。

毛婪步甲 *Harpalus griseus* (Panzer)

江西省：吉安市安福县武功山 27°19′00″N，114°13′00″E。

湖南省：株洲市炎陵县桃源洞自然保护区 26°30′05.63″N，114°00′53.19″E。资兴市回龙山瑶族乡回龙山

26°04′33″N，113°23′15″E。

肖毛婪步甲 *Harpalus jureceki* (Jedlicka)

湖南省：长沙市浏阳市大围山 28°25′28″N，114°04′52″E。

单齿婪步甲 *Harpalus simplicidens* Schauberger

江西省：赣州市上犹县光菇山自然保护区 25°55′11″N，114°03′04″E。

湖南省：资兴市回龙山瑶族乡回龙山 26°04′33″N，113°23′15″E。郴州市桂东县八面山国家级自然保护区 25°58′21″N，113°42′37″E。

侧边婪步甲 *Harpalus singularis* Tschitschérine

湖南省：岳阳市平江县幕阜山 28°58′18″N，113°49′55″E。

中华婪步甲 *Harpalus sinicus* Hope

江西省：井冈山主峰 26°53′N，114°15′E。井冈山小溪洞 26°26′N，114°11′E。井冈山罗浮山 26°39′N，114°13′E。

湖南省：株洲市炎陵县桃源洞自然保护区 26°30′05.63″N，114°00′53.19″E。株洲市炎陵县神农谷自然保护区 26°49′93″N，114°06′56″E。长沙市浏阳市大围山 28°25′28″N，114°04′52″E。

苏氏婪步甲 *Harpalus suensoni* Kataev

湖南省：岳阳市平江县幕阜山 28°58′18″N，113°49′55″E。

染婪步甲 *Harpalus tinctulus luteicornoides* Breit

湖南省：株洲市炎陵县桃源洞 26°29′14″N，114°00′42″E。

三齿婪步甲 *Harpalus tridens* Morawith

江西省：宜春市奉新县百丈山 28°41′35″N，114°46′27″E。

湖南省：株洲市炎陵县桃源洞自然保护区 26°30′05.63″N，114°00′53.19″E。

显六角步甲 *Hexagonia insignis* (Bates)

江西省：宜春市宜丰县官山国家级自然保护区 28°33′16″N，113°34′55″E。

湖南省：郴州市桂东县八面山国家级自然保护区 25°58′21″N，113°42′37″E。

小纹盆步甲 *Lebia calycophora* (Schmidt-Göbel)

江西省：井冈山主峰 26°53′N，114°15′E。

大盆步甲 *Lebia coelestis* Bates

江西省：井冈山主峰 26°53′N，114°15′E。宜春市宜丰县官山国家级自然保护区 28°33′16″N，113°34′55″E。

湖南省：郴州市桂东县八面山国家级自然保护区 25°58′21″N，113°42′37″E。

肩盆步甲 *Lebia idea* Bates

江西省：宜春市宜丰县官山国家级自然保护区 28°33′16″N，113°34′55″E。

单斑盆步甲 *Lebia monostigma* Andrews

江西省：宜春市宜丰县官山国家级自然保护区 28°33′16″N，113°34′55″E。

八星光鞘步甲 *Lebidia octoguttata* Morawitz

江西省：宜春市靖安县璪都镇南山村 29°01′00″N，115°16′00″E。

湖南省：株洲市炎陵县桃源洞自然保护区 26°30′05.63″N，114°00′53.19″E。长沙市浏阳市大围山 28°25′28″N，114°04′52″E。

环罗霄盲步甲 *Loxoncus circumcinctus* Motschulsky

江西省：萍乡市芦溪县武功山 27°27′53″N，114°10′47″E。

德氏罗霄盲步甲 *Luoxiaotrechus deuvei* Tian et Yin

江西省：萍乡市莲花县 27°25′00″N，113°58′23″E。

湖南省：株洲市攸县酒埠江国家地质公园 27°21′59″N，113°59′07″E。

殷氏罗霄盲步甲 *Luoxiaotrechus yini* Tian et Huang

湖南省：株洲市攸县酒埠江国家地质公园 27°21′59″N，113°59′07″E。

布氏细胫步甲 *Metacolpodes buchanani* (Hope)

江西省：赣州市上犹县光菇山自然保护区 25°55′11″N，114°03′04″E。

湖南省：株洲市炎陵县桃源洞自然保护区 26°30′05.63″N，114°00′53.19″E。郴州市桂东县八面山国家级自然保护区 25°58′21″N，113°42′37″E。

中国心步甲 *Nebria chinensis* Bates

湖南省：长沙市浏阳市大围山 28°25′28″N，114°04′52″E。郴州市桂东县八面山国家级自然保护区 26°01′03″N，113°40′59″E。

黑斑心步甲 *Nebria pulcherrima* Bates

湖南省：郴州市桂东县八面山国家级自然保护区 26°01′03″N，113°40′59″E。

金属地布甲 *Odacantha metallica* (Fairmaire)

江西省：宜春市靖安县璪都镇观音岩 29°01′48″N，115°25′00″E。宜春市靖安县璪都镇南山村 29°01′00″N，115°16′00″E。吉安市安福县武功山 27°19′00″N，114°13′00″E。

凹翅宽颚步甲 *Parena cavipennis* (Bates)

江西省：宜春市宜丰县官山国家级自然保护区 28°33′16″N，113°34′55″E。宜春市靖安县璪都镇观音岩 29°01′48″N，115°25′00″E。井冈山罗浮 26°39′N，114°13′E。

湖南省：资兴市回龙山瑶族乡回龙山 26°04′33.34″N，113°23′15.85″E。郴州市桂东县八面山国家级自然保护区 26°01′03″N，113°40′59″E。

侧条宽颚步甲 *Parena latecincta* (Bates)

湖南省：株洲市炎陵县桃源洞自然保护区珠帘瀑布 26°50′00″N，113°99′00″E。郴州市桂东县八面山国家级自然保护区 26°01′03″N，113°40′59″E。

黛五角步甲 *Pentagonica daimiella* Bates

江西省：宜春市靖安县璪都镇南山村 29°01′00″N，115°16′00″E。

红胸五角步甲 *Pentagonica ruficollis* Schmidt-Göbel

江西省：井冈山水库 26°39′N，114°13′E。井冈山罗浮山 26°39′N，114°13′E。

似心五角步甲 *Pentagonica subcordicollis* Bates

江西省：吉安市井冈山坪水山 26.55°N，114.11°E。

黑屁步甲 *Pheropsophus beckeri* Jedlicka

湖南省：长沙市浏阳市大围山 28°25′28″N，114°04′52″E。

爪哇屁步甲 *Pheropsophus javanus* (Dejean)

江西省：井冈山白银湖 26°36.8′N，114°11.1′E。

湖南省：长沙市浏阳市大围山 28°25′28″N，114°04′52″E。郴州市桂东县八面山国家级自然保护区 26°01′03″N，113°40′59″E。

耶屁步甲 *Pheropsophus jessoensis* Morawitz

江西省：赣州市上犹县光菇山自然保护区 25°55′11″N，114°03′04″E。宜春市靖安县璪都镇南山村 29°01′00″N，115°16′00″E。

湖南省：郴州市桂东县八面山国家级自然保护区 25°58′21″N，113°42′37″E。郴州市桂东县八面山国家级自然保护区 26°01′03″N，113°40′59″E。

广屁步甲 *Pheropsophus occipitalis* (MacLeay)

江西省：井冈山松木坪 26°34′36.81″N，114°04′24.42″E。井冈山大井 26°33′47.10″N，114°07′30.19″E。

湖南省：岳阳市平江县幕阜山 28°58′18″N，113°49′55″E。郴州市桂东县八面山国家级自然保护区 26°01′03″N，113°40′59″E。

Pterostichus prattii Bates

湖南省：长沙市浏阳市大围山 28°25′28″N，114°04′52″E。

巨蝼步甲 *Scarites sulcatus* Olivier

江西省：井冈山 26°37′23″N，114°07′04″E。

湖南省：郴州市桂东县八面山国家级自然保护区 26°01′03″N，113°40′59″E。

单齿蝼步甲 *Scarites terricola* Bonelli

湖南省：株洲市炎陵县神农谷自然保护区 26°49′93″N，114°06′56″E。郴州市桂东县八面山国家级自然保护区 26°01′03″N，113°40′59″E。

蝼步甲属未定种 *Scarites* sp.

江西省：宜春市靖安县璪都镇观音岩 29°01′48″N，115°25′00″E。

湖南省：资兴市回龙山瑶族乡回龙山 26°04′33.34″N，113°23′15.85″E。

壮四都盲步甲 *Sidublemus solidus* Tian et Yin

湖南省：郴州市桂东县四都镇 25°96′91″N，113°79′08″E。

背黑狭胸步甲 *Stenolophus connotatus* Bates

湖南省：岳阳市平江县幕阜山 28°58′18″N，113°49′55″E。

五斑步甲 *Stenolophus quinquepustulatus* (Wiedemann)

江西省：宜春市靖安县璪都镇南山村 29°01′00″N，115°16′00″E。吉安市安福县武功山 27°19′00″N，114°13′00″E。井冈山罗浮山 26°39′N，114°13′E。

湖南省：株洲市炎陵县桃源洞自然保护区 26°30′05.63″N，114°00′53.19″E。

绿狭胸青步甲 *Stenolophus smaragdulus* (Fabricius)

江西省：宜春市靖安县璪都镇南山村 29°01′00″N，115°16′00″E。吉安市安福县武功山 27°19′00″N，114°13′00″E。

湖南省：株洲市炎陵县桃源洞自然保护区 26°30′05.63″N，114°00′53.19″E。

Trichotichnus nishioi Habu

湖南省：长沙市浏阳市大围山 28°25′28″N，114°04′52″E。

铜胸短脚步甲 *Trigonotoma lewisi* Bates

湖南省：长沙市浏阳市大围山 28°25′28″N，114°04′52″E。

伪龙虱科 Noteridae

光坎伪龙虱 *Canthydrus politus* (Sharp)

江西省：井冈山龙市 26°42′10″N，113°57′24″E。

日本伪龙虱 *Noterus japonicus* Sharp

江西省：井冈山 26°53′01″N，114°15′01″E。吉安市遂川县南风面国家级自然保护区 26°17′04″N，114°53′03″E。

湖南省：郴州市莽山国家级自然保护区将军寨 25°20′N，112°53′E。

褐背新伪龙虱 *Neohydrocoptus rubescens* (Clark)

江西省：井冈山 26°53′01″N，114°15′01″E。

亚斑新伪龙虱 *Neohydrocoptus subvittulus* (Motschulsky)

江西省：井冈山 26°53′01″N，114°15′01″E。

龙虱科 Dytiscidae

爱端毛龙虱 *Agabus amoenus* Solsky

江西省：井冈山松木坪 26°34′N，114°04′E。

日本端毛龙虱 *Agabus japonicus* Sharp

江西省：井冈山湖羊塔 26.4983°N，114.1217°E。井冈山西坪 26°33.7′N，114°12.2′E。井冈山白银湖 26°36.8′N，114°11.1′E。

端毛龙虱属未定种 *Agabus* sp.

湖南省：株洲市炎陵县神农谷自然保护区 26°49′93″N，114°06′56″E。

迪氏圆突龙虱 *Allopachria dieterlei* Wewalka

江西省：井冈山西坪 26°33.7′N，114°12.2′E。井冈山湘洲 26°35.5′N，114°16.0′E。

丽莎圆突龙虱 *Allopachria liselotteae* Wewalka

江西省：井冈山弯坑 26°53′20.01″N，114°25′15.01″E。

魏氏圆突龙虱 *Allopachria weinbergeri* Wewalka

江西省：井冈山湘洲 26°35.5′N，114°16.0′E。

五指峰圆突龙虱 *Allopachria wuzhifengensis* **Bian et Ji**

江西省：井冈山白银湖 26°36.8′N，114°11.1′E。井冈山主峰 26°32.0′N，114°08.6′E。

圆突龙虱属未定种 *Allopachria* **sp.**

江西省：井冈山湘洲 26°35.5′N，114°16.0′E。井冈山西坪 26°33.7′N，114°12.2′E。井冈山主峰 26°32.0′N，114°08.6′E。

井冈山刻翅龙虱 *Copelatus dentatus* **Zhao, Jia et Hajek**

江西省：井冈山湖羊塔 26°29.9′N，114°07.3′E。井冈山平水山 26°27′N，114°21′E。

奥刻翅龙虱 *Copelatus oblitus* **Sharp**

江西省：宜春市靖安县大杞山生态林场 29°07′00″N，115°07′00″E。井冈山主峰 26°32.0′N，114°08.6′E。

黄缘真龙虱 *Cybister bengalensis* **Aube**

江西省：宜春市奉新县百丈山 28°41′35″N，114°46′27″E。

湖南省：株洲市炎陵县神农谷自然保护区 26°49′93″N，114°06′56″E。

三刻真龙虱 *Cybister tripunctatus* **(Olivier)**

江西省：宜春市靖安县大杞山生态林场 29°07′00″N，115°07′00″E。

齿缘龙虱 *Eretes sticticus* **(Linnaeus)**

江西省：吉安市安福县武功山风景名胜区 27°29′48″N，114°11′12″E。

湖南省：株洲市炎陵县神农谷自然保护区 26°49′93″N，114°06′56″E。

毛茎斑龙虱 *Hydaticus rhantoides* **Sharp**

江西省：宜春市靖安县璪都镇南山村 29°01′00″N，115°16′00″E。宜春市靖安县大杞山生态林场 29°07′00″N，115°07′00″E。宜春市靖安县观音岩 29°03′00″N，115°25′00″E。吉安市安福县武功山 27°33′00″N，114°23′00″E。井冈山 26°53′02″N，114°15′02″E。井冈山主峰 26°32.0′N，114°08.6′E。

单斑龙虱 *Hydaticus vittatus* **(Fabricius)**

江西省：宜春市靖安县观音岩景区 29°03′00″N，115°25′00″E。宜春市靖安县璪都镇南山村 29°01′00″N，115°16′00″E。宜春市靖安县大杞山生态林场 29°07′00″N，115°07′00″E。井冈山 26°53′01″N，114°15′01″E。井冈山主峰 26°32.0′N，114°08.6′E。

斑龙虱属未定种 *Hydaticus* **sp.**

江西省：井冈山 26°53′02″N，114°15′02″E。

里氏短褶龙虱 *Hydroglyphus amamiensis* **(Satô)**

江西省：宜春市靖安县璪都镇南山村 29°01′00″N，115°16′00″E。

无刻短褶龙虱 *Hydroglyphus flammulatus* **(Sharp)**

江西省：宜春市靖安县璪都镇南山村 29°01′00″N，115°16′00″E。

短褶龙虱属未定种 *Hydroglyphus* **sp.**

江西省：井冈山西坪 26°33.7′N，114°12.2′E。

锐短突龙虱 *Hydrovatus acuminatus* **(Motschulsky)**

江西省：宜春市靖安县璪都镇南山村 29°01′00″N，115°16′00″E。

普宽突龙虱 *Hydrovatus pudicus* **(Clark)**

江西省：井冈山湘洲 26°35.5′N，114°16.0′E。

微毛宽突龙虱 *Hydrovatus subtilis* **Sharp**

江西省：井冈山湘洲 26°35.5′N，114°16.0′E。井冈山白银湖 26°36.8′N，114°11.1′E。

东方异爪龙虱 *Hyphydrus orientalis* **Clark**

江西省：宜春市靖安县璪都镇南山村 29°01′00″N，115°16′00″E。宜春市靖安县观音岩 29°04′00″N，115°14′00″E。

双刻异爪龙虱 *Hyphydrus pulchellus* **Clark**

江西省：宜春市靖安县大杞山生态林场 29°07′00″N，115°07′00″E。

台湾窄缘龙虱 *Lacconectus formosanus* **(Kamiya)**

江西省：吉安市井冈山湖羊塔 26.4983′N，114.1217′E。井冈山主峰 26°32.0′N，114°08.6′E。

中华粒龙虱 *Laccophilus chinensis* **Sharp**

江西省：宜春市靖安县璪都镇南山村 29°01′00″N，115°16′00″E。宜春市靖安县观音岩 29°01′48″N，115°25′00″E。

圆眼粒龙虱 *Laccophilus difficilis* **Sharp**

江西省：宜春市靖安县璪都镇南山村 29°01′00″N，115°16′00″E。宜春市靖安县观音岩 29°03′00″N，115°25′00″E。

神户粒龙虱 *Laccophilus kobensis* **Sharp**

江西省：宜春市靖安县大杞山生态林场 29°07′00″N，115°07′00″E。宜春市靖安县璪都镇南山村 29°01′00″N，115°16′00″E。井冈山主峰 26°32.0′N，114°08.6′E。

夏普粒龙虱 *Laccophilus sharpi* Régimbart

江西省：宜春市靖安县璪都镇南山村 29°01′00″N，115°16′00″E。

粒龙虱属未定种 *Laccophilus* sp.

湖南省：株洲市炎陵县神农谷自然保护区 26°49′93″N，114°06′56″E。

奥点龙虱 *Leiodytes orissaensis* (Vazirani)

江西省：宜春市靖安县璪都镇南山村 29°01′00″N，115°16′00″E。井冈山湘洲 26°35.5′N，114°16.0′E。井冈山荆竹山风景区 26°31.0′N，114°05.9′E。井冈山白银湖 26°36.8′N，114°11.1′E。

比氏微龙虱 *Microdytes bistroemi* Wewalka

江西省：井冈山白银湖 26°36.8′N，114°11.1′E。井冈山主峰 26°32.0′N，114°08.6′E。

海南微龙虱 *Microdytes hainanensis* Wewalka

江西省：井冈山湘洲 26°35.5′N，114°16.0′E。

尼氏微龙虱 *Microdytes nilssoni* Wewalka

江西省：井冈山湘洲 26°35.5′N，114°16.0′E。井冈山荆竹山 6°31.0′N，114°05.9′E。井冈山白银湖 26°36.8′N，114°11.1′E。

华微龙虱 *Microdytes sinensis* Wewalka

江西省：井冈山湘洲 26°35.5′N，114°16.0′E。井冈山西坪 26°33.7′N，114°12.2′E。

上野微龙虱 *Microdytes uenoi* Satô

江西省：井冈山西坪 26°33.7′N，114°12.2′E。井冈山白银湖 26°36.8′N，114°11.1′E。井冈山下庄 26°32′42.24″N，114°11′26.15″E。

悦宽缘龙虱 *Platambus optatus* (Sharp)

江西省：吉安市井冈山湖羊塔 26.4983°N，114.1217°E。井冈山荆竹山风景区 26°31.0′N，114°05.9′E。井冈山白银湖 26°36.8′N，114°11.1′E。井冈山松木坪 26°34′N，114°04′E。宜春市靖安县大杞山生态林场 29°07′00″N，115°07′00″E。

点茎宽缘龙虱 *Platambus punctatipennis* Brancucci

江西省：井冈山弯坑 26°53′20.01″N，114°25′15.01″E。

斯氏宽缘龙虱 *Platambus schillhammeri* Wewalka et Brancucci

江西省：井冈山荆竹山风景区 26°31.0′N，114°05.9′E。

冥宽缘龙虱 *Platambus stygius* (Régimbart)

江西省：井冈山 26°31.0′N，114°05.9′E。

宽缘龙虱属未定种 *Platambus* sp.

湖南省：株洲市炎陵县神农谷自然保护区 26°49′93″N，114°06′56″E。

异短胸龙虱 *Platynectes dissimilis* (Sharp)

江西省：宜春市靖安县大杞山生态林场 29°07′00″N，115°07′00″E。宜春市靖安县三爪仑乡白水洞景区 29°04′00″N，115°11′00″E。宜春市靖安县观音岩 29°03′00″N，115°25′00″E。吉安市安福县武功山 27°33′00″N，114°23′00″E。

双短斑胸龙虱 *Platynectes gemellatus* Šťastný

江西省：吉安市井冈山湖羊塔 26.4983°N，114.1217°E。井冈山湘洲 26°35.5′N，114°16.0′E。井冈山荆竹山风景区 26°31.0′N，114°05.9′E。井冈山西坪 26°33.7′N，114°12.2′E。井冈山白银湖 26°36.8′N，114°11.1′E。

大短胸龙虱 *Platynectes major* Nilsson

江西省：井冈山荆竹山风景区 26°31.0′N，114°05.9′E。井冈山湖羊塔 26.4983°N，114.1217°E。井冈山湘洲 26°35.5′N，114°16.0′E。

南岭短胸龙虱 *Platynectes nanlingensis* Šťastný

江西省：井冈山荆竹山风景区 26°31.0′N，114°05.9′E。

纹伪乌龙虱 *Pseuduvarus vitticollis* (Boheman)

江西省：井冈山西坪 26°33.4′N，114°12.2′E。

小雀斑龙虱 *Rhantus suturalis* (Macleay)

湖南省：株洲市炎陵县神农谷自然保护区 26°49′93″N，114°06′56″E。

江西省：井冈山荆竹山风景区 26°31.0′N，114°05.9′E。

圆雀斑龙虱 *Rhantus yessoensis* Sharp

江西省：宜春市靖安县大杞山生态林场 29°07′00″N，115°07′00″E。井冈山 26°31.0′N，114°05.9′E。

沼梭科 Haliplidae

无斑沼梭 *Haliplus eximius* (Clark)

江西省：宜春市靖安县璪都镇南山村 29°01′00″N，115°16′00″E。井冈山 26°31.0′N，114°05.9′E。

霍氏沼梭 *Haliplus holmeni* von Vondel

江西省：宜春市靖安县璪都镇南山村 29°01′00″N，115°16′00″E。

日本沼梭 *Haliplus japonicus* Sharp

江西省：井冈山松木坪 26°34′N，114°04′E。井冈山湖羊塔 114.1217°N，26.4983°E。井冈山平水山 26°27′N，

114°21′E。井冈山荆竹山 26°31.0′N，114°05.9′E。井冈山双溪口 26°31.4′N，114°11.3′E。宜春市靖安县大杞山生态林场 29°07′00″N，115°07′00″E。宜春市靖安县骆家坪 29°07′42″N，115°18′07″E。

瑞氏沼梭 *Haliplus regimbarti* Zaitzev

江西省：井冈山荆竹山风景区 26°31.0′N，114°05.9′E。井冈山湘洲 26°35.5′N，114°16.0′E。宜春市靖安县大杞山生态林场 29°07′00″N，115°07′00″E。庐山 29°32′N，116°4′E。

夏普沼梭 *Haliplus sharpi* Wehncke

江西省：靖安县璪都镇南山村 29°01′00″N，115°16′00″E。

沼梭属未定种 *Haliplus* sp.

湖南省：株洲市炎陵县神农谷自然保护区 26°49′93″N，114°06′56″E。

中华水梭 *Peltodytes sinensis* (Hope)

江西省：宜春市靖安县观音岩景区 29°03′00″N，115°25′00″E。井冈山 26°31.0′N，114°05.9′E。靖安县璪都镇南山村 29.01′N，115.16′E。靖安县大杞山生态林场 28.67′N，115.07′E。

豉甲科 Gyrinidae

圆鞘隐盾豉甲 *Dineutus mellyi* (Régimbart)

江西省：吉安市安福县武功山 27°19′00″N，114°13′00″E。井冈山 26°56′17″N，114°13′19″E。庐山 29°32′N，116°4′E。宜春市奉新县百丈山 28°41′35″N，114°46′27″E。

湖南省：株洲市炎陵县神农谷自然保护区 26°49′93″N，114°06′56″E。

东方隐盾豉甲 *Dineutus orientalis* (Modeer)

江西：庐山 29°32′N，116°4′E。

东方豉甲 *Gyrinus mauricei* Fery et Hájek

江西省：井冈山 26°56′17″N，114°13′19″E。宜春市奉新县百丈山 28°41′35″N，114°46′27″E。

直盾全毛背豉甲 *Orectochilus nigroaeneus* Regimbart

江西省：井冈山荆竹山 26°29′45″N，114°04′45″E。吉安市遂川县南风面国家级自然保护区 26°16′32″N，113°59′34″E。

湖南省：郴州市桂东县八面山国家级自然保护区 25°58′21″N，113°42′37″E。

钝翅毛背豉甲 *Orectochilus obtusipennis* Regimbart

江西省：井冈山荆竹山 26°29′45″N，114°04′45″E。

湖南省：郴州市桂东县八面山国家级自然保护区 25°58′21″N，113°42′37″E。

铜色毛边豉甲 *Patrus chalceus* (Ochs)

江西省：井冈山 26°56′17″N，114°13′19″E。

江西毛边豉甲 *Patrus jiangxiensis* Liang, Angus et Jia

江西省：赣州市上犹县光菇山自然保护区 25°54′55″N，114°03′09″E。三爪仑乡白水洞景区 29.04′N，115.11′E。井冈山 26°29′45″N，114°04′45″E。吉安市安福县武功山 27°47′53″N，114°14′83″E。

梅边毛边豉甲 *Patrus melli* (Ochs)

江西省：井冈山 26°56′17″N，114°13′19″E。

胡氏毛边豉甲 *Patrus wui* Ochs

江西省：宜春市靖安县观音岩 29°01′48″N，115°25′00″E；29°04′00″N，115°14′00″E。宜春市靖安县白水洞景区 29°04′00″N，115°11′00″E。吉安市安福县武功山 27°33′00″N，114°23′00″E。

湖南省：郴州市桂东县八面山国家级自然保护区 25°58′21″N，113°42′37″E。

毛边豉甲属未定种 *Patrus* sp.

湖南省：株洲市炎陵县神农谷自然保护区 26°30′43″N，113°59′44″E；26°49′93″N，114°06′56″E。

多食亚目 Polyphaga

圆牙甲科 Georissidae

粒圆牙甲 *Georissus granulatus* sp. nov.

江西省：宜春市靖安县大杞山林场 28.67°N，115.07°E。

小圆牙甲 *Georissus minutus* sp. nov.

江西省：宜春市靖安县大杞山林场 28.67°N，115.07°E。

圆牙甲属未定种 *Georissus* sp.

江西省：井冈山 26°56′17″N，114°13′19″E。

牙甲科 Hydrophilidae

大阿牙甲 *Agraphydrus activus* Komarek et Hebauer

江西省：井冈山双溪口 26°31.4′N，114°11.3′E。

安徽阿牙甲 *Agraphydrus anhuianus* Hebauer

江西省：井冈山湖羊塔 26°29.9′N，114°07.3′E。井冈山双溪口 26°31.4′N，114°11.3′E。井冈山主峰 26°53′N，

114°15′E。

湖南省：郴州市桂东县八面山国家级自然保护区 25°58′21″N，113°42′37″E。

卡阿牙甲 *Agraphydrus calvus* Komarek et Hebauer

江西省：井冈山双溪口 26°31.4′N，114°11.3′E。

锥阿牙甲 *Agraphydrus conicus* Komarek et Hebauer

江西省：井冈山荆竹山 26°31.0′N，114°05.9′E。

窄缩阿牙甲 *Agraphydrus contractus* Komarek et Hebauer

江西省：井冈山荆竹山 26°31.0′N，114°05.9′E。

斑阿牙甲 *Agraphydrus fasciatus* Komarek et Hebauer

江西省：井冈山双溪口 26°31.4′N，114°11.3′E。

费氏阿牙甲 *Agraphydrus fikaceki* Komarek et Hebauer

江西省：井冈山锡坪山 26°30.4′N，114°06.9′E。井冈山湖羊塔 26°29.9′N，114°07.3′E。

钳阿牙甲 *Agraphydrus forcipatus* Komarek et Hebauer

江西省：井冈山白银湖 26°36.8′N，114°11.1′E。

变阿牙甲 *Agraphydrus variabilis* Komarek et Hebauer

江西省：井冈山荆竹山 26°31.0′N，114°05.9′E。

阿牙甲属未定种 *Agraphydrus* sp.

江西省：吉安市安福县武功山 27°19′00″N，114°13′00″E。宜春市靖安县三爪仑乡骆家坪 29°01′42″N，115°18′07″E。井冈山 26°56′17″N，114°13′19″E。

湖南省：株洲市炎陵县神农谷自然保护区 26°49′93″N，114°06′56″E。

玛隔牙甲 *Amphiops mater* Sharp

江西省：宜春市靖安县璪都镇南山村 29°01′00″N，115°16′00″E。宜春市靖安县大杞山生态林场 28°67′00″N，115°16′00″E。宜春市靖安县观音岩 29°01′48″N，115°25′00″E。

黑黄安牙甲 *Anacaena atriflava* Jia

江西省：宜春市靖安县大杞山生态林场 28.67°N，115.16°E。宜春市靖安县璪都镇南山村 29.01°N，115.16°E。赣州市上犹县光菇山自然保护区 25°54′55″N，114°03′09″E。井冈山 26°56′17″N，114°13′19″E。井冈山湖羊塔 26°29.9′N，114°07.3′E。井冈山荆竹山 26°31.0′N，114°05.14′E。井冈山白银湖 26°36.8′N，114°11.1′E。井冈

山大井 26°33′47.10″N，114°07′30.19″E。井冈山双溪口 26°31.4′N，114°11.3′E。井冈山湘洲 26°36′20.26″N，114°16′20.33″E。井冈山西坪 26°33.4′N，114°12.2′E。井冈山平水山 26°27′1″N，114°21′14″E。井冈山松木坪 26°34′36.81″N，114°04′24.42″E。

黄额安牙甲 *Anacaena lancifera* Pu

江西省：井冈山西坪 26°33.4′N，114°12.2′E。井冈山荆竹山 26°31.0′N，114°05.26′E。井冈山双溪口 26°31.4′N，114°11.3′E。井冈山湘洲 26°36′20.26″N，114°16′20.33″E。井冈山下庄 26°32′42.24″N，114°11′26.15″E。井冈山白银湖 26°36.8′N，114°11.1′E。

湖南省：郴州市桂东县八面山国家级自然保护区 25°58′21″N，113°42′37″E。株洲市炎陵县桃源洞自然保护区甲水 26°59′00″N，113°99′00″E。株洲市炎陵县桃源洞自然保护区中礁石工区 26°31′00″N，113°03′00″E。

斑安牙甲 *Anacaena maculata* Pu

江西省：井冈山龙市 26°42′10″N，113°57′24″E。

蒲氏安牙甲 *Anacaena pui* Komarek

江西省：井冈山 26°56′17″N，114°13′19″E。赣州市上犹县光菇山自然保护区 25°54′55″N，114°03′09″E。井冈山荆竹山 26°31.0′N，114°05.9′E。井冈山湘洲 26°35.5′N，114°16.0′E。

安牙甲属未定种 1 *Anacaena* sp. 1

江西省：井冈山平水山 26°27′1″N，114°21′14″E。

湖南省：株洲市炎陵县神农谷自然保护区 26°49′93″N，114°06′56″E。

安牙甲属未定种 2 *Anacaena* sp. 2

江西省：井冈山湖羊塔 26°29.9′N，114°07.3′E。

辛氏沟牙甲 *Armostus schenklingi* Orchymont

江西省：宜春市靖安县观音岩 29°01′48″N，115°25′00″E。宜春市靖安县璪都镇 29°01′00″N，115°16′00″E。宜春市靖安县武功山 27°19′N，114°13′E。

日本贝牙甲 *Berosus japonicus* Sharp

江西省：宜春市靖安县骆家坪 29°01′42″N，115°18′07″E。宜春市靖安县观音岩 29°01′48″N，115°25′00″E。宜春市靖安县璪都镇南山村 29°01′00″N，115°16′00″E。萍乡市芦溪县武功山 27°47′53″N，114°14′83″E。宜春市靖安县大杞山生态林场 28°40′12″N，115°04′12″E。井冈山龙市 26°42′10″N，113°57′24″E。

路氏贝牙甲 *Berosus lewisius* Sharp

江西省：宜春市靖安县璪都镇南山村 29°00′36″N，115°09′36″E。宜春市靖安县观音岩 29°01′48″N，

115°15′00″E。井冈山湘洲 26°35.5′N，114°16.0′E。

柔毛贝牙甲 *Berosus pulchellus* McLeay

江西省：宜春市靖安县璪都镇南山村 29°01′00″N，115°16′00″E。井冈山湘洲 26°35.5′N，114°16.0′E。

喜贝牙甲 *Berosus siamensis* Schödl

江西省：宜春市靖安县璪都镇南山村 29°00′36″N，115°09′36″E。

湖南省：株洲市炎陵县神农谷自然保护区 26°49′93″N，114°06′56″E。

贝牙甲属未定种 *Berosus* sp.

江西省：吉安市安福县武功山风景名胜区 27°29′48″N，114°11′12″E。

湖南省：株洲市炎陵县神农谷自然保护区 26°49′93″N，114°06′56″E。

可爱梭腹牙甲 *Cercyon bellus* Jia, Liang, Ryndevich et Fikacek

江西省：吉安市遂川县南风面国家级自然保护区 26°17′17″N，114°3′42″E。井冈山下庄 26°32′57″N，114°11′5″E。

汉森梭腹牙甲 *Cercyon hanseni* Jia, Fikacek et Ryndevich

江西省：井冈山双溪口 26°31.4′N，114°11.3′E。井冈山湘洲 26°32.0′N，114°11.0′E。井冈山荆竹山 26°31.0′N，114°05.9′E。井冈山大井 26°33.0′N，114°07.0′E。井冈山白银湖 26°36.8′N，114°11.1′E。

宽坦梭腹牙甲 *Cercyon incretus* Orchymont

江西省：井冈山湘洲 26°35.5′N，114°16.0′E。

脊梭腹牙甲 *Cercyon laminatus* Sharp

江西省：宜春市靖安县观音岩 29°01′48″N，115°25′00″E。宜春市靖安县璪都镇南山村 29°01′00″N，115°16′00″E。井冈山湘洲 26°35.5′N，114°16.0′E。

黑头梭腹牙甲 *Cercyon nigriceps* (Marsham)

江西省：吉安市安福县武功山 27°19′00″N，114°13′00″E。井冈山白银湖 26°36.8′N，114°11.1′E。

夜行梭腹牙甲 *Cercyon noctuabundus* Shatrovskiy

江西省：井冈山大井 26°33′08″N，114°07′22″E。井冈山龙市 26°42′10″N，113°57′24″E。

平突梭腹牙甲 *Cercyon punctiger* Knisch

江西省：井冈山 26°56′17″N，114°13′19″E。

刚毛梭腹牙甲 *Cercyon setiger* Wu et Pu

江西省：吉安市安福县武功山 27°19′00″N，114°13′00″E。井冈山 26°56′17″N，114°13′19″E。

小梭腹牙甲 *Cercyon subsolanus* Balfour-Browne

江西省：宜春市靖安县璪都镇南山村 29°01′00″N，115°16′00″E。

胡氏梭腹牙甲 *Cercyon wui* Hansen

江西省：吉安市安福县武功山 27°19′00″N，114°13′00″E。

梭腹牙甲属未定种 1 *Cercyon* sp. 1

江西省：吉安市安福县武功山 27°19′00″N，114°13′00″E。

梭腹牙甲属未定种 2 *Cercyon* sp. 2

江西省：井冈山白银湖 26°36.8′N，114°11.1′E。

印度凯牙甲 *Chaetarthria indica* Orchymont

江西省：井冈山湘洲 26°36′20.26″N，114°16′20.33″E。

双叶陷口牙甲 *Coelostoma bifidum* Jia, Aston et Fikacek

江西省：井冈山湘洲 26°36.0′N，114°16.0′E。井冈山白银湖 26°36.8′N，114°11.1′E。井冈山弯坑 26°53′20.01″N，114°25′15.01″E。井冈山双溪口 26°31.4′N，114°11.3′E。井冈山湘洲 26°32.0′N，114°11.0′E。井冈山主峰 26.53′N，114.15′E。

斯图陷口牙甲 *Coelostoma stultum* (Walker)

江西省：宜春市靖安县大杞山生态林场 28°67′00″N，115°16′00″E。宜春市靖安县璪都镇南山村 29°01′00″N，115°16′00″E。宜春市靖安县观音岩 29°03′00″N，115°25′00″E。

胡氏陷口牙甲 *Coelostoma wui* Orchymont

江西省：宜春市靖安县大杞山生态林场 28°67′00″N，115°16′00″E。井冈山湘洲 26°35.5′N，114°16.0′E。

线纹覆毛牙甲 *Crytopleunum subtile* Sharp

江西省：宜春市靖安县武功山 27°19′N，114°13′E。宜春市靖安县璪都镇观音岩 29°01′48″N，115°25′00″E。井冈山湘洲 26°35.5′N，114°16.0′E。井冈山 26°56′17″N，114°13′19″E。

李氏异节牙甲 *Cymbiodyta lishizheni* Jia et Lin

江西省：宜春市靖安县观音岩 29°01′48″N，115°25′00″E。宜春市靖安县白水洞景区 29°01′48″N，115°11′00″E。

趋湿箭腹牙甲 *Dactylosternum hydrophiloides* MacLeay

江西省：井冈山湘洲 26°35.5′N，114°16.0′E。

伪宽箭腹牙甲 *Dactylosternum pseudolatum* Mai et Jia

江西省：井冈山湘洲 26°32.0′N，114°11.0′E。井冈山松木坪 26°34.7′N，114°04.3′E。

粗苍白牙甲 *Enochrus crassus* Régimbart

江西省：井冈山双溪口 26°31.4′N，114°11.3′E。

伊苏苍白牙甲 *Enochrus esuriens* (Walker)

江西省：宜春市靖安县璪都镇南山村 29°01′00″N，115°16′00″E。吉安市安福县武功山 27°19′00″N，114°13′00″E。宜春市靖安县璪都镇观音岩 29°01′48″N，115°25′00″E。

黄褐苍白牙甲 *Enochrus flavicans* Regimbart

湖南省：郴州市桂东县八面山国家级自然保护区 25°58′21″N，113°42′37″E。

江西省：井冈山 26°56′17″N，114°13′19″E。井冈山湘洲 26°36′20.26″N，114°16′20.33″E。

日本苍白牙甲 *Enochrus japonicus* Sharp

江西省：宜春市靖安县大杞山生态林场 28.67°N，115.07°E。宜春市靖安县骆家坪 29°07′42″N，115°18′07″E。井冈山荆竹山 26°31.0′N，114°05.9′E。井冈山龙市 26°42′10″N，113°57′24″E。

湖南省：株洲市炎陵县桃源洞国有林场中礁石工区 26°31′N，114°03′E。

利姆苍白牙甲 *Enochrus limbourgi* Jia et Lin

江西省：宜春市靖安县璪都镇南山村 29.01°N，115.16°E。

隆苍白牙甲 *Enochrus subsignatus* Sharp

江西省：宜春市靖安县观音岩 29°01′48″N，115°25′00″E。宜春市靖安县璪都镇南山村 29°01′00″N，115°16′00″E。宜春市靖安县大杞山生态林场 28.67°N，115.07°E。

吉利牙甲属未定种 *Gillisius* sp.

江西省：井冈山坪水山 26°27′N，114°21′E。

锚突丽阳牙甲 *Helochares neglectus* (Hope)

江西省：宜春市靖安县璪都镇南山村 29°01′00″N，115°16′00″E。

伪条丽阳牙甲 *Helochares pallens* (Mclaeay)

江西省：宜春市靖安县璪都镇南山村 29°01′00″N，115°16′00″E。井冈山荆竹山风景区 26°31.0′N，114°05.9′E。井冈山湘洲 26°35.5′N，114°16.0′E。井冈山龙市 26°42′10″N，113°57′24″E。

索氏丽阳牙甲 *Helochares sauteri* Orchymont

江西省：井冈山 26°56′17″N，114°13′19″E。井冈山白银湖 26°36.8′N，114°11.1′E。井冈山双溪口 26°31.4′N，114°11.3′E。井冈山大井 26°33′47.10″N，114°07′30.20″E。井冈山主峰 26°53′N，114°15′E。

湖南省：株洲市炎陵县桃源洞 26°29′14″N，114°00′42″E。

细点齿鞘牙甲 *Hydrocassis imperialis* (Knisch)

江西省：井冈山白银湖 26°36.8′N，114°11.1′E。井冈山荆竹山风景区 26°31.0′N，114°05.9′E。井冈山湘洲 26°36′20.26″N，114°16′20.33″E。井冈山西坪 26°33.4′N，114°12.2′E。井冈山湖羊塔 26°29.9′N，114°07.3′E。井冈山双溪口 26°31.4′N，114°11.3′E。井冈山弯坑 26°53′20.01″N，114°25′15.01″E。

舟齿鞘牙甲 *Hydrocassis scapha* d'Orchymont

湖南省：郴州市桂东县齐云山国家级自然保护区 25°53′45″N，114°01′33″E。

台湾齿鞘牙甲 *Hydrocassis taiwana* Satô

江西省：井冈山荆竹山风景区 26°31.0′N，114°05.9′E。

尖突牙甲 *Hydrophilus acuminatus* Motschulsky

江西省：宜春市奉新县百丈山 28°41′35″N，114°46′27″E。井冈山 26°56′17″N，114°13′19″E。井冈山罗浮 26°39′N，114°13′E。井冈山湘洲 26°36′20.26″N，114°16′20.33″E。宜春市靖安县大杞山生态林场 28°40′12″N，115°04′12″E。宜春市靖安县观音岩 29°01′48″N，115°15′00″E。

双线牙甲 *Hydrophilus bilineatus caschmirensis* Redten.

江西省：井冈山罗浮 26°39′N，114°13′E。

台湾长节牙甲 *Laccobius formosus* Gentili

江西省：井冈山湘洲 26°35.5′N，114°16.0′E。

哈氏长节牙甲 *Laccobius hammondi* Gentili

江西省：宜春市靖安县璪都镇南山村 29°01′00″N，115°16′00″E。井冈山 26°56′17″N，114°13′19″E。井冈山白银湖 26°36.8′N，114°11.1′E。井冈山湘洲 26°36′20.26″N，114°16′20.33″E。宜春市靖安县大杞山生态林场 28°40′12″N，115°04′12″E。

膨茎长节牙甲 *Laccobius inopinus* Gentili

江西省：井冈山大井 26°33′47.10″N，114°07′30.19″E。井冈山白银湖 26°36.8′N，114°11.1′E。井冈山双溪口 26°31.4′N，114°11.3′E。井冈山荆竹山 26°31.0′N，

114°05.26′E。井冈山湖羊塔 26°29.9′N，114°07.3′E。井冈山湘洲 26°36′20.26″N，114°16′20.33″E。宜春市靖安县大杞山生态林场 28°40′12″N，115°04′12″E。宜春市靖安县璪都镇南山村 29°00′36″N，115°09′36″E。

黑长节牙甲 *Laccobius nitidus* Gentili

江西省：井冈山湘洲 26°35.5′N，114°16.0′E。

优美长节牙甲 *Laccobius nobilis* Gentili

江西省：井冈山湖羊塔 26°29.9′N，114°07.3′E。

长节牙甲属未定种 1 *Laccobius* sp. 1

湖南省：株洲市炎陵县水口镇木湾 26°34′16″N，113°80′88″E。株洲市炎陵县神农谷自然保护区 26°49′93″N，114°06′56″E。

长节牙甲属未定种 2 *Laccobius* sp. 2

湖南省：株洲市炎陵县神农谷自然保护区 26°49′93″N，114°06′56″E。

费氏乌牙甲 *Oocyclus fikaceki* Short et Jia

江西省：宜春市靖安县大杞山生态林场 28.67°N，115.07°E。宜春市靖安县白水洞景区 29.04°N，115.11°E。井冈山白银湖 26°36.8′N，114°11.1′E。

湖南省：郴州市桂东县八面山国家级自然保护区 25°58′21″N，113°42′37″E。

污卵腹牙甲 *Oosternum soricoides* Orchymont

江西省：井冈山荆竹山 26°31.0′N，114°05.9′E。井冈山湘洲 26°35.5′N，114°16.0′E。井冈山湖羊塔 26°29.9′N，114°07.3′E。

黑厚腹牙甲 *Pachysternum stevensi* Orchymont

江西省：井冈山荆竹山 26°31.0′N，114°05.9′E。井冈山白银湖 26°36.8′N，114°11.1′E。

宽窝牙甲属未定种 *Pacrillum* sp.

江西省：井冈山龙市 26°42′10″N，113°57′24″E。

小隆胸牙甲 *Paracymus atomus* Orchymont

江西省：井冈山荆竹山风景区 26°31.0′N，114°05.9′E。井冈山西坪 26°33.4′N，114°12.2′E。井冈山湘洲 26°36′20.26″N，114°16′20.33″E。

东方隆胸牙甲 *Paracymus orientalis* Orchymont

江西省：宜春市靖安县璪都镇南山村 29°01′00″N，115°16′00″E。

孔皮牙甲 *Pelthydrus fenestratus* Schönmann

江西省：井冈山湘洲 26°36′20.26″N，114°16′20.33″E。

井冈山西坪 26°33.4′N，114°12.2′E。

长茎皮牙甲 *Pelthydrus longifolius* Bian, Schönmann et Ji

江西省：井冈山荆竹山 26°31.0′N，114°05.14′E。井冈山湘洲 26°36′20.26″N，114°16′20.33″E。井冈山弯坑 26°53′20.01″N，114°25′15.01″E。

球型哌拉牙甲 *Peratogonus reversus* Sharp

江西省：井冈山湘洲 26°35.5′N，114°16.0′E。

菩萨牙甲属未定种 *Psalitrus* sp.

江西省：井冈山湘洲 26°35.5′N，114°16.0′E。

梭型赖牙甲 *Regimbartia attenuata* (Fabricius)

江西省：宜春市靖安县璪都镇南山村 29°01′00″N，115°16′00″E。宜春市靖安县观音岩 29°03′00″N，115°25′00″E。

双色陆牙甲 *Sphaeridium discolor* Orchymont

江西省：井冈山荆竹山 26°31.0′N，114°05.9′E。

五斑陆牙甲 *Sphaeridium quinquemaculatum* Fabricius

江西省：井冈山荆竹山 26°31.0′N，114°05.9′E。井冈山大井 26°33.0′N，114°07.0′E。井冈山湘洲 26°32.0′N，114°11.0′E。井冈山大井龙潭 26°33.0′N，114°07.0′E。井冈山大坝里 26°29.3′N，114°08.1′E。

网纹陆牙甲 *Sphaeridium reticulatum* Orchymont

江西省：井冈山荆竹山 26°31.0′N，114°05.9′E。井冈山大井 26°33.0′N，114°07.0′E。井冈山大坝里 26°29.3′N，114°08.1′E。

红脊胸牙甲 *Sternolophus rufipes* (Fabricius)

江西省：宜春市靖安县璪都镇南山村 29°01′00″N，115°16′00″E。井冈山湘洲 26°36′20.26″N，114°16′20.33″E。井冈山罗浮 26°39′N，114°13′E。井冈山主峰 26°53′N，114°15′E。井冈山双溪口 26°31.4′N，114°11.3′E。宜春市靖安县璪都镇南山村 29°00′36″N，115°09′36″E。宜春市靖安县大杞山生态林场 28°40′12″N，115°04′12″E。宜春市靖安县观音岩 29°01′48″N，115°15′00″E。

扁泥甲科 Psephenidae

真扁泥甲属未定种 *Eubrianax* sp.

江西省：吉安市安福县武功山风景名胜区 27°29′48″N，114°11′12″E。

湖南省：株洲市炎陵县神农谷自然保护区 26°30′

43″N，113°59′44″E。

中华纯扁泥甲 *Metaeopsephus chinensis* (Nakane)

江西省：吉安市安福县武功山风景名胜区 27°29′48″N，114°11′12″E。

湖南省：株洲市炎陵县神农谷自然保护区 26°30′43″N，113°59′44″E。

纯扁泥甲属未定种 *Metaeopsephus* sp.

江西省：吉安市安福县武功山风景名胜区 27°29′48″N，114°11′12″E。

软鞘扁泥甲属未定种 *Psephenoides* sp.

江西省：吉安市安福县武功山风景名胜区 27°29′48″N，114°11′12″E。

湖南省：株洲市炎陵县神农谷自然保护区 26°30′43″N，113°59′44″E。

溪泥甲科 Elmidae

鹬溪泥甲属未定种 *Grouvellinus* sp.

江西省：吉安市安福县武功山风景名胜区 27°29′48″N，114°11′12″E。

短刻溪泥甲属未定种 *Ordobrevia* sp.

江西省：吉安市安福县武功山风景名胜区 27°29′48″N，114°11′12″E。

湖南省：株洲市炎陵县神农谷自然保护区 26°30′43″N，113°59′44″E。

长角溪泥甲属未定种 *Stenelmis* sp.

江西省：宜春市靖安县璪都镇观音岩 29°01′48″N，115°25′00″E。

湖南省：郴州市桂东县八面山国家级自然保护区 25°58′21″N，113°42′37″E。株洲市炎陵县桃源洞自然保护区 26°30′05.63″N，114°00′53.19″E。

扎长角溪泥甲属未定种 *Zaitzevia* sp.

江西省：吉安市安福县武功山风景名胜区 27°29′48″N，114°11′12″E。

湖南省：株洲市炎陵县神农谷自然保护区 26°30′43″N，113°59′44″E。

挚爪泥甲科 Eulichadidae

杜氏挚爪泥甲 *Eulichas dudgeoni* Jäch

江西省：宜春市靖安县璪都镇南山村 29°01′00″N，

115°16′00″E。宜春市靖安县璪都镇观音岩 29°01′48″N，115°25′00″E。赣州市上犹县光菇山 25°54′55″N，114°03′09″E。吉安市安福县武功山风景名胜区 27°29′48″N，114°11′12″E。

湖南省：株洲市炎陵县神农谷自然保护区 26°30′43″N，113°59′44″E。

浮挚爪泥甲 *Eulichas funebris* (Westwood)

江西省：井冈山小溪洞 26°26′N，114°11′E。

挚爪泥甲属未定种 *Eulichas* sp.

江西省：赣州市上犹县光菇山 25°54′55″N，114°03′09″E。

沼甲科 Scirtidae

沼甲属未定种 1 *Scirtes* sp. 1

江西省：井冈山湘洲 26°36.0′N，114°16.0′E。井冈山罗浮 26°39′N，114°13′E。宜春市宜丰县官山国家级自然保护区 28°33′21″N，114°35′20″E。

沼甲属未定种 2 *Scirtes* sp. 2

江西省：井冈山湘洲 26°36.0′N，114°16.0′E。井冈山罗浮 26°39′N，114°13′E。宜春市靖安县璪都镇南山村 29°01′00″N，115°16′00″E。

毛泥甲科 Ptilodactylidae

安毛泥甲 *Anchycteis velutina* Horn

江西省：吉安市安福县武功山风景名胜区 27°29′48″N，114°11′12″E。

隘毛泥甲属未定种 *Epilichas* sp.

江西省：吉安市安福县武功山 27°19′00″N，114°13′00″E。

湖南省：郴州市桂东县八面山国家级自然保护区 25°58′21″N，113°42′37″E。资兴市回龙山瑶族乡回龙山 26°04′33.34″N，113°23′15.85″E。

毛泥甲属未定种 *Ptilodactyla* sp.

江西省：宜春市宜丰县官山国家级自然保护区 28°33′16″N，113°34′55″E。

长泥甲科 Heteroceridae

长泥甲属未定种 *Heterocerus* sp.

江西省：宜春市靖安县璪都镇南山村 29°01′00″N，115°16′00″E。

泽甲科 Limnichidae

卡泽甲属未定种 *Caccothryptus* sp.

江西省：赣州市上犹县光菇山自然保护区

25°54′55″N，114°03′09″E。吉安市遂川县南风面国家级自然保护区 26°17′04″N，114°03′53″E。井冈山朱砂冲林场下庄村 26°32′57″N，114°11′5″E。

泥泽甲属未定种 *Pelochares* sp.

江西省：宜春市靖安县璪都镇南山村 29°01′00″N，115°16′00″E。宜春市靖安县大杞山生态林场 28°67′00″N，115°07′00″E。宜春市靖安县观音岩 29°03′00″N，115°25′00″E。

花蚤科 Mordellidae

花蚤属未定种 *Mordellistena* sp.

江西省：吉安市安福县武功山风景名胜区 27°29′48″N，114°11′12″E。

湖南省：郴州市汝城县九龙江国家森林公园 25°23′20″N，113°46′27″E。

扁谷盗科 Laemophloeidae

绣赤扁谷盗 *Cryptolestes ferrugineus* (Stephens)

湖南省：郴州市汝城县九龙江国家森林公园 25°23′20″N，113°46′27″E。

江西省：吉安市安福县武功山风景名胜区 27°29′48″N，114°11′12″E。

锹甲科 Lucanidae

沟纹眼锹甲 *Aegus laevicollis* Saunders

湖南省：长沙市浏阳市大围山 28°25′28″N，114°04′52″E。

眼锹甲属未定种 *Aegus* sp.

湖南省：郴州市桂东县八面山国家级自然保护区 25°58′21″N，113°42′37″E。

中国环锹甲 *Cyclommatus elsae* Kriesche

湖南省：郴州市桂东县八面山国家级自然保护区 25°58′21″N，113°42′37″E。

韦氏环锹甲 *Cyclommatus vitalisi* Pouillaude

湖南省：郴州市汝城县九龙江国家森林公园 25°23′20″N，113°46′27″E。

环锹甲属未定种 *Cyclommatus* sp.

江西省：宜春市宜丰县官山国家级自然保护区 28°33′21″N，114°35′20″E。

湖南省：郴州市桂东县八面山国家级自然保护区 25°58′21″N，113°42′37″E。

毛角大锹 *Dorcus hirticornis* (Jakowleff)

江西省：宜春市奉新县百丈山 28°41′35″N，114°46′27″E。

中华大锹甲 *Dorcus hopei* (Saunders)

江西省：吉安市遂川县南风面国家级自然保护区 26°17′04″N，114°03′53″E。

湖南省：长沙市浏阳市大围山 28°25′28″N，114°04′52″E。郴州市汝城县九龙江国家森林公园 25°23′20″N，113°46′27″E。

黄毛小刀锹甲 *Dorcus mellianus* (Kriesche)

湖南省：岳阳市平江县幕阜山 28°58′18″N，113°49′55″E。郴州市汝城县九龙江国家森林公园 25°23′20″N，113°46′27″E。

三叉刀锹甲 *Dorcus seguyi* De Lisle

湖南省：郴州市汝城县九龙江国家森林公园 25°23′20″N，113°46′27″E。

中国大扁锹甲 *Dorcus titanus* Boisduval

湖南省：郴州市桂东县八面山国家级自然保护区 25°58′21″N，113°42′37″E。资兴市回龙山瑶族乡回龙山 26°04′33.34″N，113°23′15.85″E。岳阳市平江县幕阜山 28°58′12.09″N，113°49′06.24″E。

微大锹甲 *Dorcus vernicatus* Arrow

湖南省：郴州市桂东县八面山国家级自然保护区 25°58′21″N，113°42′37″E。

华东刀锹甲 *Dorcus vicinus* Saunders

湖南省：郴州市桂东县八面山国家级自然保护区 25°58′21″N，113°42′37″E。

山田刀锹甲 *Dorcus yamadai* Miwa

江西省：吉安市遂川县南风面国家级自然保护区 26°17′04″N，114°03′53″E。

刀锹甲属未定种 *Dorcus* sp.

江西省：宜春市宜丰县官山国家级自然保护区。

拟戟小刀锹 *Falcicornis taibaishanensis* (Schenk)

湖南省：长沙市浏阳市大围山 28°25′28″N，114°04′52″E。

幸运深山锹甲 *Lucanus fortunei* Saundersling

江西省：宜春市奉新县九岭山 28°41′51″N，114°45′08″E。

巨叉深山锹甲 *Lucanus hermani* De Lisle

江西省：吉安市遂川县南风面国家级自然保护区 26°17′04″N，114°03′53″E。

湖南省：资兴市回龙山瑶族乡回龙山 26°04′33.34″N，113°23′15.85″E。株洲市炎陵县桃源洞自然保护区 26°30′05.63″N，114°00′53.19″E。

黄鞘深山锹甲 *Lucanus latus* (Arrow)

湖南省：株洲市炎陵县桃源洞 26°29′14″N，114°00′42″E。

派瑞深山锹甲 *Lucanus parryi* Boileau

江西省：吉安市遂川县南风面国家级自然保护区 26°17′04″N，114°03′53″E。

武夷深山锹甲 *Lucanus wuyishanensis* Schenk

湖南省：岳阳市平江县幕阜山 28°58′18″N，113°49′55″E。

锹甲属未定种 *Lucanus* sp.

江西省：宜春市宜丰县官山国家级自然保护区 28°33′21″N，114°35′20″E。

湖南省：郴州市汝城县九龙江国家森林公园 25°23′20″N，113°46′27″E。

小黑新锹甲 *Neolucanus chempioni* Parry

江西省：宜春市奉新县百丈山 28°41′35″N，114°46′27″E。

指名亮新锹甲 *Neolucanus nitidus* (Saunders)

江西省：吉安市安福县武功山 27°19′00″N，114°13′00″E。宜春市靖安县璪都镇观音岩 29°01′48″N，115°25′00″E。

红翅新锹甲 *Neolucanus robustus* Boileau

湖南省：岳阳市平江县幕阜山 28°58′12.09″N，113°49′06.24″E。

中华新锹甲 *Neolucanus sinicus* (Saunders)

江西省：吉安市遂川县南风面国家级自然保护区 26°17′04″N，114°03′53″E。宜春市靖安县璪都镇观音岩 29°01′48″N，115°25′00″E。

湖南省：长沙市浏阳市大围山 28°25′28″N，114°04′52″E。

简颚锹甲 *Nigidionus parryi* Bates

江西省：宜春市宜丰县官山国家级自然保护区 28°33′21″N，114°35′20″E。

湖南省：株洲市炎陵县桃源洞 26°29′14″N，114°00′42″E。郴州市汝城县九龙江国家森林公园 25°23′20″N，113°46′27″E。

库光胫奥锹甲 *Odontolabis cuvera* Hope

湖南省：长沙市浏阳市大围山 28°25′28″N，114°04′52″E。

小黑奥锹甲 *Odontolabis platynota* Didier

江西省：宜春市靖安县三爪仑国家森林公园 28°58′36″N，115°14′11″E。

孔夫子锹甲 *Prosopocoilas confucius* (Hope)

湖南省：长沙市浏阳市大围山 28°25′28″N，114°04′52″E。

狭长前锹甲 *Prosopocoilas gracilis* (Saunders)

江西省：宜春市奉新县百丈山 28°41′35″N，114°46′27″E。

湖南省：郴州市汝城县九龙江国家森林公园 25°23′20″N，113°46′27″E。

扁锹甲 *Serrognathus titanus* (Boiscuval)

湖南省：长沙市浏阳市大围山 28°25′28″N，114°04′52″E。

黑蜣科 Passalidae

齿瘦黑蜣 *Leptaulax dentatus* (Fabricius)

江西省：吉安市遂川县南风面国家级自然保护区 26°17′04″N，114°03′53″E。

湖南省：郴州市桂东县八面山国家级自然保护区 25°58′21″N，113°42′37″E。

三叉黑蜣 *Passalidae grandis* (Burmeister)

湖南省：长沙市浏阳市大围山 28°25′28″N，114°04′52″E。郴州市汝城县九龙江国家森林公园 25°23′20″N，113°46′27″E。

金龟科 Scarabaeidae

花金龟亚科 Cetoniinae

光背鳞花金龟 *Cosmiomorpha tonkinensis* Moser

江西省：赣州市上犹县光菇山自然保护区 25°55′11″N，114°03′04″E。

赭翅臂花金龟 *Campsiura mirabilis* (Faldermann)

江西省：吉安市遂川县南风面国家级自然保护区 26°17′04″N，114°03′53″E。

黄粉鹿花金龟 *Dicronocephalus bowringi* Pascoe

江西省：宜春市宜丰县官山国家级自然保护区 28°33′16.73″N，113°34′55.97″E。

湖南省：资兴市回龙山瑶族乡回龙山 26°04′33.34″N，113°23′15.85″E。

绿绒斑金龟 *Epitrichius bowringi* (J. Thomson)

湖南省：郴州市桂东县八面山国家级自然保护区 25°58′21″N，113°42′37″E。

斑青花金龟 *Gametis bealiae* (Gory et Percheron)

江西省：赣州市上犹县光菇山自然保护区 25°55′11″N，114°03′04″E。

短毛斑金龟 *Lasiotrichius succinctus* (Pallas)

江西省：井冈山下庄 26°32′42.24″N，114°11′26.15″E。

毛斑金龟 *Lasiotrichius turnai* Krajčk

江西省：赣州市上犹县光菇山自然保护区 25°55′11″N，114°03′04″E。

湖南省：郴州市桂东县八面山国家级自然保护区 25°58′21″N，113°42′37″E。岳阳市平江县幕阜山 28°58′12.09″N，113°49′06.24″E。

白星花金龟 *Protaetia brevitarsis* (Lewis)

湖南省：郴州市汝城县九龙江国家森林公园 25°23′20″N，113°46′27″E。

日本伪阔花金龟 *Pseudotorynorrhina japonica* (Hope)

湖南省：株洲市炎陵县桃源洞自然保护区 26°30′05.63″N，114°00′53.19″E。

黄毛阔花金龟 *Torynorrhina fulvopilosa* Moser

江西省：萍乡市芦溪县武功山 27°27′53″N，114°10′47″E。

丽金龟亚科 Rutelidae

黑跗长丽金龟 *Adoretosoma atritarse* (Fairmaire)

江西省：赣州市上犹县光菇山自然保护区 25°55′11″N，114°03′04″E。

湖南省：资兴市回龙山瑶族乡回龙山 26°04′33.34″N，113°23′15.85″E。郴州市桂东县八面山国家级自然保护区 25°58′21″N，113°42′37″E。

纵带长丽金龟 *Adoretosoma elegans* Blanchard

湖南省：资兴市回龙山瑶族乡回龙山 26°04′33.34″N，113°23′15.85″E。

中华喙丽金龟 *Adoretus sinicus* (Hope)

江西省：宜春市袁州区明月山 27°35′44″N，114°16′26″E。

湖南省：郴州市汝城县九龙江国家森林公园 25°23′20″N，113°46′27″E。

斑喙丽金龟 *Adoretus tenuimaculatus* Waterhouse

湖南省：郴州市桂东县八面山国家级自然保护区 25°58′21″N，113°42′37″E。郴州市汝城县九龙江国家森林公园 25°23′20″N，113°46′27″E。株洲市炎陵县神农谷自然保护区 26°49′93″N，114°06′56″E。

绿脊异丽金龟 *Anomala aulax* (Weidermann)

江西省：赣州市上犹县光菇山自然保护区 25°55′11″N，114°03′04″E。吉安市遂川县南风面国家级自然保护区 26°17′04″N，114°03′53″E。井冈山湘洲 26°36.0′N，114°16.0′E。井冈山小溪洞 26°26′N，114°11′E。

湖南省：郴州市桂东县八面山国家级自然保护区 25°58′21″N，113°42′37″E。资兴市回龙山瑶族乡回龙山 26°04′33.34″N，113°23′15.85″E。株洲市炎陵县桃源洞自然保护区落水源村 26°31′00″N，114°00′00″E。株洲市炎陵县桃源洞自然保护区珠帘瀑布 26°50′00″N，114°39′00″E。

多色异丽金龟 *Anomala chamaeleon* Fairmaire

湖南省：郴州市汝城县九龙江国家森林公园 25°23′20″N，113°46′27″E。

铜绿金龟 *Anomala corrugata* Motschulsky

江西省：井冈山湘洲 26°36.0′N，114°16.0′E。井冈山罗浮 26°39′N，114°13′E。宜春市宜丰县官山国家级自然保护区 28°33′21″N，114°35′20″E。吉安市安福县武功山风景名胜区 27°29′48″N，114°11′12″E。

湖南省：株洲市炎陵县桃源洞自然保护区 26°59′00″N，113°99′00″E。株洲市炎陵县神农谷自然保护区 26°49′93″N，114°06′56″E。郴州市汝城县九龙江国家森林公园 25°23′20″N，113°46′27″E。

绿翅异丽金龟 *Anomala corugata* Bates

江西省：宜春市靖安县三爪仑国家森林公园 28°58′36″N，115°14′11″E。井冈山湘洲 26°36.0′N，114°16.0′E。

毛边异丽金龟 *Anomala coxalis* (Bates)

江西省：宜春市靖安县璪都镇南山村 29°01′00″N，115°16′00″E。吉安市遂川县南风面国家级自然保护区 26°17′04″N，114°03′53″E。吉安市安福县武功山 27°19′00″N，114°13′00″E。井冈山小溪洞 26°26′N，114°11′E。井冈山湘洲 26°36.0′N，114°16.0′E。井冈山罗浮 26°39′N，114°13′E。井冈山下庄 26°32′42.24″N，114°11′26.15″E。宜春市靖安县三爪仑国家森林公园 28°58′36″N，115°14′11″E。

湖南省：郴州市桂东县八面山国家级自然保护区 25°58′21″N，113°42′37″E。

黄褐丽金龟 *Anomala exoleta* Fald

江西省：宜春市靖安县三爪仑国家森林公园 28°58′36″N，115°14′11″E。

湖南省：株洲市炎陵县神农谷自然保护区 26°49′93″N，114°06′56″E。

绿丽金龟 *Anomala expansa* (Bates)

江西省：宜春市靖安县三爪仑国家森林公园 28°58′36″N，115°14′11″E。

等毛异丽金龟 *Anomala hirsutoides* Lin

江西省：宜春市奉新县百丈山 28°41′35″N，114°46′27″E。井冈山湘洲 26°36.0′N，114°16.0′E。

挂墩异丽金龟 *Anomala kuatuna* (Machatschky)

江西省：赣州市上犹县光菇山自然保护区 25°55′11″N，114°03′04″E。

湖南省：郴州市桂东县八面山国家级自然保护区 25°58′21″N，113°42′37″E。

光沟异丽金龟 *Anomala laevisulcata* Fairmaire

江西省：吉安市遂川县南风面国家级自然保护区 26°17′04″N，114°03′53″E。井冈山湘洲 26°36.0′N，114°16.0′E。井冈山罗浮 26°39′N，114°13′E。

湖南省：资兴市回龙山瑶族乡回龙山 26°04′33.34″N，113°23′15.85″E。株洲市炎陵县桃源洞自然保护区 26°30′05.63″N，114°00′53.19″E。

蒙古异丽金龟 *Anomala mongolica* Fablermann

江西省：吉安市安福县武功山风景名胜区 27°29′48″N，114°11′12″E。

赣毛异丽金龟 *Anomala montana* Lin

江西省：吉安市遂川县南风面国家级自然保护区 26°17′04″N，114°03′53″E。赣州市上犹县光菇山自然保护区 25°55′11″N，114°03′04″E。

湖南省：郴州市桂东县八面山国家级自然保护区 25°58′21″N，113°42′37″E。

方斑异丽金龟 *Anomala nervulata* Paulian

江西省：井冈山罗浮山 26°39′N，114°13′E。

皱唇异丽金龟 *Anomala rugiclypea* Lin

湖南省：长沙市浏阳市大围山 28°25′28″N，114°04′52″E。

红翅异丽金龟 *Anomala semicastanea* Fairmaire

江西省：吉安市遂川县南风面国家级自然保护区 26°17′04″N，114°03′53″E。赣州市上犹县光菇山自然保护区 25°55′11″N，114°03′04″E。

湖南省：郴州市桂东县八面山国家级自然保护区 25°58′21″N，113°42′37″E。

斑翅异丽金龟 *Anomala spiloptera* Burmeister

江西省：吉安市遂川县南风面国家级自然保护区 26°17′04″N，114°03′53″E。

湖南省：郴州市桂东县八面山国家级自然保护区 25°58′21″N，113°42′37″E。株洲市炎陵县桃源洞自然保护区 26°31′00″N，114°00′00″E。

黔毛异丽金龟 *Anomala subpilosa* Lin

湖南省：郴州市桂东县八面山国家级自然保护区 25°58′21″N，113°42′37″E。资兴市回龙山瑶族乡回龙山 26°04′33.34″N，113°23′15.85″E。株洲市炎陵县桃源洞自然保护区 26°31′00″N，114°00′00″E。

大绿异丽金龟 *Anomala virens* Lin

江西省：吉安市遂川县南风面国家级自然保护区 26°17′04″N，114°03′53″E。宜春市靖安县璪都镇南山村 29°01′00″N，115°16′00″E。吉安市安福县武功山 27°19′00″N，114°13′00″E。井冈山湘洲 26°36.0′N，114°16.0′E。井冈山罗浮 26°39′N，114°13′E。井冈山小溪洞 26°26′N，114°11′E。井冈山主峰 26°53′N，114°15′E。

湖南省：岳阳市平江县幕阜山 28°58′12.09″N，113°49′06.24″E。郴州市桂东县八面山国家级自然保护区 25°58′21″N，113°42′37″E。

脊纹异丽金龟 *Anomala viridicostata* Nonfried

江西省：吉安市遂川县南风面国家级自然保护区 26°17′04″N，114°03′53″E。宜春市宜丰县官山国家级自然保护区 28°33′16.73″N，113°34′55.97″E。井冈山湘洲 26°36.0′N，114°16.0′E。井冈山主峰 26°53′N，114°15′E。井冈山小溪洞 26°26′N，114°11′E。

湖南省：郴州市桂东县八面山国家级自然保护区 25°58′21″N，113°42′37″E。岳阳市平江县幕阜山 28°58′12.09″N，113°49′06.24″E。

异丽金龟属未定种 *Anomala* sp.

江西省：吉安市安福县武功山风景名胜区 27°29′48″N，114°11′12″E。

蓝边矛丽金龟 *Callistethus plagiicollis* (Fairmaire)

江西省：吉安市遂川县南风面国家级自然保护区 26°17′04″N，114°03′53″E。吉安市安福县武功山 27°19′00″N，114°13′00″E。井冈山罗浮山 26°39′N，114°13′E。

湖南省：岳阳市平江县幕阜山 28°58′12.09″N，113°49′06.24″E。郴州市桂东县八面山国家级自然保护区 25°58′21″N，113°42′37″E。

华南黑丽金龟 *Melanopopillia praefica* (Machatschke)

江西省：赣州市上犹县光菇山自然保护区 25°55′11″N，114°03′04″E。

湖南省：资兴市回龙山瑶族乡回龙山 26°04′33.34″N，113°23′15.85″E。株洲市炎陵县桃源洞自然保护区 26°30′05.63″N，114°00′53.19″E。

中华彩丽金龟 *Mimela chinensis* Kirby

江西省：宜春市宜丰县官山国家级自然保护区 28°33′16.73″N，113°34′55.97″E。井冈山小溪洞 26°26′N，114°11′E。井冈山湘洲 26°36.0′N，114°16.0′E。井冈山下庄 26°32′42.24″N，114°11′26.15″E。吉安市遂川县南风面国家级自然保护区 26°17′04″N，114°03′53″E。宜春市靖安县三爪仑国家森林公园 28°58′36″N，115°14′11″E。

湖南省：资兴市回龙山瑶族乡回龙山 26°04′33.34″N，113°23′15.85″E。株洲市炎陵县桃源洞自然保护区 26°30′05.63″N，114°00′53.19″E。

拱背彩丽金龟 *Mimela confucius* Hope

江西省：吉安市遂川县南风面国家级自然保护区 26°17′04″N，114°03′53″E。

湖南省：郴州市桂东县八面山国家级自然保护区 25°58′21″N，113°42′37″E。株洲市炎陵县桃源洞自然保护区 26°30′05.63″N，114°00′53.19″E。

弯股彩丽金龟 *Mimela excisipes* Reitter

江西省：宜春市靖安县璪都镇南山村 29°01′00″N，115°16′00″E。宜春市靖安县璪都镇观音岩 29°01′48″N，115°25′00″E。宜春市袁州区明月山 27°35′44″N，114°16′26″E。吉安市遂川县南风面国家级自然保护区 26°17′04″N，114°03′53″E。井冈山大井 26°33′47.10″N，114°07′30.19″E。井冈山湘洲 26°36.0′N，114°16.0′E。

黄裙彩丽金龟 *Mimela flavocincta* Lin

江西省：吉安市遂川县南风面国家级自然保护区 26°17′04″N，114°03′53″E。

闽绿彩丽金龟 *Mimela fukiensis* Machatschke

江西省：赣州市上犹县光菇山自然保护区 25°55′11″N，114°03′04″E。

湖南省：株洲市炎陵县桃源洞 26°29′14″N，114°00′42″E。

棕腹彩丽金龟 *Mimela fusciventris* Lin

江西省：吉安市遂川县南风面国家级自然保护区 26°17′04″N，114°03′53″E。宜春市宜丰县官山国家级自然保护区 28°33′16.73″N，113°34′55.97″E。井冈山湘洲 26°36.0′N，114°16.0′E。井冈山小溪洞 26°26′N，114°11′E。

湖南省：郴州市桂东县八面山国家级自然保护区 25°58′21″N，113°42′37″E。

浅边彩丽金龟 *Mimela hauseri* Ohaus

江西省：萍乡市芦溪县羊狮幕 27°33′38″N，114°14′35″E。

湖南省：资兴市回龙山瑶族乡回龙山 26°04′33.34″N，113°23′15.85″E。株洲市炎陵县桃源洞 26°29′14″N，114°00′42″E。

小黑彩丽金龟 *Mimela parva* Lin

江西省：宜春市宜丰县官山国家级自然保护区 28°33′16″N，113°34′55″E。宜春市靖安县璪都镇观音岩 29°01′48″N，115°25′00″E。

湖南省：株洲市炎陵县桃源洞自然保护区 26°30′05.63″N，114°00′53.19″E。

浅草彩丽金龟 *Mimela seminigra* Ohaus

江西省：赣州市上犹县光菇山自然保护区 25°55′11″N，114°03′04″E。宜春市奉新县九岭山 28°41′51″N，114°45′08″E。

墨绿彩丽金龟 *Mimela splendens* (Gyllenhal)

江西省：吉安市遂川县南风面国家级自然保护区 26°17′04″N，114°03′53″E。宜春市靖安县三爪仑国家森林公园 28°58′36″N，115°14′11″E。

湖南省：岳阳市平江县幕阜山 28°58′12.09″N，113°49′06.24″E。株洲市炎陵县桃源洞自然保护区 26°30′05.63″N，114°00′53.19″E。

眼斑彩丽金龟 *Mimela sulcatula* Ohaus

江西省：吉安市遂川县南风面国家级自然保护区 26°17′04″N，114°03′53″E。赣州市上犹县光菇山自然保护区 25°55′11″N，114°03′04″E。

湖南省：株洲市炎陵县桃源洞自然保护区 26°30′05.63″N，114°00′53.19″E。井冈山湘洲 26°36.0′N，114°16.0′E。井冈山小溪洞 26°26′N，114°11′E。

宽斑弧丽金龟 *Popillia latimaculata* Nomura

江西省：井冈山湘洲 26°36.0′N，114°16.0′E。

棉花弧丽金龟 *Popillia mutans* Newman

江西省：宜春市袁州区明月山 27°35′44″N，114°16′26″E。井冈山西坪 26°33.4′N，114°12.2′E；26°37′23″N，114°07′04″E。宜春市靖安县三爪仑国家森林公园 28°58′36″N，115°14′11″E。

曲带弧丽金龟 *Popillia pustulata* Fairmaire

江西省：赣州市上犹县光菇山自然保护区 25°55′11″N，114°03′04″E。吉安市遂川县南风面国家级自然保护区 26°17′04″N，114°03′53″E。吉安市青原区青原山 27°06′57″N，115°06′01″E。井冈山下庄 26°32′42.24″N，114°11′26.15″E。井冈山小溪洞 26°26′N，114°11′E。

湖南省：郴州市桂东县八面山国家级自然保护区 25°58′21″N，113°42′37″E。

中华弧丽金龟 *Popillia quadriguttata* (Fabricius)

江西省：井冈山下庄 26°32′42.24″N，114°11′26.15″E。井冈山湘洲 26°36.0′N，114°16.0′E。井冈山罗浮 26°39′N，114°13′E。吉安市安福县武功山风景名胜区 27°29′48″N，114°11′12″E。吉安市青原区青原山 27°06′57″N，115°06′01″E。

三门弧丽金龟 *Popillia sanmenensis* Lin

江西省：吉安市安福县武功山 27°19′00″N，114°13′00″E。

短带斑丽金龟 *Spilopopillia sexmaculata* (Kraatz)

湖南省：岳阳市平江县幕阜山 28°58′12.09″N，113°49′06.24″E。

鳃金龟亚科 Melolonthinae

阿鳃金龟属未定种 *Apogpnia* sp.

江西省：宜春市靖安县璪都镇南山村 29°01′00″N，115°16′00″E。

湖南省：郴州市桂东县八面山国家级自然保护区 25°58′21″N，113°42′37″E。资兴市回龙山瑶族乡回龙山 26°04′33.34″N，113°23′15.85″E。

尖歪鳃金龟 *Cyphochilus apicalis* Waterhouse

江西省：宜春市宜丰县官山国家级自然保护区 28°33′16.73″N，113°34′55.97″E。井冈山湘洲 26°36.0′N，114°16.0′E。井冈山小溪洞 26°26′N，114°11′E。

湖南省：资兴市回龙山瑶族乡回龙山 26°04′33.34″N，113°23′15.85″E。长沙市浏阳市大围山 28°25′28″N，114°04′52″E。

粉歪鳃金龟 *Cyphochilus farinosus* Waterhouse

江西省：吉安市遂川县南风面国家级自然保护区 26°17′04″N，114°03′53″E。吉安市青原区河东街道青原山 27°06′57″N，115°06′01″E。井冈山湘洲 26°36.0′N，114°16.0′E。井冈山罗浮 26°39′N，114°13′E。井冈山小溪洞 26°26′N，114°11′E。

湖南省：郴州市桂东县八面山国家级自然保护区 25°58′21″N，113°42′37″E。资兴市回龙山瑶族乡回龙山 26°04′33.34″N，113°23′15.85″E。

白鳃金龟 *Cyphochilus insulanus* Moser

江西省：吉安市青原区河东街道青原山 27°06′57″N，115°06′01″E。

歪鳃金龟属未定种 *Cyphochilus* sp.

江西省：井冈山湘洲 26°36.0′N，114°16.0′E。吉安市青原区河东街道青原山 27°06′57″N，115°06′01″E。

闽雅鳃金龟 *Dedalopterus fujianensis* (Zhang)

江西省：宜春市宜丰县官山国家级自然保护区 28°33′16.73″N，113°34′55.97″E。吉安市遂川县南风面国家级自然保护区 26°17′04″N，114°03′53″E。

湖南省：郴州市桂东县八面山国家级自然保护区 25°58′21″N，113°42′37″E。

隆胸平爪金龟 *Ectinohoplia auriventris* Moser

江西省：赣州市上犹县光菇山自然保护区 25°55′11″N，114°03′04″E。

湖南省：郴州市桂东县八面山国家级自然保护区 25°58′21″N，113°42′37″E。资兴市回龙山瑶族乡回龙山 26°04′33.34″N，113°23′15.85″E。

姊妹平爪鳃金龟 *Ectinohoplia soror* Arrow

湖南省：郴州市桂东县八面山国家级自然保护区 25°58′21″N，113°42′37″E。株洲市炎陵县桃源洞自然保护区游客服务中心 26°29′00″N，114°01′00″E。株洲市炎陵县桃源洞自然保护区甲水 26°59′00″N，113°99′00″E。

两点平爪鳃金龟 *Ectinohoplia sulphuriventris* Redtenbacher

江西省：宜春市宜丰县官山国家级自然保护区 28°33′16.73″N，113°34′55.97″E。

湖南省：株洲市炎陵县桃源洞自然保护区游客服务中心 26°29′00″N，114°01′00″E。株洲市炎陵县桃源洞自然保护区珠帘瀑布 26°50′00″N，119°99′00″E。

大等鳃金龟 *Exolontha serrulata* (Gyllenhall)

江西省：吉安市青原区青原山 27°06′57″N，115°06′01″E。

湖南省：长沙市浏阳市大围山 28°25′28″N，114°04′52″E。

影等鳃金龟 *Exolontha umbraculata* (Burmeister)

江西省：井冈山弯坑 26°53′20.01″N，114°25′15.01″E。井冈山罗浮 26°39′N，114°13′E。

湖南省：郴州市桂东县八面山国家级自然保护区 25°58′21″N，113°42′37″E。资兴市回龙山瑶族乡回龙山 26°04′33.34″N，113°23′15.85″E。

褐边绢金龟 *Gastroserica marginalis* (Brenske)

江西省：宜春市宜丰县官山国家级自然保护区

28°33′16.73″N，113°34′55.97″E。

湖南省：郴州市桂东县八面山国家级自然保护区25°58′21″N，113°42′37″E。株洲市炎陵县桃源洞自然保护区26°30′05.63″N，114°00′53.19″E。

宽齿爪鳃金龟 *Holotrichia lata* **Brenske**

江西省：吉安市遂川县南风面国家级自然保护区26°17′04″N，114°03′53″E。宜春市宜丰县官山国家级自然保护区28°33′16.73″N，113°34′55.97″E。

湖南省：郴州市桂东县八面山国家级自然保护区25°58′21″N，113°42′37″E。

暗黑鳃金龟 *Holotrichia parallela* (**Motschulsky**)

江西省：宜春市宜丰县官山国家级自然保护区28°33′21″N，114°35′20″E。吉安市青原区青原山 27°06′57″N，115°06′01″E。

中华齿爪鳃金龟 *Holotrichia sinensis* **Hope**

江西省：赣州市上犹县光菇山自然保护区 25°55′11″N，114°03′04″E。

湖南省：株洲市炎陵县桃源洞自然保护区 26°30′05.63″N，114°00′53.19″E。

单爪鳃金龟属未定种 *Hoplia* **sp.**

江西省：赣州市上犹县光菇山自然保护区 25°55′11″N，114°03′04″E。

湖南省：郴州市桂东县八面山国家级自然保护区25°58′21″N，113°42′37″E。株洲市炎陵县桃源洞自然保护区落水源村 26°31′00″N，114°00′00″E。

灰胸突鳃金龟 *Hoplosternus incanus* **Motschulsky**

江西省：井冈山湘洲 26°36.0′N，114°16.0′E。宜春市宜丰县官山国家级自然保护区28°33′21″N，114°35′20″E。

湖南省：郴州市桂东县八面山国家级自然保护区25°58′21″N，113°42′37″E。株洲市炎陵县神农谷自然保护区26°49′93″N，114°06′56″E。

痣鳞鳃金龟 *Lepidiota bimaculata* (**Saunders**)

江西省：吉安市遂川县南风面国家级自然保护区26°17′04″N，114°03′53″E。宜春市靖安县大杞山生态林场28°67′00″N，115°07′00″E。井冈山小溪洞 26°26′N，114°11′E。

湖南省：株洲市炎陵县桃源洞自然保护区 26°30′05.63″N，114°00′53.19″E。株洲市炎陵县神农谷自然保护区 26°49′93″N，114°06′56″E。

鳞鳃金龟属未定种 *Lepidiota* **sp.**

湖南省：株洲市炎陵县神农谷自然保护区 26°49′93″N，114°06′56″E。

绢金龟属未定种 *Maladera* **sp.**

江西省：井冈山湘洲 26°36.0′N，114°16.0′E。井冈山小溪洞 26°26′N，114°11′E。井冈山罗浮 26°39′N，114°13′E。

闽正鳃金龟 *Malaisius fujianensis* **Zhang**

湖南省：长沙市浏阳市大围山 28°25′28″N，114°04′52″E。株洲市炎陵县神农谷自然保护区 26°49′93″N，114°06′56″E。

中华胸突鳃金龟 *Melolontha chinensis* (**Guerin-Meneville**)

江西省：吉安市遂川县南风面国家级自然保护区26°17′04″N，114°03′53″E。宜春市靖安县观音岩29°03′00″N，115°25′00″E。

湖南省：郴州市桂东县八面山国家级自然保护区25°58′21″N，113°42′37″E。

戴云鳃金龟 *Polyphylla davidis* **Fairmaire**

江西省：吉安市遂川县南风面国家级自然保护区26°17′04″N，114°03′53″E。

湖南省：岳阳市平江县幕阜山 28°58′12.09″N，113°49′06.24″E。郴州市桂东县八面山国家级自然保护区 25°58′21″N，113°42′37″E。

小云斑鳃金龟 *Polyphylla gracilicornis* (**Blanchard**)

湖南省：株洲市炎陵县神农谷自然保护区 26°49′93″N，114°06′56″E。

大云鳃金龟 *Polyphylla laticollis* **Lewis**

江西省：吉安市安福县武功山风景名胜区 27°29′48″N，114°11′12″E。井冈山主峰 26°53′N，114°15′E。井冈山湘洲 26°36.0′N，114°16.0′E。

湖南省：株洲市炎陵县神农谷自然保护区 26°49′93″N，114°06′56″E。

霉云鳃金龟 *Polyphylla nubecula* **Frey**

江西省：宜春市靖安县大杞山生态林场 28°67′00″N，115°07′00″E。吉安市遂川县南风面国家级自然保护区26°17′04″N，114°03′53″E。

黑斑绢金龟 *Serica nigroguttata* **Brenske**

江西省：吉安市遂川县南风面国家级自然保护区26°17′04″N，114°03′53″E。赣州市上犹县光菇山自然保护区25°55′11″N，114°03′04″E。

湖南省：郴州市桂东县八面山国家级自然保护区25°58′21″N，113°42′37″E。

索鳃金龟属未定种 *Sophrops* sp.

江西省：吉安市遂川县南风面国家级自然保护区 26°17′04″N，114°03′53″E。宜春市靖安县观音岩 29°03′00″N，115°25′00″E。

湖南省：郴州市桂东县八面山国家级自然保护区 25°58′21″N，113°42′37″E。

中华金背鳃金龟 *Taiwanotrichia sinocontinentalis* Keith

江西省：吉安市遂川县南风面国家级自然保护区 26°17′04″N，114°03′53″E。

湖南省：郴州市桂东县八面山国家级自然保护区 25°58′21″N，113°42′37″E。株洲市炎陵县桃源洞自然保护区 26°30′05.63″N，114°00′53.19″E。

褐胸突鳃金龟 *Tocama rubiginosa* (Fairmaire)

湖南省：株洲市炎陵县桃源洞自然保护区甲水 26°59′00″N，113°99′00″E。株洲市炎陵县桃源洞自然保护区珠帘瀑布 26°50′00″N，119°99′00″E。株洲市炎陵县桃源洞自然保护区中礁石工区 26°31′00″N，113°03′00″E。

黑胸突鳃金龟 *Tocama tonkinensis* (Moser)

湖南省：株洲市炎陵县桃源洞自然保护区 26°30′05.63″N，114°00′53.19″E。株洲市炎陵县桃源洞自然保护区甲水 26°59′00″N，113°99′00″E。株洲市炎陵县桃源洞自然保护区游客服务中心 26°29′00″N，114°01′00″E。

金龟子亚科 Scarabaeinae

孟加拉蜣螂 *Copris bengalensis* Gillet

湖南省：株洲市炎陵县神农谷自然保护区 26°49′93″N，114°06′56″E。

三开蜣螂 *Copris tripartitus* Waterhouse

江西省：井冈山大井 26°33′47.10″N，114°07′30.19″E。井冈山湘洲 26°36.0′N，114°16.0′E。井冈山荆竹山风景区 26°31.0′N，114°05.9′E。井冈山小溪洞 26°26′N，114°11′E。

湖南省：株洲市炎陵县神农谷自然保护区 26°49′93″N，114°06′56″E。

蜣螂属未定种 *Copris* sp.

江西省：井冈山罗浮 26°39′N，114°13′E。井冈山大井 26°33′47.10″N，114°07′30.19″E。井冈山小溪洞 26°26′N，114°11′E。井冈山湘洲 26°36.0′N，114°16.0′E。

湖南省：郴州市桂东县八面山国家级自然保护区 25°58′21″N，113°42′37″E。株洲市炎陵县神农谷自然保护区 26°49′93″N，114°06′56″E。

凹胫双凹蜣螂 *Onitis excavatus* Arrow

江西省：宜春市靖安县璪都镇南山村 29°01′00″N，115°16′00″E。

嗡蜣螂 *Onthophagus strandi* Balthasar

江西省：井冈山湖羊塔 26°29.9′N，114°07.3′E。

公羊嗡蜣螂 *Onthophagus tragus* (Fabricius)

江西省：宜春市奉新县越山 28°47′19″N，115°10′01″E。

黑裸蜣螂 *Paragymnopleurus melanarius* (Harold)

江西省：宜春市袁州区明月山 27°35′44″N，114°16′26″E。

湖南省：郴州市桂东县八面山国家级自然保护区 25°58′21″N，113°42′37″E。株洲市炎陵县神农谷自然保护区 26°49′93″N，114°06′56″E。

翘侧裸蜣螂 *Paragymnopleurus sinuatus* (Olivier)

江西省：宜春市靖安县璪都镇南山村 29°01′00″N，115°16′00″E。宜春市靖安县璪都镇观音岩 29°01′48″N，115°25′00″E。

湖南省：岳阳市平江县幕阜山 28°58′12.09″N，113°49′06.24″E。

蜉金龟亚科 Aphodiinae

雅蜉金龟 *Aphodius elegans* Allibert

江西省：井冈山荆竹山风景区 26°31.0′N，114°05.9′E。井冈山大井 26°33′47.10″N，114°07′30.19″E。井冈山松木坪 26°34′36.81″N，114°04′24.42″E。井冈山湘洲 26°36.0′N，114°16.0′E。

多型蜉金龟 *Aphodius variablilis* Waterhouse

湖南省：株洲市炎陵县神农谷自然保护区 26°49′93″N，114°06′56″E。

中华秽蜉金龟 *Rhyparus chinensis* Balthasar

江西省：吉安市遂川县南风面国家级自然保护区 26°17′04″N，114°03′53″E。

湖南省：株洲市炎陵县桃源洞自然保护区 26°30′05.63″N，114°00′53.19″E。

犀金龟亚科 Dynastinae

双叉犀金龟 *Allomyrina dichotoma* (Linnaeus)

江西省：吉安市安福县武功山 27°19′00″N，114°13′00″E。宜春市宜丰县官山国家级自然保护区 28°33′16″N，

113°34′55″E。宜春市靖安县三爪仑国家森林公园 28°58′36″N，115°14′11″E。

湖南省：长沙市浏阳市大围山 28°25′28″N，114°04′52″E。

华晓扁犀金龟 *Eophileurus chinensis* (Faldermann)

江西省：宜春市宜丰县官山国家级自然保护区 28°33′16″N，113°34′55″E。

蒙瘤犀金龟 *Trichogomphus mongol* Arrow

江西省：吉安市安福县武功山 27°19′00″N，114°13′00″E。宜春市靖安县璪都镇 29°01′48″N，115°25′00″E。宜春市袁州区明月山 27°35′44″N，114°16′26″E。宜春市靖安县三爪仑国家森林公园 28°58′36″N，115°14′11″E。

湖南省：资兴市回龙山瑶族乡回龙山 26°04′33″N，113°23′15″E。

臂金龟亚科 Euchirinae

阳彩臂金龟 *Cheirotonus jansoni* (Jordan)

江西省：井冈山罗浮 26°39′N，114°13′E。井冈山小溪洞 26°26′N，114°11′E。井冈山湘洲 26°36.0′N，114°16.0′E。

湖南省：株洲市炎陵县神农谷自然保护区 26°49′93″N，114°06′56″E。

皮金龟科 Trogidae

中华皮金龟 *Trox chinensis* Boheman

江西省：宜春市宜丰县官山国家级自然保护区 28°33′16″N，113°34′55″E。

粪金龟科 Geotrupidae

朝鲜亮背隆金龟 *Bolbelasmus coreanus* Kolbe

江西省：萍乡市芦溪县羊狮幕 27°33′38″N，114°14′35″E。

戴锤角粪金龟 *Bolbotrypes davidis* (Fairmaire)

江西省：宜春市袁州区明月山 27°35′44″N，114°16′26″E。

华武粪金龟 *Enoplotrupes sinensis* Lucas

江西省：吉安市安福县武功山风景名胜区 27°29′48″N，114°11′12″E。

湖南省：长沙市浏阳市大围山 28°25′28″N，114°04′52″E。

滑带粪金龟 *Geotrupes laevistriatus* Motschulsky

湖南省：株洲市炎陵县神农谷自然保护区 26°49′93″N，114°06′56″E。

粪金龟属未定种 *Geotrupes* sp.

江西省：宜春市宜丰县官山国家级自然保护区 28°33′21″N，114°35′20″E。吉安市安福县武功山风景名胜区 27°29′48″N，114°11′12″E。

长须甲科 Hydraenidae

长须甲属未定种 *Hydraena* sp.

江西省：宜春市靖安县璪都镇南山村 29°01′00″N，115°16′00″E。

泽长须甲属未定种 *Limnebius* sp.

江西省：宜春市靖安县璪都镇南山村 29°01′00″N，115°16′00″E。

隐翅虫科 Staphylinidae

中华宽背隐翅虫 *Algon chinensis* Schillhammer

江西省：宜春市袁州区明月山 27°35′44″N，114°16′26″E。

硕宽颈隐翅虫 *Anchocerus giganteus* Hu, Li et Zhao

江西省：萍乡市芦溪县武功山 27°27′59″N，114°9′54″E。

中华脊出尾蕈甲 *Ascaphium sinense* Pic

江西省：宜春市袁州区明月山 27°35′44″N，114°16′26″E。吉安市安福县武功山风景名胜区 27°29′48″N，114°11′12″E。

八面山毛触蚁甲 *Batriscenellus bamianshanus* sp. nov.

湖南省：郴州市桂东县八面山国家级自然保护区 25°58′21″N，113°42′37″E。

肿腿毛触蚁甲 *Batriscenellus femoralis* Yin et Li

江西省：宜春市袁州区明月山 27°35′44″N，114°16′26″E。

井冈山瘤角蚁甲 *Bryaxis jinggangus* sp. nov.

湖南省：株洲市炎陵县桃源洞 26°29′14″N，114°00′42″E。

井冈山偏须蚁甲 *Centrophthalmus jinggangshanus* sp. nov.

湖南省：株洲市炎陵县桃源洞 26°29′14″N，114°00′42″E。

井冈山突角蚁甲 *Cratna jinggangus* sp. nov.

湖南省：株洲市炎陵县桃源洞 26°29′14″N，114°00′42″E。

大颚嗜肉翅虫 *Creophilus maxillosus* (Linnaeus)

江西省：吉安市安福县武功山风景名胜区 27°29′48″N，114°11′12″E。

暗紫束毛隐翅虫 *Dianous coeruleovestitus* Puthz

江西省：宜春市奉新县百丈山 28°41′35″N，114°46′27″E。

紫绿束毛隐翅虫 *Dianous cyaneovirens* (Cameron)

江西省：宜春市奉新县百丈山 28°41′35″N，114°46′27″E。

疑束毛隐翅虫 *Dianous dubiosus* Puthz

湖南省：长沙市浏阳市大围山 28°25′28″N，114°04′52″E。

福氏束毛隐翅虫 *Dianous freyi* L. Benick

江西省：井冈山湘洲 26°32.0′N，114°11.0′E。

皱背束毛隐翅虫 *Dianous rugosipennis* Puthz

江西省：宜春市奉新县百丈山 28°41′35″N，114°46′27″E。

东京束毛隐翅虫 *Dianous tonkinensis* (Puthz)

江西省：宜春市袁州区明月山 27°35′44″N，114°16′26″E。

束毛隐翅虫属未定种 *Dianous* sp.

江西省：吉安市安福县泰山乡武功山风景名胜区 27°29′48″N，114°11′12″E。

密点隐翅虫属未定种 *Domene* sp.

江西省：吉安市安福县武功山 27°29′48″N，114°11′12″E。

优雅镰颚隐翅虫 *Hesperosoma excellens* (Bernhauer)

湖南省：岳阳市平江县幕阜山 28°58′18″N，113°49′55″E。

柯氏镰颚隐翅虫 *Hesperosoma klapperichi* Schillhammer

江西省：吉安市遂川县南风面国家级自然保护区 26°17′04″N，114°03′53″E。

湖南省：长沙市浏阳市大围山 28°25′28″N，114°04′52″E。

镰颚隐翅虫属未定种 *Hesperosoma* sp.

江西省：吉安市安福县武功山风景名胜区 27°29′48″N，114°11′12″E。

北京刃颚隐翅虫 *Hesperus beijingensis* Li, Zhou et Schillhammer

湖南省：岳阳市平江县幕阜山 28°58′18″N，113°49′55″E。

八面山隆线隐翅虫 *Lathrobium bamianense* Peng et Li

湖南省：岳阳市平江县幕阜山 28°58′18″N，113°49′55″E。

笔架山隆线隐翅虫 *Lathrobium bijiaense* sp. nov.

江西省：宜春市袁州区明月山 27°35′44″N，114°16′26″E。

富民隆线隐翅虫 *Lathrobium fuming* Peng et Li

湖南省：郴州市桂东县八面山国家级自然保护区 25°58′21″N，113°42′37″E。

金玉隆线隐翅虫 *Lathrobium jinyuae* Peng et Li

江西省：井冈山笔架山 26°30′19″N，114°09′25″E。

九岭山隆线隐翅虫 *Lathrobium jiulingense* Peng et Li

江西省：宜春市奉新县九岭山 28°41′51″N，114°45′08″E。

南风面隆线隐翅虫 *Lathrobium nanfengmiani* sp. nov.

江西省：吉安市遂川县南风面国家级自然保护区 26°17′04″N，114°03′53″E。

曙光隆线隐翅虫 *Lathrobium shuguangi* Peng et Li

江西省：吉安市安福县武功山风景名胜区 27°27′39″N，114°10′03″E。

叶茎隆线隐翅虫 *Lathrobium taiye* Peng et Li

江西省：吉安市安福县武功山风景名胜区 27°27′39″N，114°10′03″E。萍乡市芦溪县羊狮幕 27°34′25″N，114°14′14″E。

武功山隆线隐翅虫 *Lathrobium wugongense* sp. nov.

江西省：宜春市奉新县百丈山 28°41′35″N，114°46′27″E。

羊狮幕隆线隐翅虫 *Lathrobium yangshimuense* Peng et Li

江西省：萍乡市芦溪县羊狮幕 27°33′38″N，114°14′35″E。

弯茎隆线隐翅虫 *Lathrobium yipingae* Peng et Li

　　江西省：井冈山 26°32′42″N，114°08′03″E。

小突颊隐翅虫 *Naddia miniata* Fauvel

　　湖南省：岳阳市平江县幕阜山 28°58′18″N，113°49′55″E。

从超四齿隐翅虫 *Nazeris congchaoi* Hu et Li

　　江西省：宜春市奉新县百丈山 28°41′35″N，114°46′27″E。

大围山四齿隐翅虫 *Nazeris daweishanus* Hu et Li

　　江西省：宜春市奉新县百丈山 28°41′35″N，114°46′27″E。

双突四齿隐翅虫 *Nazeris divisus* Hu et Li

　　江西省：宜春市袁州区明月山 27°35′44″N，114°16′26″E。

异茎四齿隐翅虫 *Nazeris inaequalis* Assing

　　江西省：萍乡市芦溪县羊狮幕 27°33′38″N，114°14′35″E。

罗霄山四齿隐翅虫 *Nazeris luoxiaoshanus* Hu et Li

　　江西省：宜春市袁州区明月山 27°35′44″N，114°16′26″E。

喃喃四齿隐翅虫 *Nazeris nannani* Hu et Li

　　江西省：宜春市奉新县百丈山 28°41′35″N，114°46′27″E。

拟双突四齿隐翅虫 *Nazeris paradivisus* Hu et Li

　　湖南省：长沙市浏阳市大围山 28°25′28″N，114°04′52″E。

彭中四齿隐翅虫 *Nazeris pengzhongi* Hu et Li

　　江西省：宜春市奉新县百丈山 28°41′35″N，114°46′27″E。

突四齿隐翅虫 *Nazeris proiectus* Assing

　　江西省：宜春市袁州区明月山 27°35′44″N，114°16′26″E。

腹凸四齿隐翅虫 *Nazeris prominentis* sp. nov.

　　江西省：萍乡市芦溪县杨家岭 27°35′03″N，114°15′02″E。

红四齿隐翅虫 *Nazeris rufus* Hu et Li

　　江西省：萍乡市芦溪县羊狮幕 27°33′38″N，114°14′35″E。

晓彬四齿隐翅虫 *Nazeris xiaobini* Hu et Li

　　湖南省：长沙市浏阳市大围山 28°25′28″N，114°04′52″E。

泽侃四齿隐翅虫 *Nazeris zekani* Hu et Li

　　湖南省：长沙市浏阳市大围山 28°25′28″N，114°04′52″E。

子为四齿隐翅虫 *Nazeris ziweii* Hu et Li

　　湖南省：长沙市浏阳市大围山 28°25′28″N，114°04′52″E。

四齿隐翅虫属未定种 *Nazeris* sp.

　　江西省：宜春市宜丰县官山国家级自然保护区 28°33′21″N，114°35′20″E。

大围山奇首蚁甲 *Nipponobythus daweishanus* sp. nov.

　　湖南省：长沙市浏阳市大围山 28°25′28″N，114°04′52″E。

奇首蚁甲属未定种 *Nipponobythus* sp.

　　江西省：宜春市宜丰县官山国家级自然保护区 28°33′21″N，114°35′20″E。

宽胸直缝隐翅虫 *Othius latus* Sharp

　　江西省：萍乡市芦溪县武功山 27°27′53″N，114°10′47″E。

梭毒隐翅虫 *Paederus fuscipes* Curtis

　　江西省：萍乡市芦溪县武功山 27°27′53″N，114°10′47″E。吉安市安福县武功山风景名胜区 27°29′48″N，114°11′12″E。宜春市宜丰县官山国家级自然保护区 28°33′21″N，114°35′20″E。

台湾普拉隐翅虫 *Platydracus formosae* (Bernhauer)

　　湖南省：株洲市炎陵县桃源洞 26°29′14″N，114°00′42″E。

暗色普拉隐翅虫 *Platydracus fuscolineatus* (Bernhauer)

　　湖南省：浏阳市大围山国家森林公园 28°25′28″N，114°04′52″E。

黑色普拉隐翅虫 *Platydracus juang* Smetana

　　湖南省：株洲市炎陵县桃源洞 26°29′54″N，114°2′53″E。

南风面长角蚁甲 *Pselaphodes nanfengmianensis* sp. nov.

　　江西省：宜春市袁州区明月山 27°35′44″N，114°16′26″E。

迷你长角蚁甲 *Pselaphodes parvus* Yin, Li et Zhao

　　江西省：宜春市奉新县百丈山 28°41′35″N，114°46′27″E。

天目长角蚁甲 *Pselaphodes tianmuensis* Yin, Li et Zhao

　　江西省：宜春市袁州区明月山 27°35′44″N，114°16′26″E。

窄叶颊脊隐翅虫 *Quedius aereipennis* Bernhauer

　　湖南省：长沙市浏阳市大围山 28°25′28″N，114°04′52″E。

比森颊脊隐翅虫 *Quedius beesoni* Cameron

　　江西省：萍乡市芦溪县羊狮幕 27°33′38″N，114°14′35″E。

双斑颊脊隐翅虫 *Quedius bisignatus* Smetana

　　江西省：宜春市袁州区明月山 27°35′44″N，114°16′26″E。

浅色颊脊隐翅虫 *Quedius pallens* Smetana

　　江西省：萍乡市芦溪县羊狮幕 27°33′38″N，114°14′35″E。

中华皱纹隐翅虫 *Rugilus chinensis* Bernhauer

　　江西省：萍乡市芦溪县武功山 27°27′53″N，114°10′47″E。

柔毛皱纹隐翅虫 *Rugilus velutinus* (Fauvel)

　　江西省：萍乡市芦溪县武功山 27°27′53″N，114°10′47″E。

南风面糙蚁甲 *Sathytes nanfengmianensis* sp. nov.

　　江西省：宜春市袁州区明月山 27°35′44″N，114°16′26″E。

糙蚁甲属未定种 *Sathytes* sp.

　　江西省：萍乡市芦溪县武功山 27°27′53″N，114°10′47″E。

毕氏出尾蕈甲 *Scaphidium biwenxuani* He, Tang et Li

　　湖南省：长沙市浏阳市大围山 28°25′28″N，114°04′52″E。

群居出尾蕈甲 *Scaphidium comes* Löbl

　　江西省：萍乡市芦溪县武功山 27°27′53″N，114°10′47″E。

隐秘出尾蕈甲 *Scaphidium crypticum* Tang et Li

　　湖南省：长沙市浏阳市大围山 28°25′28″N，114°04′52″E。

德拉塔出尾蕈甲 *Scaphidium delatouchei* Achard

　　江西省：宜春市奉新县百丈山 28°41′35″N，114°46′27″E。

巨出尾蕈甲 *Scaphidium grande* Gestro

　　江西省：宜春市奉新县百丈山 28°41′35″N，114°46′27″E。

绍氏出尾蕈甲 *Scaphidium sauteri* Miwa et Mitono

　　湖南省：岳阳市平江县幕阜山 28°58′18″N，113°49′55″E。

中华出尾蕈甲 *Scaphidium sinense* Pic

　　江西省：萍乡市芦溪县武功山 27°27′53″N，114°10′47″E。

吴勇翔出尾蕈甲 *Scaphidium wuyongxiangi* He, Tang et Li

　　江西省：萍乡市芦溪县武功山 27°27′53″N，114°10′47″E。

美斑突眼隐翅虫 *Stenus alumoenus* Rougemont

　　江西省：宜春市袁州区明月山 27°35′44″N，114°16′26″E。

分离突眼隐翅虫 *Stenus distans* Sharp

　　江西省：宜春市奉新县百丈山 28°41′35″N，114°46′27″E。

东方突眼隐翅虫 *Stenus eurous* Puthz

　　江西省：宜春市奉新县百丈山 28°41′35″N，114°46′27″E。

格氏突眼隐翅虫指名亚种 *Stenus gestroi gestroi* Fauvel

　　江西省：宜春市袁州区明月山 27°35′44″N，114°16′26″E。

广西突眼隐翅虫 *Stenus guangxiensis* Rougemont

　　江西省：萍乡市芦溪县武功山 27°27′53″N，114°10′47″E。

挂墩突眼隐翅虫 *Stenus kuatunensis* L. Benick

　　湖南省：长沙市浏阳市大围山 28°25′28″N，114°04′52″E。

阑氏突眼隐翅虫 *Stenus lewisius* **Sharp**

　　江西省：宜春市奉新县九岭山 28°41′51″N，114°45′08″E。

明月山突眼隐翅虫 *Stenus mingyueshanus* **Yu, Tang et Li**

　　江西省：萍乡市芦溪县武功山 27°27′53″N，114°10′47″E。

眼斑突眼隐翅虫 *Stenus oculifer* **Puthz**

　　江西省：宜春市袁州区明月山 27°35′44″N，114°16′26″E。

性突眼隐翅虫 *Stenus sexualis* **Sharp**

　　江西省：宜春市袁州区明月山 27°35′44″N，114°16′26″E。

宋氏突眼隐翅虫 *Stenus songxiaobini* **Yu, Tang et Li**

　　江西省：宜春市奉新县百丈山 28°41′35″N，114°46′27″E。

点背突眼隐翅虫 *Stenus stigmatias* **Puthz**

　　江西省：萍乡市芦溪县武功山 27°27′53″N，114°10′47″E。

瘦突眼隐翅虫 *Stenus tenuipes* **Sharp**

　　江西省：宜春市奉新县百丈山 28°41′35″N，114°46′27″E。

特纳突眼隐翅虫 *Stenus turnai* **Puthz**

　　江西省：宜春市袁州区明月山 27°35′44″N，114°16′26″E。

武功山突眼隐翅虫 *Stenus wugongshanus* **Yu, Tang et Li**

　　湖南省：长沙市浏阳市大围山 28°25′28″N，114°04′52″E。

武夷山突眼隐翅虫 *Stenus wuyimontium* **Puthz**

　　江西省：宜春市奉新县九岭山 28°41′51″N，114°45′7″E。

硕缩节苔甲 *Syndicus jaloszynskii* **Yin et Song**

　　湖南省：长沙市浏阳市大围山 28°25′28″N，114°04′52″E。

双斑圆胸隐翅虫 *Tachinus masaohayashii* **Hayashi**

　　江西省：宜春市袁州区明月山 27°35′44″N，114°16′26″E。

中华圆胸隐翅虫 *Tachinus sinensis* **Li**

　　江西省：宜春市袁州区明月山 27°35′44″N，114°16′26″E。

台湾钝胸隐翅虫 *Thoracostrongylus formosanus* **Shibata**

　　湖南省：岳阳市平江县幕阜山 28°58′18″N，113°49′55″E。

井冈山脊胸蚁甲 *Tribasodites jinggangshanus* **sp. nov.**

　　湖南省：株洲市炎陵县桃源洞 26°29′14″N，114°00′42″E。

小窄胫隐翅虫 *Trichocosmetes minor* **Schillhammer**

　　湖南省：株洲市炎陵县桃源洞 26°29′14″N，114°00′42″E。

明月山幻角蚁甲 *Trisinus mingyueus* **sp. nov.**

　　江西省：宜春市袁州区明月山 27°35′44″N，114°16′26″E。

葬甲科 Silphidae

横纹盾葬甲 *Diamesus osculans* **(Vigors)**

　　江西省：宜春市袁州区明月山 27°35′44″N，114°16′26″E。

滨尸葬甲 *Necrodes littoralis* **(Linnaeus)**

　　江西省：宜春市宜丰县官山国家级自然保护区 28°33′16.73″N，113°34′55.97″E。井冈山 26°74′74″N，114°26′28″E。

　　湖南省：岳阳市平江县幕阜山 28°58′12.09″N，113°49′06.24″E。株洲市炎陵县桃源洞自然保护区中礁石工区 26°31′00″N，113°03′00″E。株洲市炎陵县桃源洞自然保护区甲水 26°59′00″N，113°39′00″E。株洲市炎陵县桃源洞自然保护区游客服务中心 26°29′00″N，114°01′00″E。

红胸丽葬甲 *Necrophila brunnicollis* **(Kraatz)**

　　江西省：井冈山 26°74′74″N，114°26′28″E。宜春市袁州区明月山 27°35′44″N，114°16′26″E。

露尾真葬甲 *Necrophila subcaudata* **(Fairmaire)**

　　江西省：宜春市袁州区明月山 27°35′44″N，114°16′26″E。

大黑葬甲 *Nicrophorus concolor* (Kraatz)

江西省：吉安市遂川县南风面国家级自然保护区 26°17′04″N，114°03′53″E。井冈山 26°74′74″N，114°26′28″E。井冈山 26°37′23″N，114°07′04″E。宜春市宜丰县官山国家级自然保护区 28°33′21″N，114°35′20″E。宜春市靖安县大杞山生态林场 29°07′00″N，115°07′00″E。

湖南省：郴州市桂东县八面山国家级自然保护区 25°58′21″N，113°42′37″E。资兴市回龙山瑶族乡回龙山 26°04′33″N，113°23′16″E。浏阳市大围山森林公园 28°25′30″N，114°06′45″E。株洲市炎陵县桃源洞自然保护区中礁石工区 26°31′00″N，113°03′00″E。株洲市炎陵县桃源洞自然保护区甲水 26°59′00″N，113°39′00″E。株洲市炎陵县桃源洞自然保护区游客服务中心 26°29′00″N，114°01′00″E。

尼覆葬甲 *Nicrophorus nepalensis* Hope

江西省：井冈山 26°74′74″N，114°26′28″E。宜春市袁州区明月山 27°35′44″N，114°16′26″E。宜春市宜丰县官山国家级自然保护区 28°33′21″N，114°35′20″E。

湖南省：岳阳市平江县幕阜山 28°58′12.09″N，113°49′06.24″E。

芫菁科 Meloidae

豆芫菁 *Epicauta gorhami* (Marseul)

江西省：宜春市宜丰县官山国家级自然保护区 28°33′21″N，114°35′20″E。宜春市袁州区明月山 27°35′44″N，114°16′26″E。

红头豆芫菁 *Epicauta ruficeps* Illeger

江西省：宜春市靖安县璪都镇南山村 29°01′00″N，115°16′00″E。吉安市遂川县南风面国家级自然保护区 26°17′04″N，114°03′53″E。宜春市宜丰县官山国家级自然保护区 28°33′21″N，114°35′20″E。

湖南省：郴州市桂东县八面山国家级自然保护区 25°58′21″N，113°42′37″E。

毛胫豆芫菁 *Epicauta tibialis* (Waterhouse)

江西省：宜春市袁州区明月山 27°35′44″N，114°16′26″E。

湖南省：郴州市桂东县八面山国家级自然保护区 25°58′21″N，113°42′37″E。资兴市回龙山瑶族乡回龙山 26°04′33″N，113°23′16″E。岳阳市平江县幕阜山 28°58′12.09″N，113°49′06.24″E。

宽纹豆芫菁 *Epicauta waterhousei* (Haag-Rutenberg)

江西省：井冈山 26°74′74″N，114°26′28″E。

毛背沟芫菁 *Hycleus dorsetiferus* Pan, Ren et Wang

江西省：宜春市袁州区明月山 27°35′44″N，114°16′26″E。

铜腹绿芫菁 *Lytta aeneiventris* Haag-Rutenberg

江西省：宜春市袁州区明月山 27°35′44″N，114°16′26″E。

芫菁属未定种 *Meloe* sp.

江西省：宜春市宜丰县官山国家级自然保护区 28°33′21″N，114°35′20″E。

圆点斑芫菁 *Mylabris aulica* Ménétriès

江西省：宜春市袁州区明月山 27°35′44″N，114°16′26″E。

眼斑芫菁 *Mylabris cichorii* (Linnaeus)

江西省：宜春市宜丰县官山国家级自然保护区 28°33′21″N，114°35′20″E。

大斑芫菁 *Mylabris phalerata* (Pallas)

江西省：宜春市宜丰县官山国家级自然保护区 28°33′21″N，114°35′20″E。

西北斑芫菁 *Mylabris sibirica* Fischer von Waldheim

江西省：宜春市袁州区明月山 27°35′44″N，114°16′26″E。

黄带芫菁属未定种 *Zonitoschema* sp.

江西省：宜春市靖安县白水洞自然保护区 29°02′24″N，115°06′36″E。宜春市靖安县观音岩 29°01′48″N，115°25′00″E。宜春市靖安县璪都镇南山村 29°01′00″N，115°16′00″E。

三栉牛科 Trictenotomidae

达氏三栉牛 *Trictenotoma davidi* Deyrolle

江西省：赣州市崇义县横水镇阳岭国家森林公园 25°37′50″N，114°18′16″E。

吉丁甲科 Buprestidae

松吉丁虫 *Chalcophora japonica* (Gory)

湖南省：郴州市桂东县八面山国家级自然保护区 25°58′21″N，113°42′37″E。

云南脊吉丁 *Chalcophora yunnana* Fairmaire

江西省：赣州市崇义县横水镇阳岭国家森林公园 25°37′50″N，114°18′16″E。

纹吉丁属未定种 *Coraebus* sp.

湖南省：资兴市回龙山瑶族乡回龙山 26°04′33.34″N，113°23′15.85″E。

樟潜吉丁 *Trachys auricollis* E. Saunders

江西省：宜春市袁州区明月山 27°35′44″N，114°16′26″E。

柳潜吉丁 *Trachys minuta* (Linnaeus)

湖南省：长沙市浏阳市大围山 28°25′28″N，114°04′52″E。

潜吉丁属未定种 *Trachys* sp.

江西省：赣州市崇义县横水镇阳岭国家森林公园25°37′50″N，114°18′16″E。宜春市靖安县璪都镇观音岩29°01′48″N，115°25′00″E。

湖南省：郴州市桂东县八面山国家级自然保护区25°58′21″N，113°42′37″E。资兴市回龙山瑶族乡回龙山26°04′33.34″N，113°23′15.85″E。

萤科 Lampyridae

大端黑萤 *Abscondita anceyi* (Olivier)

江西省：宜春市宜丰县官山国家级自然保护区28°33′16″N，113°34′55″E。赣州市上犹县光菇山25°54′55″N，114°03′09″E。宜春市靖安县璪都镇南山村29°01′00″N，115°16′00″E。宜春市靖安县大杞山生态林场 28°67′00″N，115°07′00″E。宜春市靖安县白水洞自然保护区29°04′00″N，115°11′00″E。

湖南省：株洲市炎陵县桃源洞自然保护区 26°31′00″N，114°00′00″E；26°29′00″N，114°01′00″E。

双栉角萤 *Cyphonocerus sanguineus* Pic

湖南省：株洲市炎陵县桃源洞自然保护区 26°31′00″N，114°00′00″E；26°29′00″N，114°01′00″E；26°50′00″N，113°99′00″E。

短角窗萤属未定种 *Diaphanes* sp.

湖南省：株洲市炎陵县桃源洞自然保护区 26°30′05.63″N，114°00′53.19″E。

华南锯角萤 *Lucidina vitalisi* Pic

江西省：宜春市宜丰县官山国家级自然保护区28°33′16″N，113°34′55″E。

湖南省：资兴市回龙山瑶族乡回龙山 26°04′33″N，113°23′16″E。株洲市炎陵县桃源洞自然保护区26°30′05.63″N，114°00′53.19″E。

中华黄萤 *Luciola chinensis* (Linnaeus)

江西省：吉安市安福县武功山风景名胜区 27°29′

48″N，114°11′12″E。赣州市崇义县横水镇阳岭国家森林公园25°37′50″N，114°18′16″E。

栉角萤属未定种 1 *Vesta* sp. 1

江西省：宜春市宜丰县官山国家级自然保护区 28°33′16″N，113°34′55″E。

湖南省：株洲市炎陵县桃源洞自然保护区 26°30′05.63″N，114°00′53.19″E。

栉角萤属未定种 2 *Vesta* sp. 2

江西省：赣州市崇义县横水镇阳岭国家森林公园25°37′50″N，114°18′16″E。

窗胸蝇 *Pyrocoelia pectoralis* Olivier

江西省：宜春市奉新县百丈山 28°41′35″N，114°46′27″E。

窗萤属未定种 *Pyrocoelia* sp.

江西省：宜春市靖安县白水洞自然保护区 29°02′24″N，115°06′36″E。

红萤科 Lycidae

毛氏格红萤 *Cautires mao* Kazantsev

湖南省：郴州市桂东县八面山国家级自然保护区25°58′21″N，113°42′37″E。资兴市回龙山瑶族乡回龙山26°04′33″N，113°23′16″E。株洲市炎陵县桃源洞自然保护区 26°30′05.63″N，114°00′53.19″E。

暗褐格红萤 *Cautires vigens* Kazantsev

湖南省：资兴市回龙山瑶族乡回龙山 26°04′33.34″N，113°23′15.85″E。

喙红萤属未定种 *Lycostomus* sp.

江西省：宜春市靖安县白水洞自然保护区 29°02′24″N，115°06′36″E。

细花萤科 Prionoceridae

烬伊细花萤 *Idgia deusta* Fairmaire

江西省：宜春市宜丰县官山国家级自然保护区 28°33′16″N，113°34′55″E。赣州市上犹县光菇山 25°54′55″N，114°03′09″E。

湖南省：株洲市炎陵县桃源洞自然保护区 26°30′05.63″N，114°00′53.19″E。

花萤科 Cantharidae

异角花萤属未定种 1 *Fissocantharis* sp. 1

江西省：宜春市宜丰县官山国家级自然保护区 28°33′

16.73″N，113°34′55.97″E。

异角花萤属未定种 2 *Fissocantharis* sp. 2

湖南省：株洲市炎陵县桃源洞自然保护区 26°31′00″N，114°00′00″E。

波氏短翅花萤 *Ichthyurus bourgeoisi* Gestro

湖南省：株洲市炎陵县桃源洞自然保护区 26°30′05.63″N，114°00′53.19″E。

短翅花萤属未定种 *Ichthyurus* sp.

湖南省：资兴市回龙山瑶族乡回龙山 26°04′33.34″N，113°23′15.85″E。郴州市桂东县八面山国家级自然保护区 25°58′21″N，113°42′37″E。

糙翅钩花萤 *Lycocerus asperipennis* (Fairmaire)

江西省：萍乡市芦溪县武功山 27°27′53″N，114°10′47″E。

异叶糙翅钩花萤 *Lycocerus parameratus* D. Yang et J. Yang

湖南省：株洲市炎陵县桃源洞自然保护区 26°30′05.63″N，114°00′53.19″E。

突胸钩花萤 *Lycocerus rugulicollis* (Fairmaire)

江西省：赣州市崇义县横水镇阳岭国家森林公园 25°37′50″N，114°18′16″E。

糙翅钩花萤属未定种 *Lycocerus* sp.

湖南省：株洲市炎陵县桃源洞自然保护区 26°30′05.63″N，114°00′53.19″E。资兴市回龙山瑶族乡回龙山 26°04′33.34″N，113°23′15.85″E。

巨花萤属未定种 *Macrosilis* sp.

江西省：赣州市上犹县光菇山自然保护区 25°55′11″N，114°03′04″E。

黑拉花萤 *Rhagonycha nigroimpressa* (Pic)

江西省：宜春市宜丰县官山国家级自然保护区 28°33′16.73″N，113°34′55.97″E。

湖南省：株洲市炎陵县桃源洞自然保护区 26°30′05.63″N，114°00′53.19″E。

地下丽花萤 *Themus hypopelius* (Fairmaire)

江西省：萍乡市芦溪县羊狮幕 27°33′38″N，114°14′35″E。

华丽花萤 *Themus imperialis* (Gorharm)

江西省：赣州市崇义县横水镇阳岭国家森林公园 25°37′50″N，114°18′16″E。

湖南省：长沙市浏阳市大围山 28°25′28″N，114°04′52″E。

利氏丽花萤 *Themus leechianus* (Gorham)

江西省：萍乡市芦溪县武功山 27°27′53″N，114°10′47″E。

湖南省：岳阳市平江县幕阜山 28°58′12.09″N，113°49′06.24″E。

黑斑丽花萤 *Themus stigmaticus* (Fairmaire)

江西省：萍乡市芦溪县武功山 27°27′53″N，114°10′47″E。

丽花萤属未定种 1 *Themus* sp. 1

江西省：吉安市安福县武功山风景名胜区 27°29′48″N，114°11′12″E。宜春市靖安县三爪仑国家森林公园 28°58′36″N，115°14′11″E。

丽花萤属未定种 2 *Themus* sp. 2

江西省：井冈山小溪洞 26°26′N，114°11′E。

露尾甲科 Nitidulidae

中国普通露尾甲 *Atarphia cincta* Jelínek, Jia et Hájek

江西省：井冈山松木坪 26°34.7′N，114°04.3′E。

克利露尾甲 *Glischrochilus christophi* (Reitter)

江西省：宜春市奉新县百丈山 28°41′35″N，114°46′27″E。

日本斑露尾甲 *Glischrochilus japonius* (Motschulsky)

江西省：赣州市上犹县光菇山 25°54′55″N，114°03′09″E。宜春市奉新县百丈山 28°41′35″N，114°46′27″E。

四斑露尾甲 *Glischrochilus parvipustulatus* (Kolbe)

江西省：宜春市宜丰县官山国家级自然保护区 28°33′16″N，113°34′55″E。

湖南省：株洲市炎陵县桃源洞自然保护区 26°30′05.63″N，114°00′53.19″E。

棉露尾甲 *Haptoncus luteolus* (Erichson)

江西省：萍乡市芦溪县羊狮幕 27°33′38″N，114°14′35″E。

瘤长足露尾甲 *Phenolia tuberculifera* (Reitter)

江西省：萍乡市芦溪县武功山 27°27′53″N，114°10′47″E。

瓢虫科 Coccinellidae

阿里山崎齿瓢虫 *Afissula arisana* Li et Cook

江西省：井冈山下庄 26°32.42′N，114°11.26′E。井冈山小溪洞 26°26′N，114°11′E。

八仙花崎齿瓢虫 *Afissula hydrangeae* Pang et Mao

湖南省：株洲市炎陵县神农谷牛角垄 26°30′08″N，114°03′39″E。

四斑隐胫瓢虫 *Aspidimerus esakii* Sasaji

江西省：宜春市奉新县百丈山 28°41′17″N，114°46′13″E。

细纹裸瓢虫 *Bothrocalvia albolineata* (Gyllenhal)

江西省：井冈山主峰 26°53′N，114°15′E。宜春市宜丰县官山国家级自然保护区 28°33′21″N，114°35′20″E。

日本丽瓢虫 *Callicaria superba* (Mulsant)

湖南省：岳阳市平江县幕阜山 28°58′18″N，113°49′55″E。郴州市汝城县热水镇飞水寨 25°52′52″N，113°91′77″E。

华裸瓢虫 *Calvia chinensis* Mulsant

江西省：吉安市遂川县南风面自然保护区 26°17′04″N，114°03′53″E。宜春市奉新县百丈山 28°41′35″N，114°46′27″E。宜春市宜丰县官山国家级自然保护区 28°33′21″N，114°35′20″E。

四斑裸瓢虫 *Calvia muiri* (Timberlake)

江西省：吉安市安福县武功山风景名胜区 27°29′48″N，114°11′12″E；27°33′00″N，114°23′00″E。宜春市靖安县大杞山生态林场 28°67′00″N，115°07′00″E。宜春市靖安县观音岩 29°03′00″N，115°25′00″E。宜春市靖安县白水洞景区。宜春市宜丰县官山国家级自然保护区 28°33′21″N，114°35′20″E。

湖南省：郴州市桂东县八面山国家级自然保护区 25°58′21″N，113°42′37″E。资兴市回龙山瑶族乡回龙山 26°04′33″N，113°23′16″E。株洲市炎陵县桃源洞自然保护区 26°50′00″N，113°39′00″E；26°31′00″N，114°00′00″E；26°31′00″N，113°03′00″E。

十四星裸瓢虫 *Calvia quatuordecimguttata* (Linnaeus)

湖南省：株洲市炎陵县神农谷自然保护区 26°49′93″N，114°06′56″E。

十五星裸瓢虫 *Calvia quinquedecimguttata* (Fabricius)

江西省：宜春市靖安县璪都镇南山村 29°01′00″N，115°16′00″E。宜春市宜丰县官山国家级自然保护区 28°33′16.73″N，113°34′55.97″E。宜春市奉新县百丈山 28°41′35″N，114°46′27″E。井冈山笔架山 26°31′N，114°09′E。

台艳瓢虫 *Catanella formosana* Miyatake

江西省：宜春市宜丰县官山国家级自然保护区 28°33′21″N，114°35′20″E。

闪蓝红点唇瓢虫 *Chilocorus chalybeatus* Gorham

江西省：宜春市宜丰县官山国家级自然保护区 28°33′21″N，114°35′20″E。

湖南省：株洲市炎陵县桃源洞自然保护区 26°59′00″N，113°99′00″E；26°50′00″N，113°99′00″E。

中华唇瓢虫 *Chilocorus chinensis* Miyatake

湖南省：株洲市炎陵县桃源洞自然保护区 26°59′00″N，113°99′00″E；26°50′00″N，113°99′00″E。

红点唇瓢虫 *Chilocorus kuwanae* Silvestri

湖南省：长沙市浏阳市大围山 28°25′28″N，114°04′52″E。

黑缘红瓢虫 *Chilocorus rubidus* Hope

江西省：宜春市奉新县百丈山 28°41′35″N，114°46′27″E。宜春市宜丰县官山国家级自然保护区 28°33′21″N，114°35′20″E。

湖北红点唇瓢虫 *Chilocorus shupehanus* Miyatake

江西省：宜春市奉新县百丈山 28°41′35″N，114°46′27″E。

七星瓢虫 *Coccinella septempunctata* (Linnaeus)

江西省：宜春市宜丰县官山国家级自然保护区 28°33′21″N，114°35′20″E。

狭臀瓢虫 *Coccinella transversalis* Fabricius

江西省：宜春市宜丰县官山国家级自然保护区 28°33′21″N，114°35′20″E。

变斑隐势瓢虫 *Cryptogonus orbiculus* (Gyllenhal)

江西省：宜春市宜丰县官山国家级自然保护区 28°33′21″N，114°35′20″E。

隐势瓢虫属未定种 *Cryptogonus* sp.

湖南省：郴州市汝城县热水镇飞水寨 25°52′52″N，113°91′77″E。

安徽食植瓢虫 *Epilachna anhwaiana* (Dieke)

江西省：宜春市奉新县百丈山 28°41′35″N，114°46′27″E。宜春市宜丰县官山国家级自然保护区 28°33′21″N，114°35′20″E。

中华食植瓢虫 *Epilachna chinensis* (Weise)

江西省：吉安市安福县武功山风景名胜区 27°29′48″N，114°11′12″E。宜春市奉新县越山 28°47′19″N，115°10′01″E。宜春市宜丰县官山国家级自然保护区 28°33′21″N，114°35′20″E。

菱斑食植瓢虫 *Epilachna insignis* Gorham

江西省：宜春市奉新县百丈山 28°41′35″N，114°46′27″E。井冈山主峰 26°53′N，114°15′E。井冈山大井 26°33′N，114°07′E。宜春市宜丰县官山国家级自然保护区 28°33′21″N，114°35′20″E。

端尖食植瓢虫 *Epilachna quadricollis* (Dieke)

江西省：宜春市宜丰县官山国家级自然保护区 28°33′21″N，114°35′20″E。井冈山湘洲 26°32.0′N，114°11.0′E。井冈山主峰 26°53′N，114°15′E。井冈山罗浮 26°39′N，114°13′E。井冈山下庄 26°32.42′N，114°11.26′E。

曲管食植瓢虫 *Epilachna sauteri* (Weise)

江西省：宜春市奉新县百丈山 28°41′35″N，114°46′27″E。

食植瓢虫属未定种 *Epilachna* sp.

江西省：宜春市靖安县三爪仑国家森林公园 28°58′36″N，115°14′11″E。赣州市上犹县齐云山国家级自然保护区 25°55′03″N，114°02′48″E。

黑缘光瓢虫 *Exochomus nigromarginatus* Miyatake

江西省：宜春市奉新县九岭山 28°41′51″N，114°45′08″E。

梵文菌瓢虫 *Halyzia sanscrita* Mulsant

湖南省：长沙市浏阳市大围山 28°25′28″N，114°04′52″E。

异色瓢虫 *Harmonia axyridis* (Pallas)

江西省：宜春市靖安县璪都镇南山村 29°01′00″N，115°16′00″E。宜春市靖安县璪都镇观音岩 29°01′48″N，115°25′00″E。吉安市安福县武功山风景名胜区 27°29′48″N，114°11′12″E。赣州市上犹县齐云山国家级自然保护区 25°55′03″N，114°02′48″E。井冈山湘洲 26°32.0′N，114°11.0′E。井冈山主峰 26°53′N，114°15′E。井冈山罗浮 26°39′N，114°13′E。

湖南省：郴州市桂东县八面山国家级自然保护区 25°58′21″N，113°42′37″E。株洲市炎陵县桃源洞自然保护区 26°31′00″N，114°00′00″E。

红肩瓢虫 *Harmonia dimidiate* (Fabricius)

江西省：宜春市靖安县璪都镇南山村 29°01′00″N，115°16′00″E。赣州市上犹县齐云山国家级自然保护区 25°55′03″N，114°02′48″E。吉安市安福县武功山风景名胜区 27°19′00″N，114°13′00″E。

湖南省：郴州市桂东县八面山国家级自然保护区 25°58′21″N，113°42′37″E。浏阳市大围山森林公园 28°25′30″N，114°06′45″E。株洲市炎陵县桃源洞自然保护区 26°50′N，113°99′E；26°29′N，114°01′E；26°31′N，113°03′E。

八斑和瓢虫 *Harmonia octomaculata* (Fabricius)

江西省：赣州市上犹县齐云山国家级自然保护区 25°55′03″N，114°02′48″E。井冈山主峰 26°53′N，114°15′E。

隐斑瓢虫 *Harmonia yedoensis* (Takizawa)

江西省：吉安市遂川县南风面国家级自然保护区 26°17′04″N，114°03′53″E。宜春市宜丰县官山国家级自然保护区 28°33′16.73′N，113°34′55.97″E。赣州市上犹县齐云山国家级自然保护区 25°55′03″N，114°02′48″E。井冈山主峰 26°53′N，114°15′E。

湖南省：郴州市桂东县八面山国家级自然保护区 25°58′21″N，113°42′37″E。

十斑裂臀瓢虫 *Henosepilachna kaszabi* (Bielawski et Ruersch)

江西省：井冈山主峰 26°53′N，114°15′E。

茄二十八星瓢虫 *Henosepilachna vigintioctopunctata* (Fabricius)

江西省：井冈山笔架山 26°31′N，114°09′E。井冈山下庄 26°32.42′N，114°11.26′E。赣州市上犹县齐云山国家级自然保护区 25°55′03″N，114°02′48″E。

湖南省：郴州市汝城县热水镇飞水寨 25°52′52″N，113°91′77″E。

中华显盾瓢虫 *Hyperaspis sinensis* (Crotch)

江西省：赣州市上犹县齐云山国家级自然保护区 25°55′03″N，114°02′48″E。

中国素菌瓢虫 *Illeis chinensis* Lablokoff-Khnzorian

江西省：赣州市上犹县光菇山自然保护区 25°55′11″N，114°03′04″E。井冈山水库 26°33′N，114°10′E。

湖南省：郴州市桂东县八面山国家级自然保护区 25°58′21″N，113°42′37″E。资兴市回龙山瑶族乡回龙山

26°04′33″N，113°23′15″E。株洲市炎陵县神农谷自然保护区 26°49′93″N，114°06′56″E。

柯氏素菌瓢虫 *Illeis koebelei* Timberlake

江西省：赣州市上犹县齐云山国家级自然保护区 25°55′03″N，114°02′48″E。

湖南省：长沙市浏阳市大围山 28°25′28″N，114°04′52″E。

双带盘瓢虫 *Lemnia biplagiata* (Swartz)

江西省：赣州市上犹县齐云山国家级自然保护区 25°55′03″N，114°02′48″E。

湖南省：株洲市炎陵县桃源洞 26°29′14″N，114°00′42″E。

十斑盘瓢虫 *Lemnia bissellata* (Mulsant)

江西省：赣州市上犹县齐云山国家级自然保护区 25°55′03″N，114°02′48″E。

周缘盘瓢虫 *Lemnia circumvelata* (Mulsant)

湖南省：资兴市回龙山瑶族乡回龙山 26°04′33.34″N，113°23′15.85″E。

黄斑盘瓢虫 *Lemnia saucia* (Mulsant)

江西省：吉安市安福县武功山风景名胜区 27°29′48″N，114°11′12″E。赣州市上犹县齐云山国家级自然保护区 25°55′03″N，114°02′48″E。

湖南省：株洲市炎陵县桃源洞自然保护区 26°59′00″N，113°99′00″E。岳阳市平江县幕阜山 28°58′18″N，113°49′55″E。郴州市汝城县热水镇飞水寨 25°52′52″N，113°91′77″E。

盘瓢虫属未定种 1 *Lemnia* sp. 1

江西省：吉安市安福县武功山风景名胜区 27°29′48″N，114°11′12″E。宜春市宜丰县官山国家级自然保护区 28°33′21″N，114°35′20″E。

盘瓢虫属未定种 2 *Lemnia* sp. 2

江西省：井冈山笔架山 26°31′N，114°09′E。

六斑月瓢虫 *Menochilus sexmaculatus* (Fabricius)

江西省：赣州市上犹县齐云山国家级自然保护区 25°55′03″N，114°02′48″E。井冈山下庄 26°32.42′N，114°11.26′E。井冈山笔架山 26°31′N，114°09′E。

湖南省：郴州市汝城县热水镇飞水寨 25°52′52″N，113°91′77″E。

稻红瓢虫 *Micraspis discolor* (Fabricius)

江西省：赣州市上犹县齐云山国家级自然保护区 25°55′03″N，114°02′48″E。

淡红巧瓢虫 *Oenopia emmerichi* Mader

湖南省：株洲市炎陵县神农谷牛角垄 26°30′08″N，114°03′39″E。

黄缘巧瓢虫 *Oenopia sauzeti* Mulsant

江西省：赣州市上犹县齐云山国家级自然保护区 25°55′03″N，114°02′48″E。

巧瓢虫属未定种 *Oenopia* sp.

湖南省：郴州市汝城县热水镇飞水寨 25°52′52″N，113°91′77″E。

红星盘瓢虫 *Phrynocaria congener* (Billberg)

江西省：赣州市上犹县齐云山国家级自然保护区 25°55′03″N，114°02′48″E。

艳色广盾瓢虫 *Platynaspis lewisii* Crotch

江西省：赣州市上犹县齐云山国家级自然保护区 25°55′03″N，114°02′48″E。

四斑广盾瓢虫 *Platynaspis maculosa* Weise

江西省：赣州市上犹县齐云山国家级自然保护区 25°55′03″N，114°02′48″E。

八斑广盾瓢虫 *Platynaspis octoguttata* (Miyatake)

江西省：赣州市上犹县齐云山国家级自然保护区 25°55′03″N，114°02′48″E。宜春市靖安县璪都镇南山村 29°01′00″N，115°16′00″E。

福建彩瓢虫 *Plotina muelleri* Mader

江西省：宜春市奉新县百丈山 28°41′35″N，114°46′27″E。

龟纹瓢虫 *Propylea japonica* (Thunberg)

江西省：宜春市靖安县璪都镇南山村 29°01′00″N，115°16′00″E。吉安市遂川县南风面国家级自然保护区 26°17′04″N，114°03′53″E。宜春市靖安县白水洞自然保护区 29°04′N，115°11′E。吉安市安福县武功山风景名胜区 27°29′48″N，114°11′12″E。井冈山湘洲 26°32.0′N，114°11.0′E。井冈山笔架山 26°31′N，114°09′E。井冈山小溪洞 26°26′N，114°11′E。井冈山大井 26°33′N，114°07′E。井冈山松木坪 26°34′N，114°04′E。井冈山罗浮 26°39′N，114°13′E。井冈山下庄 26°32.42′N，114°11.26′E 。

湖南省：郴州市汝城县热水镇飞水寨 25°52′52″N，113°91′77″E。株洲市炎陵县桃源洞自然保护区 26°31′N，113°03′E。郴州市桂东县八面山国家级自然保护区 26°01′03″N，113°40′59″E。

黄室龟瓢虫 *Propylea luteopustulata* (Mulsant)

湖南省：资兴市回龙山瑶族乡回龙山 26°04′33.34″N，

113°23′15.85″E。郴州市汝城县热水镇飞水寨 25°52′52″N，113°91′77″E。郴州市桂东县八面山国家级自然保护区 25°58′21″N，113°42′37″E。长沙市浏阳市大围山 28°25′28″N，114°04′52″E。郴州市桂东县八面山国家级自然保护区 26°01′03″N，113°40′59″E。

大红瓢虫 *Rodolia rufopilosa* Mulsant

湖南省：郴州市桂东县八面山国家级自然保护区 26°01′03″N，113°40′59″E。

黑背毛瓢虫 *Scymnus babai* Sasaji

湖南省：郴州市桂东县八面山国家级自然保护区 26°01′03″N，113°40′59″E。

肾斑小毛瓢虫 *Scymnus nephraspilus* Ren et Pang

湖南省：株洲市炎陵县桃源洞自然保护区 26°31′00″N，114°00′00″E。

刀角瓢虫 *Serangium japonicum* Chapin

湖南省：郴州市桂东县八面山国家级自然保护区 26°01′03″N，113°40′59″E。

十二斑褐菌瓢虫 *Vibidia duodecimguttata* (Poda)

湖南省：株洲市炎陵县神农谷自然保护区 26°49′93″N，114°06′56″E。郴州市桂东县八面山国家级自然保护区 26°01′03″N，113°40′59″E。

蜡斑甲科 Helotidae

隆胸蜡斑甲 *Helota thoracica* Ritsema

江西省：宜春市靖安县观音岩 29°3′N，115°25′18″E。

路氏尼蜡斑甲 *Neohelota lewisi* (Ritsema)

湖南省：株洲市炎陵县神农谷牛角垄 26°30′08″N，114°03′39″E。郴州市桂东县八面山国家级自然保护区 26°01′03″N，113°40′59″E。

江西省：宜春市奉新县百丈山 28°41′35″N，114°46′27″E。

尼蜡斑甲属未定种 *Neohelota* sp.

江西省：赣州市上犹县光菇山自然保护区 25°55′11″N，114°03′04″E。吉安市安福县武功山 27°19′00″N，114°13′00″E。

湖南省：郴州市桂东县八面山国家级自然保护区 26°01′03″N，113°40′59″E。

谷盗科 Trogossitidae

扁谷盗属未定种 *Peltis* sp.

江西省：吉安市安福县武功山 27°19′00″N，114°13′00″E。

郭公甲科 Cleridae

圆郭公甲属未定种 *Allochotes* sp.

湖南省：株洲市炎陵县桃源洞自然保护区 26°31′00″N，113°03′00″E。

普通郭公虫 *Clerus dealbatus* (Kraatz)

湖南省：长沙市浏阳市大围山 28°25′28″N，114°04′52″E。

日本奥郭公虫 *Opilo niponicus* Lewis

江西省：宜春市奉新县九岭山 28°41′51″N，114°45′08″E。

奥郭公虫属未定种 *Opilo* sp.

江西省：宜春市靖安县璪都镇南山村 29°01′00″N，115°16′00″E。

湖南省：资兴市回龙山瑶族乡回龙山 26°04′33.34″N，113°23′15.85″E。

纤丽郭公虫属未定种 *Stenocallimerus* sp.

湖南省：株洲市炎陵县桃源洞自然保护区 26°50′00″N，113°99′00″E。

筒郭公虫属未定种 *Tenerus* sp.

湖南省：郴州市桂东县八面山国家级自然保护区 25°58′21″N，113°42′37″E。

中华毛郭公虫 *Trichodes sinae* (Chevrolat)

湖南省：株洲市炎陵县桃源洞自然保护区 26°31′00″N，114°00′00″E。长沙市浏阳市大围山 28°25′28″N，114°04′52″E。

番郭公虫属未定种 *Xenorthrius* sp.

江西省：宜春市靖安县璪都镇南山村 29°01′00″N，115°16′00″E。

湖南省：株洲市炎陵县桃源洞自然保护区 26°50′00″N，113°99′00″E。郴州市桂东县八面山国家级自然保护区 25°58′21″N，113°42′37″E。

叩甲科 Elateridae

东方灿叩甲 *Actenicerus orientalis* (Candèze)

江西省：萍乡市芦溪县羊狮幕 27°33′38″N，114°14′35″E。

泥红槽缝叩甲 *Agrypnus argillaceus* (Solsky)

江西省：宜春市袁州区明月山 27°35′44″N，114°16′26″E。吉安市安福县武功山风景名胜区 27°29′48″N，

114°11′12″E。宜春市宜丰县官山国家级自然保护区 28°33′21″N，114°35′20″E。

双瘤槽缝叩甲 *Agrypnus bipapulatus* (Candèze)

江西省：吉安市安福县武功山风景名胜区 27°29′48″N，114°11′12″E。赣州市崇义县横水镇阳岭国家森林公园 25°37′50″N，114°18′16″E。

泥槽缝叩甲 *Agrypnus fuliginosus* (Candèze)

江西省：宜春市奉新县百丈山 28°41′35″N，114°46′27″E。

灰斑槽缝叩甲 *Agrypnus taciturnus* (Candèze)

湖南省：株洲市炎陵县桃源洞 26°29′14″N，114°00′42″E。

槽缝叩甲属未定种 *Agrypnus* sp.

江西省：赣州市崇义县横水镇阳岭国家森林公园 25°37′50″N，114°18′16″E。

湖南省：株洲市炎陵县神农谷自然保护区 26°49′93″N，114°06′56″E。

Ampedus amamiensis Ôhira

湖南省：长沙市浏阳市大围山 28°25′28″N，114°04′52″E。

Ampedus hypogastricus (Candèze)

湖南省：长沙市浏阳市大围山 28°25′28″N，114°04′52″E。

丽叩甲 *Campsosternus auratus* (Drury)

江西省：萍乡市芦溪县武功山 27°27′53″N，114°10′47″E。赣州市崇义县横水镇阳岭国家森林公园 25°37′50″N，114°18′16″E。

朱肩丽叩甲 *Campsosternus gemma* (Candèze)

江西省：萍乡市莲花县高天岩。

眼纹斑叩甲 *Cryptalaus larvatus* (Candèze)

江西省：宜春市靖安县璪都镇南山村 29°01′00″N，115°16′00″E。宜春市靖安县观音岩 26°50′00″N，115°25′00″E。宜春市宜丰县官山国家级自然保护区 28°33′21″N，114°35′20″E。宜春市靖安县大杞山生态林场 28°67′00″N，115°07′00″E。吉安市遂川县南风面国家级自然保护区 26°17′04″N，114°03′53″E。吉安市安福县武功山 27°19′00″N，114°13′00″E。

湖南省：郴州市桂东县八面山国家级自然保护区 25°58′21″N，113°42′37″E。

西氏叩甲 *Elater sieboldi* (Candèze)

江西省：宜春市袁州区明月山 27°35′44″N，114°16′26″E。

Gamepenthes pictipennis (Lewis)

江西省：萍乡市芦溪县武功山 27°27′53″N，114°10′47″E。

变色平尾叩甲 *Gamepenthes versipellis* (Lewis)

江西省：宜春市袁州区明月山 27°35′44″N，114°16′26″E。

黑足球胸叩甲 *Hemiops germari* Cate

江西省：赣州市上犹县光菇山 25°54′55″N，114°03′09″E。宜春市靖安县璪都镇观音岩 29°01′48″N，115°25′00″E。

横纹球胸叩甲 *Hemiops substriata* (Fleutiaux)

江西省：赣州市上犹县光菇山 25°54′55″N，114°03′09″E。

黑背重脊叩甲 *Ludioschema dorsalis* (Candèze)

江西省：宜春市宜丰县官山国家级自然保护区 28°33′16″N，113°34′55″E。

湖南省：株洲市炎陵县桃源洞自然保护区 26°30′05.63″N，114°00′53.19″E。

沟胸重脊叩甲 *Ludioschema sulcicolis* (Candèze)

江西省：萍乡市芦溪县羊狮幕 27°33′38″N，114°14′35″E。

筛胸梳爪叩甲 *Melanotus cribricollis* (Faldermann)

江西省：萍乡市芦溪县羊狮幕 27°33′38″N，114°14′35″E。

拉氏梳爪叩甲 *Melanotus lameyi* Fleutiaux

江西省：宜春市奉新县百丈山 28°41′35″N，114°46′27″E。

筛头梳爪叩甲 *Melanotus legatus* Candèze

江西省：萍乡市芦溪县羊狮幕 27°33′38″N，114°14′35″E。

华光梳爪叩甲 *Melanotus splendidus* Platia et Schimmel

江西省：宜春市宜丰县官山国家级自然保护区 28°33′16″N，113°34′55″E。

湖南省：岳阳市平江县幕阜山 28°58′12.09″N，113°49′06.24″E。资兴市回龙山瑶族乡回龙山 26°04′33.34″N，113°23′15.85″E。

根梳爪叩甲 *Melanotus tamsuyensis* Bates

江西省：萍乡市芦溪县武功山 27°27′53″N，114°10′47″E。

梳爪叩甲属未定种 **Melanotus sp.**

江西省：宜春市宜丰县官山国家级自然保护区 28°33′16″N，113°34′55″E。

湖南省：资兴市回龙山瑶族乡回龙山 26°04′33.34″N，113°23′15.85″E。

肯特栉角叩甲 *Pectocera cantori* **Hope**

江西省：宜春市奉新县越山 28°47′19″N，115°10′01″E。宜春市袁州区明月山 27°35′44″N，114°16′26″E。

木棉栉角叩甲 *Pectocera fortunei* **Candèze**

江西省：吉安市遂川县南风面国家级自然保护区 26°17′04″N，114°03′53″E。宜春市宜丰县官山国家级自然保护区 28°33′21″N，114°35′20″E。赣州市崇义县横水镇阳岭国家森林公园 25°37′50″N，114°18′16″E。

湖南省：郴州市桂东县八面山国家级自然保护区 25°58′21″N，113°42′37″E。资兴市回龙山瑶族乡回龙山 26°04′33.34″N，113°23′15.85″E。

利角弓背叩甲 *Priopus angulatus* **(Candèze)**

湖南省：株洲市炎陵县桃源洞 26°29′14″N，114°00′42″E。

Procraerus cariniceps **(Lewis)**

江西省：宜春市奉新县九岭山 28°41′51″N，114°45′08″E。

Scutellathous porrecticollis **(Lewis)**

江西省：宜春市奉新县九岭山 28°41′51″N，114°45′08″E。

粒翅土叩甲 *Xanthopenthes granulipennis* **(Miwa)**

江西省：宜春市奉新县百丈山 28°41′35″N，114°46′27″E。

大蕈甲科 Erotylidae

红头安拟叩甲 *Anadastus ruficeps* **(Crotch)**

江西省：宜春市靖安县璪都镇南山村 29°01′00″N，115°16′00″E。

湖南省：资兴市回龙山瑶族乡回龙山 26°04′33.34″N，113°23′15.85″E。

安拟叩甲属未定种 1 *Anadastus* **sp. 1**

江西省：井冈山西坪 26°33.4′N，114°12.2′E。

湖南省：郴州市汝城县热水镇飞水寨 25°52′52″N，113°91′77″E。

安拟叩甲属未定种 2 *Anadastus* **sp. 2**

湖南省：株洲市炎陵县神农谷自然保护区 26°49′93″N，114°06′56″E。

安拟叩甲属未定种 3 *Anadastus* **sp. 3**

江西省：吉安市安福县武功山 27°19′00″N，114°13′00″E。

红角新拟叩甲 *Caenolanguria ruficornis* **Zia**

江西省：宜春市宜丰县官山国家级自然保护区 28°33′16.73″N，113°34′55.97″E。井冈山弯坑 26°53′N，114°25′E。井冈山湘洲 26°32.0′N，114°11.0′E。

湖南省：资兴市回龙山瑶族乡回龙山 26°04′33.34″N，113°23′15.85″E。株洲市炎陵县桃源洞自然保护区 26°30′05.63″N，114°00′53.19″E。株洲市炎陵县神农谷自然保护区 26°49′93″N，114°06′56″E。

黄带艾蕈甲 *Episcapha flavofasciata* **Reitter**

江西省：吉安市安福县武功山风景名胜区 27°29′48″N，114°11′12″E。

北方艾蕈甲 *Episcapha morawitzi* **Solsky**

湖南省：长沙市浏阳市大围山 28°25′28″N，114°04′52″E。

路易斯新蕈甲 *Neotriplax lewisii* **Crotch**

江西省：宜春市奉新县百丈山 28°41′35″N，114°46′27″E。

毒拟叩甲属未定种 *Raederolanguria* **sp.**

江西省：井冈山主峰 26°53′N，114°15′E。井冈山荆竹山 26°31.0′N，114°05.9′E。

长四拟叩甲 *Tetralanguria elongata* **(Fabricius)**

江西省：赣州市上犹县光菇山自然保护区 25°55′11″N，114°03′04″E。

湖南省：株洲市炎陵县桃源洞自然保护区 26°30′05.63″N，114°00′53.19″E。资兴市回龙山瑶族乡回龙山 26°04′33.34″N，113°23′15.85″E。株洲市炎陵县神农谷牛角垄 26°30′08″N，114°03′39″E。株洲市炎陵县神农谷自然保护区 26°49′93″N，114°06′56″E。

天目四拟叩甲 *Tetralanguria tienmuensis* **Zia**

江西省：吉安市安福县武功山 27°19′00″N，114°13′00″E。井冈山主峰 26°53′N，114°15′E。

长特拟叩甲 *Tetraphala elongata* **(Fabricius)**

江西省：井冈山下庄 26°32′42.24″N，114°11′26.15″E。井冈山主峰 26°53′N，114°15′E。井冈山罗浮 26°39′N，114°13′E。

湖南省：株洲市炎陵县神农谷自然保护区 26°49′93″N，114°06′56″E。株洲市炎陵县神农谷牛角垄

26°30′08″N，114°03′39″E。株洲市炎陵县桃源洞自然保护区 26°30′05.63″N，114°00′53.19″E。

特拟叩甲属未定种 *Tetraphala* **sp.**

江西省：吉安市遂川县南风面国家级自然保护区 26°17′04″N，114°03′53″E。井冈山小溪洞 26°26′N，114°11′E。井冈山主峰 26°53′N，114°15′E。井冈山湘洲 26°32.0′N，114°11.0′E。

伪瓢虫科 Endomychidae

方斑弯伪瓢虫 *Ancylopus phungi* **Pic**

湖南省：郴州市桂东县八面山国家级自然保护区 25°58′21″N，113°42′37″E。

彩弯伪瓢虫 *Ancylopus pictus* **(Wiedemann)**

江西省：宜春市靖安县璪都镇南山村 29°01′00″N，115°16′00″E。

湖南省：长沙市浏阳市大围山 28°25′28″N，114°04′52″E。

黑头伪瓢虫 *Endomychus nigriceps* **Chujo**

江西省：宜春市宜丰县官山国家级自然保护区 28°33′16″N，113°34′55″E。井冈山 26°56′17″N，114°13′19″E。

湖南省：株洲市炎陵县桃源洞自然保护区 26°30′05.63″N，114°00′53.19″E。

双斑辛伪瓢虫 *Sinocymbachus bimaculatus* **(Pic)**

江西省：宜春市宜丰县官山国家级自然保护区 28°33′16″N，113°34′55″E。

湖南省：株洲市炎陵县桃源洞自然保护区 26°30′05.63″N，114°00′53.19″E。资兴市回龙山瑶族乡回龙山 26°04′33.34″N，113°23′15.85″E。

肩斑辛伪瓢虫 *Sinocymbachus humerosus* **(Mader)**

江西省：井冈山主峰。宜春市靖安县白水洞景区 29°01′48″N，115°15′00″E。

拟步甲科 Tenebrionidae

朽木甲属未定种 *Allecula* **sp.**

江西省：宜春市靖安县白水洞自然保护区 29°02′24″N，115°06′36″E。

湖南省：株洲市炎陵县桃源洞自然保护区甲水 26°59′00″N，113°99′00″E。株洲市炎陵县桃源洞自然保护区珠帘瀑布。

彩烁甲 *Amarygmus cuprarius* **(Weber)**

湖南省：株洲市炎陵县桃源洞自然保护区 26°30′05.63″N，114°00′53.19″E。

弯背烁甲 *Amarygmus curvus* **(Marseul)**

江西省：宜春市奉新县百丈山 28°41′35″N，114°46′27″E。

毛烁甲 *Amarygmus pilipes* **(Gebien)**

江西省：宜春市奉新县百丈山 28°41′35″N，114°46′27″E。

烁甲属未定种 *Amarygmus* **sp.**

江西省：宜春市靖安县璪都镇南山村 29°01′00″N，115°16′00″E。宜春市靖安县白水洞自然保护区 29°02′24″N，115°06′36″E。

宽基阿垫甲 *Anaedus basilatilus* **Wang et Ren**

江西省：萍乡市芦溪县武功山 27°27′53″N，114°10′47″E。

尖角阿垫甲 *Anaedus mroczkowskii* **Kaszab**

江西省：萍乡市芦溪县羊狮幕 27°33′38″N，114°14′35″E。

细沟阿垫甲 *Anaedus substriatus* **Pic**

江西省：萍乡市芦溪县羊狮幕 27°33′38″N，114°14′35″E。

异色刻胸伪叶甲 *Aulonogria discolora* **Chen**

湖南省：郴州市桂东县八面山国家级自然保护区 25°58′21″N，113°42′37″E。

奄美基菌甲 *Basanus amamianus* **Chujo**

江西省：宜春市奉新县百丈山 28°41′35″N，114°46′27″E。

福田基菌甲 *Basanus fukudai* **Nakane**

江西省：宜春市奉新县百丈山 28°41′35″N，114°46′27″E。

喜马拉雅基菌甲 *Basanus himalayanus* **Kaszab**

江西省：吉安市安福县武功山风景名胜区 27°29′48″N，114°11′12″E。

日本琵琶甲 *Blaps japonensis* **Marseul**

湖南省：长沙市浏阳市大围山 28°25′28″N，114°04′52″E。

青污朽木甲 *Borboresthes piceus* **Fabricius**

湖南省：株洲市炎陵县桃源洞自然保护区甲水 26°59′00″N，113°99′00″E。株洲市炎陵县桃源洞自然保护区落水源村 26°31′00″N，114°00′00″E。株洲市炎陵县桃源洞自然保护区珠帘瀑布 26°50′00″N，113°99′00″E。

齿沟伪叶甲 *Bothynogria calcarata* Borchmann

江西省：宜春市靖安县观音岩 29°01′48″N，115°25′00″E。宜春市靖安县三爪仑乡白水洞自然保护区 29°04′00″N，115°11′00″E。宜春市靖安县璪都镇观音岩 29°01′47″N，115°25′01″E。

扁拱轴甲 *Campsiomorpha lata* (Pic)

湖南省：郴州市桂东县八面山国家级自然保护区 25°58′21″N，113°42′37″E。资兴市回龙山瑶族乡回龙山 26°04′33.34″N，113°23′15.85″E。

紫蓝角伪叶甲 *Cerogria janthinipennis* (Fairmaire)

江西省：萍乡市芦溪县羊狮幕 27°33′38″N，114°14′35″E。

湖南省：郴州市桂东县八面山国家级自然保护区 25°58′21″N，113°42′37″E。株洲市炎陵县桃源洞自然保护区珠帘瀑布 26°50′00″N，119°99′00″E。

忍脊角伪叶甲 *Cerogria klapperichi* Borchmann

江西省：赣州市上犹县光菇山 25°54′55″N，114°03′09″E。

结胸角伪叶甲 *Cerogria nodocollis* Chen

湖南省：株洲市炎陵县桃源洞自然保护区落水源村 26°31′00″N，114°00′00″E。

细眼角伪叶甲 *Cerogria ommalata* Chen

江西省：宜春市靖安县璪都镇南山村 29°01′00″N，115°16′00″E。宜春市宜丰县官山国家级自然保护区 28°33′16″N，113°34′55″E。吉安市安福县武功山 27°19′00″N，114°13′00″E。宜春市靖安县白水洞自然保护区 29°04′N，115°11′E。宜春市靖安县大杞山生态林场 28°67′N，115°07′E。宜春市奉新县百丈山 28°41′35″N，114°46′27″E。

四斑角伪叶甲 *Cerogria quadrimaculata* (Hope)

江西省：吉安市遂川县南风面国家级自然保护区 26°17′04″N，114°03′53″E。宜春市宜丰县官山国家级自然保护区 28°33′21″N，114°35′20″E。

湖南省：郴州市桂东县八面山国家级自然保护区 25°58′21″N，113°42′37″E。株洲市炎陵县桃源洞自然保护区 26°30′05.63″N，114°00′53.19″E。岳阳市平江县幕阜山 28°58′12.09″N，113°49′06.24″E。

宽颈彩菌甲 *Ceropria laticollis* Fairmaire

江西省：宜春市宜丰县官山国家级自然保护区 28°33′16.73″N，113°34′55.97″E。

深沟彩菌甲 *Ceropria punctata* Ren et Gao

江西省：宜春市奉新县九岭山 28°41′51″N，114°45′08″E。

蓝背绿伪叶甲 *Chlorophila cyanea* Pic

湖南省：株洲市炎陵县桃源洞自然保护区甲水 26°59′00″N，113°99′00″E。

歪角隐毒甲 *Cryphaeus obliquicornus* Wu et Ren

江西省：宜春市奉新县百丈山 28°41′35″N，114°46′27″E。

黑亮舌甲 *Crypsis wrasei* Schawaller

江西省：萍乡市芦溪县武功山 27°27′53″N，114°10′47″E。

凹颈栉甲 *Cteniopinus foveicollis* Borchmann

江西省：宜春市奉新县百丈山 28°41′35″N，114°46′27″E。

杂色栉甲 *Cteniopinus hypocrita* (Maseul)

湖南省：郴州市桂东县八面山国家级自然保护区 25°58′21″N，113°42′37″E。株洲市炎陵县桃源洞自然保护区 26°30′05.63″N，114°00′53.19″E。资兴市回龙山瑶族乡回龙山 26°04′33.34″N，113°23′15.85″E。株洲市炎陵县神农谷自然保护区 26°49′93″N，114°06′56″E。

灌县栉甲 *Cteniopinus kwanhsienensis* Borchmann

江西省：宜春市宜丰县官山国家级自然保护区 28°33′16″N，113°34′55″E。

湖南省：资兴市回龙山瑶族乡回龙山 26°04′33.34″N，113°23′15.85″E。

黑角栉甲 *Cteniopinus nigricornis* Borchmann

湖南省：资兴市回龙山瑶族乡回龙山 26°04′33.34″N，113°23′15.85″E。

栉甲属未定种 *Cteniopinus* sp.

江西省：井冈山。光菇山。

多斑舌甲 *Derispia maculipennis* (Marseul)

江西省：宜春市奉新县九岭山 28°41′51″N，114°45′08″E。宜春市靖安县观音岩 29°03′00″N，115°25′00″E。宜春市靖安县白水洞自然保护区 29°04′00″N，115°11′00″E。

湖南省：株洲市炎陵县桃源洞自然保护区 26°30′05.63″N，114°00′53.19″E。

斑舌甲属未定种 1 *Derispia* sp. 1

江西省：井冈山罗浮山三级站水库尾 26°33′N，114°10′E。井冈山湘洲 26°32.0′N，114°11.0′E。

斑舌甲属未定种 2　*Derispia* sp. 2

江西省：井冈山主峰 26°53′N，114°15′E。

独角舌甲 *Derispiola unicornis* Kaszab

江西省：宜春市靖安县三爪仑乡白水洞自然保护区 29°04′00″N，115°11′00″E。

湖南省：株洲市炎陵县桃源洞自然保护区 26°30′05.63″N，114°00′53.19″E。郴州市桂东县八面山国家级自然保护区 25°58′21″N，113°42′37″E。

长粉甲属未定种 *Derosphaerus* sp.

湖南省：株洲市炎陵县桃源洞自然保护区 26°30′05.63″N，114°00′53.19″E。

刘氏菌甲 *Diaperis lewisi* Bates

江西省：宜春市宜丰县官山国家级自然保护区 28°33′16″N，113°34′55″E。宜春市靖安县白水洞自然保护区 29°04′N，115°11′E。宜春市靖安县大杞山生态林场 28°67′N，115°07′E。

湖南省：郴州市桂东县八面山国家级自然保护区 25°58′21″N，113°42′37″E。资兴市回龙山瑶族乡回龙山 26°04′33.34″N，113°23′15.85″E。

斑红菌甲 *Diaperis lewisi intersecta* Gebien

江西省：赣州市上犹县光菇山 25°54′55″N，114°03′09″E。

拱釉甲 *Falsocamaria imperialis* (Fairmaire)

江西省：宜春市靖安县三爪仑国家森林公园 28°58′36″N，115°14′11″E。

湖南省：浏阳市大围山森林公园 28°25′30″N，114°06′45″E。株洲市炎陵县桃源洞自然保护区 26°30′05.63″N，114°00′53.19″E。

异色彩轴甲 *Falsocamaria microdera* Fairmaire

江西省：赣州市上犹县光菇山 25°54′55″N，114°03′09″E。

湖南省：郴州市桂东县八面山国家级自然保护区 25°58′21″N，113°42′37″E。

暗绿彩轴甲 *Falsocamaria obscurovientia* Wang, Ren et Liu

湖南省：长沙市浏阳市大围山 28°25′28″N，114°04′52″E。

多色彩轴甲 *Falsocamaria spectabilis* (Pascoe)

湖南省：长沙市浏阳市大围山 28°25′28″N，114°04′52″E。

双齿土甲 *Gonocephalum coriaceum* Motschulsky

江西省：宜春市靖安县观音岩 29°01′48″N，115°25′00″E。

湖南省：长沙市浏阳市大围山 28°25′28″N，114°04′52″E。

日本土甲 *Gonocephalum japanum* Motschulsky

江西省：宜春市奉新县百丈山 28°41′35″N，114°46′27″E。

直角土甲 *Gonocephalum kochi* Kaszab

湖南省：长沙市浏阳市大围山 28°25′28″N，114°04′52″E。

亚刺土甲 *Gonocephalum subspinosum* Fairmaire

江西省：宜春市宜丰县官山国家级自然保护区 28°33′16″N，113°34′55″E。吉安市安福县武功山 27°19′00″N，114°13′00″E。

湖南省：株洲市炎陵县桃源洞自然保护区 26°30′05.63″N，114°00′53.19″E。

土甲属未定种 *Gonocephalum* sp.

江西省：吉安市遂川县南风面国家级自然保护区 26°17′04″N，114°03′53″E。宜春市靖安县观音岩 29°01′48″N，115°25′00″E。宜春市宜丰县官山国家级自然保护区 28°33′16″N，113°34′55″E。

隆线异土甲 *Heterotarsus carinula* Marseul

江西省：宜春市靖安县璪都镇南山村 29°01′00″N，115°16′00″E。

瘤翅异土甲 *Heterotarsus pustulifer* Fairmaire

江西省：宜春市靖安县白水洞自然保护区 29°02′24″N，115°06′36″E。宜春市靖安县观音岩 29°01′48″N，115°25′00″E。

湖南省：郴州市桂东县八面山国家级自然保护区 25°58′21″N，113°42′37″E。

库氏莱甲 *Laena cooteri* Schawaller

江西省：宜春市袁州区明月山 27°35′44″N，114°16′26″E。

江西莱甲 *Laena jiangxica* Schawaller

江西省：宜春市袁州区明月山 27°35′44″N，114°16′26″E。

黑胸伪叶甲 *Lagria nigricollis* Hope

江西省：宜春市靖安县观音岩 29°01′48″N，115°25′00″E。

湖南省：株洲市炎陵县桃源洞自然保护区甲水 26°59′00″N，113°99′00″E。株洲市炎陵县落水源村 26°31′N，114°00′E。株洲市炎陵县桃源洞自然保护区珠帘瀑布 26°50′N，113°99′E。

毛伪叶甲 *Lagria oharai* Masumoto

江西省：萍乡市芦溪县武功山 27°27′53″N，114°10′47″E。

湖南省：株洲市炎陵县桃源洞自然保护区中礁石工业区 26°31′N，113°03′E。

大型隐舌甲 *Leiochrinus sauteri* Kaszab

江西省：宜春市奉新县九岭山 28°41′51″N，114°45′08″E。

隐舌甲属未定种 *Leiochrinus* sp.

湖南省：株洲市炎陵县桃源洞自然保护区甲水 26°59′00″N，113°99′00″E。

东方垫甲 *Luprops orientalis* (Motschulsky)

江西省：萍乡市芦溪县武功山 27°27′53″N，114°10′47″E。

瘤翅窄亮轴甲 *Morphostenophanes papillatus* Kaszab

湖南省：岳阳市平江县幕阜山 28°58′12.09″N，113°49′06.24″E。

窄亮轴甲属未定种 *Morphostenophanes* sp.

江西省：吉安市遂川县南风面国家级自然保护区 26°17′04″N，114°03′53″E。

科氏菌甲 *Mycetochara koltzei* Reitter

湖南省：株洲市炎陵县桃源洞 26°29′14″N，114°00′42″E。

卡氏焰甲 *Plamius kaszabi* Picka

江西省：宜春市靖安县白水洞自然保护区 29°02′24″N，115°06′36″E。吉安市安福县武功山 27°19′00″N，114°13′00″E。

湖南省：郴州市桂东县八面山国家级自然保护区 25°58′21″N，113°42′37″E。

台湾宽菌甲指名亚种 *Platydema fumosum fumosum* Lewis

江西省：萍乡市芦溪县武功山 27°27′53″N，114°10′47″E。

云南宽菌甲 *Platydema yunnanicum* Schawaller

湖南省：长沙市浏阳市大围山 28°25′28″N，114°04′52″E。

达卫邻烁甲 *Plesiophthalmus davidis* Fairmaire

湖南省：株洲市炎陵县桃源洞 26°29′14″N，114°00′42″E。

箭邻烁甲 *Plesiophthalmus fuscoaenescens* Fairmaire

江西省：宜春市奉新县百丈山 28°41′35″N，114°46′27″E。

猛邻烁甲 *Plesiophthalmus laevicollis* Harold

江西省：宜春市奉新县百丈山 28°41′35″N，114°46′27″E。

长茎邻烁甲 *Plesiophthalmus longipes* Pic

江西省：宜春市奉新县百丈山 28°41′35″N，114°46′27″E。

蒙丽邻烁甲 *Plesiophthalmus morio* Pic

湖南省：株洲市炎陵县桃源洞 26°29′14″N，114°00′42″E。

中村邻烁甲 *Plesiophthalmus nakamurai* Masumoto

江西省：宜春市奉新县百丈山 28°41′35″N，114°46′27″E。

黑眼邻烁甲 *Plesiophthalmus nigrocyaneus* Motschulsky

江西省：宜春市奉新县越山 28°47′19″N，115°10′01″E。

白腿邻烁甲 *Plesiophthalmus pallidicrus* Fairmaire

江西省：宜春市奉新县百丈山 28°41′35″N，114°46′27″E。

油光邻烁甲 *Plesiophthalmus pieli* Pic

湖南省：株洲市炎陵县桃源洞 26°29′14″N，114°00′42″E。

邻烁甲属未定种 *Plesiophthalmus* sp.

江西省：赣州市崇义县横水镇阳岭国家森林公园 25°37′50″N，114°18′16″E。

湖南省：株洲市炎陵县桃源洞自然保护区 26°30′05.63″N，114°00′53.19″E。株洲市炎陵县十都镇神农谷自然保护区 26°49′93″N，114°06′56″E。

毛颊大轴甲 *Promethis evanescens* (Gebien)

江西省：宜春市宜丰县官山国家级自然保护区 28°33′16″N，113°34′55″E。

弯胫大轴甲 *Promethis valgipes* (Marseul)

湖南省：岳阳市平江县幕阜山 28°58′18″N，113°49′55″E。

大轴甲属未定种 *Promethis* sp.

江西省：吉安市遂川县南风面国家级自然保护区 26°17′04″N，114°03′53″E。

紫拟丑甲 *Pseudonautes purpurivittatus* Marseul

江西省：宜春市奉新县百丈山 28°41′35″N，114°46′27″E。

端凹匿颈轴甲 *Stenochinus apiciconcavus* Ren et Yuan

江西省：宜春市宜丰县官山国家级自然保护区 28°33′16.73″N，113°34′55.97″E。宜春市奉新县九岭山 28°41′51″N，114°45′08″E。

湖南省：株洲市炎陵县桃源洞自然保护区 26°30′05.63″N，114°00′53.19″E。

隆线匿颈轴甲 *Stenochinus carinatus* (Gebien)

湖南省：长沙市浏阳市大围山 28°25′28″N，114°04′52″E。

信宜匿颈轴甲 *Stenochinus xinyicus* Ren et Yuan

江西省：宜春市宜丰县官山国家级自然保护区 28°33′16.73″N，113°34′55.97″E。宜春市靖安县璪都镇南山村 29°01′00″N，115°16′00″E。

湖南省：资兴市回龙山瑶族乡回龙山 26°04′33.34″N，113°23′15.85″E。

匿颈轴甲属未定种 *Stenochinus* sp.

江西省：吉安市遂川县南风面国家级自然保护区 26°17′04″N，114°03′53″E。

狭域树甲 *Strongylium angustissimum* Pic

江西省：宜春市奉新县百丈山 28°41′35″N，114°46′27″E。

皖树甲 *Strongylium anhuiense* Masumoto

江西省：宜春市奉新县百丈山 28°41′35″N，114°46′27″E。

基股树甲 *Strongylium basifemoratum* Mäklin

湖南省：长沙市浏阳市大围山 28°25′28″N，114°04′52″E。

中华树甲 *Strongylium chinense* Fairmaire

湖南省：株洲市炎陵县桃源洞 26°29′14″N，114°00′42″E。

刀嵴树甲指名亚种 *Strongylium cultellatum cultellatum* Mäklin

湖南省：长沙市浏阳市大围山 28°25′28″N，114°04′52″E。

二叉树甲 *Strongylium jucundum* Mäklin

江西省：宜春市靖安县三爪仑乡白水洞自然保护区 29°04′00″N，115°11′00″E。

树甲属未定种 *Strongylium* sp.

江西省：吉安市遂川县南风面国家级自然保护区 26°17′04″N，114°03′53″E。

褐塔拟步甲 *Tarpela brunnea* (Marseul)

江西省：宜春市奉新县百丈山 28°41′35″N，114°46′27″E。

波兹齿甲 *Uloma bonzica* Marseul

湖南省：株洲市炎陵县桃源洞 26°29′14″N，114°00′42″E。

四突齿甲指名亚种 *Uloma excisa excisa* Gebien

江西省：宜春市宜丰县官山国家级自然保护区 28°33′16.73″N，113°34′55.97″E。吉安市安福县武功山 27°19′00″N，114°13′00″E。萍乡市芦溪县武功山 27°27′53″N，114°10′47″E。

湖南省：资兴市回龙山瑶族乡回龙山 26°04′33.34″N，113°23′15.85″E。株洲市炎陵县桃源洞自然保护区 26°30′05.63″N，114°00′53.19″E。

小齿甲 *Uloma minuta* Liu, Ren et Wang

江西省：吉安市安福县武功山 27°19′00″N，114°13′00″E。

美丽齿甲 *Uloma scita* Walker

湖南省：株洲市炎陵县桃源洞 26°29′14″N，114°00′42″E。

齿甲属未定种 *Uloma* sp.

江西省：吉安市安福县武功山 27°19′00″N，114°13′00″E。宜春市靖安县璪都镇南山村 29°01′00″N，115°16′00″E。

湖南省：株洲市炎陵县桃源洞自然保护区 26°30′05.63″N，114°00′53.19″E。

拟天牛科 Oedemeridae

中国拟天牛指名亚种 *Eobia chinensis chinensis* (Hope)

湖南省：株洲市炎陵县十都镇神农谷自然保护区 26°49′93″N，114°06′56″E。

宽领拟天牛 *Indasclera brevicollis* Gressitt

湖南省：株洲市炎陵县桃源洞甲水 26°59′00″N，113°99′00″E。

黑尾拟天牛 *Nacerdes melanura* (Linnaeus)

江西省：宜春市奉新县百丈山 28°41′17″N，114°46′13″E。

长朽木甲科 Melandryidae

锯须长朽木甲属未定种 *Serropalpus* sp.

江西省：宜春市靖安县璪都镇南山村 29°01′00″N，115°16′00″E。

湖南省：郴州市桂东县八面山国家级自然保护区 25°58′21″N，113°42′37″E。

天牛科 Cerambycidae

咖啡锦天牛 *Acalolepta cervina* (Hope)

江西省：宜春市奉新县越山 28°47′19″N，115°10′01″E。

栗灰锦天牛 *Acalolepta degener* (Bates)

江西省：宜春市宜丰县官山国家级自然保护区 28°33′21″N，114°35′20″E。

湖南省：株洲市炎陵县十都镇神农谷自然保护区 26°49′93″N，114°06′56″E。

金绒锦天牛 *Acalolepta permutans* (Pascoe)

江西省：赣州市上犹县光菇山 25°54′55″N，114°03′09″E。宜春市奉新县百丈山 28°41′35″N，114°46′27″E。宜春市奉新县百丈山 28°41′17″N，114°46′13″E。

湖南省：浏阳市大围山森林公园 28°25′30″N，114°06′45″E。

南方锦天牛 *Acalolepta speciosa* (Gahan)

湖南省：岳阳市平江县幕阜山 28°58′18″N，113°49′55″E。

双斑锦天牛 *Acalolepta sublusca* (Thomson)

江西省：宜春市靖安县观音岩 29°01′48″N，115°25′00″E。

湖南省：株洲市炎陵县十都镇神农谷自然保护区 26°49′93″N，114°06′56″E。

锦天牛属未定种 *Acalolepta* sp.

湖南省：株洲市炎陵县十都镇神农谷自然保护区 26°49′93″N，114°06′56″E。

中华裸角天牛 *Aegosoma sinicum* (White)

江西省：宜春市靖安县大杞山生态林场 28°40′12″N，115°04′12″E。宜春市靖安县璪都镇观音岩 29°01′48″N，115°25′00″E。

中华闪光天牛 *Aeolesthes sinensis* Gahan

江西省：井冈山湘洲 26°36.0′N，114°16.0′E。井冈山小溪洞 26°26′N，114°11′E。

黑棘翅天牛 *Aethalodes verrucosus* Gahan

湖南省：长沙市浏阳市大围山 28°25′28″N，114°04′52″E。

苜蓿多节天牛 *Agapanthia amurensis* Kraatz

湖南省：资兴市回龙山瑶族乡回龙山 26°04′33.34″N，113°23′15.85″E。

山茶连突天牛 *Anastathes parva hainana* Gressitt

江西省：吉安市安福县武功山 27°19′00″N，114°13′00″E。

华星天牛 *Anoplophora chinensis* (Forster)

江西省：宜春市靖安县大杞山生态林场 28°67′00″N，115°07′00″E。赣州市上犹县光菇山 25°55′11″N，114°03′04″E。萍乡市芦溪县羊狮幕 27°33′38″N，114°14′35″E。宜春市靖安县三爪仑国家森林公园 28°58′36″N，115°14′11″E。

湖南省：浏阳市大围山镇大围山森林公园 28°25′30″N，114°06′45″E。

光肩星天牛 *Anoplophora glabripennis* (Motschulsky)

江西省：宜春市奉新县百丈山 28°41′35″N，114°46′27″E。

星天牛属未定种 *Anoplophora* sp.

江西省：井冈山下庄 26°32′42.24″N，114°11′26.15″E。

小瓜天牛 *Apomecyna longicollis* Pic

湖南省：株洲市炎陵县桃源洞自然保护区 26°30′05.63″N，114°00′53.19″E。

皱胸粒肩天牛 *Apriona rugicollis* Chevrolat

江西省：宜春市靖安县璪都镇观音岩 29°01′47″N，115°25′01″E。

褐梗天牛 *Arhopalus rusticus* (Linnaeus)

湖南省：株洲市炎陵县桃源洞自然保护区 26°30′05.63″N，114°00′53.19″E。资兴市回龙山瑶族乡回龙洞 26°04′33″N，113°23′15″E。

黄荆重突天牛 *Astathes episcopalis* Chevrolat

湖南省：株洲市炎陵县桃源洞自然保护区 26°30′05.63″N，114°00′53.19″E。长沙市浏阳市大围山 28°25′28″N，114°04′52″E。株洲市炎陵县十都镇神农谷自然保护区 26°49′93″N，114°06′56″E。

本天牛 *Bandar pascoei* (Lansberge)

江西省：宜春市奉新县百丈山 28°41′35″N，114°46′27″E。

密点天牛 *Batocera lineolata* Chevrolat

江西省：吉安市安福县武功山 27°19′00″N，114°13′00″E。

湖南省：浏阳市大围山镇大围山森林公园 28°25′30″N，114°06′45″E。

榕八星天牛 *Batocera rubus* (Linnaeus)

江西省：宜春市宜丰县官山国家级自然保护区 28°33′16″N，113°34′55″E。井冈山湘洲 26°36.0′N，114°16.0′E。井冈山小溪洞 26°26′N，114°11′E。

波纹灰天牛 *Blepephaeus inflelix* (Pascoe)

湖南省：株洲市炎陵县桃源洞自然保护区 26°30′05.63″N，114°00′53.19″E。

赤凹胸天牛 *Cephalallus unicolor* (Gahan)

江西省：宜春市靖安县璪都镇南山村 29°01′00″N，115°16′00″E。吉安市安福县武功山 27°19′00″N，114°13′00″E。井冈山湘洲 26°36.0′N，114°16.0′E。宜春市奉新县越山 28°47′19″N，115°10′01″E。

湖南省：郴州市桂东县八面山国家级自然保护区 25°58′21″N，113°42′37″E。浏阳市大围山镇大围山森林公园 28°25′30″N，114°06′45″E。

中华蜡天牛 *Ceresium sinicum* White

湖南省：株洲市炎陵县桃源洞自然保护区 26°30′05.63″N，114°00′53.19″E。

竹绿虎天牛 *Chlorophorus annularis* (Fairmaire)

江西省：吉安市遂川县南风面国家级自然保护区 26°17′04″N，114°03′53″E。

湖南省：岳阳市平江县幕阜山 28°58′18″N，113°49′55″E。

弧纹绿虎天牛 *Chlorophorus miwai* Gressitt

湖南省：长沙市浏阳市大围山 28°25′28″N，114°04′52″E。

十三斑绿虎天牛 *Chlorophorus tredecimmaculatus* (Chevrolat)

江西省：井冈山小溪洞 26°26′N，114°11′E。

湖南省：岳阳市平江县幕阜山 28°58′18″N，113°49′55″E。

绿虎天牛属未定种 *Chlorophorus* sp.

湖南省：浏阳市大围山镇大围山森林公园 28°25′30″N，114°06′45″E。

筛天牛 *Cribragapanthia scutellata* Pic

湖南省：岳阳市平江县幕阜山 28°58′18″N，113°49′55″E。株洲市炎陵县桃源洞自然保护区游客服务中心 26°29′00″N，114°01′00″E。

珊瑚天牛 *Dicelosternus corallinus* Gahan

湖南省：资兴市回龙山瑶族乡回龙山 26°04′33.34″N，113°23′15.85″E。

曲牙土天牛 *Dorysthenes hydropicus* (Pascoe)

湖南省：岳阳市平江县幕阜山 28°58′18″N，113°49′55″E。

油茶红天牛 *Erythrus blairi* Gressitt

江西省：井冈山小溪洞 26°25′59″N，114°10′59″E。

黑缘彤天牛 *Eupromus nigrovittatus* Pic

江西省：吉安市井冈山下坳。

二齿勾天牛 *Exocentrus subbidentatus* Gressitt

江西省：宜春市奉新县百丈山 28°41′35″N，114°46′27″E。

黄条瘤天牛 *Gibbocerambyx aurovirgatus* (Gressitt)

江西省：井冈山湘洲 26°36.0′N，114°16.0′E。

湖南省：郴州市桂东县八面山国家级自然保护区 25°58′21″N，113°42′37″E。岳阳市平江县幕阜山 28°58′18″N，113°49′55″E。

复纹并脊天牛 *Glenea pieliana* Gressitt

江西省：井冈山湘洲 26°36.0′N，114°16.0′E。

榆并脊天牛 *Glenea relicta* Pascoe

江西省：井冈山湘洲 26°36.0′N，114°16.0′E。

湖南省：岳阳市平江县幕阜山 28°58′18″N，113°49′55″E。

樱红肿角天牛 *Hemadius oenochrous* (Fairmaire)

湖南省：郴州市桂东县八面山国家级自然保护区 25°58′21″N，113°42′37″E。

脊胫天牛 *Leptoxenus ibidiiformis* Bates

江西省：宜春市宜丰县官山国家级自然保护区 28°33′16″N，113°34′55″E。

金丝花天牛 *Leptura aurosericans* Fairmaire

湖南省：株洲市炎陵县桃源洞自然保护区 26°30′05.63″N，114°00′53.19″E。资兴市回龙山瑶族乡回龙山 26°04′33.34″N，113°23′15.85″E。岳阳市平江县幕阜山 28°58′18″N，113°49′55″E。

瘤筒天牛 *Linda femorata* (Chevrolat)

江西省：宜春市奉新县九岭山 28°41′51″N，114°45′

08″E。井冈山湘洲 26°36.0′N，114°16.0′E。

金斑缘天牛 *Margites auratonotatus* Pic

江西省：井冈山湘洲 26°36.0′N，114°16.0′E。井冈山小溪洞 26°26′N，114°11′E。

黄茸缘天牛 *Margites fulvidus* (Pascoe)

江西省：萍乡市芦溪县羊狮幕 27°33′38″N，114°14′35″E。

缨角枝天牛 *Mecynippus ciliatus* (Gahan)

湖南省：资兴市回龙山瑶族乡回龙山 26°04′33.34″N，113°23′15.85″E。

宽带象天牛 *Mesosa latifasciata* (White)

江西省：井冈山湘洲 26°36′N，114°16′1″E。

中华象天牛 *Mesosa sinica* (Gressitt)

江西省：宜春市靖安县璪都镇观音岩 29°03′00″N，115°25′00″E。

松墨天牛 *Monochamus alternatus* Hope

江西省：井冈山小溪洞 26°26′N，114°11′E。

湖南省：资兴市回龙山瑶族乡回龙山 26°04′33.34″N，113°23′15.85″E。岳阳市平江县幕阜山 28°58′12.09″N，113°49′06.24″E。郴州市桂东县八面山国家级自然保护区 25°58′21″N，113°42′37″E。浏阳市大围山镇大围山森林公园 28°25′30″N，114°06′45″E。

宽带墨天牛 *Monochamus latefasciatus* Breuning

江西省：吉安市安福县武功山 27°19′00″N，114°13′00″E。

麻斑墨天牛 *Monochamus sparsutus* (Fairmaire)

江西省：宜春市奉新县越山 28°47′19″N，115°10′01″E。

线纹粗点天牛 *Mycerinopsis lineata* (Gahan)

江西省：井冈山主峰。

橘褐天牛 *Nadezhdiella cantori* (Hope)

江西省：宜春市靖安县大杞山生态林场 28°67′00″N，115°07′00″E。

隐斑半脊天牛 *Neoxantha amicta* Pascoe

江西省：井冈山小溪洞 26°26′N，114°11′E。

黑翅脊筒天牛 *Nupserha infantula* (Ganglbauer)

湖南省：株洲市炎陵县桃源洞自然保护区 26°30′05.63″N，114°00′53.19″E。岳阳市平江县幕阜山 28°58′12.09″N，113°49′06.24″E。长沙市浏阳市大围山 28°25′28″N，114°04′52″E。

缘翅脊筒天牛 *Nupserha marginella* (Bates)

江西省：井冈山下庄 26°32′42.24″N，114°11′26.15″E。井冈山主峰 26°53′N，114°15′E。井冈山罗浮 26°39′N，114°13′E。井冈山湘洲 26°36.0′N，114°16.0′E。井冈山小溪洞 26°26′N，114°11′E。宜春市靖安县璪都镇南山村 29°01′00″N，115°16′00″E。

湖南省：岳阳市平江县幕阜山 28°58′18″N，113°49′55″E。株洲市炎陵县桃源洞自然保护区 26°30′05.63″N，114°00′53.19″E。

黄腹脊筒天牛 *Nupserha testaceipes* Pic

江西省：宜春市靖安县璪都镇南山村 29°1′1″N，115°16′1″E。

湖南省：株洲市炎陵县桃源洞自然保护区 26°30′6″N，114°0′52″E。岳阳市平江县幕阜山 28°58′11″N，113°49′5″E。

东亚尼辛天牛 *Nysina asiatica* (Schwarzer)

江西省：赣州市上犹县光菇山 25°54′55″N，114°03′09″E。井冈山小溪洞 26°26′N，114°11′E

湖南省：郴州市桂东县八面山国家级自然保护区 25°58′21″N，113°42′37″E。

红足尼辛天牛 *Nysina grahami* (Gressitt)

江西省：萍乡市芦溪县羊狮幕 27°33′38″N，114°14′35″E。

二斑筒天牛 *Oberea binotaticollis* Pic

湖南省：株洲市炎陵县桃源洞自然保护区 26°49′59″N，114°39′E。

萤腹筒天牛 *Oberea birmanica* Gahan

湖南省：岳阳市平江县幕阜山 28°58′12″N，113°49′06″E。

台湾筒天牛 *Oberea formosana* Pic

湖南省：岳阳市平江县幕阜山 28°58′18″N，113°49′55″E。

暗翅筒天牛 *Oberea fuscipennis* (Chevrolat)

江西省：宜春市靖安县大杞山生态林场 28°67′00″N，115°07′00″E。井冈山小溪洞 26°26′N，114°11′E。井冈山湘洲 26°36.0′N，114°16.0′E。井冈山罗浮 26°39′N，114°13′E。宜春市宜丰县官山国家级自然保护区 28°33′21″N，114°35′20″E。

湖南省：株洲市炎陵县桃源洞自然保护区 26°30′05.63″N，114°00′53.19″E。郴州市桂东县八面山国家级自然保护区 25°58′21″N，113°42′37″E。

宽肩筒天牛 *Oberea humeralis* Gressitt

　　湖南省：资兴市回龙山瑶族乡回龙山 26°04′33″N，113°23′15″E。

黑腹筒天牛 *Oberea nigriventris* Bates

　　江西省：井冈山湘洲 26°36.0′N，114°16.0′E。

凹尾筒天牛 *Oberea walkeri* Gahan

　　江西省：井冈山荆竹山 26°31.0′N，114°05.9′E。井冈山湘洲 26°36.0′N，114°16.0′E。

　　湖南省：株洲市炎陵县桃源洞 26°29′14″N，114°00′42″E。

八星粉天牛 *Olenecamptus octopustulatus* (Motschulsky)

　　江西省：宜春市靖安县大杞山生态林场 28°67′00″N，115°07′00″E。井冈山湘洲 26°36.0′N，114°16.0′E。

粉天牛属未定种 *Olenecamptus* sp.

　　江西省：吉安市安福县武功山 27°29′48″N，114°11′12″E。

　　湖南省：浏阳市大围山镇大围山森林公园 28°25′30″N，114°06′45″E。

杉棕天牛 *Palaeocallidium villosulum* (Fairmaire)

　　湖南省：浏阳市大围山镇大围山森林公园 28°25′30″N，114°06′45″E。

苎麻双脊天牛 *Paraglenea fortunei* (Saunders)

　　江西省：宜春市靖安县大杞山生态林场 28°67′00″N，115°07′00″E。井冈山湘洲 26°36.0′N，114°16.0′E。井冈山小溪洞 26°26′N，114°11′E。井冈山罗浮 26°39′N，114°13′E。井冈山主峰 26°53′N，114°15′E。

黑角黄天牛 *Penthides flavus* Matsushita

　　湖南省：株洲市炎陵县桃源洞自然保护区 26°30′05.63″N，114°00′53.19″E。

桔狭胸天牛 *Philus antennatus* (Gyllenhal)

　　江西省：宜春市靖安县璪都镇观音岩 29°01′48″N，115°25′00″E。宜春市奉新县萝卜潭 28°43′10″N，115°05′30″E。

糙额驴天牛 *Pothyne rugifrons* Gressitt

　　江西省：井冈山小溪洞 26°26′N，114°11′E。

桔根接眼天牛 *Priotyrannus closteroides* (Thomson)

　　江西省：宜春市靖安县璪都镇观音岩 29°01′48″N，115°25′00″E。

长跗天牛 *Prothema signata* Pascoe

　　湖南省：资兴市回龙山瑶族乡回龙山 26°04′33″N，113°23′15″E。岳阳市平江县幕阜山 28°58′18″N，113°49′55″E。

桑黄星天牛 *Psacothea hilaris* (Pascoe)

　　湖南省：郴州市桂东县八面山国家级自然保护区 25°58′21″N，113°42′37″E。岳阳市平江县幕阜山 28°58′18″N，113°49′55″E。

东方坡天牛 *Pterolophia lateralis* Gahan

　　江西省：宜春市靖安县璪都镇南山村 29°01′00″N，115°16′00″E。

柳坡天牛 *Pterolophia rigida* (Bates)

　　江西省：井冈山荆竹山 26°31.0′N，114°05.9′E。

红角坡天牛 *Pterolophia rubricornis* Gressitt

　　江西省：井冈山湘洲 26°36.0′N，114°16.0′E。

锯角坡天牛 *Pterolophia serricornis* Gressitt

　　江西省：宜春市奉新县越山 28°47′19″N，115°10′01″E。

竹紫天牛 *Purpuricenus temminckii* (Guérin-Méneville)

　　江西省：井冈山松木坪 26°34′36.81″N，114°04′24.42″E。井冈山荆竹山 26°31.0′N，114°05.9′E。

　　湖南省：株洲市炎陵县桃源洞自然保护区 26°30′05.63″N，114°00′53.19″E。岳阳市平江县幕阜山 28°58′18″N，113°49′55″E。

广东长尾瘦花天牛 *Pygostrangalia kwangtungensis* (Gressitt)

　　湖南省：长沙市浏阳市大围山 28°25′28″N，114°04′52″E。

暗红折天牛 *Pyrestes haematicus* Pascoe

　　江西省：井冈山罗浮 26°39′N，114°13′E。

柳角胸天牛 *Rhopaloscelis unifasciatus* Blessig

　　江西省：井冈山小溪洞 26°26′N，114°11′E。

脊胸天牛 *Rhytidodera bowringii* White

　　江西省：宜春市宜丰县官山国家级自然保护区 28°33′16″N，113°34′55″E。

微齿方额天牛 *Rondibilis microdentata* (Gressitt)

　　江西省：萍乡市芦溪县羊狮幕 27°33′38″N，114°14′35″E。

桑缝角天牛 *Ropica subnotata* Pic

湖南省：岳阳市平江县幕阜山 28°58′18″N，113°49′55″E。

扁角天牛 *Sarmydus antennatus* Pascoe

湖南省：郴州市桂东县八面山国家级自然保护区 25°58′21″N，113°42′37″E。

华花天牛 *Sinostrangalis ikedai* (Mitono et Tamanuki)

湖南省：岳阳市平江县幕阜山 28°58′18″N，113°49′55″E。

椎天牛 *Spondylis buprestoides* (Linnaeus)

江西省：吉安市遂川县南风面国家级自然保护区 26°17′04″N，114°03′53″E。吉安市安福县武功山 27°29′48″N，114°11′12″E。宜春市靖安县三爪仑国家森林公园 28°58′36″N，115°14′11″E。宜春市宜丰县官山国家级自然保护区 28°33′21″N，114°35′20″E。

湖南省：株洲市炎陵县桃源洞 26°29′14″N，114°00′42″E。浏阳市大围山森林公园 28°25′30″N，114°06′45″E。

拟蜡天牛 *Stenygrinum quadrinotatum* Bates

江西省：赣州市上犹县光菇山 25°54′55″N，114°03′09″E。

湖南省：株洲市炎陵县桃源洞自然保护区 26°30′05.63″N，114°00′53.19″E。岳阳市平江县幕阜山 28°58′18″N，113°49′55″E。

天目突尾天牛 *Sthenias cylindricus* Gressitt

江西省：井冈山湘洲 26°36.0′N，114°16.0′E。

二斑突尾天牛 *Sthenias gracilicornis* Gressitt

江西省：宜春市靖安县观音岩 29°01′48″N，115°25′00″E。

黑角斑花天牛 *Stictoleptura succedanea* (Lewis)

湖南省：浏阳市大围山森林公园 28°25′30″N，114°06′45″E。

蚤瘦花天牛 *Strangalia fortunei* Pascoe

江西省：井冈山湘洲 26°36.0′N，114°16.0′E。

湖南省：岳阳市平江县幕阜山 28°58′18″N，113°49′55″E。

黄带刺锲天牛 *Thermistis croceocincta* (Saunders)

湖南省：资兴市回龙山瑶族乡回龙山 26°04′33.34″N，113°23′15.85″E。

粗脊天牛 *Trachylophus sinensis* Gahan

江西省：井冈山小溪洞 26°26′N，114°11′E。井冈山湘洲 26°36.0′N，114°16.0′E。

湖南省：资兴市回龙山瑶族乡回龙山 26°04′33.34″N，113°23′15.85″E。郴州市桂东县八面山国家级自然保护区 25°58′21″N，113°42′37″E。岳阳市平江县幕阜山 28°58′18″N，113°49′55″E。

樟泥色天牛 *Uraecha angusta* (Pascoe)

湖南省：岳阳市平江县幕阜山 28°58′18″N，113°49′55″E。

二斑肖墨天牛 *Xenohammus bimaculatus* Schwarzer

江西省：井冈山湘洲 26°36.0′N，114°16.0′E。

距甲科 Megalopodidae

丽距甲 *Poecilomorpha pretiosa* Reineck

江西省：井冈山小溪洞 26°26′N，114°11′E。赣州市崇义县横水镇阳岭国家森林公园 25°37′50″N，114°18′16″E。

湖南省：资兴市回龙山瑶族乡回龙山 26°04′33″N，113°23′15″E。

广东距甲 *Temnaspis kwangtungensis* (Gressitt)

江西省：宜春市靖安县三爪仑乡白水洞自然保护区 29°04′00″N，115°11′00″E。

黄距甲 *Temnaspis pallida* (Gressitt)

江西省：井冈山湘洲 26°32.0′N，114°11.1′E。

黑斑距甲 *Temnaspis pulchra* Baly

湖南省：资兴市回龙山瑶族乡回龙山 26°04′33″N，113°23′15″E。

铁甲科 Hispidae

山楂肋龟甲 *Alledoya vespertina* (Boheman)

江西省：井冈山湘洲 26°32.0′N，114°11.0′E。赣州市崇义县横水镇阳岭国家森林公园 25°37′50″N，114°18′16″E。

湖南省：郴州市桂东县八面山国家级自然保护区 25°58′21″N，113°42′37″E。株洲市炎陵县桃源洞自然保护区 26°30′05.63″N，114°00′53.19″E。

金梳龟甲 *Aspidomorpha sanctaecrucis* (Fabricius)

江西省：赣州市崇义县横水镇阳岭国家森林公园 25°37′50″N，114°18′16″E。

湖南省：株洲市炎陵县桃源洞自然保护区 26°30′05.63″N，114°00′53.19″E。

梳龟甲属未定种 Aspidomorpha sp.

湖南省：株洲市炎陵县十都镇神农谷自然保护区 26°49′93″N，114°06′56″E。

北锯龟甲 Basiprionota bisignata (Boheman)

江西省：宜春市宜丰县官山国家级自然保护区 28°33′16.73″N，113°34′55.97″E。

湖南省：资兴市回龙山瑶族乡回龙山 26°04′33″N，113°23′15″E。株洲市炎陵县桃源洞自然保护区 26°50′00″N，113°99′00″E。

大锯龟甲 Basiprionota chinensis (Fabricius)

江西省：井冈山小溪洞 26°26′N，114°11′E。井冈山双溪口 26°31.4′N，114°11.3′E。赣州市崇义县横水镇阳岭国家森林公园 25°37′50″N，114°18′16″E。

黑盘锯龟甲 Basiprionota whitei (Boheman)

江西省：赣州市上犹县光菇山 25°54′55″N，114°03′09″E。井冈山湘洲 26°32.0′N，114°11.0′E。井冈山主峰 26°53′N，114°15′E。井冈山下庄 26°32′42.24″N，114°11′26.15″E。赣州市崇义县横水镇阳岭国家森林公园 25°37′50″N，114°18′16″E。

中华丽甲 Callispa fortunei Baly

江西省：宜春市宜丰县官山国家级自然保护区 28°33′16.73″N，113°34′55.97″E。

丽甲属未定种 Callispa sp.

江西省：井冈山湘洲 26°36.0′N，114°16.0′E。赣州市崇义县横水镇阳岭国家森林公园 25°37′50″N，114°18′16″E。

甘薯台龟甲 Cassida circumdata (Herbst)

江西省：赣州市崇义县横水镇阳岭国家森林公园 25°37′50″N，114°18′16″E。

湖南省：浏阳市大围山镇大围山森林公园 28°25′30″N，114°06′45″E。

枸杞龟甲 Cassida deltoides Weise

江西省：井冈山松木坪 26°34.0′N，114°04′E。

虾钳菜日龟甲 Cassida japana Baly

江西省：宜春市靖安县璪都镇南山村 29°01′00″N，115°16′00″E。宜春市宜丰县官山国家级自然保护区 28°33′16.73″N，113°34′55.97″E。井冈山湘洲 26°32.0′N，114°11.0′E。井冈山松木坪 26°34′36.81″N，114°04′24.42″E。宜春市靖安县观音岩 29°03′N，115°25′E。宜春市靖安县白水洞自然保护区 29°04′N，115°11′E。赣州市崇义县横水镇阳岭国家森林公园 25°37′50″N，114°18′16″E。

湖南省：株洲市炎陵县桃源洞自然保护区甲水 26°59′N，113°99′E。株洲市炎陵县桃源洞自然保护区珠帘瀑布 26°50′N，113°99′E。

甜菜龟甲 Cassida nebulosa Linnaeus

江西省：宜春市宜丰县官山国家级自然保护区 28°33′21″N，114°35′20″E。赣州市崇义县横水镇阳岭国家森林公园 25°37′50″N，114°18′16″E。

背粤台龟甲 Cassida spaethiana Gressitt

江西省：井冈山湘洲 26°32.0′N，114°11.0′E。

并刺趾铁甲 Dactylispa approximata (Gressitt)

江西省：萍乡市芦溪县羊狮幕 27°33′38″N，114°14′35″E。井冈山湘洲 26°32.0′N，114°11.0′E。井冈山松木坪 26°34.0′N，114°04′E。井冈山大井 26°33.0′N，114°07.0′E。井冈山主峰 26°53′N，114°15′E。井冈山荆竹山 26°31.0′N，114°05.9′E。赣州市崇义县横水镇阳岭国家森林公园 25°37′50″N，114°18′16″E。

中华叉趾铁甲 Dactylispa chinensis Weise

江西省：井冈山弯坑 26°53′20.01″N，114°25′15.01″E。井冈山主峰 26°53′N，114°15′E。井冈山荆竹山 26°31.0′N，114°05.9′E。井冈山松木坪 26°34.0′N，114°04′E。井冈山西坪 26°33.4′N，114°12.2′E。井冈山大井 26°33′47.10″N，114°07′30.19″E。赣州市崇义县横水镇阳岭国家森林公园 25°37′50″N，114°18′16″E。

尖瘤扁趾铁甲 Dactylispa digitata Uhmann

江西省：井冈山主峰 26°53′N，114°15′E。

多刺叉趾铁甲 Dactylispa higoniae (Lewis)

江西省：萍乡市芦溪县武功山 27°27′53″N，114°10′47″E。赣州市崇义县横水镇阳岭国家森林公园 25°37′50″N，114°18′16″E。井冈山弯坑 26°53′20.01″N，114°25′15.01″E。井冈山荆竹山 26°31.0′N，114°05.9′E。

湖南省：株洲市炎陵县十都镇神农谷自然保护区 26°30′43″N，113°59′44″E。

疏刺叉趾铁甲 Dactylispa paucispina Gressitt

江西省：井冈山弯坑 26°53′20.01″N，114°25′15.01″E。井冈山荆竹山 26°31.0′N，114°05.9′E。

并行叉趾铁甲 Dactylispa pici (Uhmann)

江西省：井冈山小溪洞 26°26′N，114°11′E。

红端叉趾铁甲 Dactylispa sauteri Uhmann

江西省：井冈山荆竹山 26°31.0′N，114°05.9′E。

锯肩扁趾铁甲 Dactylispa subquadrata (Baly)

江西省：井冈山湘洲 26°32.0′N，114°11.0′E。

淡角叉趾铁甲 *Dactylispa uhmanni* Gressitt

江西省：井冈山主峰 26°53′N，114°15′E。

趾铁甲属未定种 *Dactylispa* sp.

江西省：井冈山主峰 26°53′N，114°15′E。赣州市崇义县横水镇阳岭国家森林公园 25°37′50″N，114°18′16″E。

湖南省：郴州市汝城县热水镇飞水寨 25°52′52″N，113°91′77″E。

缘斑狭龟甲 *Glyphocassis spilota* (Gorham)

江西省：井冈山湘洲 26°32.0′N，114°11.0′E。

湖南省：株洲市炎陵县桃源洞自然保护区 26°50′00″N，113°99′00″E。

甘薯蜡龟甲 *Laccoptera quadrimaculata* (Thunberg)

江西省：宜春市靖安县璪都镇南山村 29°01′00″N，115°16′00″E。宜春市靖安县璪都镇观音岩 29°01′48″N，115°25′00″E。宜春市靖安县三爪仑国家森林公园 28°58′36″N，115°14′11″E。赣州市崇义县横水镇阳岭国家森林公园 25°37′50″N，114°18′16″E

湖南省：株洲市炎陵县十都镇神农谷自然保护区 26°30′43″N，113°59′44″E。

狭叶掌铁甲 *Platypria alces* Gressitt

江西省：宜春市靖安县三爪仑国家森林公园 28°58′36″N，115°14′11″E。井冈山市茨坪镇井冈山国家级自然保护区 26°37′23″N，114°07′04″E。

蓝黑准铁甲 *Rhadinosa nigrocyanea* (Motschulsky)

江西省：井冈山主峰 26°53′N，114°15′E。井冈山松木坪 26°34.0′N，114°04′E。井冈山小溪洞 26°26′N，114°11′E。井冈山罗浮 26°39′N，114°13′E。井冈山市茨坪镇井冈山国家级自然保护区 26°37′23″N，114°07′04″E。

大云台龟甲 *Taiwania inciens* (Spaeth)

江西省：井冈山市茨坪镇井冈山国家级自然保护区 26°37′23″N，114°07′04″E。

素带台龟甲 *Taiwania postarcuata* Chen et Zia

江西省：井冈山荆竹山 26°31.0′N，114°05.9′E。

四枝台龟甲 *Taiwania quadriramosa* (Gressitt)

江西省：井冈山弯坑 26°53′20.01″N，114°25′15.01″E。井冈山市茨坪镇井冈山国家级自然保护区 26°37′23″N，114°07′04″E。

湖南省：株洲市炎陵县桃源洞自然保护区甲水 26°59′00″N，113°99′00″E。

拉底台龟甲 *Taiwania rati* (Maulik)

江西省：宜春市靖安县璪都镇南山村 29°01′00″N，115°16′00″E。井冈山湘洲 26°32.0′N，114°11.0′E。井冈山市茨坪镇井冈山国家级自然保护区 26°37′23″N，114°07′04″E。

湖南省：郴州市桂东县八面山国家级自然保护区 25°58′21″N，113°42′37″E。株洲市炎陵县桃源洞自然保护区甲水 26°59′00″N，113°99′00″E。

真台龟甲 *Taiwania sauteri* Spaeth

江西省：宜春市靖安县观音岩 29°03′00″N，115°25′00″E。宜春市靖安县璪都镇南山村 29°01′00″N，115°16′00″E。井冈山主峰 26°53′N，114°15′E。井冈山小溪洞 26°26′N，114°11′E。井冈山大井 26°33.0′N，114°07.0′E。

湖南省：株洲市炎陵县桃源洞自然保护区珠帘瀑布 26°50′00″N，113°99′00″E。

粤北台龟甲 *Taiwania spaethiana* Gressitt

江西省：井冈山市茨坪镇井冈山国家级自然保护区 26°37′23″N，114°07′04″E。

多变台龟甲 *Taiwania variabilis* Chen et Zia

江西省：井冈山主峰 26°53′N，114°15′E。井冈山市茨坪镇井冈山国家级自然保护区 26°37′23″N，114°07′04″E。

湖南省：株洲市炎陵县桃源洞 26°29′14″N，114°00′42″E。

苹果台龟甲 *Taiwania versicolor* (Boheman)

江西省：宜春市靖安县观音岩 29°03′00″N，115°25′00″E。井冈山大井 26°33.0′N，114°07.0′E。井冈山罗浮 26°39′N，114°13′E。井冈山双溪口 26°31.4′N，114°11.3′E。井冈山湘洲 26°32.0′N，114°11.0′E。井冈山荆竹山 26°31.0′N，114°05.9′E。井冈山主峰 26°53′N，114°15′E。井冈山市茨坪镇井冈山国家级自然保护区 26°37′23″N，114°07′04″E。

湖南省：株洲市炎陵县桃源洞自然保护区 26°50′00″N，113°99′00″E。

台龟甲属未定种 *Taiwania* sp.

江西省：井冈山湘洲 26°32.0′N，114°11.0′E。

双枝尾龟甲 *Thlaspida biramosa* (Boheman)

江西省：井冈山主峰 26°53′N，114°15′E。井冈山湘洲 26°32.0′N，114°11.0′E。井冈山荆竹山 26°31.0′N，114°05.9′E。吉安市安福县武功山 27°29′48″N，114°11′12″E。

叶甲科 Chrysomelidae

丝殊角萤叶甲 *Agetocera filicornis* Laboissiere

江西省：萍乡市芦溪县羊狮幕 27°33′38″N，114°14′35″E。

茶殊角萤叶甲 *Agetocera mirabilis* (Hope)

江西省：井冈山市茨坪镇井冈山国家级自然保护区 26°37′23″N，114°07′04″E。

湖南省：株洲市炎陵县十都镇神农谷自然保护区 26°30′43″N，113°59′44″E。

朴草跳甲 *Altica caerulescens* (Baly)

江西省：吉安市安福县武功山 27°29′48″N，114°11′12″E。井冈山市茨坪镇井冈山国家级自然保护区 26°37′23″N，114°07′04″E。

蓟跳甲 *Altica cirsicola* (Fabricius)

湖南省：长沙市浏阳市大围山 28°25′28″N，114°04′52″E。

蓝跳甲 *Altica cyanea* Weber

江西省：吉安市安福县武功山 27°29′48″N，114°11′12″E。井冈山市茨坪镇井冈山国家级自然保护区 26°37′23″N，114°07′04″E。宜春市靖安县璪都镇南山村 29°01′00″N，115°16′00″E。

琉璃榆叶甲 *Ambrostoma fortunei* (Baly)

湖南省：株洲市炎陵县桃源洞自然保护区 26°30′05.63″N，114°00′53.19″E。

旋心异蹠萤叶甲 *Apophylia flavovirens* (Fair.)

江西省：井冈山西坪 26°33.4′N，114°12.2′E。井冈山大井 26°22′47.10″N，114°07′30.22″E。

异蹠萤叶甲属未定种 *Apophylia* sp.

江西省：吉安市安福县武功山 27°29′48″N，114°11′12″E。井冈山市茨坪镇井冈山国家级自然保护区 26°37′23″N，114°07′04″E。

水杉阿萤叶甲 *Arthrotus nigrofasciatus* (Jacoby)

江西省：萍乡市芦溪县羊狮幕 27°33′38″N，114°14′35″E。

双色长刺萤叶甲 *Atrachya bipartita* (Jacoby)

江西省：萍乡市芦溪县羊狮幕 27°33′38″N，114°14′35″E。井冈山主峰 26°53′N，114°15′E。井冈山西坪 26°33.4′N，114°12.2′E。井冈山小溪洞 26°26′N，114°11′E。井冈山市茨坪镇井冈山国家级自然保护区 26°37′23″N，114°07′04″E。

豆长刺萤叶甲 *Atrachya menetriesi* (Faldermann)

江西省：井冈山荆竹山 26°31.0′N，114°05.9′E。井冈

山湘洲 26°32.0′N，114°11.0′E。井冈山松木坪 26°34.7′N，114°04.3′E。井冈山主峰 26°53′N，114°15′E。

湖南省：郴州市汝城县三江口瑶族镇九龙江国家森林公园 25°23′20″N，113°46′27″E。

谷氏黑守瓜 *Aulacophora coomani* Laboissiere

湖南省：郴州市汝城县三江口瑶族镇九龙江国家森林公园 25°23′20″N，113°46′27″E。

印度黄守瓜 *Aulacophora indica* (Gmelin)

江西省：井冈山西坪 26°33.4′N，114°12.3′E。

湖南省：郴州市汝城县三江口瑶族镇九龙江国家森林公园 25°23′20″N，113°46′27″E。

柳氏黑守瓜 *Aulacophora lewisii* Baly

湖南省：郴州市汝城县三江口瑶族镇九龙江国家森林公园 25°23′20″N，113°46′27″E。

黑足黑守瓜 *Aulacophora nigripennis* Motschulsky

江西省：井冈山主峰 26°53.0′N，114.35°E。井冈山小溪洞 26°26′N，114°11′E。井冈山下庄 26°32′42.24″N，114°11′26.15″E。

湖南省：株洲市炎陵县神农谷自然保护区 26°30′43″N，113°59′44″E。郴州市汝城县三江口瑶族镇九龙江国家森林公园 25°23′20″N，113°46′27″E。

黑盾黄守瓜 *Aulacophora semifusca* Jacoby

江西省：井冈山西坪 26°33.4′N，114°12.2′E。

湖南省：郴州市汝城县三江口瑶族镇九龙江国家森林公园 25°23′20″N，113°46′27″E。

黑条波萤叶甲 *Brachyphora nigrovittata* Jacoby

江西省：萍乡市芦溪县羊狮幕 27°33′38″N，114°14′35″E。

端黄盔萤叶甲 *Cassena terminalis* (Gressitt et Kimoto)

江西省：萍乡市芦溪县羊狮幕 27°33′38″N，114°14′35″E。井冈山西坪 26°33.4′N，114°12.2′E。井冈山主峰 26°53.0′N，114.35°E。

湖南省：郴州市汝城县三江口瑶族镇九龙江国家森林公园 25°23′20″N，113°46′27″E。

蒿金叶甲 *Chrysolina aurichalcea* (Mannerhaim)

江西省：宜春市靖安县璪都镇观音岩 29°01′48″N，115°25′00″E。井冈山湘洲 26°36.0′N，114°16.0′E。井冈山主峰 26°53′N，114°15′E。井冈山弯坑 26°53′20.01″N，114°25′15.01″E。井冈山小溪洞 26°26′N，114°11′E。井冈

山罗浮山 26°39′N，114°13′E。

湖南省：郴州市桂东县八面山国家级自然保护区 25°58′21″N，113°42′37″E。株洲市炎陵县桃源洞自然保护区 26°30′05.63″N，114°00′53.19″E。

薄荷金叶甲 *Chrysolina exanthematica* (Wiedemann)

江西省：萍乡市芦溪县羊狮幕 27°33′38″N，114°14′35″E。井冈山大井 26°33′47.10″N，114°07′30.19″E。

斑胸叶甲 *Chrysomela maculicollis* Boisduval

江西省：萍乡市芦溪县羊狮幕 27°33′38″N，114°14′35″E。

湖南省：郴州市桂东县八面山国家级自然保护区 25°58′21″N，113°42′37″E。

胡枝子克萤叶甲 *Cneorane violaceipennis* Allard

江西省：井冈山下庄 26°32′42.24″N，114°11′26.15″E。

湖南省：郴州市桂东县八面山国家级自然保护区 25°58′21″N，113°42′37″E。株洲市炎陵县桃源洞自然保护区落水源村 26°31′N，114°00′E。株洲市炎陵县桃源洞自然保护区甲水 26°59′N，113°99′E。株洲市炎陵县桃源洞自然保护区中礁石工业区 26°31′N，113°03′E。株洲市炎陵县桃源洞自然保护区珠帘瀑布 26°50′N，113°99′E。

黄斑德萤叶甲 *Dercetina flavocincta* (Hope)

湖南省：长沙市浏阳市大围山 28°25′28″N，114°04′52″E。

菊攸萤叶甲 *Euliroetis ornata* (Baly)

江西省：宜春市宜丰县官山国家级自然保护区 28°33′00″N，114°34′48″E。井冈山湘洲 26°32.0′N，114°11.0′E。井冈山弯坑 26°53′20.01″N，114°25′15.01″E。井冈山主峰 26°53.0′N，114°35°E。井冈山双溪口 26°31.4′N，114°11.3′E。井冈山荆竹山 26°31.0′N，114°05.9′E。

湖南省：郴州市桂东县八面山国家级自然保护区 25°58′21″N，113°42′37″E。郴州市汝城县三江口瑶族镇九龙江国家森林公园 25°23′20″N，113°46′27″E。

红足凹顶跳甲 *Euphitrea flavipes* Chen

江西省：宜春市宜丰县官山国家级自然保护区 28°33′00″N，114°34′48″E。

桑窝额萤叶甲 *Fleutiauxia armata* Baly

湖南省：株洲市炎陵县桃源洞 26°29′14″N，114°00′42″E。

二纹柱萤叶甲 *Gallerucida bifasciata* Motschulsky

江西省：宜春市奉新县百丈山 28°41′35″N，114°46′27″E。井冈山主峰 26°53′N，114°15′E。

湖南省：株洲市炎陵县桃源洞自然保护区 26°30′05.63″N，114°00′53.19″E。岳阳市平江县幕阜山 28°58′12″N，113°49′06″E。株洲市炎陵县水口镇木湾 26°34′16″N，113°80′88″E。郴州市汝城县三江口瑶族镇九龙江国家森林公园 25°23′20″N，113°46′27″E。

丽柱萤叶甲 *Gallerucida gloriosa* (Baly)

湖南省：株洲市炎陵县桃源洞 26°29′14″N，114°00′42″E。

黑胫柱萤叶甲 *Gallerucida moseri* Weise

江西省：井冈山弯坑 26°53′20.01″N，114°25′15.01″E。

黑斑柱萤叶甲 *Gallerucida nigromaculata* (Baly)

江西省：井冈山主峰 26°53′N，114°15′E。

端斑柱萤叶甲 *Gallerucida sigularis* Harold

湖南省：株洲市炎陵县十都镇神农谷自然保护区 26°30′43″N，113°59′44″E。

斑胸柱萤叶甲 *Gallerucida thoracica* (Jacoby)

江西省：宜春市靖安县璪都镇观音岩 29°03′00″N，115°25′19″E。井冈山大井 26°33′47.10″N，114°07′30.19″E。

核桃扁叶甲指名亚种 *Gastrolina depressa depressa* Baly

江西省：井冈山湘洲 26°32.0′N，114°11.0′E。井冈山荆竹山 26°31.0′N，114°05.14′E。井冈山主峰 26°53.0′N，114.35°E。

湖南省：岳阳市平江县幕阜山 28°58′12″N，113°49′06″E。

蓼蓝齿胫叶甲 *Gastrophysa atrocyanea* Motschulsky

湖南省：长沙市浏阳市大围山 28°25′28″N，114°04′52″E。

十三斑角胫叶甲 *Gonioctena tredecimmaculata* (Jacoby)

江西省：吉安市遂川县南风面国家级自然保护区 26°17′04″N，114°03′53″E。井冈山松木坪 26°34′36.81″N，114°04′24.42″E。

湖南省：株洲市炎陵县桃源洞自然保护区 26°30′05.63″N，114°00′53.19″E。郴州市桂东县八面山国家级自然保护区 25°58′21″N，113°42′37″E。

端黑哈萤叶甲 *Haplosomoides ustulata* Laboissiere

江西省：宜春市宜丰县官山国家级自然保护区 28°33′21″N，114°35′20″E。

棕顶沟胫跳甲 Hemipyxis moseri (Weise)

　　江西省：井冈山主峰 26°53′N，114°15′E。宜春市宜丰县官山国家级自然保护区 28°33′21″N，114°35′20″E。

　　湖南省：株洲市炎陵县桃源洞自然保护区 26°30′05.63″N，114°00′53.19″E。株洲市炎陵县桃源洞自然保护区中礁石工区 26°31′00″N，113°03′00″E。资兴市回龙山瑶族乡回龙山 26°04′33″N，113°23′15″E。

金绿沟胫跳甲 Hemipyxis plagioderoides Chujo

　　江西省：宜春市袁州区明月山 27°35′44″N，114°16′26″E。

四斑沟胫跳甲 Hemipyxis quadrimaculata (Jacoby)

　　江西省：宜春市宜丰县官山国家级自然保护区 28°33′21″N，114°35′20″E。井冈山西坪 26°33.4′N，114°12.2′E。井冈山大井 26°22′47.10″N，114°07′30.22″E。

展缘沟胫跳甲 Hemipyxis tendomarginalis Gressit et Kimoto

　　江西省：宜春市靖安县璪都镇南山村 29°01′00″N，115°16′00″E。

　　湖南省：资兴市回龙山瑶族乡回龙山 26°04′33.34″N，113°23′15.85″E。郴州市桂东县八面山国家级自然保护区 25°58′21″N，113°42′37″E。

多变沟胫跳甲 Hemipyxis variabilis (Jacoby)

　　江西省：井冈山小溪洞 26°26.0′N，114°11.0′E。宜春市宜丰县官山国家级自然保护区 28°33′21″N，114°35′20″E。

沟胫跳甲属未定种 Hemipyxis sp.

　　江西省：吉安市安福县武功山 27°29′48″N，114°11′12″E。宜春市宜丰县官山国家级自然保护区 28°33′21″N，114°35′20″E。

蓝胸圆肩叶甲 Humba cyanicollis (Hope)

　　江西省：萍乡市芦溪县羊狮幕 27°33′38″N，114°14′35″E。

日萤叶甲属未定种 Japonitata sp.

　　江西省：井冈山湘洲 26°32.0′N，114°11.0′E。宜春市宜丰县官山国家级自然保护区 28°33′21″N，114°35′20″E。

斑刻拟柱萤叶甲 Laphris emarginata Baly

　　江西省：宜春市奉新县百丈山 28°41′35″N，114°46′27″E。井冈山主峰 26°53′N，114°15′E。

　　湖南省：株洲市炎陵县桃源洞自然保护区 26°30′05.63″N，114°00′53.19″E。宜春市宜丰县官山国家级自然保护区 28°33′16.73″N，113°34′55.97″E。

金绿里叶甲 Linaeidea aeneipennis (Baly)

　　江西省：井冈山湘洲 26°32.0′N，114°11.0′E。

黑缝长跗跳甲 Longitarsus dorsopictus Chen

　　江西省：宜春市袁州区明月山 27°35′44″N，114°16′26″E。

桑黄米萤叶甲 Mimastra cyanura (Hope)

　　江西省：井冈山荆竹山 26°31.0′N，114°05.9′E。井冈山湘洲 26°32.0′N，114°11.0′E。宜春市宜丰县官山国家级自然保护区 28°33′21″N，114°35′20″E。

黑腹米萤叶甲 Mimastra soreli Baly

　　江西省：宜春市奉新县九岭山 28°41′51″N，114°45′08″E。

粗刻米萤叶甲 Mimastra unicitarsis Laboissiere

　　江西省：井冈山荆竹山 26°31.0′N，114°05.9′E。井冈山主峰 26°53.0′N，114.35°E。

双斑长跗萤叶甲 Monolepta hieroglyphica (Motschiusky)

　　江西省：吉安市遂川县南风面国家级自然保护区 26°17′04″N，114°03′53″E。宜春市靖安县三爪仑乡白水洞自然保护区 29°04′00″N，115°11′00″E。宜春市宜丰县官山国家级自然保护区 28°33′21″N，114°35′20″E。

　　湖南省：株洲市炎陵县桃源洞自然保护区 26°30′05.63″N，114°00′53.19″E。

小斑长跗萤叶甲 Monolepta longitarsoides Chujo

　　湖南省：长沙市浏阳市大围山 28°25′28″N，114°04′52″E。

竹长跗萤叶甲 Monolepta pallidula (Baly)

　　江西省：宜春市靖安县璪都镇观音岩 29°01′48″N，115°25′00″E。宜春市靖安县三爪仑乡白水洞自然保护区 29°04′00″N，115°11′00″E。吉安市安福县武功山 27°33′00″N，114°23′00″E。宜春市宜丰县官山国家级自然保护区 28°33′21″N，114°35′20″E。

四斑长跗萤叶甲 Monolepta quadriguttata (Motschulsky)

　　江西省：萍乡市芦溪县武功山 27°27′53″N，114°10′47″E。

　　湖南省：郴州市汝城县三江口瑶族镇九龙江国家森林公园 25°23′20″N，113°46′27″E。

隆凸长跗萤叶甲 *Monolepta sublata* Gressitt et Kimoto

江西省：宜春市宜丰县官山国家级自然保护区 28°33′00″N，114°34′48″E。

云南长跗萤叶甲 *Monolepta yunnanica* Gressittot

江西省：井冈山大井 26°22′47.10″N，114°07′30.22″E。

红角榕萤叶甲 *Morphosphaera cavaleriei* Laboissiere

湖南省：长沙市浏阳市大围山 28°25′28″N，114°04′52″E。

日本榕萤叶甲 *Morphosphaera japonica* (Hornstedt)

江西省：宜春市宜丰县官山国家级自然保护区 28°33′00″N，114°34′48″E。井冈山荆竹山 26°31.0′N，114°05.9′E。

湖南省：岳阳市平江县幕阜山 28°58′18″N，113°49′55″E。郴州市汝城县三江口瑶族镇九龙江国家森林公园 25°23′20″N，113°46′27″E。

麻四线跳甲 *Nisotra gemella* (Erichson)

湖南省：株洲市炎陵县桃源洞 26°29′14″N，114°00′42″E。

蓝色九节跳甲 *Nonarthra cyaneum* Baly

江西省：宜春市靖安县璪都镇南山村 29°01′00″N，115°16′00″E。吉安市遂川县南风面国家级自然保护区 26°17′04″N，114°03′53″E。

湖南省：株洲市炎陵县桃源洞自然保护区 26°30′05.63″N，114°00′53.19″E。

丽九节跳甲 *Nonarthra pulchrum* Chen

江西省：吉安市安福县武功山 27°19′00″N，114°13′00″E。

异色九节跳甲 *Nonarthra variabilis* Baly

江西省：吉安市遂川县南风面国家级自然保护区 26°17′04″N，114°03′53″E。

蓝翅瓢萤叶甲 *Oides bowringii* (Baly)

江西省：宜春市靖安县璪都镇南山村 29°01′00″N，115°16′00″E。宜春市靖安县大杞山生态林场 28°40′12″N，115°04′12″E。

湖南省：株洲市炎陵县桃源洞自然保护区 26°30′05.63″N，114°00′53.19″E。郴州市汝城县三江口瑶族镇九龙江国家森林公园 25°23′20″N，113°46′27″E。

八角瓢萤叶甲 *Oides duporti* Laboissiere

江西省：井冈山湘洲 26°32.0′N，114°11.0′E。

黑纹宽瓢萤叶甲 *Oides laticlava* (Fairmaire)

江西省：宜春市靖安县观音岩 29°03′00″N，115°25′00″E。

宽缘瓢萤叶甲 *Oides maculatus* (Olivier)

江西省：宜春市靖安县璪都镇南山村 29°01′00″N，115°16′00″E。井冈山湘洲 26°32.0′N，114°11.0′E。

湖南省：岳阳市平江县幕阜山 28°58′18″N，113°49′55″E。郴州市汝城县三江口瑶族镇九龙江国家森林公园 25°23′20″N，113°46′27″E。

黑跗瓢萤叶甲 *Oides tarsatus* (Baly)

江西省：井冈山松木坪 26°34′36.81″N，114°04′24.42″E。井冈山主峰 26°53.0′N，114°15′E。

黑角直缘跳甲 *Ophrida spectabilis* (Baly)

湖南省：郴州市桂东县八面山国家级自然保护区 25°58′21″N，113°42′37″E。宜春市靖安县璪都镇南山村 29°1′0.12″N，115°16′1″E。

枫香凹翅萤叶甲 *Paleosepharia liquidambara* Gressitt et Kimoto

江西省：宜春市靖安县璪都镇南山村 29°01′00″N，115°16′00″E。宜春市宜丰县官山国家级自然保护区 28°33′00″N，114°34′48″E。井冈山湘洲 26°32.0′N，114°11.0′E。

湖南省：岳阳市平江县幕阜山 28°58′12″N，113°49′00″E。株洲市炎陵县桃源洞自然保护区 26°31′N，114°00′E。郴州市汝城县三江口瑶族镇九龙江国家森林公园 25°23′20″N，113°46′27″E。

凹翅萤叶属未定种 *Paleosepharia* sp.

江西省：井冈山主峰 26°53′N，114°15′E。井冈山湘洲 26°32.0′N，114°11.0′E。赣州市崇义县横水镇阳岭国家森林公园 25°37′50″N，114°18′16″E。

黑胸后脊守瓜 *Paragetocera parvula* (Laboissiere)

湖南省：长沙市浏阳市大围山 28°25′28″N，114°04′52″E。

三星黄萤叶甲 *Paridea angulicollis* (Motschulsky)

湖南省：株洲市炎陵县十都镇神农谷自然保护区 26°30′43″N，113°59′44″E。郴州市汝城县三江口瑶族镇九龙江国家森林公园 25°23′20″N，113°46′27″E。

斜边拟守瓜 *Paridea biplagiata* (Farimaire)

江西省：井冈山主峰 26°53′N，114°15′E。

凹臀拟守瓜 *Paridea houjayi* Lee et Bezděk

湖南省：株洲市炎陵县十都镇神农谷自然保护区

26°30′43″N，113°59′44″E。郴州市汝城县三江口瑶族镇九龙江国家森林公园 25°23′20″N，113°46′27″E。

三斑拟守瓜 *Paridea kaoi* Lee et Bezděk

湖南省：株洲市炎陵县十都镇神农谷自然保护区 26°30′43″N，113°59′44″E。郴州市汝城县三江口瑶族镇九龙江国家森林公园 25°23′20″N，113°46′27″E。

剑囊拟守瓜 *Paridea libita* Yang

江西省：井冈山小溪洞 26°26′N，114°11′E。井冈山荆竹山 26°31.0′N，114°05.9′E。井冈山湘洲 26°32.0′N，114°11.0′E。井冈山西坪 26°33.4′N，114°12.3′E。

湖南省：株洲市炎陵县桃源洞自然保护区中礁石工业区 26°31′N，113°03′E。

四斑拟守瓜 *Paridea quadriplagiata* (Baly)

江西省：井冈山湘洲 26°36.0′N，114°16.0′E。井冈山荆竹山 26°31.0′N，114°05.9′E。井冈山主峰 26°53′N，114°15′E。井冈山西坪 26°33.4′N，114°12.2′E。井冈山大井 26°22′47.10″N，114°07′30.22″E。

湖南省：郴州市汝城县三江口瑶族镇九龙江国家森林公园 25°23′20″N，113°46′27″E。长沙市浏阳市大围山 28°25′28″N，114°04′52″E。

中华拟守瓜 *Paridea sinensis* Laboissiere

江西省：井冈山主峰 26°53′N，114°15′E。井冈山湘洲 26°32.0′N，114°11.0′E。

湖南省：株洲市炎陵县桃源洞自然保护区落水源村 26°31′N，114°00′E。株洲市炎陵县桃源洞自然保护区甲水 26°59′N，113°99′E。株洲市炎陵县桃源洞自然保护区中礁石工业区 26°31′N，113°03′E。郴州市汝城县三江口瑶族镇九龙江国家森林公园 25°23′20″N，113°46′27″E。

台湾拟守瓜 *Paridea taiwana* (Chûjô)

湖南省：株洲市炎陵县十都镇神农谷自然保护区 26°30′43″N，113°59′44″E。郴州市汝城县三江口瑶族镇九龙江国家森林公园 25°23′20″N，113°46′27″E。

合欢斑叶甲 *Paropsides nigrofasciata* (Jacoby)

江西省：井冈山荆竹山 26°31.0′N，114°05.9′E。

山楂斑叶甲 *Paropsides soriculata* Swartz

江西省：井冈山荆竹山 26°31.0′N，114°05.9′E。

黄猿叶甲 *Phaedon fulvescens* Weise

江西省：井冈山主峰 26°53.0′N，114.35°E。井冈山

西坪 26°33.4′N，114°12.2′E。

牡荆叶甲 *Phola octodecimguttata* (Fabricius)

湖南省：株洲市炎陵县桃源洞自然保护区甲水 26°59′00″N，113°99′00″E。

斑翅粗角跳甲 *Phygasia ornata* Baly

江西省：吉安市安福县武功山 27°33′00″N，114°23′00″E。宜春市奉新县越山 28°47′19″N，115°10′01″E。

湖南省：株洲市炎陵县桃源洞自然保护区 26°30′05.63″N，114°00′53.19″E。郴州市桂东县八面山国家级自然保护区 25°58′21″N，113°42′37″E。株洲市炎陵县桃源洞自然保护区甲水 26°59′00″N，113°99′00″E。

黄直条跳甲 *Phyllotreta rectilineata* Chen

江西省：赣州市崇义县横水镇阳岭国家森林公园 25°37′50″N，114°18′16″E。

黄曲条跳甲 *Phyllotreta striolata* (Fabricius)

江西省：赣州市崇义县横水镇阳岭国家森林公园 25°37′50″N，114°18′16″E。

桔潜跳甲 *Podagricomela nigricollis* Chen

湖南省：岳阳市平江县幕阜山 28°58′18″N，113°49′55″E。

黄色凹缘跳甲 *Podontia lutea* (Olivier)

江西省：吉安市安福县武功山 27°19′00″N，114°13′00″E。井冈山湘洲 26°36.0′N，114°16.0′E。

湖南省：株洲市炎陵县桃源洞自然保护区 26°30′05.63″N，114°00′53.19″E。

棕黑毛萤叶甲 *Pyrrhalta brunneipes* Gressit et Kimoto

江西省：宜春市宜丰县官山国家级自然保护区 28°33′00″N，114°34′48″E。

湖南省：株洲市炎陵县桃源洞自然保护区甲水 26°59′00″N，113°99′00″E。

黑肩毛萤叶甲 *Pyrrhalta humeralis* Chen

湖南省：长沙市浏阳市大围山 28°25′28″N，114°04′52″E。

宁波毛萤叶甲 *Pyrrhalta ningpoensis* Gressitt et Kimoto

江西省：宜春市宜丰县官山国家级自然保护区 28°33′00″N，114°34′48″E。

浅凹毛萤叶甲 *Pyrrhalta sericea* (Weise)

江西省：井冈山。

毛萤叶甲属未定种 1 *Pyrrhalta* **sp. 1**

江西省：赣州市崇义县横水镇阳岭国家森林公园 25°37′50″N，114°18′16″E。

毛萤叶甲属未定种 2 *Pyrrhalta* **sp. 2**

江西省：井冈山。

缝隙角跳甲 *Sangariola fortunei* (Baly)

湖南省：长沙市浏阳市大围山 28°25′28″N，114°04′52″E。

黑翅额凹萤叶甲 *Sermyloides nigripennis* (Gressit et Kimoto)

江西省：井冈山。

褐翅拟隶萤叶甲 *Siemssenius fulvipennis* (Jacoby)

江西省：井冈山西坪 26°33.4′N，114°12.2′E。

武夷拟隶萤叶甲 *Siemssenius modestus* Weise

江西省：井冈山主峰 26°53.0′N，114°35°E。

细刻斯萤叶甲 *Sphenoraia micans* (Fairmaire)

江西省：井冈山罗浮山 26°39′N，114°13′E。

凹胸显脊萤叶甲 *Theopea coerulea* Gressit et Kimoto

湖南省：郴州市桂东县八面山国家级自然保护区 25°58′21″N，113°42′37″E。

肖叶甲科 Eumolpidae

黑鞘厚缘肖叶甲 *Aoria nigripennis* (Gressittet et Kimoto)

江西省：井冈山罗浮山 26°39′N，114°13′E。

棕红厚缘肖叶甲 *Aoria rufotestacea* Fairmaire

江西省：井冈山湘洲 26°32.0′N，114°11.0′E。赣州市崇义县横水镇阳岭国家森林公园 25°37′50″N，114°18′16″E。

盾厚缘肖叶甲 *Aoria scutellaris* Pic

江西省：宜春市奉新县百丈山 28°41′35″N，114°46′27″E。

齿胸肖叶甲属未定种 *Aulexis* sp.

江西省：赣州市崇义县横水镇阳岭国家森林公园 25°37′50″N，114°18′16″E。

脊鞘角胸肖叶甲 *Basilepta consobrina* Chen

江西省：井冈山下庄 26°32′42.24″N，114°11′26.15″E。

褐足角胸肖叶甲 *Basilepta fulvipes* (Motschulsky)

江西省：萍乡市芦溪县武功山 27°27′53″N，114°10′47″E。

隆基角胸肖叶甲 *Basilepta leechi* (Jacoby)

江西省：宜春市靖安县三爪仑乡白水洞自然保护区 29°04′00″N，115°11′00″E。井冈山主峰 26°53.0′N，114.35°E。赣州市崇义县横水镇阳岭国家森林公园 25°37′50″N，114°18′16″E。

湖南省：资兴市回龙山瑶族乡回龙山 26°04′33.34″N，113°23′15.85″E。株洲市炎陵县桃源洞自然保护区甲水 26°59′00″N，113°99′00″E。

圆角胸肖叶甲 *Basilepta ruficollis* (Jacoby)

江西省：井冈山湘洲 26°32.0′N，114°11.0′E。

葡萄肖叶甲 *Bromius obscurus* (Linnaeus)

江西省：井冈山湘洲 26°32.0′N，114°11.0′E。

湖南省：岳阳市平江县幕阜山 28°58′18″N，113°49′55″E。

红头瘤肖叶甲 *Chlamisus ruficeps* (Chen)

江西省：宜春市奉新县百丈山 28°41′35″N，114°46′27″E。

瘤肖叶甲属未定种 *Chlamisus* sp.

江西省：井冈山罗浮山 26°39′N，114°13′E。宜春市宜丰县官山国家级自然保护区 28°33′21″N，114°35′20″E。

湖南省：郴州市桂东县八面山国家级自然保护区 25°58′21″N，113°42′37″E。

中华萝藦肖叶甲 *Chrysochus chinensis* Baly

湖南省：长沙市浏阳市大围山 28°25′28″N，114°04′52″E。

亮肖叶甲 *Chrysolampra splendens* Baly

江西省：宜春市宜丰县官山国家级自然保护区 28°33′21″N，114°35′20″E。

湖南省：资兴市回龙山瑶族乡回龙山 26°04′33.34″N，113°23′15.85″E。株洲市炎陵县桃源洞自然保护区 26°30′05.63″N，114°00′53.19″E。

刺股沟臀肖叶甲 *Colaspoides opaca* Jacoby

湖南省：株洲市炎陵县桃源洞 26°29′14″N，114°00′42″E。

毛角沟臀肖叶甲 Colaspoides pilicornis Leferre

江西省：宜春市宜丰县官山国家级自然保护区 28°33′16.73″N，113°34′55.97″E。井冈山湘洲 26°32.0′N，114°11.0′E。

湖南省：资兴市回龙山瑶族乡回龙山 26°04′33.34″N，113°23′15.85″E。

沟臀肖叶甲属未定种 Colaspoides sp.

江西省：井冈山下庄 26°32′42.24″N，114°11′26.15″E。宜春市宜丰县官山国家级自然保护区 28°33′21″N，114°35′20″E。

丽鞘甘薯肖叶甲 Colasposoma auripenne (Motschulsky)

江西省：井冈山下庄 26°32′42.24″N，114°11′26.15″E。宜春市宜丰县官山国家级自然保护区 28°33′21″N，114°35′20″E。

甘薯肖叶甲 Colasposoma dauricum (Mannerheim)

湖南省：株洲市炎陵县桃源洞自然保护区 26°30′05.63″N，114°00′53.19″E。郴州市桂东县八面山国家级自然保护区 25°58′21″N，113°42′37″E。

斑鞘豆肖叶甲 Colposcelis signata (Motschulsky)

江西省：萍乡市芦溪县羊狮幕 27°33′38″N，114°14′35″E。

隐头肖叶甲属未定种 Cryptocephalus sp.

江西省：井冈山主峰 26°53.0′N，114.35°E。井冈山西坪 26°33.4′N，114°12.2′E。宜春市宜丰县官山国家级自然保护区 28°33′21″N，114°35′20″E。

茶肖叶甲 Demotina fasciculata Baly

江西省：萍乡市芦溪县羊狮幕 27°33′38″N，114°14′35″E。

粉筒胸肖叶甲 Lypesthes ater (Motschulaky)

江西省：宜春市奉新县百丈山 28°41′35″N，114°46′27″E。

球肖叶甲属未定种 Nodina sp.

江西省：井冈山罗浮山 26°39′N，114°13′E。宜春市宜丰县官山国家级自然保护区 28°33′21″N，114°35′20″E。

绿缘扁角肖叶甲 Platycorynus parryi Baly

江西省：吉安市遂川县南风面国家级自然保护区 26°17′04″N，114°03′53″E。宜春市宜丰县官山国家级自然保护区 28°33′16.73″N，113°34′55.97″E。井冈山湘洲 26°36.0′N，114°16.0′E。

湖南省：郴州市桂东县八面山国家级自然保护区 25°58′21″N，113°42′37″E。株洲市炎陵县桃源洞自然保护区甲水 26°59′N，113°99′E。

黑额光肖叶甲 Smaragdina nigrifrons (Hope)

江西省：吉安市遂川县南风面国家级自然保护区 26°17′04″N，114°03′53″E。宜春市靖安县璪都镇南山村 29°01′00″N，115°16′00″E。井冈山下庄 26°32′42.24″N，114°11′26.15″E。宜春市靖安县大杞山生态林场 28°67′N，115°07′E。

湖南省：郴州市桂东县八面山国家级自然保护区 25°58′21″N，113°42′37″E。郴州市汝城县热水镇飞水寨 25°52′52″N，113°91′77″E。

银纹毛肖叶甲 Trichochrysea japana (Motschulsky)

湖南省：资兴市回龙山瑶族乡回龙山 26°04′33″N，113°23′15″E。株洲市炎陵县桃源洞自然保护区 26°30′05″N，114°00′53″E。郴州市桂东县八面山国家级自然保护区 25°58′21″N，113°42′37″E。

负泥虫科 Crioceridae

长腿水叶甲 Donacia provosti (Fairmaire)

湖南省：株洲市炎陵县桃源洞自然保护区 26°30′05.63″N，114°00′53.19″E。

阿合爪负泥虫 Lema adamsi Baly

江西省：宜春市靖安县白水洞自然保护区 29°02′24″N，115°06′36″E。宜春市靖安县观音岩 29°01′48″N，115°25′00″E。宜春市宜丰县官山国家级自然保护区 28°33′21″N，114°35′20″E。

蓝合爪负泥虫 Lema concinnipennis Baly

江西省：宜春市宜丰县官山国家级自然保护区 28°33′16.73″N，113°34′55.97″E。

湖南省：长沙市浏阳市大围山 28°25′28″N，114°04′52″E。

齿合爪负泥虫 Lema coromandelia Fabricius

江西省：宜春市奉新县百丈山 28°41′17″N，114°46′13″E。

红顶合爪负泥虫 Lema coronata Baly

江西省：安福县武功山 27°19′00″N，114°13′00″E。宜春市靖安县三爪仑乡白水洞自然保护区 29°04′00″N，115°11′00″E。宜春市靖安县璪都镇观音岩 29°01′48″N，115°25′00″E。

红带合爪负泥虫 Lema delicatula Baly

江西省：井冈山。

鸭跖草合爪负泥虫 Lema deversa Baly

江西省：吉安市遂川县南风面国家级自然保护区 26°17′04″N，114°03′53″E。宜春市靖安县大杞山生态林场 28°67′00″N，115°07′00″E；29°01′48″N，115°25′00″E。宜春市宜丰县官山国家级自然保护区 28°33′21″N，114°35′20″E。

红尾合爪负泥虫 Lema diversitarsis (Pic)

湖南省：郴州市桂东县八面山国家级自然保护区 25°58′21″N，113°42′37″E。

红胸合爪负泥虫 Lema fortunei Baly

江西省：宜春市靖安县璪都镇南山村 29°01′00″N，115°16′00″E。吉安市安福县武功山 27°19′00″N，114°13′00″E。宜春市靖安县白水洞自然保护区 29°04′N，115°11′E。宜春市靖安县大杞山生态林场 28°67′N，115°07′E。

湖南省：资兴市回龙山瑶族乡回龙山 26°04′33.34″N，113°23′15.85″E。

蓝翅合爪负泥虫 Lema honorata Baly

江西省：宜春市靖安县璪都镇观音岩 29°01′48″N，115°25′00″E。

薯蓣合爪负泥虫 Lema infranigra Pic

江西省：宜春市靖安县璪都镇南山村 29°01′00″N，115°16′00″E。宜春市靖安县大杞山生态林场 28°67′00″N，115°07′00″E。宜春市宜丰县官山国家级自然保护区 28°33′16.73″N，113°34′55.97″E。

湖南省：浏阳市大围山镇大围山森林公园 28°25′30″N，114°06′45″E。

平顶合爪负泥虫 Lema lacosa Pic

江西省：宜春市靖安县璪都镇观音岩 29°01′48″N，115°25′00″E。吉安市安福县武功山 27°19′00″N，114°13′00″E。

褐合爪负泥虫 Lema rufotestacea Clark

江西省：宜春市靖安县璪都镇观音岩 29°01′48″N，115°25′00″E。井冈山主峰 26°53.0′N，114.35°E。

湖南省：株洲市炎陵县桃源洞自然保护区 26°30′05.63″N，114°00′53.19″E。

合爪负泥虫属未定种 Lema sp.

江西省：井冈山。

皱胸负泥虫 Lilioceris cheni Gressitt et Kimoto

江西省：吉安市遂川县南风面国家级自然保护区 26°17′04″N，114°03′53″E。

湖南省：浏阳市大围山镇大围山国家森林公园 28°25′30″N，114°06′45″E。

红腹负泥虫 Lilioceris cyaneicollis (Pic)

湖南省：岳阳市平江县幕阜山 28°58′12″N，113°49′06″E。

纤负泥虫 Lilioceris egena (Weise)

江西省：宜春市靖安县大杞山生态林场 28°67′00″N，115°07′00″E。宜春市靖安县璪都镇观音岩 29°01′48″N，115°25′00″E。

湖南省：郴州市桂东县八面山国家级自然保护区 25°58′21″N，113°42′37″E。浏阳市大围山镇大围山国家森林公园 28°25′30″N，114°06′45″E。

驼负泥虫 Lilioceris gibba (Baly)

江西省：井冈山主峰 26°53′N，114°15′E。井冈山小溪洞 26°26′N，114°11′E。

异负泥虫 Lilioceris impressa (Fabricius)

江西省：宜春市靖安县璪都镇观音岩 29°01′48″N，115°25′00″E。

红负泥虫 Lilioceris lateritia (Baly)

江西省：吉安市遂川县南风面国家级自然保护区 26°17′04″N，114°03′53″E。

小负泥虫 Lilioceris minima (Pic)

江西省：宜春市宜丰县官山国家级自然保护区 28°33′16″N，113°34′55″E。

斑肩负泥虫 Lilioceris scapularis (Baly)

江西省：宜春市靖安县璪都镇南山村 29°01′00″N，115°16′00″E。

湖南省：浏阳市大围山镇大围山国家森林公园 28°25′30″N，114°06′45″E。

中华负泥虫 Lilioceris sinica (Heyden)

江西省：宜春市宜丰县官山国家级自然保护区 28°33′16″N，113°34′55″E。

湖南省：浏阳市大围山镇大围山国家森林公园 28°25′30″N，114°06′45″E。

脊负泥虫 Lilioceris subcostata (Pic)

湖南省：浏阳市大围山镇大围山国家森林公园 28°25′30″N，114°06′45″E。

光滑负泥虫 Lilioceris subpolita (Motschulsky)

湖南省：浏阳市大围山镇大围山国家森林公园 28°25′28″N，114°04′52″E。

黑角禾负泥虫 Oulema melanopus (Linnaeus)

湖南省：株洲市炎陵县桃源洞 26°29′14″N，114°00′42″E。

禾负泥虫属未定种 Oulema sp.

江西省：井冈山。

紫茎甲 *Sagra femorata* Lichtenstein

江西省：吉安市遂川县南风面国家级自然保护区 26°17′04″N，114°03′53″E。宜春市靖安县大杞山生态林场 28°67′N，115°07′E。

湖南省：岳阳市平江县幕阜山 28°58′18″N，113°49′55″E。株洲市炎陵县桃源洞自然保护区甲水 26°59′N，113°99′E。

蓝耀茎甲 *Sagra fulgida janthina* Chen

江西省：井冈山湘洲 26°36.0′N，114°16.0′E。赣州市上犹县光菇山上山村 25°33′11″N，114°03′04″E。

湖南省：株洲市炎陵县桃源洞自然保护区中礁石工业区 26°31′N，113°03′E。

茎甲 *Sagra purpurea* Lichtenstein

江西省：井冈山下庄 26°32′42.24″N，114°11′26.15″E。

湖南省：郴州市桂东县八面山国家级自然保护区 25°58′21″N，113°42′37″E。浏阳市大围山镇大围山国家森林公园 28°25′30″N，114°06′45″E。

三齿茎甲 *Sagra tridentata* Weber

江西省：赣州市上犹县光菇山上山村 25°33′11″N，114°3′3″E。

长角水叶甲 *Sominella longicornis* (Jacoby)

湖南省：株洲市炎陵县桃源洞自然保护区 26°30′05.63″N，114°00′53.19″E。

三锥象科 Brentidae

宽喙象 *Baryrhynchus poweri* Roelofs

江西省：吉安市遂川县南风面国家级自然保护区 26°17′04″N，114°03′53″E。赣州市上犹县光菇山 25°54′55″N，114°03′09″E。宜春市靖安县大杞山生态林场 28°67′00″N，115°07′00″E。吉安市安福县武功山 27°29′48″N，114°11′12″E。萍乡市芦溪县羊狮幕 27°33′38″N，114°14′35″E。

湖南省：郴州市桂东县八面山国家级自然保护区 25°58′21″N，113°42′37″E。浏阳市大围山镇大围山国家森林公园 28°25′30″N，114°06′45″E。

黄纹三锥象 *Baryrhynchus yaeyamensis* Morimoto

湖南省：株洲市炎陵县桃源洞 26°29′14″N，114°00′42″E。

甘薯蚁象 *Cylas formicarius* (Fabricius)

湖南省：浏阳市大围山镇大围山国家森林公园 28°25′30″N，114°06′45″E。

长角象科 Anthribidae

日本奥象 *Ozotomerus japonicus* (Sharp)

江西省：宜春市宜丰县官山国家级自然保护区 28°33′16″N，113°34′55″E。

长角象 *Xylinada striatifrons* (Jordan)

江西省：宜春市袁州区明月山 27°35′44″N，114°16′26″E。

卷象科 Attelabidae

膝卷象 *Apoderus geniculatus* Jekel

江西省：井冈山主峰 26°53′N，114°15′E。

湖南省：长沙市浏阳市大围山 28°25′28″N，114°04′52″E。郴州市汝城县三江口瑶族镇九龙江国家森林公园 25°23′20″N，113°46′27″E。

卷象属未定种 *Apoderus* sp.

湖南省：郴州市汝城县三江口瑶族镇九龙江国家森林公园 25°23′20″N，113°46′27″E。

栎长颈象甲 *Paracycnotrachelus longiceps* (Motschulsky)

江西省：吉安市安福县武功山 27°29′48″N，114°11′12″E。宜春市靖安县大杞山生态林场 28°67′N，115°07′E。宜春市靖安县白水洞自然保护区 29°04′N，115°11′E。

湖南省：长沙市浏阳市大围山 28°25′28″N，114°04′52″E。株洲市炎陵县桃源洞自然保护区中礁石工区 26°31′N，113°03′E。

棕长颈卷象 *Paratrachelophorous nodicornis* Voss

江西省：宜春市奉新县九岭山 28°41′51″N，114°45′08″E。

黑长颈卷象 *Paratrachelophorus katonis* Kono

江西省：萍乡市莲花县高天岩 27°23′51″N，114°00′54″E。

长颈卷象属未定种 *Paratrachelophorus* sp.

江西省：井冈山荆竹山 26°31.0′N，114°05.9′E。

栎卷叶象 *Paroplapoderus pardalis* (Snellen)

江西省：吉安市安福县武功山 27°29′48″N，114°11′12″E。

湖南省：郴州市汝城县三江口瑶族镇九龙江国家森林公园 25°23′20″N，113°46′27″E。

圆斑卷象 *Paroplapoderus semiamulatus* Jekel

江西省：宜春市靖安县大杞山生态林场 28°67′N，115°07′E。宜春市宜丰县官山国家级自然保护区 28°33′00″N，114°34′48″E。

湖南省：株洲市炎陵县桃源洞自然保护区甲水 26°59′N，113°99′E。

斑卷象属未定种 *Paroplapoderus* sp.

江西省：吉安市安福县武功山 27°29′48″N，114°11′12″E。

湖南省：郴州市汝城县三江口瑶族镇九龙江国家森林公园 25°23′20″N，113°46′27″E。

漆黑瘤卷象 *Phymatapoderus latipennis* Jekel

江西省：吉安市安福县武功山 27°19′00″N，114°13′00″E。宜春市靖安县璪都镇观音岩 29°01′48″N，115°25′00″E。吉安市安福县武功山 27°29′48″N，114°11′12″E。宜春市靖安县三爪仑国家森林公园 28°58′36″N，115°14′11″E。

湖南省：株洲市炎陵县桃源洞自然保护区 26°50′00″N，113°99′00″E。郴州市汝城县三江口镇九龙江国家森林公园 25°23′20″N，113°46′27″E。

瘤卷象 *Phymatapoderus pavens* Voss

江西省：井冈山主峰 26°53′N，114°15′E。井冈山罗浮 26°39′N，114°13′E。井冈山小溪洞 26°26′N，114°11′E。井冈山西坪 26°33.4′N，114°12.2′E。

湖南省：郴州市汝城县三江口瑶族镇九龙江国家森林公园 25°23′20″N，113°46′27″E。

欧洲苹虎象 *Rhynchites bacchus* (Linnaeus)

湖南省：长沙市浏阳市大围山 28°25′28″N，114°04′52″E。

象甲科 Curculionidae

乌桕长足象 *Alcidodes erro* (Pascoe)

江西省：宜春市奉新县百丈山 28°41′35″N，114°46′27″E。

隐皮象 *Cryptoderma fortunei* Waterhouse

江西省：宜春市袁州区明月山 27°35′44″N，114°16′26″E。

湖南省：郴州市汝城县三江口瑶族镇九龙江国家森林公园 25°23′20″N，113°46′27″E。

长毛象 *Curculio villosus* (Fabricius)

江西省：宜春市奉新县百丈山 28°41′35″N，114°46′27″E。

大竹象 *Cyrtotrachelus longimanus* (Fabricius)

湖南省：郴州市汝城县三江口瑶族镇九龙江国家森林公园 25°23′20″N，113°46′27″E。

中国癞象 *Episomus chinensis* Faust

江西省：赣州市上犹县光菇山 25°55′11″N，114°03′04″E。吉安市安福县武功山 27°29′48″N，114°11′12″E。

湖南省：株洲市炎陵县桃源洞自然保护区 26°50′00″N，113°99′00″E。资兴市回龙山瑶族乡回龙山 26°04′33.34″N，113°23′15.85″E。郴州市汝城县三江口瑶族镇九龙江国家森林公园 25°23′20″N，113°46′27″E。

长角癞象 *Episomus mundus* Sharp

江西省：宜春市袁州区明月山 27°35′12″N，114°16′53″E。

塔形癞象 *Episomus turritus* (Gyllenhal)

江西省：宜春市袁州区明月山 27°35′44″N，114°16′26″E。

华丽小眼象 *Eumyllocerus gratiosus* Sharp

江西省：宜春市袁州区明月山 27°35′44″N，114°16′26″E。

锯意象 *Ixalma dentipes* (Roelfs)

江西省：宜春市奉新县九岭山 28°41′51″N，114°45′08″E。

波纹斜纹象 *Lepyrus japonicus* Roelofs

江西省：吉安市安福县武功山 27°29′48″N，114°11′12″E。

湖南省：郴州市汝城县三江口瑶族镇九龙江国家森林公园 25°23′20″N，113°46′27″E。

斜纹筒喙象 *Lixus obliquivittis* Voss

江西省：吉安市安福县武功山 27°29′48″N，114°11′12″E。

湖南省：郴州市汝城县三江口瑶族镇九龙江国家森林公园 25°23′20″N，113°46′27″E。

斜纹圆筒象 *Macrocorynus obliquesignatus* (Reitter)

江西省：井冈山小溪洞 26°26′N，114°11′E。

短胸长足象 *Mesalcidodes trifidus* (Pascoe)

江西省：吉安市安福县武功山 27°19′00″N，114°13′00″E。吉安市遂川县南风面国家级自然保护区 26°17′04″N，114°03′53″E。

湖南省：郴州市桂东县八面山国家级自然保护区

25°58'21″N，113°42'37″E。株洲市炎陵县桃源洞自然保护区 26°50'00″N，113°99'00″E。

桐象属未定种 *Metaprodioctes* **sp.**

湖南省：株洲市炎陵县桃源洞自然保护区 26°50'00″N，113°99'00″E。

丽纹象属未定种 *Myllocerinus* **sp.**

江西省：宜春市靖安县三爪仑乡白水洞景区 29°01'48″N，115°15'00″E。

湖南省：株洲市炎陵县桃源洞自然保护区 26°50'00″N，113°99'00″E。

椰象属未定种 *Prodioctes* **sp.**

湖南省：株洲市炎陵县桃源洞自然保护区甲水 26°59'00″N，113°99'00″E。株洲市炎陵县桃源洞自然保护区落水源村 26°31'00″N，114°00'00″E。

大褐象鼻虫 *Sipalinus gigas* **(Fabricius)**

江西省：吉安市安福县武功山 27°29'48″N，114°11'12″E。

湖南省：长沙市浏阳市大围山 28°25'28″N，114°04'52″E。郴州市桂东县八面山国家级自然保护区 25°58'21″N，113°42'37″E。株洲市炎陵县桃源洞自然保护区 26°50'00″N，113°99'00″E。郴州市汝城县三江口瑶族镇九龙江国家森林公园 25°23'20″N，113°46'27″E。

四纹象鼻虫 *Sphenocorynes ocellatus* **(Pascoe)**

湖南省：株洲市炎陵县桃源洞 26°29'14″N，114°00'42″E。

毛翅目 TRICHOPTERA

短石蛾科 Brachycentridae

短石蛾属未定种 *Brachycentrus* **sp.**

江西省：赣州市上犹县五指峰乡光菇山 25°55'03″N，114°02'48″E。

舌石蛾科 Glossosomatidae

Agapelus **sp.**

江西省：赣州市上犹县五指峰乡光菇山 25°55'03″N，114°02'48″E。

湖南省：郴州市汝城县热水镇邓家洞村 25°50'38″N，113°86'72″E。

黑舌石蛾 *Glossosoma nigrior* **Banks**

江西省：赣州市上犹县五指峰乡光菇山 25°55'03″N，114°02'48″E。

瘤石蛾科 Goeridae

瘤石蛾属未定种 *Goera* **sp.**

江西省：赣州市上犹县五指峰乡光菇山 25°55'03″N，114°02'48″E。

湖南省：株洲市炎陵县十都镇神农谷自然保护区 26°30'43″N，113°59'44″E。

囊翅石蛾科 Hydrobiosidae

竖毛鳌石蛾属未定种 *Apsilochorema* **sp.**

江西省：赣州市上犹县五指峰乡光菇山 25°55'03″N，114°02'48″E。

湖南省：株洲市炎陵县十都镇神农谷自然保护区 26°30'43″N，113°59'44″E。

纹石蛾科 Hydropsychidae

Aethalopsyche **sp.**

江西省：赣州市上犹县五指峰乡光菇山 25°55'03″N，114°02'48″E。

弓石蛾属未定种 *Arctopsyche* **sp.**

江西省：赣州市上犹县五指峰乡光菇山 25°55'03″N，114°02'48″E。

侧枝纹石蛾属未定种 *Ceratopsyche* **sp.**

江西省：赣州市上犹县五指峰乡光菇山 25°55'03″N，114°02'48″E。

合脉纹石蛾属未定种 *Cheumatopsyche* **sp.**

江西省：赣州市崇义县横水镇阳岭国家森林公园 25°37'50″N，114°18'16″E。赣州市上犹县五指峰乡光菇山 25°55'03″N，114°02'48″E。

湖南省：株洲市炎陵县十都镇神农谷自然保护区 26°30'43″N，113°59'44″E。

腺纹石蛾属未定种 *Diplectrona* **sp.**

江西省：赣州市上犹县五指峰乡光菇山 25°55'03″N，114°02'48″E。

湖南省：株洲市炎陵县十都镇神农谷自然保护区 26°30'43″N，113°59'44″E。

镘形瘤突纹石蛾 *Hydatomanicus ovatus* **Li, Tian et Dudgeon**

湖南省：株洲市炎陵县十都镇神农谷自然保护区 26°30'43″N，113°59'44″E。郴州市汝城县三江口瑶族镇九龙江国家森林公园 25°23'20″N，113°46'27″E。

锥突侧枝纹石蛾 *Hydropsyche conoidea* Li et Tian

 江西省：赣州市上犹县五指峰乡光菇山 25°55′03″N，114°02′48″E。

 湖南省：株洲市炎陵县十都镇神农谷自然保护区 26°30′43″N，113°59′44″E。

台湾纹石蛾 *Hydropsyche formosana* Ulmer

 江西省：赣州市上犹县五指峰乡光菇山 25°55′03″N，114°02′48″E。

 湖南省：株洲市炎陵县十都镇神农谷自然保护区 26°30′43″N，113°59′44″E。

方褐纹石蛾 *Hydropsyche quadrata* (Li et Dudgeon)

 湖南省：郴州市汝城县热水镇邓家洞村 25°50′38″N，113°86′72″E。郴州市汝城县三江口瑶族镇九龙江国家森林公园 25°23′20″N，113°46′27″E。

拟纹石蛾 *Hydropsyche simulata* Mosely

 湖南省：郴州市汝城县热水镇邓家洞村 25°50′38″N，113°86′72″E。郴州市汝城县三江口瑶族镇九龙江国家森林公园 25°23′20″N，113°46′27″E。

纹石蛾属未定种 1 *Hydropsyche* sp. 1

 湖南省：郴州市汝城县热水镇邓家洞村 25°50′38″N，113°86′72″E。郴州市汝城县三江口瑶族镇九龙江国家森林公园 25°23′20″N，113°46′27″E。

纹石蛾属未定种 2 *Hydropsyche* sp. 2

 湖南省：郴州市汝城县三江口瑶族镇九龙江国家森林公园 25°23′20″N，113°46′27″E。

多型纹石蛾属未定种 *Polymorphanisus* sp.

 湖南省：郴州市汝城县三江口瑶族镇 25°47′05″N，113°88′57″E。郴州市汝城县三江口瑶族镇九龙江国家森林公园 25°23′20″N，113°46′27″E。

缺距纹石蛾属未定种 *Potamyia* sp.

 湖南省：郴州市汝城县三江口瑶族镇九龙江国家森林公园 25°23′20″N，113°46′27″E。

鳞石蛾科 Lepidostomatidae

鳞石蛾属未定种 *Lepidostoma* sp.

 湖南省：郴州市汝城县三江口瑶族镇九龙江国家森林公园 25°23′20″N，113°46′27″E。

沼石蛾属未定种 *Limnephilus* sp.

 湖南省：郴州市汝城县三江口瑶族镇九龙江国家森林公园 25°23′20″N，113°46′27″E。

长节石蛾属未定种 *Goerodes* sp.

 湖南省：株洲市炎陵县十都镇神农谷自然保护区 26°30′43″N，113°59′44″E。郴州市汝城县三江口瑶族镇九龙江国家森林公园 25°23′20″N，113°46′27″E。

齿角石蛾科 Odontoceridae

齿角石蛾属未定种 *Psilotreta* sp.

 湖南省：株洲市炎陵县十都镇神农谷自然保护区 26°30′43″N，113°59′44″E。吉安市安福县武功山 27°29′48″N，114°11′12″E。

角石蛾科 Stenopsychidae

角石蛾属未定种 *Stenopsyche* sp.

 江西省：吉安市安福县武功山 27°29′48″N，114°11′12″E。

 湖南省：株洲市炎陵县十都镇神农谷自然保护区 26°30′43″N，113°59′44″E。

黑管石蛾科 Uenoidae

黑管石蛾属未定种 *Uenoa* sp.

 江西省：吉安市安福县武功山 27°29′48″N，114°11′12″E。

 湖南省：株洲市炎陵县十都镇神农谷自然保护区 26°30′43″N，113°59′44″E。

沼石蛾科 Limnephilidae

伪突沼石蛾属未定种 1 *Pseudostenophylax* sp. 1

 江西省：吉安市安福县武功山 27°29′48″N，114°11′12″E。

 湖南省：株洲市炎陵县水口镇木湾 26°34′16″N，113°80′88″E。

伪突沼石蛾属未定种 2 *Pseudostenophylax* sp. 2

 江西省：吉安市安福县武功山 27°29′48″N，114°11′12″E。

等翅石蛾科 Philopotamidae

等翅石蛾属未定种 *Chimarra* sp.

 江西省：吉安市安福县武功山 27°29′48″N，114°11′12″E。

原石蛾科 Rhyacophilidae

双叶流石蛾 *Rhyacophila bilobatta* Ulmer

 江西省：吉安市安福县武功山 27°29′48″N，114°11′12″E。

单原石蛾 *Rhyacophila impar* Martynov

江西省：吉安市安福县武功山 27°29′48″N，114°11′12″E。

黑头原石蛾 *Rhyacophila nigrocephala* Iwata

江西省：吉安市安福县武功山 27°29′48″N，114°11′12″E。

湖南省：株洲市炎陵县十都镇神农谷自然保护区 26°30′43″N，113°59′44″E。

原石蛾属未定种 *Rhyacophila* sp.

江西省：吉安市安福县武功山 27°29′48″N，114°11′12″E。

湖南省：株洲市炎陵县十都镇神农谷自然保护区 26°30′43″N，113°59′44″E。

剑石蛾科 Xiphocentronidae

剑石蛾属未定种 *Xiphocentron* sp.

江西省：吉安市安福县武功山 27°29′48″N，114°11′12″E。

多距石蛾科 Polycentropodidae

多距石蛾属未定种 *Polyplectropus* sp.

江西省：井冈山市茨坪镇井冈山国家级自然保护区 26°37′23″N，114°07′04″E。吉安市安福县武功山 27°29′48″N，114°11′12″E。

鳞翅目 LEPIDOPTERA

粉蝶科 Pieridae

黄尖襟粉蝶 *Anthocharis mandschurica* (Bollow)

江西省：井冈山小溪洞 26°26′N，114°11′E。

大翅绢粉蝶 *Aporia largeteaui* Oberthür

江西省：萍乡市芦溪县武功山 27°27′39″N，114°10′03″E。

湖南省：株洲市炎陵县桃源洞自然保护区游客服务中心 26°29′00″N，114°01′00″E。郴州市汝城县三江口瑶族镇九龙江国家森林公园 25°23′20″N，113°46′27″E。

雷震尖粉蝶 *Appias indra* (Moore)

湖南省：株洲市炎陵县桃源洞自然保护区游客服务中心 26°29′00″N，114°01′00″E。郴州市汝城县三江口瑶族镇九龙江国家森林公园 25°23′20″N，113°46′27″E。

迁粉蝶 *Catopsilia pomona* (Fabricius)

湖南省：株洲市炎陵县桃源洞自然保护区游客服务中心 26°29′00″N，114°01′00″E。郴州市汝城县三江口瑶族镇九龙江国家森林公园 25°23′20″N，113°46′27″E。

梨花迁粉蝶 *Catopsilia pyranthe* (Linnaeus)

江西省：吉安市安福县武功山 27°29′48″N，114°11′12″E。

湖南省：郴州市汝城县三江口瑶族镇九龙江国家森林公园 25°23′20″N，113°46′27″E。

橙黄豆粉蝶 *Colias fieldii* Ménétriés

江西省：井冈山 26°33′N，114°07′E。

湖南省：郴州市汝城县三江口瑶族镇九龙江国家森林公园 25°23′20″N，113°46′27″E。

东亚豆粉蝶 *Colias poliographus* Motschulsky

湖南省：株洲市炎陵县桃源洞自然保护区游客服务中心 26°29′00″N，114°01′00″E。郴州市汝城县三江口瑶族镇九龙江国家森林公园 25°23′20″N，113°46′27″E。

艳妇斑粉蝶 *Delias belladonna* (Fabricius)

湖南省：株洲市炎陵县十都镇神农谷自然保护区 26°30′16″N，114°00′50″E。郴州市汝城县三江口瑶族镇九龙江国家森林公园 25°23′20″N，113°46′27″E。

黑角方粉蝶 *Dercas lycorias* (Doubleday)

湖南省：株洲市炎陵县桃源洞自然保护区游客服务中心 26°29′00″N，114°01′00″E。郴州市汝城县三江口瑶族镇九龙江国家森林公园 25°23′20″N，113°46′27″E。

橙翅方粉蝶 *Dercas nina* Mell

湖南省：株洲市炎陵县桃源洞自然保护区游客服务中心 26°29′00″N，114°01′00″E。郴州市汝城县三江口瑶族镇九龙江国家森林公园 25°23′20″N，113°46′27″E。

宽边黄粉蝶 *Eurema hecabe* (Linnaeus)

江西省：宜春市靖安县观音岩 29°01′48″N，115°25′00″E。赣州市上犹县光菇山自然保护区 25°55′11″N，114°03′04″E。吉安市遂川县南风面国家级自然保护区 26°17′04″N，114°03′53″E。井冈山小溪洞 26°26′N，114°11′E。宜春市靖安县大杞山生态林场 28°67′00″N，115°07′00″E。

湖南省：郴州市汝城县三江口瑶族镇九龙江国家森林公园 25°23′20″N，113°46′27″E。

尖角黄粉蝶 *Eurema laeta* (Boisduval)

湖南省：株洲市炎陵县桃源洞自然保护区游客服务中心 26°29′00″N，114°01′00″E。郴州市汝城县三江瑶族口镇九龙江国家森林公园 25°23′20″N，113°46′27″E。

北黄粉蝶 *Eurema mandarina* (de l'Orza)

江西省：萍乡市芦溪县武功山 27°27′39″N，114°10′03″E。

湖南省：郴州市汝城县三江口瑶族镇九龙江国家森林公园 25°23′20″N，113°46′27″E。

圆翅钩粉蝶 *Gonepteryx amintha* Blanchard

江西省：井冈山 26°37′23″N，114°07′04″E。

钩粉蝶 *Gonepteryx rahmni* (Linnaeus)

湖南省：株洲市炎陵县桃源洞自然保护区游客服务中心 26°29′00″N，114°01′00″E。

橙粉蝶 *Ixias pyrene* (Linnaeus)

江西省：井冈山小溪洞 26°26′N，114°11′E。井冈山下庄 26°32.42′N，114°11.26′E。

湖南省：株洲市炎陵县十都镇神农谷自然保护区 26°29′21″N，114°01′16″E。郴州市汝城县三江口瑶族镇九龙江国家森林公园 25°23′20″N，113°46′27″E。

东方菜粉蝶 *Pieris canidia* (Sparrman)

江西省：吉安市遂川县南风面国家级自然保护区 26°17′04″N，114°03′53″E。赣州市上犹县光菇山自然保护区 25°55′11″N，114°03′04″E。宜春市靖安县观音岩 29°01′48″N，115°25′00″E。井冈山湘洲 26°32.0′N，114°11.0′E。

湖南省：株洲市炎陵县桃源洞自然保护区游客服务中心 26°29′00″N，114°01′00″E。郴州市汝城县三江口瑶族镇九龙江国家森林公园 25°23′20″N，113°46′27″E。

黑纹菜粉蝶 *Pieris melete* (Ménétriés)

江西省：赣州市上犹县光菇山自然保护区 25°55′11″N，114°03′04″E。萍乡市芦溪县武功山 27°27′39″N，114°10′03″E。

湖南省：株洲市炎陵县桃源洞自然保护区游客服务中心 26°29′00″N，114°01′00″E。

暗脉菜粉蝶 *Pieris napi* (Linnaeus)

江西省：井冈山 26°33′N，114°07′E。

菜粉蝶 *Pieris rapae* (Linnaeus)

江西省：井冈山湘洲 26°32.0′N，114°11.0′E。

湖南省：株洲市炎陵县桃源洞自然保护区游客服务中心 26°29′00″N，114°01′00″E。郴州市桂东县八面山国家级自然保护区 26°01′03″N，113°40′59″E。

飞龙粉蝶 *Talbotia naganum* (Moore)

江西省：赣州市上犹县光菇山自然保护区 25°55′

11″N，114°03′04″E。宜春市靖安县大杞山生态林场 28°67′00″N，115°07′00″E。萍乡市芦溪县武功山 27°27′39″N，114°10′03″E。

湖南省：株洲市炎陵县桃源洞自然保护区游客服务中心 26°29′00″N，114°01′00″E。

斑蝶科 Danaidae

金斑蝶 *Danaus chrysippus* (Linnaeus)

江西省：井冈山 26°33′N，114°07′E。

虎斑蝶 *Danaus genutia* (Cramer)

江西省：赣州市上犹县光菇山自然保护区 25°55′11″N，114°03′04″E。

湖南省：株洲市炎陵县十都镇神农谷自然保护区 26°30′16″N，114°00′50″E。郴州市桂东县八面山国家级自然保护区 26°01′03″N，113°40′59″E。

蓝点紫斑蝶 *Euploea midamus* (Linnaeus)

湖南省：郴州市桂东县八面山国家级自然保护区 26°01′03″N，113°40′59″E。

异型紫斑蝶 *Euploea mulciber* (Cramer)

江西省：宜春市奉新县百丈山 28°42′40″N，114°46′35″E。

湖南省：郴州市桂东县八面山国家级自然保护区 26°01′03″N，113°40′59″E。

大绢斑蝶 *Parantica sita* Kollar

江西省：宜春市奉新县百丈山 28°42′40″N，114°46′35″E。

斯氏绢斑蝶 *Parantica swinhoei* (Moore)

江西省：井冈山 26°33′N，114°07′E。

眼蝶科 Satyridae

圆翅黛眼蝶 *Lethe butleri* Leech

江西省：吉安市安福县武功山 27°29′48″N，114°11′12″E。井冈山市茨坪镇井冈山国家级自然保护区 26°37′23″N，114°07′04″E。

曲纹黛眼蝶 *Lethe chandica* Moore

江西省：萍乡市莲花县高天岩 27°23′51″N，114°00′54″E。

白带黛眼蝶 *Lethe confusa* Aurivillius

江西省：井冈山市茨坪镇井冈山国家级自然保护区 26°37′23″N，114°07′04″E。井冈山 26°33′N，114°07′E。

湖南省：岳阳市平江县幕阜山 28°58′18″N，113°49′

55″E。株洲市炎陵县十都镇神农谷自然保护区 26°30′16″N，114°00′50″E。

苔娜黛眼蝶 *Lethe diana* (Butler)

江西省：井冈山湘洲 26°32.0′N，114°11.0′E。

黛眼蝶 *Lethe dura* (Marshall)

江西省：井冈山小溪洞 26°26′N，114°11′E。井冈山湘洲 26°32.0′N，114°11.0′E。井冈山笔架山 26°31′N，114°09′E。井冈山大井 26°33′N，114°07′E。萍乡市芦溪县武功山 27°27′53″N，114°10′47″E。井冈山国家级自然保护区 26°37′23″N，114°07′04″E。

湖南省：株洲市炎陵县桃源洞自然保护区游客服务中心 26°29′00″N，114°01′00″E。

长纹黛眼蝶 *Lethe europa* (Fabricius)

江西省：井冈山市茨坪镇井冈山国家级自然保护区 26°37′23″N，114°07′04″E。

湖南省：株洲市炎陵县十都镇神农谷自然保护区 26°30′16″N，114°00′50″E。

线型黛眼蝶 *Lethe hecate* Leech

江西省：井冈山市茨坪镇井冈山国家级自然保护区 26°37′23″N，114°07′04″E。

直带黛眼蝶 *Lethe lanaris* Butler

江西省：井冈山市茨坪镇井冈山国家级自然保护区 26°37′23″N，114°07′04″E。

湖南省：株洲市炎陵县十都镇神农谷自然保护区 26°30′16″N，114°00′50″E。

淡纹隐眼蝶 *Lethe ocellata* Poujade

江西省：井冈山 26°33′N，114°07′E。

双目竹眼蝶 *Lethe oculatissima* (Poujade)

江西省：井冈山 26°33′N，114°07′E。

蛇神黛眼蝶 *Lethe satyrina* Butler

江西省：赣州市上犹县光菇山自然保护区 25°55′11″N，114°03′04″E。萍乡市芦溪县武功山 27°27′53″N，114°10′47″E。井冈山主峰 26°53′N，114°15′E。宜春市靖安县大杞山生态林场 28°67′00″N，115°07′00″E。井冈山笔架山 26°31′N，114°09′E。

湖南省：株洲市炎陵县十都镇神农谷自然保护区 26°29′21″N，114°01′16″E。

连纹黛眼蝶 *Lethe syrcis* Hewitson

江西省：赣州市上犹县光菇山自然保护区 25°55′11″N，114°03′04″E。吉安市遂川县南风面国家级自然保护区 26°17′04″N，114°03′53″E。萍乡市芦溪县武功山 27°27′53″N，114°10′47″E。井冈山罗浮 26°39′N，114°13′E。井冈山市茨坪镇井冈山国家级自然保护区 26°37′23″N，114°07′04″E。

湖南省：株洲市炎陵县桃源洞自然保护区游客服务中心 26°29′00″N，114°01′00″E。

重瞳黛眼蝶 *Lethe trimacula* Leech

江西省：赣州市上犹县光菇山自然保护区 25°55′11″N，114°03′04″E。

紫线黛眼蝶 *Lethe violaceopicta* (Poujade)

湖南省：岳阳市平江县幕阜山 28°58′18″N，113°49′55″E。

蓝斑丽眼蝶 *Mandarinia regalis* (Leech)

江西省：井冈山市茨坪镇井冈山国家级自然保护区 26°37′23″N，114°07′04″E。

湖南省：株洲市炎陵县十都镇神农谷自然保护区 26°29′21″N，114°01′16″E。

暮眼蝶 *Melanitis leda* (Linnaeus)

江西省：萍乡市芦溪县武功山 27°27′53″N，114°10′47″E。井冈山市茨坪镇井冈山国家级自然保护区 26°37′23″N，114°07′04″E。

湖南省：株洲市炎陵县十都镇神农谷自然保护区 26°30′16″N，114°00′50″E。

睇暮眼蝶 *Melanitis phedima* (Cramer)

湖南省：岳阳市平江县幕阜山 28°58′18″N，113°49′55″E。

蛇眼蝶 *Minois dryas* (Scopoli)

江西省：萍乡市芦溪县武功山 27°27′53″N，114°10′47″E。

拟稻眉眼蝶 *Mycalesis francisca* (Stoll)

江西省：井冈山主峰 26°53′N，114°15′E。

湖南省：岳阳市平江县幕阜山 28°58′18″N，113°49′55″E。长沙市浏阳市大围山 28°25′28″N，114°04′52″E。

稻眉眼蝶 *Mycalesis gotama* Moore

江西省：宜春市靖安县观音岩 29°01′48″N，115°25′00″E。

小眉眼蝶 *Mycalesis mineus* (Linnaeus)

江西省：井冈山湘洲 26°32.0′N，114°11.0′E。

湖南省：株洲市炎陵县桃源洞自然保护区游客服务中心 26°29′00″N，114°01′00″E。

僧袈眉眼蝶 *Mycalesis sangaica* Butler

湖南省：岳阳市平江县幕阜山 28°58′18″N，113°49′55″E。

阿芒荫眼蝶 *Neope armandii* (Oberthür)

湖南省：株洲市炎陵县十都镇神农谷自然保护区 26°29′21″N，114°01′16″E。

布莱荫眼蝶 *Neope bremeri* (C. et R. Felder)

江西省：宜春市靖安县观音岩 29°01′48″N，115°25′00″E。井冈山小溪洞 26°26′N，114°11′E。

湖南省：株洲市炎陵县十都镇神农谷自然保护区 26°29′21″N，114°01′16″E。

蒙链荫眼蝶 *Neope muirheadii* (C. et R. Felder)

江西省：赣州市上犹县光菇山自然保护区 25°55′11″N，114°03′04″E。宜春市靖安县观音岩 29°01′48″N，115°25′00″E。萍乡市芦溪县武功山 27°27′53″N，114°10′47″E。井冈山湘洲 26°32.0′N，114°11.0′E。

黄斑荫眼蝶 *Neope pulaha* (Moore)

江西省：井冈山湘洲 26°32.0′N，114°11.0′E。

丝链荫眼蝶 *Neope yama* (Moore)

江西省：井冈山下庄 26°32.42′N，114°11.26′E。

古眼蝶 *Palaeonympha opalina* Butler

江西省：井冈山湘洲 26°32.0′N，114°11.0′E。

湖南省：株洲市炎陵县桃源洞自然保护区游客服务中心 26°29′00″N，114°01′00″E。

白斑眼蝶 *Penthema adelma* (C. et R. Felder)

江西省：赣州市上犹县光菇山自然保护区 25°55′11″N，114°03′04″E。井冈山下庄 26°32.42′N，114°11.26′E。宜春市靖安县大杞山生态林场 28°67′00″N，115°07′00″E。

湖南省：岳阳市平江县幕阜山 28°58′18″N，113°49′55″E。

阿矍眼蝶 *Ypthima argus* Butler

江西省：萍乡市芦溪县武功山 27°27′53″N，114°10′47″E。宜春市宜丰县官山国家级自然保护区 28°33′21″N，114°35′20″E。

矍眼蝶 *Ypthima balda* (Fabricius)

江西省：吉安市遂川县南风面国家级自然保护区 26°17′04″N，114°03′53″E。赣州市上犹县光菇山自然保护区 25°55′11″N，114°03′04″E。宜春市靖安县大杞山生态林场 28°67′00″N，115°07′00″E。

中华矍眼蝶 *Ypthima chinensis* Leech

江西省：宜春市靖安县观音岩 29°01′48″N，115°25′00″E。宜春市宜丰县官山国家级自然保护区 28°33′21″N，114°35′20″E。

湖南省：岳阳市平江县幕阜山 28°58′18″N，113°49′55″E。

幽矍眼蝶 *Ypthima conjuncta* Leech

江西省：萍乡市芦溪县武功山 27°27′53″N，114°10′47″E。井冈山 26°33′N，114°07′E。宜春市宜丰县官山国家级自然保护区 28°33′21″N，114°35′20″E。

湖南省：株洲市炎陵县桃源洞自然保护区游客服务中心 26°29′00″N，114°01′00″E。

东亚矍眼蝶 *Ypthima motschulskyi* (Bremer et Grey)

江西省：宜春市靖安县观音岩 29°01′48″N，115°25′00″E。吉安市遂川县南风面国家级自然保护区 26°17′04″N，114°03′53″E。井冈山下庄 26°32.42′N，114°11.26′E。井冈山小溪洞 26°26′N，114°11′E。井冈山锡坪山 26°33′N，114°14′E。宜春市宜丰县官山国家级自然保护区 28°33′21″N，114°35′20″E。

湖南省：株洲市炎陵县桃源洞自然保护区游客服务中心 26°29′00″N，114°01′00″E。

密纹矍眼蝶 *Ypthima multistriata* Butler

江西省：宜春市靖安县观音岩 29°01′48″N，115°25′00″E。宜春市宜丰县官山国家级自然保护区 28°33′21″N，114°35′20″E。

华夏矍眼蝶 *Ypthima sinica* Uémura et Koiwaya

江西省：宜春市宜丰县官山国家级自然保护区 28°33′21″N，114°35′20″E。

湖南省：长沙市浏阳市大围山 28°25′28″N，114°04′52″E。

大波矍眼蝶 *Ypthima tappana* Matsumura

江西省：赣州市上犹县光菇山自然保护区 25°55′11″N，114°03′04″E。井冈山主峰 26°53′N，114°15′E。宜春市靖安县大杞山生态林场 28°67′00″N，115°07′00″E。宜春市宜丰县官山国家级自然保护区 28°33′21″N，114°35′20″E。

卓矍眼蝶 *Ypthima zodia* Butler

江西省：宜春市靖安县观音岩 29°01′48″N，115°25′00″E。赣州市上犹县光菇山自然保护区 25°55′11″N，114°03′04″E。井冈山湘洲 26°32.0′N，114°11.0′E。井冈山小溪洞 26°26′N，114°11′E。宜春市宜丰县

官山国家级自然保护区 28°33′21″N，114°35′20″E。

湖南省：株洲市炎陵县桃源洞自然保护区游客服务中心 26°29′00″N，114°01′00″E。

灰蝶科 Lycaenidae

钮灰蝶 *Acytolepis puspa* (Horsfield)

江西省：宜春市靖安县观音岩 29°01′48″N，115°25′00″E。吉安市遂川县南风面国家级自然保护区 26°17′04″N，114°03′53″E。赣州市上犹县光菇山自然保护区 25°55′11″N，114°03′04″E。赣州市崇义县横水镇阳岭国家森林公园 25°37′50″N，114°18′16″E。

丫灰蝶 *Amblopala avidiena* (Hewitson)

江西省：赣州市崇义县横水镇阳岭国家森林公园 25°37′50″N，114°18′16″E。

湖南省：株洲市炎陵县十都镇神农谷自然保护区 26°29′21″N，114°01′16″E。

百娆灰蝶 *Arhopala bazala* (Hewitson)

江西省：宜春市靖安县观音岩 29°01′48″N，115°25′00″E。赣州市崇义县横水镇阳岭国家森林公园 25°37′50″N，114°18′16″E。

湖南省：株洲市炎陵县十都镇神农谷自然保护区 26°30′16″N，114°00′50″E。

绿灰蝶 *Artipe eryx* Linnaeus

江西省：井冈山 26°33′N，114°07′E。

咖灰蝶 *Catochrysops strabo* Fabridius

江西省：赣州市崇义县横水镇阳岭国家森林公园 25°37′50″N，114°18′16″E。

湖南省：株洲市炎陵县桃源洞自然保护区游客服务中心 26°29′00″N，114°01′00″E。

琉璃灰蝶 *Celastrina argiolus* (Linnaeus)

江西省：赣州市崇义县横水镇阳岭国家森林公园 25°37′50″N，114°18′16″E。萍乡市芦溪县武功山 27°27′39″N，114°10′03″E。宜春市靖安县观音岩 29°01′48″N，115°25′00″E。

大紫琉璃灰蝶 *Celastrina oreas* (Leech)

江西省：赣州市崇义县横水镇阳岭国家森林公园 25°37′50″N，114°18′16″E。

湖南省：株洲市炎陵县桃源洞自然保护区游客服务中心 26°29′00″N，114°01′00″E。

曲纹紫灰蝶 *Chilades pandava* (Horsfield)

江西省：井冈山湘洲 26°32.0′N，114°11.0′E。

森下金灰蝶 *Chrysozephyrus morishitai* Chou

江西省：井冈山 26°33′N，114°07′E。

闪光金灰蝶 *Chrysozephyrus scintillans* (Leech)

江西省：赣州市崇义县横水镇阳岭国家森林公园 25°37′50″N，114°18′16″E。萍乡市芦溪县武功山 27°27′39″N，114°10′03″E。

重金灰蝶 *Chrysozephyrus smaragdinus* (Bremer)

江西省：井冈山湘洲 26°32.0′N，114°11.0′E。

尖翅银灰蝶 *Curetis acuta* Moore

江西省：赣州市上犹县光菇山自然保护区 25°55′11″N，114°03′04″E。宜春市靖安县观音岩 29°01′48″N，115°25′00″E。赣州市崇义县横水镇阳岭国家森林公园 25°37′50″N，114°18′16″E。萍乡市芦溪县武功山 27°27′39″N，114°10′03″E。

湖南省：株洲市炎陵县桃源洞自然保护区游客服务中心 26°29′00″N，114°01′00″E。

褐翅银灰蝶 *Curetis brunnea* Wileman

江西省：宜春市靖安县璪都镇观音岩 29.0300°N，115.4167°E。

淡黑玳灰蝶 *Deudorix rapaloides* (Naritomi)

江西省：井冈山。

蓝灰蝶 *Everes argiades* (Pallas)

江西省：井冈山 26°33′N，114°07′E。

长尾蓝灰蝶 *Everes lacturnus* (Godart)

江西省：井冈山。

艳灰蝶 *Favonius orientalis* (Murray)

江西省：井冈山。

斜斑彩灰蝶 *Heliophorus epicles* (Godart)

江西省：井冈山。

浓紫彩灰蝶 *Heliophorus ila* (de Nicéville et Martin)

江西省：赣州市上犹县光菇山自然保护区 25°55′11″N，114°03′04″E。井冈山小溪洞 26°26′N，114°11′E。井冈山大井 26°33′N，114°07′E。赣州市崇义县横水镇阳岭国家森林公园 25°37′50″N，114°18′16″E。萍乡市芦溪县武功山 27°27′39″N，114°10′03″E。

莎菲彩灰蝶 *Heliophorus saphir* (Blanchard)

江西省：宜春市靖安县大杞山生态林场 28°67′00″N，115°07′00″E。赣州市崇义县横水镇阳岭国家森林公园 25°37′50″N，114°18′16″E。赣州市崇义县横水镇阳岭国家森林公园 25°37′50″N，114°18′16″E。萍乡市芦溪县武功山 27°27′39″N，114°10′03″E。

何华灰蝶 *Howarthia caelestis* (Leech)

江西省：井冈山。

雅灰蝶 *Jamides bochus* (Stoll)

江西省：萍乡市芦溪县武功山 27°27′39″N，114°10′03″E。

湖南省：株洲市炎陵县十都镇神农谷自然保护区 26°49′93″N，114°06′56″E。

亮灰蝶 *Lampides boeticus* Linnaeus

江西省：赣州市上犹县光菇山自然保护区 25°55′11″N，114°03′04″E。萍乡市芦溪县武功山 27°27′39″N，114°10′03″E。

湖南省：株洲市炎陵县十都镇神农谷自然保护区 26°29′21″N，114°01′16″E。株洲市炎陵县十都镇神农谷自然保护区 26°49′93″N，114°06′56″E。

红灰蝶 *Lycaena phlaeas* (Linnaeus)

江西省：井冈山。

玛灰蝶 *Mahathala ameria* (Hewitson)

湖南省：株洲市炎陵县十都镇神农谷自然保护区 26°30′16″N，114°00′50″E。株洲市炎陵县十都镇神农谷自然保护区 26°49′93″N，114°06′56″E。

海伦娜翠灰蝶 *Neozephyrus helenae* Howarth

江西省：井冈山。

黑丸灰蝶 *Pithecops corvus* Fruhstorfer

湖南省：株洲市炎陵县桃源洞自然保护区游客服务中心 26°29′00″N，114°01′00″E。株洲市炎陵县十都镇神农谷自然保护区 26°49′93″N，114°06′56″E。

酢酱灰蝶 *Pseudozizeeria maha* (Kollar)

江西省：井冈山湘洲 26°32.0′N，114°11.0′E。井冈山下庄 26°32.42′N，114°11.26′E。井冈山主峰 26°53′N，114°15′E。

湖南省：株洲市炎陵县十都镇神农谷自然保护区 26°49′93″N，114°06′56″E。

东亚燕灰蝶 *Rapala micans* (Bremer et Grey)

江西省：萍乡市芦溪县武功山 27°27′26″N，114°10′12″E。

湖南省：株洲市炎陵县十都镇神农谷自然保护区 26°49′93″N，114°06′56″E。

霓纱燕灰蝶 *Rapala nissa* Kollar

江西省：井冈山。

高沙子燕灰蝶 *Rapala takasagonis* Matsumura

江西省：宜春市靖安县观音岩 29°01′48″N，115°25′00″E。井冈山湘洲 26°32.0′N，114°11.0′E。

燕灰蝶 *Rapala varuna* Horsfield

江西省：井冈山。

冷灰蝶 *Ravenna nivea* (Nire)

江西省：吉安市青原区河东街道青原山 27°06′57″N，115°06′01″E。

优秀洒灰蝶台湾亚种 *Satyrium eximium mushanum* Matsumura

江西省：井冈山。

生灰蝶 *Sinthusa chandrana* (Moore)

江西省：井冈山下庄 26°32.42′N，114°11.26′E。吉安市青原区河东街道青原山 27°06′57″N，115°06′01″E。

银线灰蝶 *Spindasis lohita* (Horfield)

江西省：宜春市靖安县观音岩 29°01′48″N，115°25′00″E。

豆粒银线灰蝶 *Spindasis syama* (Horsfield)

江西省：吉安市青原区河东街道青原山 27°06′57″N，115°06′01″E。

湖南省：株洲市炎陵县十都镇神农谷自然保护区 26°29′21″N，114°01′16″E。

蚜灰蝶 *Taraka hamada* (Druce)

江西省：吉安市青原区河东街道青原山 27°06′57″N，115°06′01″E。

湖南省：株洲市炎陵县桃源洞自然保护区游客服务中心 26°29′00″N，114°01′00″E。

点玄灰蝶 *Tongeia filicaudis* (Pryer)

江西省：宜春市靖安县大杞山生态林场 28°67′00″N，115°07′00″E。吉安市青原区河东街道青原山 27°06′57″N，115°06′01″E。萍乡市芦溪县武功山 27°27′26″N，114°10′12″E。

玄灰蝶 *Tongeia fischeri* (Eversmann)

江西省：赣州市上犹县光菇山自然保护区 25°55′11″N，114°03′04″E。吉安市遂川县南风面国家级自然保护区 26°17′04″N，114°03′53″E。

波太玄灰蝶 Tongeia potanini (Alphéraky)

江西省：吉安市青原区河东街道青原山 27°06′57″N，115°06′01″E。

白斑妩灰蝶 Udara albocaerulea (Moore)

江西省：吉安市青原区河东街道青原山 27°06′57″N，115°06′01″E。萍乡市芦溪县武功山 27°27′26″N，114°10′12″E。

珍贵妩灰蝶 Udara dilectus (Moore)

江西省：宜春市宜丰县官山国家级自然保护区 28°33′21″N，114°35′20″E。萍乡市芦溪县武功山 27°27′39″N，114°10′03″E。

赭灰蝶 Ussuriana michaelis (Überthür)

江西省：井冈山。

虎灰蝶 Yamamotozephyrus kwangtunensis (Forster)

江西省：宜春市宜丰县官山国家级自然保护区 28°33′21″N，114°35′20″E。

湖南省：株洲市炎陵县十都镇神农谷自然保护区 26°30′16″N，114°00′50″E。

环蝶科 Amathusiidae

纹环蝶 Aemona amathusia (Hewitson)

江西省：宜春市宜丰县官山国家级自然保护区 28°33′21″N，114°35′20″E。

湖南省：株洲市炎陵县十都镇神农谷自然保护区 26°30′16″N，114°00′50″E。

凤眼方环蝶 Discophora sondaica Boisduval

江西省：宜春市宜丰县官山国家级自然保护区 28°33′21″N，114°35′20″E。

湖南省：株洲市炎陵县十都镇神农谷自然保护区 26°29′21″N，114°01′16″E。

箭环蝶 Stichophthalma howqua (Westwood)

江西省：宜春市靖安县观音岩 29°01′48″N，115°25′00″E。赣州市上犹县光菇山自然保护区 25°55′11″N，114°03′04″E。宜春市宜丰县官山国家级保护区 28°33′21″N，114°35′20″E。萍乡市芦溪县武功山 27°27′26″N，114°10′12″E。

湖南省：株洲市炎陵县十都镇神农谷自然保护区 26°29′21″N，114°01′16″E。

华西箭环蝶 Stichophthalma suffusa Leech

江西省：萍乡市莲花县高天岩 27°23′51″N，114°00′54″E。

蛱蝶科 Nymphalidae

娜蛱蝶 Abrota ganga Moore

湖南省：郴州市汝城县三江口瑶族镇九龙江国家森林公园 25°23′20″N，113°46′27″E。

苎麻黄蛱蝶 Acraca issoria (Hübner)

江西省：井冈山。

柳紫闪蛱蝶 Apatura ilia (Denis et Schiffermuller)

江西省：井冈山。

紫闪蛱蝶 Apatura iris (Linnaeus)

江西省：井冈山。

曲纹蜘蛱蝶 Araschnia doris Leech

江西省：井冈山。

斐豹蛱蝶 Argyreus hyperbius (Linnaeus)

江西省：宜春市靖安县观音岩 29°01′48″N，115°25′00″E。井冈山主峰 26°53′N，114°15′E。宜春市靖安县大杞山生态林场 28°67′00″N，115°07′00″E。萍乡市芦溪县武功山 27°27′26″N，114°10′12″E。

湖南省：株洲市炎陵县桃源洞自然保护区游客服务中心 26°29′00″N，114°01′00″E。郴州市汝城县三江口瑶族镇九龙江国家森林公园 25°23′20″N，113°46′27″E。

绿豹蛱蝶 Argynnis paphia (Linnaeus)

江西省：宜春市袁州区明月山 27°35′44″N，114°16′26″E。井冈山大井 26°33′N，114°07′E。

湖南省：株洲市炎陵县桃源洞自然保护区游客服务中心 26°29′00″N，114°01′00″E。郴州市汝城县三江口瑶族镇九龙江国家森林公园 25°23′20″N，113°46′27″E。

红老豹蛱蝶 Argyronome ruslana Motschulsky

江西省：井冈山。

珠履带蛱蝶 Athyma asura Moore

江西省：宜春市靖安县观音岩 29°01′48″N，115°25′00″E。井冈山大井 26°33′N，114°07′E。宜春市靖安县大杞山生态林场 28°67′00″N，115°07′00″E。

湖南省：株洲市炎陵县桃源洞自然保护区游客服务中心 26°29′00″N，114°01′00″E。郴州市汝城县三江口瑶族镇九龙江国家森林公园 25°23′20″N，113°46′27″E。

双色带蛱蝶 Athyma cama Moore

江西省：宜春市靖安县观音岩 29°01′48″N，115°25′00″E。

幸福带蛱蝶 *Athyma fortuna* Leech

江西省：宜春市靖安县观音岩 29°01′48″N，115°25′00″E。宜春市靖安县白水洞自然保护区 29°04′00″N，115°11′00″E。萍乡市芦溪县羊狮幕 27°33′38″N，114°14′35″E。

湖南省：株洲市炎陵县桃源洞自然保护区游客服务中心 26°29′00″N，114°01′00″E。郴州市汝城县三江口瑶族镇九龙江国家森林公园 25°23′20″N，113°46′27″E。

玉杵带蛱蝶 *Athyma jina* Moore

江西省：赣州市上犹县光菇山自然保护区 25°55′11″N，114°03′04″E。井冈山下庄 26°32.42′N，114°11.26′E。井冈山罗浮 26°39′N，114°13′E。井冈山大井 26°33′N，114°07′E。井冈山锡坪山 26°33′N，114°14′E。萍乡市芦溪县武功山 27°27′39″N，114°10′03″E。

湖南省：郴州市汝城县三江口瑶族镇九龙江国家森林公园 25°23′20″N，113°46′27″E。

虬眉带蛱蝶 *Athyma opalina* (Kollar)

江西省：赣州市上犹县光菇山自然保护区 25°55′11″N，114°03′04″E。萍乡市芦溪县羊狮幕 27°33′38″N，114°14′35″E。

湖南省：株洲市炎陵县桃源洞自然保护区游客服务中心 26°29′00″N，114°01′00″E。郴州市汝城县三江口瑶族镇九龙江国家森林公园 25°23′20″N，113°46′27″E。

玄珠带蛱蝶 *Athyma perius* (Linnaeus)

湖南省：株洲市炎陵县十都镇神农谷自然保护区 26°30′16″N，114°00′50″E。郴州市汝城县三江口瑶族镇九龙江国家森林公园 25°23′20″N，113°46′27″E。

六点带蛱蝶 *Athyma punctata* Leech

江西省：吉安市安福县武功山 27°29′48″N，114°11′12″E。井冈山罗浮 26°39′N，114°13′E。宜春市袁州区明月山 27°35′44″N，114°16′26″E。

湖南省：株洲市炎陵县桃源洞自然保护区游客服务中心 26°29′00″N，114°01′00″E。郴州市汝城县三江口瑶族镇九龙江国家森林公园 25°23′20″N，113°46′27″E。

离斑带蛱蝶 *Athyma ranga* Moore

江西省：吉安市安福县武功山 27°29′48″N，114°11′12″E。

湖南省：浏阳市大围山镇大围山森林公园 28°25′30″N，114°06′45″E。

新月带蛱蝶 *Athyma selenophora* (Kollar)

江西省：井冈山罗浮 26°39′N，114°13′E。宜春市靖安县白水洞自然保护区 29°04′00″N，115°11′00″E。吉安

市安福县武功山 27°29′48″N，114°11′12″E。萍乡市芦溪县武功山 27°27′39″N，114°10′03″E。

湖南省：郴州市汝城县三江口瑶族镇九龙江国家森林公园 25°23′20″N，113°46′27″E。

孤斑带蛱蝶 *Athyma zeroca* Moore

江西省：宜春市靖安县观音岩 29°01′48″N，115°25′00″E。井冈山 26°33′N，114°07′E。

绢蛱蝶 *Calinaga buddha* Moore

江西省：井冈山。

红锯蛱蝶 *Cethosia biblis* (Drur)

江西省：井冈山。

白带螯蛱蝶 *Charaxes bernadus* (Fabricius)

江西省：宜春市靖安县观音岩 29°01′48″N，115°25′00″E。

银豹蛱蝶 *Childrena childreni* (Gray)

江西省：井冈山国家级自然保护区 26°37′23″N，114°07′04″E。

湖南省：浏阳市大围山镇大围山森林公园 28°25′30″N，114°06′45″E。

武铠蛱蝶 *Chitoria ulupi* (Doherty)

江西省：井冈山湖羊塔 114.1217°N，26.4983°E。

网丝蛱蝶 *Cyrestis thyodamas* Boisduval

江西省：宜春市靖安县观音岩 29°01′48″N，115°25′00″E。井冈山锡坪山 26°33′N，114°14′E。

青豹蛱蝶 *Damora sagana* Doubleday

湖南省：株洲市炎陵县桃源洞自然保护区游客服务中心 26°29′00″N，114°01′00″E。浏阳市大围山镇大围山森林公园 28°25′30″N，114°06′45″E。

电蛱蝶 *Dichorragia nesimachus* (Doyère)

江西省：宜春市靖安县观音岩 29°01′48″N，115°25′00″E。井冈山锡坪山 26°33′N，114°14′E。

布翠蛱蝶 *Euthalia bunzoi* Sugiyama

湖南省：浏阳市大围山镇大围山森林公园 28°25′30″N，114°06′45″E。

黄铜翠蛱蝶 *Euthalia nara* (Moore)

江西省：吉安市安福县武功山 27°29′48″N，114°11′12″E。

湖南省：浏阳市大围山镇大围山森林公园 28°25′30″N，114°06′45″E。

绿裙边翠蛱蝶 *Euthalia niepelti* Strand

江西省：宜春市袁州区明月山 27°35′44″N，114°16′26″E。

湖南省：浏阳市大围山森林公园 28°25′30″N，114°06′45″E。

珠翠蛱蝶 *Euthalia perlella* Chou et Wang

江西省：井冈山。

瑞翠蛱蝶 *Euthalia rickettsi* Hall

湖南省：长沙市浏阳市大围山 28°25′43″N，114°08′56″E。

西藏翠蛱蝶 *Euthalia thibetana* Poujade

江西省：井冈山。

波纹翠蛱蝶 *Euthalia undosa* Fruhstorfer

江西省：赣州市上犹县光菇山自然保护区 25°55′11″N，114°03′04″E。

拟鹰翠蛱蝶 *Euthalia yao* (Yoshino)

江西省：井冈山。

银白蛱蝶 *Helcyra subalba* (Poujaee)

江西省：井冈山。

黑脉蛱蝶 *Hestina assimilis* (Linnaeus)

湖南省：浏阳市大围山镇大围山森林公园 28°25′30″N，114°06′45″E。

幻紫斑蛱蝶 *Hypolimnas bolina* (Linnaeus)

江西省：井冈山罗浮 26°39′N，114°13′E。宜春市靖安县大杞山生态林场 28°67′00″N，115°07′00″E。

金斑蛱蝶 *Hypolimnas missipus* (Linnaeus)

江西省：井冈山市茨坪镇井冈山国家级自然保护区 26°37′23″N，114°07′04″E。

美眼蛱蝶 *Junonia almana* (Linnaeus)

江西省：宜春市靖安县观音岩 29°01′48″N，115°25′00″E。井冈山大井 26°33′N，114°07′E。萍乡市芦溪县武功山 27°27′26″N，114°10′12″E。

湖南省：株洲市炎陵县十都镇神农谷自然保护区 26°29′21″N，114°01′16″E。浏阳市大围山镇大围山森林公园 28°25′30″N，114°06′45″E。

翠蓝眼蛱蝶 *Junonia orithya* (Linnaeus)

湖南省：株洲市炎陵县十都镇神农谷自然保护区 26°29′21″N，114°01′16″E。浏阳市大围山镇大围山森林公园 28°25′30″N，114°06′45″E。

枯叶蛱蝶 *Kallima inachus* (Doyère)

江西省：吉安市安福县武功山 27°29′48″N，114°11′12″E。

湖南省：株洲市炎陵县桃源洞自然保护区游客服务中心 26°29′00″N，114°01′00″E。浏阳市大围山镇大围山森林公园 28°25′30″N，114°06′45″E。

琉璃蛱蝶 *Kaniska canace* (Linnaeus)

江西省：萍乡市芦溪县武功山 27°27′39″N，114°10′03″E。

湖南省：浏阳市大围山镇大围山森林公园 28°25′30″N，114°06′45″E。

愁眉线蛱蝶 *Limenitis disjucta* (Leech)

江西省：井冈山。

扬眉线蛱蝶 *Limenitis helmanni* Lederer

江西省：宜春市靖安县大杞山生态林场 28°67′00″N，115°07′00″E。萍乡市芦溪县武功山 27°27′39″N，114°10′03″E。

湖南省：株洲市炎陵县桃源洞自然保护区游客服务中心 26°29′00″N，114°01′00″E。浏阳市大围山镇大围山森林公园 28°25′30″N，114°06′45″E。

戟眉线蛱蝶 *Limenitis homeyeri* Tancré

江西省：井冈山罗浮 26°39′N，114°13′E。宜春市靖安县大杞山生态林场 28°67′00″N，115°07′00″E。井冈山市茨坪镇井冈山国家级自然保护区 26°37′23″N，114°07′04″E。

湖南省：株洲市炎陵县桃源洞自然保护区游客服务中心 26°29′00″N，114°01′00″E。

残锷线蛱蝶 *Limenitis sulpitia* (Cramer)

江西省：赣州市上犹县光菇山自然保护区 25°55′11″N，114°03′04″E。井冈山市井冈山国家级自然保护区 26°33′N，114°07′E。

折线蛱蝶 *Limenitis sydyi* Lederer

江西省：宜春市靖安县观音岩 29°01′48″N，115°25′00″E。赣州市上犹县光菇山自然保护区 25°55′11″N，114°03′04″E。井冈山市井冈山国家级自然保护区 26°37′23″N，114°07′04″E。井冈山大井 26°33′N，114°07′E。

湖南省：株洲市炎陵县桃源洞自然保护区游客服务中心 26°29′00″N，114°01′00″E。

云豹蛱蝶 *Nephargynnis anadyomene* (Felder et Felder)

江西省：赣州市上犹县光菇山自然保护区 25°55′11″N，114°03′04″E。

华阿环蛱蝶 *Neptis ananta chinensis* **Leech**

江西省：井冈山市井冈山国家级自然保护区 26°37′23″N，114°07′04″E。大井风景区 26°33′N，114°07′E。

湖南省：株洲市炎陵县桃源洞自然保护区游客服务中心 26°29′00″N，114°01′00″E。

蛛环蛱蝶 *Neptis arachne* **Leech**

江西省：井冈山。

折环蛱蝶 *Neptis beroe* **Leech**

江西省：井冈山市茨坪镇井冈山国家级自然保护区 26°37′23″N，114°07′04″E。

湖南省：株洲市炎陵县桃源洞自然保护区游客服务中心 26°29′00″N，114°01′00″E。

黄重环蛱蝶 *Neptis cydippe* **Leech**

江西省：井冈山市茨坪镇井冈山国家级自然保护区 26°37′23″N，114°07′04″E。

桂北环蛱蝶 *Neptis guia* **Chou**

江西省：井冈山市茨坪镇井冈山国家级自然保护区 26°37′23″N，114°07′04″E。井冈山罗浮 26°39′N，114°13′E。

湖南省：株洲市炎陵县桃源洞自然保护区游客服务中心 26°29′00″N，114°01′00″E。

中环蛱蝶 *Neptis hylas* **(Linnaeus)**

江西省：宜春市靖安县观音岩 29°01′48″N，115°25′00″E。井冈山小溪洞 26°26′N，114°11′E。井冈山下庄 26°32.42′N，114°11.26′E。井冈山湘洲 26°32.0′N，114°11.0′E。井冈山罗浮 26°39′N，114°13′E。井冈山松木坪 26°34′N，114°04′E。井冈山荆竹山 26°31′N，114°05′E。井冈山茨坪镇井冈山国家级自然保护区 26°37′23″N，114°07′04″E。宜春市靖安县白水洞自然保护区 29°04′00″N，115°11′00″E。萍乡市芦溪县武功山 27°27′39″N，114°10′03″E。

湖南省：株洲市炎陵县桃源洞自然保护区游客服务中心 26°29′00″N，114°01′00″E。

玛环蛱蝶 *Neptis manasa* **Moore**

江西省：井冈山市茨坪镇井冈山国家级自然保护区 26°37′23″N，114°07′04″E。

湖南省：株洲市炎陵县桃源洞自然保护区游客服务中心 26°29′00″N，114°01′00″E。

弥环蛱蝶 *Neptis miah* **Moore**

江西省：井冈山市井冈山国家级自然保护区 26°37′23″N，114°07′04″E；26°33′N，114°07′E。萍乡市芦溪县武功山 27°27′39″N，114°10′03″E。

娜环蛱蝶 *Neptis nata* **Moore**

江西省：宜春市靖安县观音岩 29°01′48″N，115°25′00″E。

啡环蛱蝶 *Neptis philyra* **Ménétriès**

江西省：井冈山市茨坪镇井冈山国家级自然保护区 26°37′23″N，114°07′04″E。

湖南省：株洲市炎陵县桃源洞自然保护区游客服务中心 26°29′00″N，114°01′00″E。

链环蛱蝶 *Neptis pryeri* **Butler**

江西省：井冈山市茨坪镇井冈山国家级自然保护区 26°37′23″N，114°07′04″E。赣州市上犹县光菇山自然保护区 25°55′11″N，114°03′04″E。

湖南省：株洲市炎陵县桃源洞自然保护区游客服务中心 26°29′00″N，114°01′00″E。

断环蛱蝶 *Neptis sankara* **Kollar**

江西省：宜春市靖安县观音岩 29°01′48″N，115°25′00″E。井冈山市井冈山国家级自然保护区 26°37′23″N，114°07′04″E。井冈山大井 26°33′N，114°07′E。井冈山锡坪山 26°33′N，114°14′E。井冈山罗浮 26°39′N，114°13′E。萍乡市芦溪县武功山 27°27′39″N，114°10′03″E。

小环蛱蝶 *Neptis sappho intermedia* **Pryer**

江西省：赣州市上犹县光菇山自然保护区 25°55′11″N，114°03′04″E。井冈山市井冈山国家级自然保护区 26°37′23″N，114°07′04″E。井冈山大井 26°33′N，114°07′E。宜春市靖安县大杞山生态林场 28°67′00″N，115°07′00″E。宜春市奉新县百丈山 28°42′40″N，114°46′35″E。

湖南省：株洲市炎陵县桃源洞自然保护区游客服务中心 26°29′00″N，114°01′00″E。

娑环蛱蝶 *Neptis soma* **Moore**

江西省：萍乡市芦溪县羊狮幕 27°33′38″N，114°14′35″E。

湖南省：株洲市炎陵县十都镇神农谷自然保护区 26°49′93″N，114°06′56″E。

耶环蛱蝶 *Neptis yerburii* **Butler**

江西省：萍乡市芦溪县武功山 27°27′55″N，114°10′10″E。

湖南省：株洲市炎陵县十都镇神农谷自然保护区 26°49′93″N，114°06′56″E。

蔼菲蛱蝶 *Phaedyma aspasia* **(Leech)**

湖南省：株洲市炎陵县桃源洞自然保护区游客服务中心 26°29′00″N，114°01′00″E。株洲市炎陵县十都镇神农谷自然保护区 26°49′93″N，114°06′56″E。

黄钩蛱蝶 *Polygonia c-aureum* (Linnaeus)

江西省：井冈山。

大二尾蛱蝶 *Polyura eudamippus* (Doubleday)

江西省：井冈山。

二尾蛱蝶 *Polyura narcaeus* (Hewitson)

江西省：宜春市靖安县观音岩 29°01′48″N，115°25′00″E。井冈山湘洲 26°32.0′N，114°11.0′E。井冈山罗浮 26°39′N，114°13′E。萍乡市芦溪县武功山 27°27′39″N，114°10′03″E。

湖南省：株洲市炎陵县十都镇神农谷自然保护区 26°49′93″N，114°06′56″E。

大紫蛱蝶 *Sasakia charonda* (Hewitson)

江西省：宜春市靖安县大杞山生态林场 28°67′00″N，115°07′00″E。

湖南省：株洲市炎陵县桃源洞自然保护区游客服务中心 26°29′00″N，114°01′00″E。株洲市炎陵县十都镇神农谷自然保护区 26°49′93″N，114°06′56″E。

帅蛱蝶 *Sephisa chandra* (Moore)

湖南省：株洲市炎陵县十都镇神农谷自然保护区 26°30′16″N，114°00′50″E。株洲市炎陵县十都镇神农谷自然保护区 26°49′93″N，114°06′56″E。

黄帅蛱蝶 *Sephisa princeps* (Fixsen)

江西省：赣州市上犹县光菇山自然保护区 25°55′11″N，114°03′04″E。萍乡市芦溪县武功山 27°27′39″N，114°10′03″E。

湖南省：株洲市炎陵县十都镇神农谷自然保护区 26°49′93″N，114°06′56″E。

素饰蛱蝶 *Stibochiona nicea* (Gray)

湖南省：株洲市炎陵县十都镇神农谷自然保护区 26°49′93″N，114°06′56″E。井冈山小溪洞 26°26′N，114°11′E。井冈山罗浮 26°39′N，114°13′E。井冈山下庄 26°32.42′N，114°11.26′E。

黄豹盛蛱蝶 *Symbrenthia brabira* Moore

江西省：赣州市上犹县光菇山自然保护区 25°55′11″N，114°03′04″E。井冈山湘洲 26°32.0′N，114°11.0′E。井冈山罗浮 26°39′N，114°13′E。萍乡市芦溪县武功山 27°27′39″N，114°10′03″E。

湖南省：株洲市炎陵县十都镇神农谷自然保护区 26°49′93″N，114°06′56″E。

散纹盛蛱蝶 *Symbrenthia lilaea* Hewitson

江西省：赣州市上犹县光菇山自然保护区 25°55′11″N，114°03′04″E。

中华盛蛱蝶 *Symbrenthia sinica* Moore

江西省：萍乡市芦溪县武功山 27.4608°N，114.1675°E。井冈山湘洲 26°32.0′N，114°11.0′E。吉安市安福县武功山 27°29′48″N，114°11′12″E。萍乡市芦溪县羊狮幕 27°35′07″N，114°15′41″E。

白裳猫蛱蝶 *Timelaea albescens* (Oberthür)

江西省：井冈山。

猫蛱蝶 *Timelaea maculata* Bremer et Grey

江西省：井冈山。

小红蛱蝶 *Vanessa cardui* (Linnaeus)

湖南省：株洲市炎陵县十都镇神农谷自然保护区 26°29′21″N，114°01′16″E。株洲市炎陵县十都镇神农谷自然保护区 26°49′93″N，114°06′56″E。

大红蛱蝶 *Vanessa indica* (Herbst)

江西省：萍乡市芦溪县杨家岭 27°35′03″N，114°15′02″E。

湖南省：株洲市炎陵县桃源洞自然保护区游客服务中心 26°29′00″N，114°01′00″E。株洲市炎陵县十都镇神农谷自然保护区 26°29′21″N，114°01′16″E。株洲市炎陵县十都镇神农谷自然保护区 26°49′93″N，114°06′56″E。

珍蛱科 Acraeidae

苎麻珍蝶 *Acraea issoria* (Hübner)

江西省：井冈山湘洲 26°32.0′N，114°11.0′E。吉安市安福县武功山 27°29′48″N，114°11′12″E。

湖南省：岳阳市平江县幕阜山 28°58′18″N，113°49′55″E。株洲市炎陵县桃源洞自然保护区游客服务中心 26°29′00″N，114°01′00″E。株洲市炎陵县十都镇神农谷自然保护区 26°49′93″N，114°06′56″E。

喙蝶科 Libytheidae

朴喙蝶 *Libythea lepita* Moore

江西省：萍乡市芦溪县杨家岭 27°35′03″N，114°15′02″E。井冈山湘洲 26°32.0′N，114°11.0′E。井冈山大井 26°33′N，114°07′E。

湖南省：株洲市炎陵县桃源洞自然保护区游客服务中心 26°29′00″N，114°01′00″E。株洲市炎陵县十都镇神农谷自然保护区 26°49′93″N，114°06′56″E。

蚬蝶科 Riodinidae

白点褐蚬蝶 *Abisara burnii* de Nicéville

江西省：井冈山湘洲 26°32.0′N，114°11.0′E。吉安市安福县武功山 27°29′48″N，114°11′12″E。

湖南省：株洲市炎陵县十都镇神农谷自然保护区 26°49′93″N，114°06′56″E。

蛇目褐蚬蝶 *Abisara echerius* (Stoll)

江西省：井冈山大井 26°33′N，114°07′E。井冈山湘洲 26°32.0′N，114°11.0′E。井冈山小溪洞 26°26′N，114°11′E。

湖南省：株洲市炎陵县十都镇神农谷自然保护区 26°49′93″N，114°06′56″E。

黄带褐蚬蝶 *Abisara fylla* (Westwood)

江西省：井冈山小溪洞 26°26′N，114°11′E。

带蚬碟 *Abisara fylloides* Moore

江西省：井冈山湘洲 26°32.0′N，114°11.0′E。

斜带缺尾蚬蝶 *Dodona ouida* Hewitson

江西省：赣州市上犹县光菇山自然保护区 25°55′11″N，114°03′04″E。萍乡市芦溪县武功山 27°27′53″N，114°10′47″E。

湖南省：株洲市炎陵县十都镇神农谷自然保护区 26°49′93″N，114°06′56″E。

白蚬蝶 *Stiboges nymphidia* Butler

湖南省：株洲市炎陵县十都镇神农谷自然保护区 26°30′16″N，114°00′50″E。株洲市炎陵县十都镇神农谷自然保护区 26°49′93″N，114°06′56″E。

波蚬蝶 *Zemeros flegyas* (Cramer)

江西省：赣州市上犹县光菇山自然保护区 25°55′11″N，114°03′04″E。宜春市靖安县观音岩 29°01′48″N，115°25′00″E。宜春市袁州区明月山 27°35′44″N，114°16′26″E。井冈山湘洲 26°32.0′N，114°11.0′E。井冈山小溪洞 26°26′N，114°11′E。

湖南省：株洲市炎陵县桃源洞自然保护区游客服务中心 26°29′00″N，114°01′00″E。株洲市炎陵县十都镇神农谷自然保护区 26°49′93″N，114°06′56″E。

弄蝶科 Hesperiidae

白弄蝶 *Abraximorpha davidii* (Mabille)

江西省：吉安市遂川县南风面国家级自然保护区 26°17′04″N，114°03′53″E。赣州市上犹县光菇山自然保护区 25°55′11″N，114°03′04″E。井冈山罗浮 26°39′N，114°13′E。吉安市安福县武功山 27°29′48″N，114°11′12″E。

湖南省：长沙市浏阳市大围山 28°25′28″N，114°04′52″E。

河伯锷弄蝶 *Aeromachus inachus* (Ménétriès)

江西省：井冈山。

小锷弄蝶 *Aeromachus nanus* Leech

江西省：吉安市安福县武功山 27°29′48″N，114°11′12″E。

湖南省：长沙市浏阳市大围山 28°25′28″N，114°04′52″E。

黑锷弄蝶 *Aeromachus piceus* Leech

江西省：吉安市安福县武功山 27°29′48″N，114°11′12″E。

黄斑弄蝶 *Ampittia disoscorides* (Fabricius)

江西省：吉安市安福县武功山 27°29′48″N，114°11′12″E。

湖南省：株洲市炎陵县十都镇神农谷自然保护区 26°29′21″N，114°01′16″E。

钩形黄斑弄蝶 *Ampittia virgata* (Leech)

江西省：萍乡市芦溪县武功山 27°27′53″N，114°10′47″E。宜春市靖安县大杞山生态林场 28°67′00″N，115°07′00″E。吉安市安福县武功山 27°29′48″N，114°11′12″E。

腌翅弄蝶 *Astictopterus jama* (C. et R. Felder)

江西省：吉安市安福县武功山 27°29′48″N，114°11′12″E。赣州市崇义县横水镇阳岭国家森林公园 25°37′50″N，114°18′16″E。

刺胫弄蝶 *Baoris farri* (Moore)

江西省：宜春市靖安县观音岩 29°01′48″N，115°25′00″E。

黎氏刺胫弄蝶 *Baoris leechii* Elwes et Edwards

江西省：萍乡市芦溪县武功山 27°27′53″N，114°10′47″E。

白伞弄蝶 *Bibasis gomata* (Moore)

江西省：井冈山主峰 26°53′N，114°15′E。

大伞弄蝶 *Bibasis miracula* Evans

江西省：吉安市安福县武功山 27°29′48″N，114°11′12″E。

湖南省：岳阳市平江县幕阜山 28°58′18″N，113°49′55″E。

绿伞弄蝶 *Bibasis striata* (Hewitson)

江西省：井冈山小溪洞 26°26′N，114°11′E。

窗斑大弄蝶 *Capila translucida* Leech

江西省：井冈山。

疏星弄蝶 *Celaenorrhinus aspersus* Leech

江西省：井冈山主峰 26°53′N，114°15′E。

斑星弄蝶 *Celaenorrhinus maculosus* (C. et R. Felder)

江西省：萍乡市芦溪县羊狮幕 27°33′38″N，114°14′35″E。宜春市靖安县大杞山生态林场 28°67′00″N，115°07′00″E。吉安市安福县武功山 27°29′48″N，114°11′12″E。萍乡市芦溪县羊狮幕 27°35′07″N，114°15′41″E。

黄射纹星弄蝶 *Celaenorrhinus oscula* Evans

江西省：宜春市靖安县观音岩 29°01′48″N，115°25′00″E。宜春市袁州区明月山 27°35′44″N，114°16′26″E。赣州市崇义县横水镇阳岭国家森林公园 25°37′50″N，114°18′16″E。

绿弄蝶 *Choaspes benjaminii* (Guérin-Ménéville)

江西省：吉安市安福县武功山 27°29′48″N，114°11′12″E。井冈山笔架山 26°31′N，114°09′E。

湖南省：长沙市浏阳市大围山 28°25′28″N，114°04′52″E。

梳翅弄蝶 *Ctenoptilum vasava* Moore

江西省：吉安市安福县武功山 27°29′48″N，114°11′12″E。

黑弄蝶 *Daimio tethys* Ménétriés

江西省：吉安市遂川县南风面国家级自然保护区 26°17′04″N，114°03′53″E。萍乡市芦溪县武功山 27°27′53″N，114°10′47″E。井冈山小溪洞 26°26′N，114°11′E。井冈山下庄 26°33′N，114°07′E。宜春市宜丰县官山国家级自然保护区 28°33′21″N，114°35′20″E。

黄斑蕉弄蝶 *Erionota torus* Evans

江西省：井冈山小溪洞 26°26′N，114°11′E。

棕榈大弄蝶 *Eronoca grandis* (Leech)

江西省：井冈山。

深山珠弄蝶 *Erynnis montanus* (Bremer)

江西省：井冈山。

无趾弄蝶 *Hasora anura* de Nicéville

江西省：宜春市宜丰县官山国家级自然保护区 28°33′21″N，114°35′20″E。

湖南省：长沙市浏阳市大围山 28°25′28″N，114°04′52″E。

纬带趾弄蝶 *Hasora vitta* (Butler)

江西省：赣州市崇义县横水镇阳岭国家森林公园 25°37′50″N，114°18′16″E。

湖南省：长沙市浏阳市大围山 28°25′28″N，114°04′52″E。

旖弄蝶 *Isoteinon lamprospilus* C. et R. Felder

江西省：宜春市宜丰县官山国家级自然保护区 28°33′21″N，114°35′20″E。宜春市靖安县观音岩 29°01′48″N，115°25′00″E。萍乡市芦溪县羊狮幕 27°33′38″N，114°14′35″E。

湖南省：株洲市炎陵县桃源洞自然保护区游客服务中心 26°29′00″N，114°01′00″E。株洲市炎陵县十都镇神农谷自然保护区 26°29′21″N，114°01′16″E。株洲市炎陵县十都镇神农谷自然保护区 26°49′93″N，114°06′56″E。

双带弄蝶 *Lobocla bifasciata* (Bremer et Grey)

江西省：井冈山。

黄带弄蝶 *Lobocla liliana* (Atkinson)

江西省：井冈山。

曲纹袖弄蝶 *Notocrypta curvifascia* (C. et R. Felder)

江西省：井冈山 26°33′N，114°07′E。

湖南省：长沙市浏阳市大围山 28°25′28″N，114°04′52″E。株洲市炎陵县十都镇神农谷自然保护区 26°49′93″N，114°06′56″E。

宽纹袖弄蝶 *Notocrypta feisthamelii* (Boisduval)

湖南省：长沙市浏阳市大围山 28°25′28″N，114°04′52″E。

白斑赭弄蝶 *Ochlodes subhyalina* Bremer

江西省：井冈山。

小赫弄蝶 *Ochlodes venata* (Bremer et Grey)

江西省：宜春市靖安县观音岩 29°01′48″N，115°25′00″E。吉安市遂川县南风面国家级自然保护区 26°17′04″N，114°03′53″E。

角翅弄蝶 *Odontoptilum angulatum* (Felder)

江西省：井冈山。

讴弄蝶 *Onryza maga* (Leech)

江西省：宜春市靖安县观音岩 29°01′48″N，

115°25′00″E。井冈山主峰 26°53′N，114°15′E。井冈山湘洲 26°32.0′N，114°11.0′E。井冈山荆竹山 26°31′N，114°05′E。吉安市安福县武功山 27°29′48″N，114°11′12″E。

么纹稻弄蝶 *Parnara bada* (Moore)

江西省：井冈山下庄 26°33′N，114°07′E。

曲纹稻弄蝶 *Parnara ganga* Evans

江西省：井冈山小溪洞 26°26′N，114°11′E。

直纹稻弄蝶 *Parnara guttata* (Bremer et Grey)

江西省：井冈山小溪洞 26°26′N，114°11′E。

古铜谷弄蝶 *Pelopidas conjunctus* (Herrich-Schaffer)

江西省：井冈山湘洲 26°32.0′N，114°11.0′E。井冈山小溪洞 26°26′N，114°11′E。

隐纹谷弄蝶 *Pelopidas mathias* (Fabricius)

江西省：井冈山。

中华谷弄蝶 *Pelopidas sinensis* (Mabille)

江西省：井冈山 26°33′N，114°07′E。

黑标孔弄蝶 *Polytremis mencia* (Moore)

江西省：宜春市宜丰县官山国家级自然保护区 28°33′21″N，114°35′20″E。

湖南省：株洲市炎陵县桃源洞自然保护区游客服务中心 26°29′00″N，114°01′00″E。

透纹孔弄蝶 *Polytremis pellucida* (Murray)

江西省：宜春市靖安县观音岩 29°01′48″N，115°25′00″E。

盒纹孔弄蝶 *Polytremis theca* (Evans)

江西省：宜春市宜丰县官山国家级自然保护区 28°33′21″N，114°35′20″E。

孔子黄室弄蝶 *Potanthus confucius* (C. et R. Felder)

江西省：井冈山 26°33′N，114°07′E。宜春市宜丰县官山国家级自然保护区 28°33′21″N，114°35′20″E。

湖南省：株洲市炎陵县桃源洞自然保护区游客服务中心 26°29′00″N，114°01′00″E。

曲纹黄室弄蝶 *Potanthus flavus* (Murray)

江西省：井冈山。

花弄蝶 *Pyrgus maculatus* (Bremer et Grey)

江西省：井冈山。

飒弄蝶 *Satarupa gopala* Moore

江西省：井冈山。

密纹飒弄蝶 *Satarupa monbeigi* Oberthür

江西省：赣州市上犹县光菇山自然保护区 25°55′11″N，114°03′04″E。

湖南省：郴州市桂东县八面山国家级自然保护区 25°58′21″N，113°42′37″E。长沙市浏阳市大围山 28°25′28″N，114°04′52″E。

黑脉长标弄蝶 *Telicota linna* Evans

江西省：宜春市靖安县观音岩 29°01′48″N，115°25′00″E。

花裙陀弄蝶 *Thoressa submacula* (Leech)

江西省：井冈山。

豹弄蝶 *Thymelicus leoninus* (Butler)

江西省：宜春市奉新县越山 28°47′19″N，115°10′01″E。

黑豹弄蝶 *Thymelicus sylvaticus* Bremer

江西省：吉安市遂川县南风面国家级自然保护区 26°17′04″N，114°03′53″E。宜春市靖安县观音岩 29°01′48″N，115°25′00″E。萍乡市芦溪县武功山 27°27′53″N，114°10′47″E。宜春市靖安县大杞山生态林场 28°67′00″N，115°07′00″E。宜春市宜丰县官山国家级自然保护区 28°33′21″N，114°35′20″E。

豹弄蝶属未定种 *Thymelicus* sp.

江西省：宜春市宜丰县官山国家级自然保护区 28°33′21″N，114°35′20″E。

姜弄蝶 *Udaspes folus* (Cramer)

江西省：井冈山大井 26°33′N，114°07′E。

凤蝶科 Papilionidae

宽尾凤蝶 *Agehana elwesi* Leech

江西省：井冈山。

长尾麝凤蝶 *Byasa impediens* (Rothschschild)

江西省：赣州市上犹县光菇山自然保护区 25°55′11″N，114°03′04″E。宜春市靖安县观音岩 29°01′48″N，115°25′00″E。宜春市靖安县大杞山生态林场 28°67′00″N，115°07′00″E。宜春市宜丰县官山国家级自然保护区 28°33′21″N，114°35′20″E。井冈山。

灰绒麝凤蝶 *Byasa mencius* (C. et R. Felder)

江西省：井冈山湘洲 26°32.0′N，114°11.0′E。井冈山小溪洞 26°26′N，114°11′E。宜春市宜丰县官山国家级自然保护区 28°33′21″N，114°35′20″E。萍乡市芦溪县武功山 27°27′39″N，114°10′03″E。

褐斑凤蝶 *Chilasa agestor* Gray

江西省：井冈山。

小黑斑凤蝶 *Chilasa epycides* (Hewitson)

江西省：井冈山。

臀珠斑凤蝶 *Chilasa slateri* (Hewitson)

江西省：井冈山。

统帅青凤蝶 *Graphium agamemnon* (Linnaeus)

江西省：井冈山小溪洞 26°26′N，114°11′E。井冈山湘洲 26°32.0′N，114°11.0′E。宜春市宜丰县官山国家级自然保护区 28°33′21″N，114°35′20″E。

碎斑青凤蝶 *Graphium chironides* (Honrath)

江西省：井冈山小溪洞 26°26′N，114°11′E。宜春市宜丰县官山国家级自然保护区 28°33′21″N，114°35′20″E。萍乡市芦溪县武功山 27°27′26″N，114°10′12″E。

宽带青凤蝶 *Graphium cloanthus* (Westwood)

江西省：井冈山大井 26°33′N，114°07′E。宜春市宜丰县官山国家级自然保护区 28°33′21″N，114°35′20″E。萍乡市芦溪县武功山 27°27′39″N，114°10′03″E。

木兰青凤蝶 *Graphium doson* (C. et R. Felder)

江西省：宜春市宜丰县官山国家级自然保护区 28°33′21″N，114°35′20″E。

黎氏青凤蝶 *Graphium leechi* (Rothschild)

江西省：宜春市靖安县大杞山生态林场 28°67′00″N，115°07′00″E。宜春市宜丰县官山国家级自然保护区 28°33′21″N，114°35′20″E。萍乡市芦溪县武功山 27°27′39″N，114°10′03″E。

青凤蝶 *Graphium sarpedon* (Linnaeus)

江西省：宜春市靖安县观音岩 29°01′48″N，115°25′00″E。井冈山下庄 26°32.42′N，114°11.26′E。井冈山小溪洞 26°26′N，114°11′E。井冈山大井 26°33′N，114°07′E。井冈山湘洲 26°32.0′N，114°11.0′E。井冈山罗浮 26°39′N，114°13′E。萍乡市芦溪县武功山 27°27′39″N，114°10′03″E。

湖南省：郴州市汝城县三江口瑶族镇九龙江国家森林公园 25°23′20″N，113°46′27″E。

褐钩凤蝶 *Meandrusa sciron* (Leech)

江西省：吉安市安福县武功山 27°29′48″N，114°11′

12″E。宜春市宜丰县官山国家级自然保护区 28°33′21″N，114°35′20″E。

红珠凤蝶 *Pachliopta aristolochiae* (Fabricius)

江西省：井冈山罗浮 26°39′N，114°13′E。宜春市宜丰县官山国家级自然保护区 28°33′21″N，114°35′20″E。

湖南省：株洲市炎陵县十都镇神农谷自然保护区 26°29′21″N，114°01′16″E。

窄斑翠凤蝶 *Papilio arcturus* Westwood

江西省：井冈山。

碧凤蝶 *Papilio bianor* Cramer

江西省：赣州市上犹县光菇山自然保护区 25°55′11″N，114°03′04″E。宜春市靖安县观音岩 29°01′48″N，115°25′00″E。井冈山荆竹山 26°31′N，114°05′E。井冈山小溪洞 26°26′N，114°11′E。

湖南省：株洲市炎陵县桃源洞自然保护区游客服务中心 26°29′00″N，114°01′00″E。株洲市炎陵县十都镇神农谷自然保护区 26°29′21″N，114°01′16″E。郴州市汝城县三江口瑶族镇九龙江国家森林公园 25°23′20″N，113°46′27″E。

穹翠凤蝶 *Papilio dialis* (Leech)

江西省：萍乡市莲花县高天岩 27°23′51″N，114°00′54″E。

湖南省：郴州市汝城县三江口瑶族镇九龙江国家森林公园 25°23′20″N，113°46′27″E。

玉斑凤蝶 *Papilio helenus* Linnaeus

江西省：宜春市奉新县百丈山 28°42′40″N，114°46′35″E。井冈山小溪洞 26°26′N，114°11′E。

湖南省：郴州市汝城县三江口瑶族镇九龙江国家森林公园 25°23′20″N，113°46′27″E。

绿带翠凤蝶 *Papilio maackii* Ménétries

江西省：萍乡市芦溪县武功山 27°27′39″N，114°10′03″E。

湖南省：郴州市汝城县三江口瑶族镇九龙江国家森林公园 25°23′20″N，113°46′27″E。

金凤蝶 *Papilio machaon* Linnaeus

江西省：萍乡市芦溪县武功山 27°27′39″N，114°10′03″E。井冈山大井 26°33′N，114°07′E。宜春市靖安县大杞山生态林场 28°67′00″N，115°07′00″E。

湖南省：郴州市汝城县三江口瑶族镇九龙江国家森林公园 25°23′20″N，113°46′27″E。

姝美凤蝶 *Papilio macilentus* Janson

江西省：井冈山。

美凤蝶 *Papilio memnon* Linnaeus

江西省：井冈山小溪洞 26°26′N，114°11′E。萍乡市芦溪县武功山 27°27′39″N，114°10′03″E。吉安市安福县武功山 27°29′48″N，114°11′12″E。

湖南省：郴州市汝城县三江口瑶族镇九龙江国家森林公园 25°23′20″N，113°46′27″E。

宽带凤蝶 *Papilio nephelus* Boisduval

江西省：井冈山湘洲 26°32.0′N，114°11.0′E。井冈山小溪洞 26°26′N，114°11′E。井冈山主峰 26°53′N，114°15′E。宜春市靖安县大杞山生态林场 28°67′00″N，115°07′00″E。萍乡市芦溪县武功山 27°27′39″N，114°10′03″E。

湖南省：郴州市汝城县三江口瑶族镇九龙江国家森林公园 25°23′20″N，113°46′27″E。

巴黎翠凤蝶 *Papilio paris* Linnaeus

江西省：井冈山小溪洞 26°26′N，114°11′E。井冈山罗浮 26°39′N，114°13′E。井冈山下庄 26°32.42′N，114°11.26′E。

湖南省：株洲市炎陵县十都镇神农谷自然保护区 26°29′21″N，114°01′16″E。郴州市汝城县三江口瑶族镇九龙江国家森林公园 25°23′20″N，113°46′27″E。

玉带凤蝶 *Papilio polytes* Linnaeus

江西省：井冈山小溪洞 26°26′N，114°11′E。

蓝凤蝶 *Papilio protenor* Cramer

江西省：井冈山下庄 26°32.42′N，114°11.26′E。井冈山湘洲 26°32.0′N，114°11.0′E。井冈山大井 26°33′N，114°07′E。井冈山小溪洞 26°26′N，114°11′E。宜春市靖安县大杞山生态林场 28°67′00″N，115°07′00″E。宜春市奉新县百丈山 28°42′40″N，114°46′35″E。

湖南省：郴州市汝城县三江口瑶族镇九龙江国家森林公园 25°23′20″N，113°46′27″E。

柑橘凤蝶 *Papilio xuthus* Linnaeus

湖南省：株洲市炎陵县十都镇神农谷自然保护区 26°30′16″N，114°00′50″E。郴州市汝城县三江口瑶族镇九龙江国家森林公园 25°23′20″N，113°46′27″E。

金斑剑凤蝶 *Pazala alebion* (Gray)

江西省：井冈山。

升天剑凤蝶 *Pazala euroa* (Leech)

江西省：井冈山。

铁木剑凤蝶 *Pazala timur* Ney

江西省：井冈山。

金斑喙凤蝶 *Teinopalpus aureus* Mell

江西省：井冈山。

金裳凤蝶 *Troides aeacus* (C. et R. Felder)

江西省：井冈山。

蝙蝠蛾科 Hepialidae

巨疖蝠蛾 *Phassus giganodus* Chu et Wang

江西省：宜春市袁州区明月山 27°35′32″N，114°17′13″E。

蛉蛾科 Neopseustidae

蛉蛾属未定种 *Neopseustis* sp.

湖南省：株洲市炎陵县十都镇神农谷自然保护区 26°49′93″N，114°06′56″E。

奥蛉蛾属未定种 *Opseustis* sp.

湖南省：株洲市炎陵县十都镇神农谷自然保护区 26°49′93″N，114°06′56″E。

卷蛾科 Tortricidae

棉褐带卷蛾 *Adoxophyes honmai* Yasuda

湖南省：株洲市炎陵县桃源洞 26°35′24″N，113°59′24″E。

丽黄卷蛾 *Archips opiparus* Liu

江西省：萍乡市芦溪县武功山 27°27′53″N，114°10′47″E。

黄卷蛾属未定种 *Archips* sp.

湖南省：株洲市炎陵县桃源洞 26°35′24″N，113°59′24″E。

马醉木达卷蛾 *Daemilus fulva* (Filipjev)

湖南省：株洲市炎陵县桃源洞 26°35′24″N，113°59′24″E。

精细小卷蛾 *Psilacantha pryeri* (Walsingham)

湖南省：资兴市回龙山 26°04′48″N，113°23′24″E。

翼蛾科 Alucitidae

多翼蛾 *Alucita pusilla* Hashimoto

湖南省：株洲市炎陵县桃源洞 26°35′24″N，113°59′24″E。

螟蛾科 Pyralidae

果英峰斑螟 *Acrobasis hollandella* (Rogonot)

湖南省：株洲市炎陵县桃源洞 26°35′24″N，113°59′24″E。

油桐金斑螟 *Aurana vinaceella* Inoue

江西省：吉安市安福县武功山 27°19′48″N，114°13′48″E。

湖南省：株洲市炎陵县桃源洞 26°35′24″N，113°59′24″E。

白条谷螟 *Fujimacia bicoloralis* (Leech)

湖南省：株洲市炎陵县神农谷自然保护区 26°32′12″N，114°00′36″E。

拟双色叉斑螟 *Furcata paradichromella* (Yamanaka)

江西省：井冈山主峰 26.53°N，114.15°E。

金双纹螟 *Herculia drabicilialis* Yamanaka

江西省：井冈山小溪洞 26.26°N，114.11°E。宜春市靖安县大杞山生态林场 28°40′12″N，115°04′12″E。

湖南省：株洲市炎陵县桃源洞 26°35′24″N，113°59′24″E。资兴市回龙山 26°04′48″N，113°23′24″E。岳阳市平江县幕阜山国家森林公园 28°58′12″N，113°49′12″E。

紫红双纹螟 *Herculia igniflualis* (Walker)

江西省：井冈山小溪洞 26°28′57″N，114°11′27″E。

湖南省：株洲市炎陵县桃源洞 26°35′24″N，113°59′24″E。

赤双纹螟 *Herculia pelasgalis* (Walker)

江西省：宜春市靖安县观音岩 29°01′47″N，115°15′00″E。宜春市宜丰县官山国家级自然保护区 28°33′00″N，114°34′48″E。

湖南省：株洲市炎陵县神农谷自然保护区 26°32′12″N，114°00′36″E。

谷螟属未定种 *Hypanchyla* sp.

江西省：井冈山小溪洞 26°28′57″N，114°11′27″E。

湖南省：株洲市炎陵县神农谷自然保护区 26°32′12″N，114°00′36″E。

黄尾巢螟 *Hypsopygia postflava* (Hampson)

江西省：宜春市宜丰县官山国家级自然保护区 28°33′00″N，114°34′48″E。

湖南省：株洲市炎陵县桃源洞 26°35′24″N，113°59′24″E。

褐巢螟 *Hypsopygia regina* (Butler)

江西省：井冈山湘洲 26°32.0′N，114°11.0′E。

湖南省：株洲市炎陵县桃源洞 26°35′24″N，113°59′24″E。资兴市回龙山 26°04′48″N，113°23′24″E。岳阳市平江县幕阜山国家森林公园 28°58′12″N，113°49′12″E。

暗纹沟须丛螟 *Lamida obscura* (Moore)

江西省：井冈山湘洲 26°32.0′N，114°11.0′E。

黄鳞丛螟 *Lepidogma tamaricalis* (Mann)

湖南省：株洲市炎陵县桃源洞 26°35′24″N，113°59′24″E。

彩丛螟 *Lista ficki* Christoph

湖南省：株洲市炎陵县桃源洞 26°35′24″N，113°59′24″E。

长臂彩丛螟 *Lista haraldusalis* (Walker)

湖南省：株洲市炎陵县桃源洞 26°35′24″N，113°59′24″E。

螟蛾 *Minooa yamamotoi* Yamanaka

湖南省：株洲市炎陵县桃源洞石岗 26°33′36″N，113°59′24″E。株洲市炎陵县桃源洞自然保护区游客服务中心 26°28′12″N，114°02′24″E。

丛螟 *Orthaga edetalis* Strand

江西省：宜春市靖安县观音岩 29°01′47″N，115°15′00″E。

盐肤木瘤丛螟 *Orthaga euadrusalis* Walker

江西省：吉安市武功山 27°19′48″N，114°13′48″E。

樟叶瘤丛螟 *Orthaga onerata* (Butler)

湖南省：株洲市炎陵县桃源洞 26°35′24″N，113°59′24″E。

灰直纹螟 *Orthopygia glaucinalis* (Linnaeus)

湖南省：资兴市回龙山 26°04′48″N，113°23′24″E。株洲市炎陵县神农谷自然保护区 26°32′12″N，114°00′36″E。

圆突直纹螟 *Orthopygia placens* (Butler)

江西省：井冈山小溪洞 26°28′57″N，114°11′27″E。

金双点螟 *Orybina flaviplaga* (Walker)

江西省：宜春市宜丰县官山国家级自然保护区 28°33′00″N，114°34′48″E。

湖南省：资兴市回龙山 26°04′48″N，113°23′24″E。岳阳市平江县幕阜山国家森林公园 28°58′12″N，113°49′12″E。

暗双点螟 *Orybina imperatrix* Caradja

江西省：宜春市宜丰县官山国家级自然保护区 28°33′00″N，114°34′48″E。

湖南省：株洲市炎陵县桃源洞 26°35′24″N，113°59′24″E。

艳双点螟 *Orybina regalis* (Leech)

湖南省：岳阳市平江县幕阜山国家森林公园 28°58′12″N，113°49′12″E。

黑脉厚须螟 *Propachys nigrivena* Walker

湖南省：资兴市回龙山 26°04′48″N，113°23′24″E。

紫斑谷螟 *Pyralis farinalis* (Linnaeus)

湖南省：株洲市炎陵县桃源洞 26°35′24″N，113°59′24″E。资兴市回龙山 26°04′48″N，113°23′24″E。

谷螟 *Pyralis pictalis* (Curtis)

江西省：宜春市靖安县观音岩 29°01′47″N，115°15′00″E。

金黄螟 *Pyralis regalis* Denis et Schiffermüller

江西省：宜春市宜丰县官山国家级自然保护区 28°33′00″N，114°34′48″E。

湖南省：株洲市炎陵县桃源洞 26°35′24″N，113°59′24″E。

蠹螟属未定种 *Sacada* sp.

湖南省：岳阳市平江县幕阜山国家森林公园 28°58′12″N，113°49′12″E。

暗纹紫褐螟 *Scenedra umbrosalis* (Wileman)

湖南省：株洲市炎陵县桃源洞 26°35′24″N，113°59′24″E。岳阳市平江县幕阜山国家森林公园 28°58′12″N，113°49′12″E。

缘斑缨须螟 *Stemmatophora valida* (Butler)

江西省：宜春市靖安县观音岩 29°01′47″N，115°15′00″E。宜春市宜丰县官山国家级自然保护区 28°33′00″N，114°34′48″E。

湖南省：株洲市炎陵县神农谷自然保护区 26°32′12″N，114°00′36″E。株洲市炎陵县桃源洞 26°35′24″N，113°59′24″E。资兴市回龙山 26°04′48″N，113°23′24″E。

缨须螟属未定种 *Stemmatophora* sp.

江西省：宜春市靖安县大杞山生态林场 28°40′12″N，115°04′12″E。宜春市靖安县观音岩 29°01′47″N，115°15′00″E。

湖南省：资兴市回龙山 26°04′48″N，113°23′24″E。株洲市炎陵县桃源洞 26°35′24″N，113°59′24″E。

垂斑纹丛螟 *Stericta flavopuncta* (Inoue et Sasaki)

江西省：井冈山小溪洞 26.26°N，114.11°E。

双色华肩螟 *Tegulifera bicoloralis* (Leech)

江西省：井冈山 26°37′23″N，114°07′04″E。宜春市宜丰县官山国家级自然保护区 28°33′00″N，114°34′48″E。

湖南省：株洲市炎陵县桃源洞 26°35′24″N，113°59′24″E。

华肩螟 *Tegulifera drapesalis* (Walker)

湖南省：株洲市炎陵县桃源洞 26°35′24″N，113°59′24″E。

华肩螟属未定种 1 *Tegulifera* sp. 1

湖南省：株洲市炎陵县神农谷自然保护区 26°32′12″N，114°00′36″E。岳阳市平江县幕阜山国家森林公园 28°58′12″N，113°49′12″E。

华肩螟属未定种 2 *Tegulifera* sp. 2

江西省：井冈山小溪洞 26.26°N，114.11°E。宜春市靖安县观音岩 29°01′47″N，115°15′00″E。

华肩螟属未定种 3 *Tegulifera* sp. 3

湖南省：株洲市炎陵县神农谷自然保护区 26°32′12″N，114°00′36″E。

白带网丛螟 *Teliphasa albifusa* (Hampson)

湖南省：株洲市炎陵县桃源洞 26°35′24″N，113°59′24″E。株洲市炎陵县神农谷自然保护区 26°32′12″N，114°00′36″E。

网丛螟属未定种 *Teliphasa* sp.

江西省：吉安市遂川县南风面国家级自然保护区 26°17′04″N，114°03′53″E。

黄褐棘丛螟 *Termioptycha nigrescens* (Warren)

湖南省：株洲市炎陵县桃源洞 26°35′24″N，113°59′24″E。

朱硕螟 *Toccolosida rubriceps* Walker

江西省：吉安市遂川县南风面国家级自然保护区 26°17′04″N，114°03′53″E。

湖南省：郴州市桂东县八面山国家级自然保护区 25°58′21″N，113°42′37″E。

草螟科 Crambidae

角须野螟属未定种 1 *Agrotera* sp. 1

江西省：宜春市宜丰县官山国家级自然保护区 28°33′00″N，114°34′48″E。

湖南省：资兴市回龙山 26°04′48″N，113°23′24″E。

角须野螟属未定种 2 *Agrotera* sp. 2

江西省：宜春市宜丰县官山国家级自然保护区 28°33′

00″N，114°34′48″E。

湖南省：株洲市炎陵县神农谷自然保护区 26°32′12″N，114°00′36″E。

宽带须野螟 *Analthes euryterminalis* (Hampson)

江西省：宜春市宜丰县官山国家级自然保护区 28°33′00″N，114°34′48″E。宜春市靖安县观音岩 29°01′47″N，115°15′00″E。

湖南省：株洲市炎陵县桃源洞甲水 26°35′24″N，113°59′24″E。资兴市回龙山 26°04′48″N，113°23′24″E。

缘斑须野螟 *Analthes insignis* (Butler)

江西省：宜春市宜丰县官山国家级自然保护区 28°33′00″N，114°34′48″E。宜春市靖安县观音岩 29°01′47″N，115°15′00″E。

湖南省：株洲市炎陵县桃源洞 26°35′24″N，113°59′24″E。

斑点须野螟 *Analthes maculalis* (Leech)

江西省：宜春市靖安县大杞山生态林场 28°40′12″N，115°04′12″E。宜春市宜丰县官山国家级自然保护区 28°33′00″N，114°34′48″E。

湖南省：资兴市回龙山 26°04′48″N，113°23′24″E。株洲市炎陵县桃源洞 26°35′24″N，113°59′24″E。

须野螟属未定种 1 *Analthes* sp. 1

江西省：井冈山。

湖南省：资兴市回龙山 26°04′48″N，113°23′24″E。株洲市炎陵县桃源洞 26°35′24″N，113°59′24″E。株洲市炎陵县神农谷自然保护区 26°32′12″N，114°00′36″E。岳阳市平江县幕阜山国家森林公园 28°58′12″N，113°49′12″E。

须野螟属未定种 2 *Analthes* sp. 2

江西省：宜春市靖安县观音岩 29°01′47″N，115°15′00″E。宜春市靖安县大杞山生态林场 28°40′12″N，115°04′12″E。

须野螟属未定种 3 *Analthes* sp. 3

江西省：宜春市宜丰县官山国家级自然保护区 28°33′00″N，114°34′48″E。吉安市安福县武功山 27°19′48″N，114°13′48″E。宜春市靖安县大杞山生态林场 28°40′12″N，115°04′12″E。宜春市靖安县观音岩 29°01′47″N，115°15′00″E。

湖南省：株洲市炎陵县桃源洞 26°35′24″N，113°59′24″E。

须野螟属未定种 4 *Analthes* sp. 4

江西省：宜春市宜丰县官山国家级自然保护区 28°33′00″N，114°34′48″E。宜春市靖安县观音

29°01′47″N，115°15′00″E。

湖南省：岳阳市平江县幕阜山国家森林公园 28°58′12″N，113°49′12″E。资兴市回龙山 26°04′48″N，113°23′24″E。株洲市炎陵县桃源洞 26°35′24″N，113°59′24″E。

须野螟属未定种 5 *Analthes* sp. 5

湖南省：资兴市回龙山 26°04′48″N，113°23′24″E。株洲市炎陵县桃源洞 26°35′24″N，113°59′24″E。株洲市炎陵县神农谷自然保护区 26°32′12″N，114°00′36″E。

须野螟属未定种 6 *Analthes* sp. 6

江西省：宜春市宜丰县官山国家级自然保护区 28°33′00″N，114°34′48″E。宜春市大杞山生态林场 28°40′12″N，115°04′12″E。

湖南省：株洲市炎陵县神农谷自然保护区 26°32′12″N，114°00′36″E。资兴市回龙山 26°04′48″N，113°23′24″E。株洲市炎陵县桃源洞 26°35′24″N，113°59′24″E。

元参棘趾野螟 *Anania verbascalis* (Denis et Schiffermüller)

湖南省：株洲市炎陵县神农谷自然保护区 26°32′12″N，114°00′36″E。资兴市回龙山 26°04′48″N，113°23′24″E。株洲市炎陵县桃源洞游客服务中心 26°30′00″N，114°04′12″E。

褐脉厚须草螟 *Arctioblepsis rubida* Felder et Felder

江西省：宜春市靖安县观音岩 29°01′48″N，115°25′00″E。宜春市靖安县璪都镇南山村 29°01′00″N，115°16′00″E。

脂斑翅野螟 *Ategumia adipalis* (Lederer)

江西省：井冈山小溪洞 26°28′57″N，114°11′27″E。宜春市靖安县观音岩 29°01′48″N，115°25′00″E。

湖南省：株洲市炎陵县桃源洞密花村 26°30′00″N，114°04′12″E。

拱翅野螟 *Bocchoris aptalis* (Walker)

江西省：宜春市大杞山生态林场 28°40′12″N，115°04′12″E。宜春市靖安县观音岩 29°01′47″N，115°15′00″E。宜春市宜丰县官山国家级自然保护区 28°33′00″N，114°34′48″E。

湖南省：株洲市炎陵县桃源洞 26°35′24″N，113°59′24″E。资兴市回龙山 26°04′48″N，113°23′24″E。株洲市炎陵县神农谷自然保护区 26°32′12″N，114°00′36″E。

白斑翅野螟 *Bocchoris inspersalis* (Zeller)

江西省：赣州市崇义县横水镇阳岭国家森林公园 25°37′50″N，114°18′16″E。赣州市上犹县光菇山 25°55′12″N，114°03′00″E。萍乡市芦溪县武功山

27°27′39″N，114°10′03″E。

湖南省：株洲市炎陵县神农谷自然保护区 26°32′12″N，114°00′36″E。株洲市炎陵县桃源洞甲水 26°35′24″N，113°59′24″E。

袍螟属未定种 *Bostra* sp.

湖南省：株洲市炎陵县桃源洞 26°35′24″N，113°59′24″E。

白杨缀叶野螟 *Botyodes asialis* Guenée

湖南省：长沙市浏阳市大围山 28°25′28″N，114°04′52″E。

大黄缀叶野螟 *Botyodes principalis* Leech

湖南省：资兴市回龙山 26°04′48″N，113°23′24″E。

狭瓣暗野螟 *Bradina angustalis* Yamanaka

江西省：宜春市靖安县观音岩 29°01′47″N，115°15′00″E。

湖南省：株洲市炎陵县桃源洞 26°35′24″N，113°59′24″E。株洲市炎陵县神农谷自然保护区 26°32′12″N，114°00′36″E。

暗野螟 *Bradina erilitoides* Strand

江西省：宜春市靖安县观音岩 29°01′47″N，115°15′00″E。宜春市靖安县大杞山生态林场 28°40′12″N，115°04′12″E。

湖南省：株洲市炎陵县桃源洞 26°35′24″N，113°59′24″E。

邬背暗野螟 *Bradina megesalis* (Walker)

江西省：宜春市宜丰县官山国家级自然保护区 28°33′00″N，114°34′48″E。宜春市靖安县观音岩 29°01′47″N，115°15′00″E。宜春市靖安县大杞山生态林场 28°40′12″N，115°04′12″E。

湖南省：株洲市炎陵县神农谷自然保护区 26°32′12″N，114°00′36″E。资兴市回龙山 26°04′48″N，113°23′24″E。

黑点髓草螟 *Calamotropha nigripunctellus* (Leech)

江西省：宜春市宜丰县官山国家级自然保护区 28°33′00″N，114°34′48″E。

黄缘髓草螟 *Calamotropha sienkiewiczi* Bleszynski

湖南省：岳阳市平江县幕阜山国家森林公园 28°58′12″N，113°49′12″E。株洲市炎陵县桃源洞 26°35′24″N，113°59′24″E。

白条紫斑螟 *Calguia defiguralis* Walker

江西省：井冈山罗浮林场。

长须曲角野螟 *Camptomastix hisbonalis* (Warren)

江西省：井冈山湘洲 26°32.0′N，114°11.0′E。

湖南省：岳阳市平江县幕阜山国家森林公园 28°58′12″N，113°49′12″E。资兴市回龙山 26°04′48″N，113°23′24″E。

暗纹尖翅野螟 *Ceratarcha umbrosa* Swinhoe

江西省：宜春市宜丰县官山国家级自然保护区 28°33′00″N，114°34′48″E。吉安市安福县武功山 27°19′48″N，114°13′48″E。

斑翅野螟 *Chabula telphusalis* (Walker)

江西省：宜春市靖安县观音岩 29°01′48″N，115°15′00″E。

二点螟 *Chilo infuscatellus* Snellen

江西省：井冈山小溪洞 26°28′57″N，114°11′27″E。

金黄镰翅野螟 *Circobotys aurealis* (Leech)

江西省：赣州市崇义县横水镇阳岭国家森林公园 25°37′50″N，114°18′16″E。萍乡市芦溪县武功山 27°27′53″N，114°10′47″E。

圆斑黄缘野螟 *Cirrhochrista brizoalis* (Walker)

江西省：宜春市靖安县大杞山林场 28°40′12″N，115°04′12″E。

稻现纹纵卷叶野螟 *Cnaphalocrocis exigua* (Butler)

湖南省：株洲市炎陵县桃源洞石岗 26°33′36″N，113°59′24″E。

稻纵卷叶野螟 *Cnaphalocrocis medinalis* (Guenée)

江西省：宜春市靖安县观音岩 29°01′47″N，115°15′00″E。吉安市安福县武功山 27°19′48″N，114°13′48″E。赣州市崇义县横水镇阳岭国家森林公园 25°37′50″N，114°18′16″E。

湖南省：株洲市炎陵县神农谷自然保护区 26°32′12″N，114°00′36″E。株洲市炎陵县桃源洞珠帘瀑布 26°50′00″N，113°99′00″E。株洲市炎陵县桃源洞甲水 26°59′00″N，113°39′00″E。

纵卷叶野螟 *Cnaphalocrocis pilosa* (Warren)

湖南省：株洲市炎陵县桃源洞甲水 26°35′24″N，113°59′24″E。

多斑野螟 *Conogethes pinicolalis* Inoue et Yamanaka

江西省：宜春市靖安县璪都镇南山村 29°01′00″N，115°16′00″E。宜春市靖安县观音岩 29°01′48″N，115°25′00″E。

黄杨绢野螟 *Cydalima perspectalis* (Walker)

江西省：赣州市上犹县光菇山自然保护区 25°55′11″N，114°03′04″E。宜春市靖安县观音岩 29°01′47″N，115°15′00″E。吉安市安福县武功山 27°19′48″N，114°13′48″E。

湖南省：株洲市炎陵县桃源洞自然保护区甲水 26°59′00″N，113°99′00″E。

竹淡黄野螟 *Demobotys pervulgalis* (Hampson)

江西省：宜春市宜丰县官山国家级自然保护区 28°33′00″N，114°34′48″E。赣州市崇义县横水镇阳岭国家森林公园 25°37′50″N，114°18′16″E。

湖南省：株洲市炎陵县神农谷自然保护区 26°31′12″N，114°00′36″E。株洲市炎陵县桃源洞珠帘瀑布 26°50′00″N，113°99′00″E。株洲市炎陵县桃源洞游客服务中心 26°29′00″N，114°01′00″E。株洲市炎陵县桃源洞自然保护区甲水 26°59′00″N，113°39′00″E。株洲市炎陵县桃源洞 26°35′24″N，113°59′24″E。

瓜绢野螟 *Diaphania indica* (Saunders)

湖南省：株洲市炎陵县桃源洞 26°35′24″N，113°59′24″E。

虎纹蛀野螟 *Dichocrocis tigrina* (Moore)

江西省：宜春市靖安县大杞山生态林场 28°40′12″N，115°04′12″E。宜春市宜丰县官山国家级自然保护区 28°33′00″N，114°34′48″E。

湖南省：株洲市炎陵县桃源洞游客服务中心 26°28′12″N，114°02′24″E。

裂缘野螟 *Diplopseustis perieresalis* (Walker)

湖南省：株洲市炎陵县桃源洞石岗 26°33′36″N，113°59′24″E。株洲市炎陵县桃源洞 26°30′00″N，114°04′12″E。岳阳市平江县幕阜山国家森林公园 28°58′12″N，113°49′12″E。

棉塘水螟 *Elophila interruptalis* (Pryer)

湖南省：资兴市回龙山 26°04′48″N，113°23′24″E。株洲市炎陵县神农谷自然保护区 26°32′12″N，114°00′36″E。

华突塘水螟 *Elophila sinicalis* (Hampson)

江西省：井冈山罗浮 26.39°N，114.13°E。

褐萍塘水螟 *Elophila turbata* (Butler)

江西省：井冈山罗浮林场 26°39′47″N，114°14′02″E。

缘斑歧角螟 *Endotricha costaemaculalis* Christoph

江西省：井冈山小溪洞 26°28′57″N，114°11′27″E。

湖南省：株洲市炎陵县桃源洞 26°35′24″N，113°59′24″E。岳阳市平江县幕阜山国家森林公园 28°58′12″N，113°49′12″E。

纹歧角螟 *Endotricha icelusalis* (Walker)

江西省：宜春市靖安县观音岩 29°01′47″N，115°15′00″E。宜春市大杞山生态林场 28°40′12″N，115°04′12″E。

湖南省：株洲市炎陵县桃源洞 26°35′24″N，113°59′24″E。

微小歧角螟 *Endotricha minialis* (Fabricius)

江西省：宜春市靖安县大杞山生态林场 28°40′12″N，115°04′12″E。宜春市宜丰县官山国家级自然保护区 28°33′00″N，114°34′48″E。宜春市靖安县观音岩 29°01′47″N，115°15′00″E。

榄绿歧角螟 *Endotricha olivacealis* (Bremer)

江西省：宜春市宜丰县官山国家级自然保护区 28°33′00″N，114°34′48″E。

湖南省：株洲市炎陵县桃源洞 26°35′24″N，113°59′24″E。资兴市回龙山 26°04′48″N，113°23′24″E。岳阳市平江县幕阜山国家森林公园 28°58′12″N，113°49′12″E。

斑水螟 *Eoophyla gibbosalis* (Bremer)

江西省：井冈山小溪洞 26°28′57″N，114°11′27″E。

丽斑水螟 *Eoophyla peribocalis* (Walker)

江西省：宜春市宜丰县官山国家级自然保护区 28°33′00″N，114°34′48″E。

湖南省：资兴市回龙山 26°04′48″N，113°23′24″E。株洲市炎陵县神农谷自然保护区 26°32′12″N，114°00′36″E。

网拱翅野螟 *Epipagis cancellalis* (Zeller)

江西省：宜春市靖安县大杞山生态林场 28°40′12″N，115°04′12″E。宜春市靖安县观音岩 29°01′48″N，115°15′00″E。井冈山小溪洞 26°28′57″N，114°11′27″E。

湖南省：株洲市炎陵县桃源洞甲水 26°35′24″N，113°59′24″E。

黄翅叉环野螟 *Eumorphobotys eumorphalis* (Caradja)

江西省：萍乡市芦溪县武功山 27°28′48″N，114°09′00″E。赣州市龙南县九连山 23°34′48″N，114°25′48″E。赣州市崇义县横水镇阳岭国家森林公园 25°37′50″N，114°18′16″E。

湖南省：株洲市炎陵县桃源洞珠帘瀑布 26°30′00″N，113°59′24″E。

叶展须野螟 *Eurrhyparodes bracteolalis* (Zeller)

江西省：宜春市宜丰县官山国家级自然保护区 28°33′00″N，114°34′48″E。

湖南省：株洲市炎陵县桃源洞珠帘瀑布 26°30′00″N，113°59′24″E。株洲市炎陵县神农谷自然保护区 26°32′12″N，114°00′36″E。

草螟 Gargela xanthocasis (Meyrick)

湖南省：株洲市炎陵县桃源洞 26°35′24″N，113°59′24″E。

琥珀微草螟 Glaucocharis electra (Bleszynski)

湖南省：株洲市炎陵县桃源洞 26°35′24″N，113°59′24″E。

微草螟属未定种 1 Glaucocharis sp. 1

湖南省：株洲市炎陵县桃源洞 26°35′24″N，113°59′24″E。

微草螟属未定种 2 Glaucocharis sp. 2

湖南省：株洲市炎陵县桃源洞 26°35′24″N，113°59′24″E。

微草螟属未定种 3 Glaucocharis sp. 3

湖南省：岳阳市平江县幕阜山国家森林公园 28°58′12″N，113°49′12″E。

蚀叶野螟 Glycythyma chrysorycta Meyrick

湖南省：株洲市炎陵县桃源洞 26°35′24″N，113°59′24″E。

三斑绢丝野螟 Glyphodes bicolor (Swainson)

湖南省：株洲市炎陵县桃源洞 26°35′24″N，113°59′24″E。

齿纹绢丝野螟 Glyphodes crithealis (Walker)

江西省：宜春市大杞山生态林场 28°40′12″N，115°04′12″E。宜春市宜丰县官山国家级自然保护区 28°33′00″N，114°34′48″E。井冈山主峰 26.53°N，114.15°E。

双纹绢丝野螟 Glyphodes duplicalis Inoue, Munroe et Mutuura

江西省：宜春市大杞山生态林场 28°40′12″N，115°04′12″E。

湖南省：株洲市炎陵县桃源洞 26°35′24″N，113°59′24″E。资兴市回龙山 26°04′48″N，113°23′24″E。

台湾绢丝野螟 Glyphodes formosanus Shibuya

湖南省：株洲市炎陵县桃源洞 26°35′24″N，113°59′24″E。

齿绢丝野螟 Glyphodes onychinalis (Guenée)

江西省：宜春市宜丰县官山国家级自然保护区 28°33′00″N，114°34′48″E。宜春市靖安县观音岩 29°01′47″N，115°15′00″E。宜春市大杞山生态林场 28°40′12″N，115°04′12″E。

条纹绢丝野螟 Glyphodes pulverulentalis Hampson

湖南省：株洲市炎陵县神农谷自然保护区 26°32′12″N，114°00′36″E。

四斑绢丝野螟 Glyphodes quadrimaculalis (Bremer et Grey)

江西省：井冈山罗浮 26.39°N，114.13°E。

黑缘犁角野螟 Goniorhynchus butyrosa (Butler)

湖南省：株洲市炎陵县神农谷自然保护区 26°32′12″N，114°00′36″E。资兴市回龙山 26°04′48″N，113°23′24″E。株洲市炎陵县桃源洞游客服务中心 26°28′12″N，114°02′24″E。

黄犁角野螟 Goniorhynchus marginalis Warren

江西省：井冈山小溪洞 26°28′57″N，114°11′27″E。

湖南省：株洲市炎陵县桃源洞 26°35′24″N，113°59′24″E。株洲市炎陵县神农谷自然保护区 26°32′12″N，114°00′36″E。

棉大卷叶野螟 Haritalodes derogata (Fabricius)

江西省：宜春市靖安县观音岩 29°01′47″N，115°15′00″E。宜春市宜丰县官山国家级自然保护区 28°33′00″N，114°34′48″E。

湖南省：岳阳市平江县幕阜山国家森林公园 28°58′12″N，113°49′12″E。

灰黑齿螟 Hemiscopis cinerea Warren

湖南省：株洲市炎陵县桃源洞 26°35′24″N，113°59′24″E。资兴市回龙山 26°04′48″N，113°23′24″E。岳阳市平江县幕阜山国家森林公园 28°58′12″N，113°49′12″E。

奇螟 Hendecasis hampsoni (South)

湖南省：株洲市炎陵县神农谷自然保护区 26°32′12″N，114°00′36″E。

黑点切叶野螟 Herpetogramma basalis (Walker)

江西省：井冈山湘洲 26°32.0′N，114°11.0′E。井冈山小溪洞 26°28′57″N，114°11′27″E。

湖南省：株洲市炎陵县桃源洞密花村 26°30′00″N，114°04′12″E。

暗切叶野螟 Herpetogramma fuscescens (Warren)

江西省：井冈山湘洲 26.32°N，114.11°E。井冈山小溪洞 26°28′57″N，114°11′27″E。井冈山罗浮 26°39′47″N，114°14′02″E。井冈山水库 26.33°N，114.10°E。宜春市大

杞山生态林场 28°40′12″N，115°04′12″E。

湖南省：株洲市炎陵县桃源洞珠帘瀑布 26°30′00″N，113°59′24″E。株洲市炎陵县桃源洞石岗 26°33′36″N，113°59′24″E。

水稻切叶野螟 *Herpetogramma licarsisalis* (Walker)

湖南省：岳阳市平江县幕阜山国家森林公园 28°58′12″N，113°49′12″E。资兴市回龙山 26°04′48″N，113°23′24″E。株洲市炎陵县桃源洞 26°35′24″N，113°59′24″E。

大切叶野螟 *Herpetogramma magna* (Butler)

江西省：井冈山湘洲 26.32°N，114.11°E。井冈山小溪洞 26°28′57″N，114°11′27″E。

湖南省：株洲市炎陵县神农谷自然保护区 26°32′12″N，114°00′36″E。

黄斑切叶野螟 *Herpetogramma ochrimaculalis* (South)

江西省：宜春市大杞山生态林场 28°40′12″N，115°04′12″E。宜春市靖安县观音岩 29°01′47″N，115°15′00″E。井冈山主峰 26.53°N，114.15°E。井冈山湘洲 26.32°N，114.11°E。井冈山罗浮林场 26°39′47″N，114°14′02″E。井冈山小溪洞 26°28′57″N，114°11′27″E。

湖南省：资兴市回龙山 26°04′48″N，113°23′24″E。

灰褐切叶野螟 *Herpetogramma okamotoi* Yamanaka

江西省：宜春市大杞山生态林场 28°40′12″N，115°04′12″E。宜春市靖安县观音岩 29°01′47″N，115°15′00″E。

湖南省：株洲市炎陵县神农谷自然保护区 26°32′12″N，114°00′36″E。资兴市回龙山 26°04′48″N，113°23′24″E。株洲市炎陵县桃源洞 26°35′24″N，113°59′24″E。

狭翅切叶须野螟 *Herpetogramma pseudomagna* Yamanaka

湖南省：资兴市回龙山 26°04′33.34″N，113°23′15.85″E。岳阳市平江县幕阜山国家森林公园 28°58′12.09″N，113°49′06.24″E。

褐翅切叶野螟 *Herpetogramma rudis* (Warren)

江西省：井冈山主峰 26.53°N，114.15°E。井冈山小溪洞 26°28′57″N，114°11′27″E。井冈山湘洲 26.32°N，114.11°E。赣州市龙南县九连山 23°34′48″N，114°25′48″E。

艳瘦翅野螟 *Ischnurges gratiosalis* (Walker)

湖南省：资兴市回龙山 26°04′48″N，113°23′24″E。宜春市靖安县观音岩 29°01′47″N，115°15′00″E。赣州市上犹县光菇山 25°55′12″N，114°03′00″E。

黄环蚀叶野螟 *Lamprosema tampiusalis* (Walker)

湖南省：资兴市回龙山 26°04′48″N，113°23′24″E。株洲市炎陵县神农谷自然保护区 26°32′12″N，114°00′36″E。

三环须野螟 *Mabra charonialis* (Walker)

江西省：宜春市宜丰县官山国家级自然保护区 28°33′00″N，114°34′48″E。

湖南省：株洲市炎陵县桃源洞 26°35′24″N，113°59′24″E。资兴市回龙山 26°04′48″N，113°23′24″E。

褐纹狭须野螟 *Mabra nigriscripta* Swinhoe

江西省：宜春市靖安县大杞山生态林场 28°40′12″N，115°04′12″E。

湖南省：株洲市炎陵县桃源洞密花村 26°30′00″N，114°04′12″E。株洲市炎陵县桃源洞游客服务中心 26°28′12″N，114°02′24″E。

豆荚野螟 *Maruca vitrata* (Fabricius)

江西省：萍乡市芦溪县武功山 27°28′48″N，114°09′00″E。宜春市靖安县观音岩 29°01′47″N，115°15′00″E。宜春市宜丰县官山国家级自然保护区 28°33′00″N，114°34′48″E。

湖南省：株洲市炎陵县桃源洞 26°35′24″N，113°59′24″E。

双斑伸喙野螟 *Mecyna dissipatalis* (Lederer)

江西省：萍乡市芦溪县武功山 27°28′48″N，114°09′00″E。宜春市大杞山生态林场 28°40′12″N，115°04′12″E。

湖南省：株洲市炎陵县桃源洞甲水 26°35′24″N，113°59′24″E。资兴市回龙山 26°04′48″N，113°23′24″E。岳阳市平江县幕阜山国家森林公园 28°58′12″N，113°49′12″E。

伸喙野螟 *Mecyna quinquigera* (Moore)

江西省：宜春市宜丰县官山国家级自然保护区 28°33′00″N，114°34′48″E。

湖南省：株洲市炎陵县神农谷自然保护区 26°31′12″N，114°02′24″E。株洲市炎陵县桃源洞珠帘瀑布 26°30′00″N，113°59′24″E。

杨芦伸喙野螟 *Mecyna tricolor* (Butler)

江西省：宜春市宜丰县官山国家级自然保护区 28°33′00″N，114°34′48″E。

湖南省：株洲市炎陵县桃源洞 26°35′24″N，113°59′24″E。

黄色带草螟 *Metaeuchromius fulvusalis* Song et Chen

湖南省：岳阳市平江县幕阜山国家森林公园 28°58′12″N，113°49′12″E。

污斑纹野螟 *Metoeca foedalis* (Guenée)

湖南省：株洲市炎陵县桃源洞珠帘瀑布 26°30′00″N，113°59′24″E。株洲市炎陵县桃源洞密花村 26°30′00″N，114°04′12″E。株洲市炎陵县神农谷自然保护区 26°32′12″N，114°00′36″E。

条纹野螟 *Mimetebulea arctialis* Munroe et Mutuura

湖南省：株洲市炎陵县桃源洞 26°35′24″N，113°59′24″E。

黑点网脉野螟 *Nacoleia commixta* (Butler)

江西省：宜春市靖安县大杞山生态林场 28°40′12″N，115°04′12″E。宜春市宜丰县官山国家级自然保护区 28°33′00″N，114°34′48″E。

湖南省：岳阳市平江县幕阜山国家森林公园 28°58′12″N，113°49′12″E。

萨摩蚀叶野螟 *Nacoleia satsumalis* South

湖南省：岳阳市平江县幕阜山国家森林公园 28°58′12″N，113°49′12″E。

黑斑蚀叶野螟 *Nacoleia sibirialis* (Millière)

江西省：宜春市大杞山生态林场 28°40′12″N，115°04′12″E。宜春市宜丰县官山国家级自然保护区 28°33′00″N，114°34′48″E。

湖南省：株洲市炎陵县神农谷自然保护区 26°32′12″N，114°00′36″E。株洲市炎陵县桃源洞 26°35′24″N，113°59′24″E。

蚀叶野螟属未定种 1 *Nacoleia* sp. 1

湖南省：岳阳市平江县幕阜山国家森林公园 28°58′12″N，113°49′12″E。株洲市炎陵县桃源洞 26°35′24″N，113°59′24″E。

蚀叶野螟属未定种 2 *Nacoleia* sp. 2

江西省：井冈山小溪洞 26°28′57″N，114°11′27″E。

丛毛展须野螟 *Neoanalthes contortalis* (Hampson)

江西省：井冈山小溪洞 26°28′57″N，114°11′27″E。井冈山湘洲 26.32°N，114.11°E。宜春市宜丰县官山国家级自然保护区 28°33′00″N，114°34′48″E。宜春市靖安县观音岩 29°01′47″N，115°15′00″E。

湖南省：株洲市炎陵县神农谷自然保护区 26°32′12″N，114°00′36″E。

三点并脉草螟 *Neopediasia mixtalis* (Walker)

湖南省：株洲市炎陵县桃源洞 26°35′24″N，113°59′24″E。

云纹野螟属未定种 *Nephelobotys* sp.

湖南省：株洲市炎陵县桃源洞甲水 26°30′00″N，114°04′12″E。

麦牧野螟 *Nomophila noctuella* (Denis et Schiffermüller)

湖南省：株洲市炎陵县神农谷自然保护区 26°32′12″N，114°00′36″E。

茶须野螟 *Nosophora semitritalis* (Lederer)

江西省：井冈山主峰 26.53°N，114.15°E。井冈山湘洲 26.32°N，114.11°E。井冈山罗浮 26.39°N，114.13°E。井冈山小溪洞 26°28′57″N，114°11′27″E。井冈山主峰 26.53°N，114.15°E。宜春市宜丰县官山国家级自然保护区 28°33′00″N，114°34′48″E。宜春市大杞山生态林场 28°40′12″N，115°04′12″E。

湖南省：株洲市炎陵县神农谷自然保护区 26°32′12″N，114°00′36″E。

目水螟属未定种 *Nymphicula* sp.

江西省：宜春市宜丰县官山国家级自然保护区 28°33′00″N，114°34′48″E。

显纹啮叶野螟 *Omiodes decisalis* (Walker)

湖南省：资兴市回龙山 26°04′48″N，113°23′24″E。

豆啮叶野螟 *Omiodes indicata* (Fabricius)

湖南省：株洲市炎陵县桃源洞珠帘瀑布 26°30′00″N，113°59′24″E。

尼普啮叶野螟 *Omiodes nipponalis* Yamanaka

湖南省：岳阳市平江县幕阜山国家森林公园 28°58′12″N，113°49′12″E。

夜啮叶野螟 *Omiodes noctescens* (Moore)

江西省：井冈山小溪洞 26°28′57″N，114°11′27″E。宜春市大杞山生态林场 28°40′12″N，115°04′12″E。宜春市宜丰县官山国家级自然保护区 28°33′00″N，114°34′48″E。

湖南省：株洲市炎陵县桃源洞珠帘瀑布 26°30′00″N，113°59′24″E。株洲市炎陵县神农谷自然保护区 26°32′12″N，114°00′36″E。

黑褐啮叶野螟 *Omiodes poeonalis* (Walker)

江西省：宜春市大杞山生态林场 28°40′12″N，115°04′12″E。宜春市靖安县观音岩 29°01′47″N，115°15′00″E。

湖南省：资兴市回龙山 26°04′48″N，113°23′24″E。

三纹啮叶野螟 *Omiodes tristrialis* (Bremer)

江西省：吉安市安福县泰山乡武功山 27°19′48″N，114°13′48″E。宜春市大杞山生态林场 28°40′12″N，

115°04′12″E。宜春市宜丰县官山国家级自然保护区28°33′00″N，114°34′48″E。

弯囊绢须野螟 *Palpita hypohomalia* Inoue

湖南省：资兴市回龙山 26°04′48″N，113°23′24″E。

白蜡绢须野螟 *Palpita nigropunctalis* (Bremer)

江西省：井冈山湘洲 26.32°N，114.11°E。井冈山小溪洞 26°28′57″N，114°11′27″E。井冈山主峰 26.53°N，114.15°E。宜春市宜丰县官山国家级自然保护区 28°33′00″N，114°34′48″E。宜春市大杞山生态林场 28°40′12″N，115°04′12″E。

湖南省：株洲市炎陵县神农谷自然保护区 26°32′12″N，114°00′36″E。

小绢须野螟 *Palpita parvifraterna* Inoue

江西省：井冈山湘洲 26.32°N，114.11°E。井冈山水库 26.33°N，114.10°E。井冈山小溪洞 26°28′57″N，114°11′27″E。宜春市宜丰县官山国家级自然保护区 28°33′00″N，114°34′48″E。宜春市靖安县观音岩 29°01′47″N，115°15′00″E。

湖南省：株洲市炎陵县桃源洞 26°35′24″N，113°59′24″E。

方突绢须野螟 *Palpita warrenalis* (Swinhoe)

湖南省：株洲市炎陵县桃源洞 26°35′24″N，113°59′24″E。

断纹波水螟 *Paracymoriza distinctalis* (Leech)

湖南省：株洲市炎陵县桃源洞 26°35′24″N，113°59′24″E。宜春市宜丰县官山国家级自然保护区 28°33′00″N，114°34′48″E。

华南波水螟 *Paracymoriza laminalis* (Hampson)

江西省：宜春市宜丰县官山国家级自然保护区 28°33′00″N，114°34′48″E。宜春市靖安县观音岩 29°01′47″N，115°15′00″E。

湖南省：株洲市炎陵县桃源洞 26°35′24″N，113°59′24″E。

洁波水螟 *Paracymoriza prodigalis* (Leech)

湖南省：资兴市回龙山 26°04′48″N，113°23′24″E。株洲市炎陵县神农谷自然保护区 26°32′12″N，114°00′36″E。株洲市炎陵县桃源洞 26°35′24″N，113°59′24″E。岳阳市平江县幕阜山国家森林公园 28°58′12″N，113°49′12″E。

波水螟 *Paracymoriza vagalis* (Walker)

湖南省：郴州市桂东县八面山国家级自然保护区 26°01′03″N，113°40′59″E。

稻黄筒水螟 *Parapoynx vittalis* (Bremer)

湖南省：株洲市炎陵县神农谷自然保护区 26°32′12″N，114°00′36″E。

褐缘绿野螟 *Parotis marginata* (Hampson)

湖南省：株洲市炎陵县桃源洞珠帘瀑布 26°30′00″N，113°59′24″E。

紫褐肋野螟 *Patania iopasalis* (Walker)

湖南省：株洲市炎陵县桃源洞 26°35′24″N，113°59′24″E。资兴市回龙山 26°04′48″N，113°23′24″E。岳阳市平江县幕阜山国家森林公园 28°58′12″N，113°49′12″E。

丝方斑野螟 *Pelena sericea* (Butler)

湖南省：株洲市炎陵县桃源洞甲水 26°35′24″N，113°59′24″E。

褐冠野螟 *Piletocera aegimiusalis* (Walker)

江西省：宜春市大杞山生态林场 28°40′12″N，115°04′12″E。宜春市靖安县观音岩 29°01′47″N，115°15′00″E。

湖南省：株洲市炎陵县桃源洞 26°35′24″N，113°59′24″E。

琵琶肋野螟 *Pleuroptya balteata* (Fabricius)

江西省：井冈山小溪洞 26°28′57″N，114°11′27″E。井冈山罗浮 26.39°N，114.13°E。宜春市靖安县观音岩 29°01′47″N，115°15′00″E。吉安市安福县武功山 27°19′48″N，114°13′48″E。宜春市大杞山生态林场 28°40′12″N，115°04′12″E。

湖南省：株洲市炎陵县桃源洞 26°35′24″N，113°59′24″E。资兴市回龙山 26°04′48″N，113°23′24″E。

扇野螟 *Pleuroptya brevipennis* Inoue

江西省：宜春市大杞山生态林场 28°40′12″N，115°04′12″E。宜春市靖安县观音岩 29°01′47″N，115°15′00″E。

湖南省：株洲市炎陵县桃源洞 26°35′24″N，113°59′24″E。

角黑斑扇野螟 *Pleuroptya characteristica* (Warren)

湖南省：资兴市回龙山 26°04′48″N，113°23′24″E。

三条扇野螟 *Pleuroptya chlorophanta* (Butler)

江西省：井冈山主峰 26.53°N，114.15°E。井冈山湘洲 26.32°N，114.11°E。井冈山小溪洞 26°28′57″N，114°11′27″E。宜春市靖安县观音岩 29°01′47″N，115°15′00″E。宜春市大杞山生态林场 28°40′12″N，115°04′12″E。吉安市安福县武功山 27°19′48″N，114°13′48″E。宜春市宜丰

县官山国家级自然保护区 28°33′00″N，114°34′48″E。

湖南省：株洲市炎陵县桃源洞 26°35′24″N，113°59′24″E。资兴市回龙山 26°04′48″N，113°23′24″E。岳阳市平江县幕阜山国家森林公园 28°58′12″N，113°49′12″E。

二斑扇野螟 *Pleuroptya deficiens* (Moore)

江西省：井冈山小溪洞 26°28′57″N，114°11′27″E。宜春市靖安县大杞山生态林场 28°40′12″N，115°04′12″E。

湖南省：株洲市炎陵县神农谷自然保护区 26°31′12″N，114°02′24″E。资兴市回龙山 26°04′48″N，113°23′24″E。

三纹扇野螟 *Pleuroptya harutai* (Inoue)

湖南省：资兴市回龙山 26°04′48″N，113°23′24″E。株洲市炎陵县桃源洞密花村 26°30′00″N，114°04′12″E。株洲市炎陵县桃源洞珠帘瀑布 26°30′00″N，113°59′24″E。

四斑扇野螟 *Pleuroptya quadrimaculalis* (Kollar et Redtenbacher)

江西省：井冈山主峰 26.53°N，114.15°E。井冈山湘洲 26.32°N，114.11°E。

湖南省：资兴市回龙山 26°04′48″N，113°23′24″E。株洲市炎陵县桃源洞甲水 26°35′24″N，113°59′24″E。岳阳市平江县幕阜山国家森林公园 28°58′12″N，113°49′12″E。株洲市炎陵县神农谷自然保护区 26°32′12″N，114°00′36″E。

宽缘扇野螟 *Pleuroptya scinisalis* (Walker)

湖南省：资兴市回龙山 26°04′48″N，113°23′24″E。岳阳市平江县幕阜山国家森林公园 28°58′12″N，113°49′12″E。株洲市炎陵县桃源洞密花村 26°30′00″N，114°04′12″E。

灰翅扇野螟 *Pleuroptya ultimalis* (Walker)

湖南省：株洲市炎陵县神农谷自然保护区 26°32′12″N，114°00′36″E。

大白斑野螟 *Ploythlipta liquidalis* Leech

江西省：井冈山湘洲 26.32°N，114.11°E。井冈山小溪洞 26°28′57″N，114°11′27″E。宜春市大杞山生态林场 28°40′12″N，115°04′12″E。

湖南省：株洲市炎陵县桃源洞游客服务中心 26°28′12″N，114°02′24″E。

湖北省：黄冈市英山县吴家山 31°03′00″N，115°28′12″E。

蓝灰野螟 *Poliobotys ablactalis* (Walker)

湖南省：株洲市炎陵县桃源洞 26°35′24″N，113°59′24″E。资兴市回龙山 26°04′48″N，113°23′24″E。

草螟蛾 *Potamomusa midas* (Butler)

江西省：赣州市崇义县横水镇阳岭国家森林公园 25°37′50″N，114°18′16″E。

湖南省：株洲市炎陵县十都镇神农谷自然保护区 26°30′43″N，113°59′44″E。

黄缘狭翅野螟 *Prophantis adusta* Inoue

江西省：宜春市大杞山生态林场 28°40′12″N，115°04′12″E。

湖南省：株洲市炎陵县桃源洞 26°35′24″N，113°59′24″E。

眼斑脊野螟 *Proteurrhypara ocellalis* (Warren)

湖南省：岳阳市平江县幕阜山国家森林公园 28°58′12″N，113°49′12″E。

黄纹银草螟 *Pseudargyria interruptella* (Walker)

江西省：宜春市靖安县观音岩 29°01′47″N，115°15′00″E。宜春市大杞山生态林场 28°40′12″N，115°04′12″E。吉安市安福县武功山 27°19′48″N，114°13′48″E。宜春市宜丰县官山国家级自然保护区 28°33′00″N，114°34′48″E。

湖南省：株洲市炎陵县桃源洞 26°35′24″N，113°59′24″E。资兴市回龙山 26°04′48″N，113°23′24″E。岳阳市平江县幕阜山国家森林公园 28°58′12″N，113°49′12″E。

双纹白草螟 *Pseudocatharylla duplicellus* (Hampson)

江西省：宜春市靖安县观音岩 29°01′47″N，115°15′00″E。

湖南省：株洲市炎陵县桃源洞 26°35′24″N，113°59′24″E。株洲市炎陵县神农谷自然保护区 26°32′12″N，114°00′36″E。

白草螟 *Pseudocatharylla infixellus* (Walker)

湖南省：资兴市回龙山 26°04′48″N，113°23′24″E。

纯白草螟 *Pseudocatharylla simplex* (Zeller)

湖南省：株洲市炎陵县桃源洞 26°35′24″N，113°59′24″E。

泡桐卷野螟 *Pycnarmon cribrata* (Fabricius)

江西省：宜春市靖安县观音岩 29°01′47″N，115°15′00″E。吉安市安福县武功山 27°19′48″N，114°13′48″E。

湖南省：株洲市炎陵县桃源洞 26°35′24″N，113°59′24″E。

黑缘卷野螟 *Pycnarmon marginalis* (Snellen)

江西省：井冈山小溪洞 26°28′57″N，114°11′27″E。

湖南省：株洲市炎陵县桃源洞 26°35′24″N，113°59′24″E。岳阳市平江县幕阜山国家森林公园 28°58′12″N，113°49′12″E。

豹纹卷野螟 Pycnarmon pantherata (Butler)

湖南省：株洲市炎陵县桃源洞 26°35′24″N，113°59′24″E。株洲市炎陵县神农谷自然保护区 26°32′12″N，114°00′36″E。

卷野螟属未定种 Pycnarmon sp.

湖南省：株洲市炎陵县桃源洞 26°35′24″N，113°59′24″E。

白斑黑野螟 Pygospila tyres (Cramer)

江西省：萍乡市芦溪县武功山 27°27′53″N，114°10′47″E。

湖南省：株洲市炎陵县桃源洞石岗 26°33′36″N，113°59′24″E。株洲市炎陵县桃源洞甲水 26°35′24″N，113°59′24″E。郴州市资兴市回龙山 26°04′48″N，113°23′24″E。

湖北省：黄冈市罗田县青苔关 31°06′36″N，115°24′36″E。

黄斑紫翅野螟 Rehimena phrynealis (Walker)

江西省：宜春市靖安县观音岩 29°01′47″N，115°15′00″E。

短突纹野螟 Spinosuncus brevacutus Chen, Zhang et Li

湖南省：株洲市炎陵县桃源洞石岗 26°33′36″N，113°59′24″E。

甜菜白带野螟 Spoladea recurvalis (Fabricius)

江西省：井冈山小溪洞 26°28′57″N，114°11′27″E。井冈山罗浮 26.39°N，114.13°E。宜春市大杞山生态林场 28°40′12″N，115°04′12″E。

湖南省：株洲市炎陵县神农谷自然保护区 26°32′12″N，114°00′36″E。株洲市炎陵县桃源洞游客服务中心 26°28′12″N，114°02′24″E。

莫干卷叶野螟 Syllepte fabiusalis (Walker)

江西省：宜春市靖安县观音岩 29°01′47″N，115°15′00″E。宜春市靖安县大杞山生态林场 28°40′12″N，115°04′12″E。宜春市宜丰县官山国家级自然保护区 28°33′00″N，114°34′48″E。吉安市安福县武功山 27°19′48″N，114°13′48″E。

湖南省：资兴市回龙山 26°04′48″N，113°23′24″E。株洲市炎陵县神农谷自然保护区 26°32′12″N，114°00′36″E。株洲市炎陵县桃源洞 26°35′24″N，113°59′24″E。

褐卷叶野螟 Syllepte fuscoinvalidalis Yamanaka

江西省：宜春市大杞山生态林场 28°40′12″N，115°04′12″E。宜春市靖安县观音岩 29°01′47″N，115°15′00″E。宜春市宜丰县官山国家级自然保护区 28°33′00″N，114°34′48″E。

湖南省：资兴市回龙山 26°04′48″N，113°23′24″E。岳阳市平江县幕阜山国家森林公园 28°58′12″N，113°49′12″E。株洲市炎陵县桃源洞 26°35′24″N，113°59′24″E。

齿纹卷叶野螟 Syllepte invalidalis South

江西省：宜春市靖安县大杞山生态林场 28°40′12″N，115°04′12″E。宜春市宜丰县官山国家级自然保护区 28°33′00″N，114°34′48″E。

卷叶野螟 Syllepte pallidinotalis (Hampson)

湖南省：株洲市炎陵县桃源洞 26°35′24″N，113°59′24″E。

台湾卷叶野螟 Syllepte taiwanalis Shibuya

江西省：宜春市大杞山生态林场 28°40′12″N，115°04′12″E。宜春市宜丰县官山国家级自然保护区 28°33′00″N，114°34′48″E。

湖南省：株洲市炎陵县神农谷自然保护区 26°32′12″N，114°00′36″E。

黄斑环角野螟 Syngamia falsidicalis (Walker)

湖南省：株洲市炎陵县神农谷自然保护区 26°31′12″N，114°02′24″E。株洲市炎陵县桃源洞游客服务中心 26°28′12″N，114°02′24″E。株洲市炎陵县桃源洞密花村 26°30′00″N，114°04′12″E。

火红环角野螟 Syngamia floridalis Zeller

湖南省：株洲市炎陵县神农谷自然保护区 26°32′12″N，114°00′36″E。株洲市炎陵县桃源洞游客服务中心 26°28′12″N，114°02′24″E。株洲市炎陵县桃源洞珠帘瀑布 26°30′00″N，114°04′12″E。

台湾果蛀野螟 Thliptoceras formosanum Munroe et Mutuura

湖南省：株洲市炎陵县桃源洞密花村 26°30′00″N，114°04′12″E。

双纹须奇螟 Trichophysetis cretacea (Butler)

湖南省：株洲市炎陵县桃源洞 26°35′24″N，113°59′24″E。

梳角栉野螟 Tylostega pectinata Du et Li

江西省：井冈山小溪洞 26°28′57″N，114°11′27″E。井冈山湘洲 26.32°N，114.11°E。井冈山主峰 26.53°N，114.15°E。

湖南省：株洲市炎陵县桃源洞甲水 26°35′24″N，113°59′24″E。株洲市炎陵县桃源洞密花村 26°30′00″N，114°04′12″E。株洲市炎陵县桃源洞游客服务中心 26°28′12″N，114°02′24″E。

淡黄栉野螟 *Tylostega tylostegalis* (Hampson)

湖南省：株洲市炎陵县神农谷自然保护区 26°32′12″N，114°00′36″E。株洲市炎陵县桃源洞甲水 26°35′24″N，113°59′24″E。株洲市炎陵县桃源洞石岗 26°33′36″N，113°59′24″E。

黑纹野螟属未定种 *Tyspanodes* sp.

湖南省：株洲市炎陵县神农谷自然保护区 26°32′12″N，114°00′36″E。株洲市炎陵县桃源洞 26°35′24″N，113°59′24″E。资兴市回龙山 26°04′48″N，113°23′24″E。

锈黄缨突野螟 *Udea ferrugalis* (Hübner)

湖南省：株洲市炎陵县神农谷自然保护区 26°32′12″N，114°00′36″E。资兴市回龙山 26°04′48″N，113°23′24″E。

斑蛾科 Zygaenidae

薄翅斑蛾属未定种 *Agalope* sp.

江西省：赣州市崇义县横水镇阳岭国家森林公园 25°37′50″N，114°18′16″E。

湖南省：株洲市炎陵县十都镇神农谷自然保护区 26°30′16″N，114°00′50″E。

小锦斑蛾 *Arbudas truncatus* Jordan

江西省：宜春市奉新县百丈山 28°42′40″N，114°46′35″E。

旭锦斑蛾 *Campylotes kotzechi* Röber

江西省：宜春市靖安县观音岩 29°01′48″N，115°25′00″E。

黄纹旭锦斑蛾 *Campylotes pratti* Leech

江西省：宜春市奉新县百丈山 28°42′40″N，114°46′35″E。

茶柄脉斑蛾 *Eterusia aedea* Linnaeus

江西省：井冈山湘洲 26.32°N，114.11°E。井冈山小溪洞 26°28′57″N，114°11′27″E。井冈山罗浮 26.39°N，114.13°E。赣州市崇义县横水镇阳岭国家森林公园 25°37′50″N，114°18′16″E。赣州市上犹县光菇山自然保护区 25°55′11″N，114°03′04″E。吉安市遂川县南风面国家级自然保护区 26°17′04″N，114°03′53″E。

窗斑蛾 *Hysteroscene melli* (Hering)

江西省：赣州市崇义县横水镇阳岭国家森林公园 25°37′50″N，114°18′16″E。

西藏硕斑蛾 *Piarosoma thibetana* (Oberthür)

江西省：赣州市崇义县横水镇阳岭国家森林公园 25°37′50″N，114°18′16″E。

野茶带锦斑蛾 *Pidorus glaucopis* Drury

江西省：赣州市上犹县光菇山自然保护区 25°55′11″N，114°03′04″E。

刺蛾科 Limacodidae

姹刺蛾 *Chalcoscelides castaneipars* (Moore)

江西省：井冈山主峰 26.53°N，114.15°E。赣州市崇义县横水镇阳岭国家森林公园 25°37′50″N，114°18′16″E。

湖南省：株洲市炎陵县十都镇神农谷自然保护区 26°29′21″N，114°01′16″E。

黄刺蛾 *Cnidocampa flavescens* (Walker)

江西省：赣州市崇义县横水镇阳岭国家森林公园 25°37′50″N，114°18′16″E。萍乡市芦溪县杨家岭 27°35′03″N，114°15′02″E。

丽绿刺蛾 *Parasa lepida* (Cramer)

江西省：赣州市崇义县横水镇阳岭国家森林公园 25°37′50″N，114°18′16″E。

湖南省：株洲市炎陵县十都镇神农谷自然保护区 26°30′16″N，114°00′50″E。

迹斑绿刺蛾 *Parasa pastoralis* Butler

江西省：井冈山罗浮 26.39°N，114.13°E。吉安市安福县武功山 27°29′48″N，114°11′12″E。

湖南省：郴州市桂东县八面山国家级自然保护区 26°01′03″N，113°40′59″E。

媚绿刺蛾 *Parasa repanda* Walker

江西省：宜春市靖安县观音岩 29°01′48″N，115°25′00″E。宜春市靖安县璪都镇南山村 29°01′00″N，115°16′00″E。赣州市上犹县光菇山自然保护区 25°55′11″N，114°03′04″E。

湖南省：郴州市桂东县八面山国家级自然保护区 26°01′03″N，113°40′59″E。

枣奕刺蛾 *Phlossa conjuncta* (Walker)

湖南省：郴州市桂东县八面山国家级自然保护区 26°01′03″N，113°40′59″E。

中华褐刺蛾 *Setora postornata* Hampson

　　湖南省：郴州市桂东县八面山国家级自然保护区 26°01′03″N，113°40′59″E。

环蹄刺蛾 *Trichogyia circulifera* Hering

　　湖南省：郴州市桂东县八面山国家级自然保护区 26°01′03″N，113°40′59″E。

网蛾科 Thyrididae

金盏拱肩网蛾 *Camptochilus sinuosus* Warren

　　江西省：井冈山主峰 26.53°N，114.15°E。井冈山湘洲 26.32°N，114.11°E。井冈山小溪洞 26.26°N，114.11°E。井冈山罗浮 26.39°N，114.13°E。吉安市安福县武功山 27°19′00″N，114°13′00″E。宜春市靖安县璪都镇南山村 29°01′00″N，115°16′00″E。

橙黄后窗网蛾 *Dysodia magnifica* Whalley

　　湖南省：郴州市桂东县八面山国家级自然保护区 26°01′03″N，113°40′59″E。

白斑网蛾 *Herimba atkinsoni* Moore

　　湖南省：郴州市桂东县八面山国家级自然保护区 26°01′03″N，113°40′59″E。

叉混星网蛾 *Misalina decussata* Whalley

　　湖南省：郴州市桂东县八面山国家级自然保护区 26°01′03″N，113°40′59″E。

肖云线网蛾 *Rhodoneura acutalis hamifera* Moore

　　湖南省：郴州市桂东县八面山国家级自然保护区 26°01′03″N，113°40′59″E。

中线赭网蛾 *Rhodoneura atristrigulalis* Hampson

　　江西省：井冈山主峰 26.53°N，114.15°E。

　　湖南省：郴州市桂东县八面山国家级自然保护区 26°01′03″N，113°40′59″E。

微褐网蛾 *Rhodoneura erubrescens* Warren

　　湖南省：郴州市桂东县八面山国家级自然保护区 26°01′03″N，113°40′59″E。株洲市炎陵县桃源洞 26°35′24″N，113°59′24″E。

斜带网蛾 *Rhodoneura fasciata* (Moore)

　　湖南省：株洲市炎陵县十都镇神农谷自然保护区 26°49′93″N，114°06′56″E。

后中线网蛾 *Rhodoneura pallida* (Butler)

　　湖南省：郴州市桂东县八面山国家级自然保护区 26°01′03″N，113°40′59″E。

带网蛾属未定种 1 *Rhodoneura* sp. 1

　　湖南省：株洲市炎陵县十都镇神农谷自然保护区 26°49′93″N，114°06′56″E。

带网蛾属未定种 2 *Rhodoneura* sp. 2

　　湖南省：株洲市炎陵县十都镇神农谷自然保护区 26°49′93″N，114°06′56″E。

索网蛾 *Sonagara strigipennis* Moore

　　江西省：井冈山主峰 26.53°N，114.15°E。井冈山罗浮 26.39°N，114.13°E。井冈山湘洲 26.32°N，114.11°E。宜春市靖安县璪都镇南山村 29°01′00″N，115°16′00″E。宜春市靖安县观音岩 29°01′48″N，115°25′00″E。吉安市安福县武功山 27°19′00″N，114°13′00″E。

斜线网蛾 *Striglina irresecta* Whalley

　　江西省：吉安市安福县武功山 27°19′00″N，114°13′00″E。宜春市靖安县璪都镇南山村 29°01′00″N，115°16′00″E。

斜线网蛾属未定种 1 *Striglina* sp. 1

　　湖南省：株洲市炎陵县十都镇神农谷自然保护区 26°30′16″N，114°00′50″E。株洲市炎陵县十都镇神农谷自然保护区 26°49′93″N，114°06′56″E。

斜线网蛾属未定种 2 *Striglina* sp. 2

　　湖南省：株洲市炎陵县十都镇神农谷自然保护区 26°49′93″N，114°06′56″E。

钩蛾科 Drepanidae

花距钩蛾 *Agnidra specularia* (Walker)

　　湖南省：株洲市炎陵县十都镇神农谷自然保护区 26°30′16″N，114°00′50″E。株洲市炎陵县十都镇神农谷自然保护区 26°49′93″N，114°06′56″E。

眼豆斑钩蛾 *Auzata ocellata* (Warren)

　　湖南省：株洲市炎陵县十都镇神农谷自然保护区 26°30′16″N，114°00′50″E。株洲市炎陵县十都镇神农谷自然保护区 26°49′93″N，114°06′56″E。

半豆斑钩蛾 *Auzata semipavonaria* Walker

　　江西省：宜春市奉新县百丈山 28°41′35″N，114°46′27″E。

　　湖南省：株洲市炎陵县十都镇神农谷自然保护区 26°30′16″N，114°00′50″E。株洲市炎陵县十都镇神农谷自然保护区 26°49′93″N，114°06′56″E。

豆点丽钩蛾 *Callidrepana gemina* Watson

　　江西省：宜春市靖安县观音岩 29°01′48″N，

115°25′00″E。

湖南省：株洲市炎陵县十都镇神农谷自然保护区
26°30′16″N，114°00′50″E。株洲市炎陵县十都镇神农谷
自然保护区 26°49′93″N，114°06′56″E。

肾点丽钩蛾 Callidrepana patrana (Moore)

江西省：井冈山主峰 26.53°N，114.15°E。

湖南省：株洲市炎陵县十都镇神农谷自然保护区
26°30′16″N，114°00′50″E。株洲市炎陵县十都镇神农谷
自然保护区 26°49′93″N，114°06′56″E。

洋麻圆钩蛾 Cyclidia substigmaria (Hübner)

江西省：井冈山主峰 26.53°N，114.15°E。井冈山湘
洲 26°32.0′N，114°11.0′E。井冈山罗浮 26.39°N，114.13°E。
井冈山小溪洞 26°28′57″N，114°11′27″E。

湖南省：株洲市炎陵县十都镇神农谷自然保护区
26°29′21″N，114°01′16″E。株洲市炎陵县十都镇神农谷
自然保护区 26°49′93″N，114°06′56″E。

晶钩蛾 Deroca hyalina Walker

湖南省：株洲市炎陵县十都镇神农谷自然保护区
26°30′16″N，114°00′50″E。株洲市炎陵县十都镇神农谷
自然保护区 26°49′93″N，114°06′56″E。

蒲晶钩蛾 Deroca pulla Watson

湖南省：郴州市汝城县三江口瑶族镇九龙江国家森
林公园 25°23′20″N，113°46′27″E。

钳钩蛾 Didymana bidens (Leech)

湖南省：株洲市炎陵县十都镇神农谷自然保护区
26°29′21″N，114°01′16″E。郴州市汝城县三江口瑶族镇
九龙江国家森林公园 25°23′20″N，113°46′27″E。

镰茎白钩蛾 Ditrigona cirruncata Wilkinson

湖南省：株洲市炎陵县十都镇神农谷自然保护区
26°29′21″N，114°01′16″E。郴州市汝城县三江口瑶族镇
九龙江国家森林公园 25°23′20″N，113°46′27″E。

浓白钩蛾 Ditrigona conflexaria (Walker)

湖南省：株洲市炎陵县十都镇神农谷自然保护区
26°29′21″N，114°01′16″E。郴州市汝城县三江口瑶族镇
九龙江国家森林公园 25°23′20″N，113°46′27″E。

一点镰钩蛾 Drepana pallida Moore

江西省：吉安市安福县武功山 27°29′48″N，
114°11′12″E。

湖南省：郴州市汝城县三江口瑶族镇九龙江国家森
林公园 25°23′20″N，113°46′27″E。

交让木山钩蛾 Hypsomadius insignis Butler

江西省：井冈山主峰 26.53°N，114.15°E。井冈山罗
浮 26.39°N，114.13°E。井冈山水库 26.33°N，114.10°E。
井冈山湘洲 26°32.0′N，114°11.0′E。井冈山小溪洞
26.26°N，114.11°E。萍乡市芦溪县羊狮幕 27°33′38″N，
114°14′35″E。宜春市宜丰县官山国家级自然保护区
28°33′21″N，114°35′20″E。

窗莱钩蛾 Leucoblepsis fenestraria (Moore)

湖南省：株洲市炎陵县十都镇神农谷自然保护区
26°29′21″N，114°01′16″E。郴州市汝城县三江口瑶族镇
九龙江国家森林公园 25°23′20″N，113°46′27″E。

台湾莱钩蛾 Leucoblepsis taiwanensis Buchsbaum et Miller

湖南省：郴州市汝城县三江口瑶族镇九龙江国家森
林公园 25°23′20″N，113°46′27″E。

中华大窗钩蛾 Macrauzata maxima chinensis Inoue

湖南省：株洲市炎陵县十都镇神农谷自然保护区
26°29′21″N，114°01′16″E。郴州市汝城县三江口瑶族镇
九龙江国家森林公园 25°23′20″N，113°46′27″E。株洲市
炎陵县桃源洞 26°29′14″N，114°00′42″E。

哑铃带钩蛾 Macrocilix mysticata (Walker)

江西省：井冈山主峰 26.53°N，114.15°E。井冈山小
溪洞 26°28′57″N，114°11′27″E。

湖南省：郴州市汝城县三江口瑶族镇九龙江国家森
林公园 25°23′20″N，113°46′27″E。

灰褐迷钩蛾 Microblepsis rectilinea Watson

湖南省：郴州市汝城县三江口瑶族镇九龙江国家森
林公园 25°23′20″N，113°46′27″E。

赛线钩蛾 Nordstromia semililacina Inoue

江西省：宜春市宜丰县官山国家级自然保护区
28°33′21″N，114°35′20″E。

湖南省：株洲市炎陵县十都镇神农谷自然保护区
26°29′21″N，114°01′16″E。

星线钩蛾 Nordstromia vira (Moore)

江西省：井冈山主峰 26.53°N，114.15°E。井冈山小
溪洞 26°28′57″N，114°11′27″E。宜春市宜丰县官山国家
级自然保护区 28°33′21″N，114°35′20″E。

角山钩蛾 Oreta angularis Watson

湖南省：株洲市炎陵县十都镇神农谷自然保护区
26°29′21″N，114°01′16″E。

江西省：宜春市宜丰县官山国家级自然保护区 28°33′21″N，114°35′20″E。

莢蒾山钩蛾 *Oreta eminens* (Bryk)

江西省：井冈山主峰 26.53°N，114.15°E。井冈山小溪洞 26°28′57″N，114°11′27″E。宜春市宜丰县官山国家级自然保护区 28°33′21″N，114°35′20″E。吉安市遂川县南风面国家级自然保护区 26°17′04″N，114°03′53″E。赣州市上犹县光菇山自然保护区 25°55′11″N，114°03′04″E。

紫山钩蛾 *Oreta fuscopurpurea* Inoue

江西省：宜春市宜丰县官山国家级自然保护区 28°33′21″N，114°35′20″E。

接骨木山钩蛾 *Oreta loochooana* Swinhoe

江西省：宜春市宜丰县官山国家级自然保护区 28°33′21″N，114°35′20″E。

华夏山钩蛾 *Oreta pavaca* Watson

江西省：宜春市宜丰县官山国家级自然保护区 28°33′21″N，114°35′20″E。

黄带山钩蛾 *Oreta pulchripes* Butler

湖南省：株洲市炎陵县桃源洞 26°29′14″N，114°00′42″E。

点带钩蛾 *Oreta purpurea* Inoue

江西省：井冈山水库 26.33°N，114.10°E。宜春市宜丰县官山国家级自然保护区 28°33′21″N，114°35′20″E。

净赭钩蛾 *Paralbara spicula* Watson

江西省：井冈山主峰 26.53°N，114.15°E。井冈山湘洲 26°32.0′N，114°11.0′E。井冈山小溪洞 26°28′57″N，114°11′27″E。宜春市宜丰县官山国家级自然保护区 28°33′21″N，114°35′20″E。

湖南省：株洲市炎陵县十都镇神农谷自然保护区 26°30′16″N，114°00′50″E。

福钩蛾 *Phalacra strigata* Warren

江西省：宜春市宜丰县官山国家级自然保护区 28°33′21″N，114°35′20″E。

三线钩蛾 *Pseudalbara parvula* (Leech)

湖南省：株洲市炎陵县十都镇神农谷自然保护区 26°30′16″N，114°00′50″E。

江西省：宜春市宜丰县官山国家级自然保护区 28°33′21″N，114°35′20″E。

透窗山钩蛾 *Spectroreta hyalodisca* (Hampson)

湖南省：浏阳市大围山镇大围山森林公园 28°25′

30″N，114°06′45″E。

俄黄钩蛾 *Tridrepana arikana* (Matsumura)

江西省：吉安市安福县武功山 27°29′48″N，114°11′12″E。

湖南省：浏阳市大围山镇大围山森林公园 28°25′30″N，114°06′45″E。

仲黑黄钩蛾 *Tridrepana crocea* (Leech)

江西省：井冈山罗浮 26.39°N，114.13°E。井冈山主峰 26.53°N，114.15°E。井冈山湘洲 26°32.0′N，114°11.0′E。井冈山小溪洞 26°28′57″N，114°11′27″E。吉安市安福县武功山 27°29′48″N，114°11′12″E。宜春市靖安县璪都镇南山村 29°01′00″N，115°16′00″E。

湖南省：浏阳市大围山镇大围山森林公园 28°25′30″N，114°06′45″E。

燕蛾科 Uraniidae

大燕蛾 *Lyssa zampa* (Butler)

江西省：吉安市安福县武功山 27°19′00″N，114°13′00″E。

箩纹蛾科 Brahmaeidae

青球箩纹蛾 *Brahmaea hearseyi* White

江西省：吉安市安福县武功山 27°19′00″N，114°13′00″E。

波纹蛾科 Thyatiridae

影波纹蛾 *Euparyphasma albibasis* (Hampson)

湖南省：株洲市炎陵县十都镇神农谷自然保护区 26°29′21″N，114°01′16″E。浏阳市大围山镇大围山森林公园 28°25′30″N，114°06′45″E。

陕箭波纹蛾 *Gaurena fletcheri* Werny

江西省：宜春市袁州区明月山 27°35′32″N，114°17′13″E。

华波纹蛾 *Habrosyne pyritoides* (Hufnagel)

江西省：宜春市袁州区明月山 27°35′32″N，114°17′13″E。

波纹蛾 *Thyatira batis* (Linnaeus)

江西省：吉安市安福县武功山 27°29′48″N，114°11′12″E。

湖南省：浏阳市大围山镇大围山森林公园 28°25′30″N，114°06′45″E。

尺蛾科 Geometridae

新金星尺蛾 *Abraxas neomartaria* Inoue

江西省：吉安市遂川县南风面国家级自然保护区 26°17′04″N，114°03′53″E。

榛金星尺蛾 *Abraxas sycvata* (Scopoli)

江西省：井冈山主峰 26.53°N，114.15°E。井冈山罗浮 26.39°N，114.13°E。

湖南省：株洲市炎陵县十都镇神农谷自然保护区 26°49′93″N，114°06′56″E。

四点角缘彩斑尺蛾 *Achrosis rufescens* Butler

江西省：吉安市遂川县南风面国家级自然保护区 26°17′04″N，114°03′53″E。

皋艳青尺蛾 *Agathia gaudens* Prout

江西省：吉安市安福县武功山 27°29′48″N，114°11′12″E。

湖南省：浏阳市大围山镇大围山森林公园 28°25′30″N，114°06′45″E。

杉霜尺蛾 *Alcis angulifera* (Butler)

江西省：宜春市奉新县百丈山 28°41′35″N，114°46′27″E。

鲜鹿尺蛾 *Alcis perfurcana* (Wehrli)

江西省：井冈山主峰 26.53°N，114.15°E。

湖南省：浏阳市大围山镇大围山森林公园 28°25′30″N，114°06′45″E。

马鹿尺蛾 *Alcis postcandida* (Wehrli)

江西省：井冈山小溪洞 26°28′57″N，114°11′27″E。井冈山主峰 26.53°N，114.15°E。

湖南省：浏阳市大围山镇大围山森林公园 28°25′30″N，114°06′45″E。

桦霜尺蛾 *Alcis repandta* (Linnaeus)

江西省：宜春市奉新县百丈山 28°41′35″N，114°46′27″E。

朝比暗尺蛾 *Amraica asahinai* (Inoue)

湖南省：浏阳市大围山镇大围山森林公园 28°25′30″N，114°06′45″E。

枝尺蛾 *Antipercnia belluaria* (Guenée)

江西省：宜春市靖安县璪都镇南山村 29°01′00″N，115°16′00″E。赣州市上犹县光菇山自然保护区 25°55′11″N，114°03′04″E。

黑星白尺蛾 *Asthena melanosticta* Wehrli

江西省：宜春市奉新县百丈山 28°41′18″N，114°46′13″E。

对白尺蛾 *Asthena undulata* (Wileman)

江西省：井冈山主峰 26.53°N，114.15°E。井冈山湘洲 26.32°N，114.11°E。井冈山罗浮 26.39°N，114.13°E。井冈山小溪洞 26°28′57″N，114°11′27″E。吉安市安福县武功山 27°29′48″N，114°11′12″E。

湖南省：株洲市炎陵县十都镇神农谷自然保护区 26°49′93″N，114°06′56″E。

娴尺蛾 *Auaxa cesadaria* Walker

江西省：宜春市靖安县观音岩 29°01′48″N，115°25′00″E。

湖南省：浏阳市大围山镇大围山森林公园 28°25′30″N，114°06′45″E。

丽斑尺蛾 *Berta chrysolineata* Walker

湖南省：株洲市炎陵县十都镇神农谷自然保护区 26°30′16″N，114°00′50″E。株洲市炎陵县十都镇神农谷自然保护区 26°49′93″N，114°06′56″E。

白鹰尺蛾 *Biston contectaria* (Walker)

湖南省：株洲市炎陵县十都镇神农谷自然保护区 26°30′16″N，114°00′50″E。株洲市炎陵县十都镇神农谷自然保护区 26°49′93″N，114°06′56″E。

盘鹰尺蛾 *Biston panterinaria* (Bremer et Grey)

江西省：宜春市靖安县璪都镇南山村 29°01′00″N，115°16′00″E。宜春市靖安县观音岩 29°01′48″N，115°25′00″E。

湖南省：株洲市炎陵县十都镇神农谷自然保护区 26°49′93″N，114°06′56″E。

双云尺蛾 *Biston regalis* (Moore)

江西省：宜春市奉新县百丈山 28°41′35″N，114°46′27″E。

焦边尺蛾 *Bizia aexaria* (Walker)

江西省：井冈山湘洲 26.32°N，114.11°E。井冈山小溪洞 26°28′57″N，114°11′27″E。

湖南省：株洲市炎陵县十都镇神农谷自然保护区 26°49′93″N，114°06′56″E。

皱霜尺蛾 *Boarmia displiscens* Butler

江西省：宜春市奉新县百丈山 28°41′35″N，114°46′27″E。

云尺蛾 Buzura thibetaria (Oberthür)

江西省：宜春市奉新县百丈山 28°41′35″N，114°46′27″E。

常春藤洄纹尺蛾 Callabraxas compositata (Guenée)

湖南省：株洲市炎陵县十都镇神农谷自然保护区 26°49′93″N，114°06′56″E。

云南松洄纹尺蛾 Callabraxas fabiolaria (Oberthür)

湖南省：株洲市炎陵县十都镇神农谷自然保护区 26°30′16″N，114°00′50″E。株洲市炎陵县十都镇神农谷自然保护区 26°49′93″N，114°06′56″E。

丝棉木金星尺蛾 Calospilos suspecta Warren

江西省：井冈山主峰 26.53°N，114.15°E。井冈山湘洲 26.32°N，114.11°E。萍乡市芦溪县杨家岭 27°35′03″N，114°15′02″E。

湖南省：株洲市炎陵县十都镇神农谷自然保护区 26°49′93″N，114°06′56″E。

迷溢尺蛾 Catarhoe obscura (Butler)

江西省：井冈山小溪洞 26°28′57″N，114°11′27″E。

湖南省：株洲市炎陵县十都镇神农谷自然保护区 26°49′93″N，114°06′56″E。

绿龟尺蛾 Celenna festivaria (Fabricius)

湖南省：株洲市炎陵县十都镇神农谷自然保护区 26°49′93″N，114°06′56″E。

黄缘丸尺蛾 Chartographa ludovicaria (Oberthur)

江西省：宜春市奉新县百丈山 28°41′35″N，114°46′27″E。

多线洄纹尺蛾 Chartographa plurilineata (Walker)

湖南省：株洲市炎陵县十都镇神农谷自然保护区 26°30′16″N，114°00′50″E。株洲市炎陵县十都镇神农谷自然保护区 26°49′93″N，114°06′56″E。

呆奇尺蛾 Chiasmia defixaria (Walker)

江西省：井冈山湘洲 26.32°N，114.11°E。井冈山小溪洞 26°28′57″N，114°11′27″E。

湖南省：株洲市炎陵县十都镇神农谷自然保护区 26°49′93″N，114°06′56″E。

翠仿锈腰尺蛾 Chlorissa aquamarina (Hampson)

江西省：井冈山主峰 26.53°N，114.15°E。

湖南省：株洲市炎陵县十都镇神农谷自然保护区 26°49′93″N，114°06′56″E。

四眼绿尺蛾 Chlorodontopera discospilata (Moore)

湖南省：株洲市炎陵县十都镇神农谷自然保护区 26°29′21″N，114°01′16″E。株洲市炎陵县十都镇神农谷自然保护区 26°49′93″N，114°06′56″E。

勉方尺蛾 Chorodna sedulata Xue

江西省：宜春市奉新县百丈山 28°42′40″N，114°46′35″E。

双肩尺蛾 Cleora cinctaria (Denis et Schiffermüller)

江西省：宜春市奉新县百丈山 28°42′40″N，114°46′35″E。

长纹绿尺蛾 Comibaena argentataria (Leech)

湖南省：株洲市炎陵县十都镇神农谷自然保护区 26°49′93″N，114°06′56″E。

紫斑绿尺蛾 Comibaena nigromacularia (Leech)

江西省：井冈山主峰 26.53°N，114.15°E。井冈山罗浮 26.39°N，114.13°E。井冈山水库 26.33°N，114.10°E。

湖南省：株洲市炎陵县十都镇神农谷自然保护区 26°49′93″N，114°06′56″E。

屁尺蛾 Comostola virago Prout

江西省：宜春市宜丰县官山国家级自然保护区 28°33′21″N，114°35′20″E。

湖南省：株洲市炎陵县十都镇神农谷自然保护区 26°30′16″N，114°00′50″E。

蕾佧尺蛾 Coremecis leukohyperythra (Wehrli)

江西省：井冈山主峰 26.53°N，114.15°E。井冈山湘洲 26.32°N，114.11°E。井冈山罗浮 26.39°N，114.13°E。宜春市宜丰县官山国家级自然保护区 28°33′21″N，114°35′20″E。

毛穿孔尺蛾 Corymica arenaria Walker

江西省：井冈山小溪洞 26°28′57″N，114°11′27″E。宜春市宜丰县官山国家级自然保护区 28°33′21″N，114°35′20″E。

木燎尺蠖 Culcula panterinaria Bremer et Grey

江西省：井冈山主峰 26.53°N，114.15°E。井冈山湘洲 26.32°N，114.11°E。井冈山罗浮 26.39°N，114.13°E。宜春市宜丰县官山国家级自然保护区 28°33′21″N，114°35′20″E。宜春市奉新县百丈山 28°42′40″N，114°46′35″E。

俄达尺蛾 Dalima apicata Moore

江西省：宜春市宜丰县官山国家级自然保护区

28°33′21″N，114°35′20″E。

湖南省：株洲市炎陵县十都镇神农谷自然保护区 26°29′21″N，114°01′16″E。

点峰尺蛾 *Dindica para* Swinhoe

江西省：井冈山小溪洞 26°28′57″N，114°11′27″E。井冈山主峰 26.53°N，114.15°E。宜春市宜丰县官山国家级自然保护区 28°33′21″N，114°35′20″E。

敌尺蛾 *Discoglypha aureifloris* Warren

江西省：宜春市宜丰县官山国家级自然保护区 28°33′21″N，114°35′20″E。

湖南省：株洲市炎陵县十都镇神农谷自然保护区 26°30′16″N，114°00′50″E。

黄底尺蛾 *Dissoplaga flava* (Moore)

江西省：宜春市宜丰县官山国家级自然保护区 28°33′21″N，114°35′20″E。

湖南省：株洲市炎陵县十都镇神农谷自然保护区 26°29′21″N，114°01′16″E。

位岛尺蛾 *Doratoptera virescens* Marumo

湖南省：株洲市炎陵县十都镇神农谷自然保护区 26°29′21″N，114°01′16″E。浏阳市大围山镇大围山森林公园 28°25′30″N，114°06′45″E。

兀尺蛾 *Elphos insueta* Butler

江西省：宜春市奉新县百丈山 28°41′35″N，114°46′27″E。

虎鄂尺蛾 *Epobeidia tigrata* (Guenée)

江西省：赣州市上犹县光菇山自然保护区 25°55′11″N，114°03′04″E。

同树尺蛾 *Erebomorpha consors* Butler

江西省：萍乡市芦溪县杨家岭 27°35′03″N，114°15′02″E。

湖南省：浏阳市大围山镇大围山森林公园 28°25′30″N，114°06′45″E。

细枝树尺蛾 *Erebomorpha fulguraria intervolans* Wehrli

江西省：井冈山小溪洞 26°28′57″N，114°11′27″E。井冈山水库 26.33°N，114.10°E。

湖南省：浏阳市大围山镇大围山森林公园 28°25′30″N，114°06′45″E。

碎黑黄尺蛾 *Euchristophia cumulata* (Christoph)

湖南省：浏阳市大围山镇大围山森林公园 28°25′30″N，114°06′45″E。

绣球祉尺蛾 *Eucosmabraxas evanescens* (Butler)

江西省：宜春市靖安县三爪仑国家森林公园 28°58′36″N，115°14′11″E。

彩青尺蛾 *Eucyclodes gavissima* (Walker)

江西省：吉安市遂川县南风面国家级自然保护区 26°17′04″N，114°03′53″E。井冈山主峰 26.53°N，114.15°E。

湖南省：株洲市炎陵县十都镇神农谷自然保护区 26°49′93″N，114°06′56″E。

丰尺尺蛾 *Euryobeidia largeteaui* Oberthur

江西省：吉安市遂川县南风面国家级自然保护区 26°17′04″N，114°03′53″E。赣州市上犹县光菇山自然保护区 25°55′11″N，114°03′04″E。

台褐尺蛾 *Eustroma changi* Inoue

湖南省：浏阳市大围山镇大围山森林公园 28°25′30″N，114°06′45″E。

汇纹尺蛾 *Evecliptopera decurrens* (Moore)

江西省：井冈山主峰 26.53°N，114.15°E。

赭尾尺蛾 *Exurapteryx aristidaria* Oberthür

江西省：井冈山主峰 26.53°N，114.15°E。井冈山小溪洞 26°28′57″N，114°11′27″E。井冈山水库 26.33°N，114.10°E。井冈山湘洲 26.32°N，114.11°E。井冈山罗浮 26.39°N，114.13°E。宜春市奉新县百丈山 28°42′40″N，114°46′35″E。

湖南省：浏阳市大围山镇大围山森林公园 28°25′30″N，114°06′45″E。

紫片尺蛾 *Fascellina chromataria* Walker

湖南省：株洲市炎陵县十都镇神农谷自然保护区 26°29′21″N，114°01′16″E。浏阳市大围山镇大围山森林公园 28°25′30″N，114°06′45″E。

灰绿片尺蛾 *Fascellina plagiata* (Walker)

江西省：赣州市上犹县光菇山自然保护区 25°55′11″N，114°03′04″E。吉安市遂川县南风面国家级自然保护区 26°17′04″N，114°03′53″E。

湖南省：浏阳市大围山镇大围山森林公园 28°25′30″N，114°06′45″E。

谱枯叶尺蛾 *Gandaritis pseudolargetaui* (Wehrli)

江西省：宜春市靖安县三爪仑国家森林公园 28°58′36″N，115°14′11″E。

湖南省：株洲市炎陵县十都镇神农谷自然保护区 26°30′16″N，114°00′50″E。

中国枯叶尺蛾 *Gandaritis sinicaria* Leech

江西省：宜春市靖安县三爪仑国家森林公园
28°58′36″N, 115°14′11″E。井冈山主峰 26.53°N, 114.15°E。
井冈山小溪洞 26°28′57″N, 114°11′27″E。

湖南省：株洲市炎陵县十都镇神农谷自然保护区
26°30′16″N, 114°00′50″E。

焦斑魑尺蛾 *Garaeus apicata* (Moore)

江西省：宜春市靖安县三爪仑国家森林公园
28°58′36″N, 115°14′11″E。

湖南省：株洲市炎陵县十都镇神农谷自然保护区
26°30′16″N, 114°00′50″E。

陶魑尺蛾 *Garaeus argillacea* (Butler)

江西省：吉安市安福县武功山 27°29′48″N, 114°11′
12″E。宜春市靖安县三爪仑国家森林公园 28°58′36″N,
115°14′11″E。

洞魑尺蛾 *Garaeus specularis* Moore

江西省：吉安市安福县武功山 27°29′48″N, 114°11′
12″E。宜春市靖安县三爪仑国家森林公园 28°58′36″N,
115°14′11″E。

柑橘尺蠖 *Hemerophila subplagiata* Walker

江西省：井冈山主峰 26.53°N, 114.15°E。井冈山水
库 26.33°N, 114.10°E。宜春市靖安县三爪仑国家森林公
园 28°58′36″N, 115°14′11″E。

无脊始青尺蛾 *Herochroma baba* Swinhoe

江西省：宜春市靖安县三爪仑国家森林公园
28°58′36″N, 115°14′11″E。

湖南省：株洲市炎陵县十都镇神农谷自然保护区
26°29′21″N, 114°01′16″E。

巴始青尺蛾 *Herochroma baibarana* (Matsumura)

江西省：吉安市安福县武功山 27°29′48″N, 114°11′
12″E。宜春市靖安县三爪仑国家森林公园 28°58′36″N,
115°14′11″E。

绿始青尺蛾 *Herochroma viridaria* (Moore)

江西省：吉安市安福县武功山 27°29′48″N, 114°11′
12″E。宜春市靖安县三爪仑国家森林公园 28°58′36″N,
115°14′11″E。宜春市奉新县百丈山 28°41′35″N,
114°46′27″E。

玲隐尺蛾 *Heterolocha aristonaria*(Walker)

江西省：井冈山主峰 26.53°N, 114.15°E。井冈山湘
洲 26.32°N, 114.11°E。井冈山罗浮 26.39°N, 114.13°E。

井冈山水库 26.33°N, 114.10°E。井冈山小溪洞
26°28′57″N, 114°11′27″E。宜春市靖安县三爪仑国家森
林公园 28°58′36″N, 115°14′11″E。

霍恩锦尺蛾 *Heterostegane hoenei* (Wehrli)

江西省：宜春市靖安县三爪仑国家森林公园 28°58′
36″N, 115°14′11″E。

斑弓莹尺蛾 *Hyalinetta circumflexa* (Kollar)

江西省：宜春市靖安县三爪仑国家森林公园
28°58′36″N, 115°14′11″E。井冈山小溪洞 26°28′57″N,
114°11′27″E。井冈山主峰 26.53°N, 114.15°E。

凤假考尺蛾 *Hyperythra phoenix* Swinhoe

江西省：赣州市上犹县光菇山自然保护区 25°55′
11″N, 114°03′04″E。

黑红熙尺蛾 *Hypochrosis baenzigeri* Inoue

江西省：宜春市靖安县三爪仑国家森林公园
28°58′36″N, 115°14′11″E。

霉熙尺蛾 *Hypochrosis mixticolor* Prout

江西省：宜春市宜丰县官山国家级自然保护区
28°33′21″N, 114°35′20″E。

埃尘尺蛾 *Hypomecis eosaria* (Walker)

江西省：宜春市宜丰县官山国家级自然保护区
28°33′21″N, 114°35′20″E。井冈山主峰 26.53°N, 114.15°E。

台克尺蛾 *Jankowskia taiwanensis* Satô

江西省：宜春市宜丰县官山国家级自然保护区
28°33′21″N, 114°35′20″E。井冈山主峰 26.53°N, 114.15°E。

茶用克尺蛾 *Junkowskia athleta* Oberthür

江西省：井冈山主峰 26.53°N, 114.15°E。井冈山水
库 26.33°N, 114.10°E。井冈山湘洲 26.32°N, 114.11°E。
井冈山小溪洞 26°28′57″N, 114°11′27″E。宜春市宜丰县
官山国家级自然保护区 28°33′21″N, 114°35′20″E。

三角璃尺蛾 *Krananda latimarginaria* Leech

江西省：宜春市靖安县璪都镇南山村 29°01′00″N,
115°16′00″E。宜春市靖安县观音岩 29°01′48″N, 115°25′00″E。
吉安市安福县武功山 27°19′00″N, 114°13′00″E。

琉璃尺蛾 *Krananda lucidaria* Leech

江西省：赣州市上犹县光菇山自然保护区 25°55′
11″N, 114°03′04″E。

橄璃尺蛾 *Krananda oliveomarginata* Swinhoe

江西省：井冈山湘洲 26.32°N, 114.11°E。井冈山主
峰 26.53°N, 114.15°E。宜春市宜丰县官山国家级自然保

护区 28°33′21″N，114°35′20″E。

湖南省：株洲市炎陵县十都镇神农谷自然保护区 26°29′21″N，114°01′16″E。

玻璃尺蛾 *Krananda semihyalina* Moore

江西省：宜春市宜丰县官山国家级自然保护区 28°33′21″N，114°35′20″E。赣州市上犹县光菇山自然保护区 25°55′11″N，114°03′04″E。

卡累尺蛾 *Leptomiza calcearia* (Walker)

江西省：吉安市安福县武功山 27°29′48″N，114°11′12″E。宜春市宜丰县官山国家级自然保护区 28°33′21″N，114°35′20″E。

中国巨青尺蛾 *Limbatochlamys rosthorni* Rothschild

江西省：宜春市宜丰县官山国家级自然保护区 28°33′21″N，114°35′20″E。

湖南省：株洲市炎陵县十都镇神农谷自然保护区 26°29′21″N，114°01′16″E。

合脉褶尺蛾 *Lomographa perapicata* (Wehrli)

江西省：井冈山主峰 26.53°N，114.15°E。宜春市宜丰县官山国家级自然保护区 28°33′21″N，114°35′20″E。

埃冠尺蛾 *Lophophelma erionoma* (Swinhoe)

江西省：宜春市宜丰县官山国家级自然保护区 28°33′21″N，114°35′20″E。

棕带灰尺蛾 *Luxiaria amasa* (Butler)

江西省：井冈山湘洲 26.32°N，114.11°E。井冈山小溪洞 26°28′57″N，114°11′27″E。井冈山主峰 26.53°N，114.15°E。宜春市宜丰县官山国家级自然保护区 28°33′21″N，114°35′20″E。

红带大历尺蛾 *Macrohastina gemmifera* (Moore)

江西省：吉安市安福县武功山 27°29′48″N，114°11′12″E。宜春市宜丰县官山国家级自然保护区 28°33′21″N，114°35′20″E。

续尖尾尺蛾 *Maxates grandificaria*(Graeser)

江西省：宜春市宜丰县官山国家级自然保护区 28°33′21″N，114°35′20″E。

树形尺蛾 *Mesastrape fulguraria* (Walker)

江西省：宜春市宜丰县官山国家级自然保护区 28°33′21″N，114°35′20″E。

白条豆纹尺蛾 *Metallolophia albescens* Inoue

江西省：宜春市宜丰县官山国家级自然保护区 28°33′21″N，114°35′20″E。

湖南省：株洲市炎陵县十都镇神农谷自然保护区 26°29′21″N，114°01′16″E。

豆纹尺蛾 *Metallolophia arenaria* (Leech)

江西省：吉安市安福县武功山 27°29′48″N，114°11′12″E。

盈斑尾尺蛾 *Micronidia intermedia* Yazaki

江西省：井冈山主峰 26.53°N，114.15°E。宜春市宜丰县官山国家级自然保护区 28°33′21″N，114°35′20″E。

白额觅尺蛾 *Mimochroa albifrons* (Moore)

江西省：宜春市宜丰县官山国家级自然保护区 28°33′21″N，114°35′20″E。

三岔绿尺蛾 *Mixochlora vittata* (Moore)

江西省：井冈山湘洲 26.32°N，114.11°E。井冈山罗浮 26.39°N，114.13°E。吉安市安福县武功山 27°29′48″N，114°11′12″E。

湖南省：株洲市炎陵县十都镇神农谷自然保护区 26°49′93″N，114°06′56″E。

三色刮尺蛾 *Monocerotesa trichroma* Wehrli

江西省：吉安市安福县武功山 27°29′48″N，114°11′12″E。

湖南省：株洲市炎陵县十都镇神农谷自然保护区 26°49′93″N，114°06′56″E。

双线新青尺蛾 *Neohipparchus vallata* (Butler)

江西省：井冈山主峰 26.53°N，114.15°E。

湖南省：株洲市炎陵县十都镇神农谷自然保护区 26°49′93″N，114°06′56″E。

须尺蛾 *Organopoda carnearia* (Walker)

江西省：吉安市安福县武功山 27°29′48″N，114°11′12″E。

湖南省：株洲市炎陵县十都镇神农谷自然保护区 26°49′93″N，114°06′56″E。

僊琼尺蛾 *Orthocabera sericea* Butler

江西省：赣州市上犹县光菇山自然保护区 25°55′11″N，114°03′04″E。

叉尾尺蛾 *Ourapteryx brachycera* Wehrli

江西省：宜春市奉新县百丈山 28°42′40″N，114°46′35″E。

长尾尺蛾 *Ourapteryx clara* **Butler**

湖南省：株洲市炎陵县十都镇神农谷自然保护区 26°49′93″N，114°06′56″E。

四川尾尺蛾 *Ourapteryx ebuleata* **Wehrli**

江西省：宜春市奉新县百丈山 28°42′40″N，114°46′35″E。

雪尾尺蛾 *Ourapteryx nivea* **Butler**

江西省：萍乡市芦溪县杨家岭 27°35′03″N，114°15′02″E。

湖南省：株洲市炎陵县十都镇神农谷自然保护区 26°49′93″N，114°06′56″E。

耙尾尺蛾 *Ourapteryx pallidula* **Inoue**

湖南省：株洲市炎陵县十都镇神农谷自然保护区 26°49′93″N，114°06′56″E。

接骨木尾尺蛾 *Ourapteryx sambucaria* **(Linnaeus)**

江西省：宜春市奉新县百丈山 28°42′40″N，114°46′35″E。

淡尾尺蛾 *Ourapteryx sciticaudaria* **Walker**

湖南省：株洲市炎陵县十都镇神农谷自然保护区 26°30′16″N，114°00′50″E。株洲市炎陵县十都镇神农谷自然保护区 26°49′93″N，114°06′56″E。

耶尾尺蛾 *Ourapteryx yerburii* **Butler**

江西省：井冈山湘洲 26.32°N，114.11°E。井冈山主峰 26.53°N，114.15°E。井冈山小溪洞 26°28′57″N，114°11′27″E。

湖南省：株洲市炎陵县十都镇神农谷自然保护区 26°49′93″N，114°06′56″E。

尾尺蛾属未定种 *Ourapteryx* **sp.**

江西省：赣州市上犹县光菇山自然保护区 25°55′11″N，114°03′04″E。

金星垂耳尺蛾 *Pachyodes amplificata* **(Walker)**

江西省：宜春市靖安县璪都镇南山村 29°01′00″N，115°16′00″E。吉安市安福县武功山 27°19′00″N，114°13′00″E。

湖南省：株洲市炎陵县十都镇神农谷自然保护区 26°49′93″N，114°06′56″E。

浙江垂耳尺蛾 *Pachyodes iterans* **(Prout)**

湖南省：株洲市炎陵县十都镇神农谷自然保护区 26°30′16″N，114°00′50″E。株洲市炎陵县十都镇神农谷自然保护区 26°49′93″N，114°06′56″E。

紫红泯尺蛾 *Palpoctenidia phoenicosoma* **(Swinhoe)**

湖南省：株洲市炎陵县十都镇神农谷自然保护区 26°30′16″N，114°00′50″E。株洲市炎陵县十都镇神农谷自然保护区 26°49′93″N，114°06′56″E。

柿星尺蛾 *Pecnia giraffata* **(Guenée)**

江西省：宜春市奉新县百丈山 28°42′40″N，114°46′35″E。

湖南省：株洲市炎陵县十都镇神农谷自然保护区 26°49′93″N，114°06′56″E。

海绿尺蛾 *Pelagodes antiquadraria* **(Inoue)**

江西省：吉安市遂川县南风面国家级自然保护区 26°17′04″N，114°03′53″E。吉安市安福县武功山 27°19′00″N，114°13′00″E。

湖南省：株洲市炎陵县十都镇神农谷自然保护区 26°49′93″N，114°06′56″E。

德陪尺蛾 *Peratostega deletaria* **(Moore)**

江西省：井冈山主峰 26.53°N，114.15°E。井冈山小溪洞 26°28′57″N，114°11′27″E。井冈山湘洲 26.32°N，114.11°E。宜春市宜丰县官山国家级自然保护区 28°33′21″N，114°35′20″E。

灰点尺蛾 *Percnia grisearia* **Leech**

江西省：宜春市奉新县百丈山 28°42′40″N，114°46′35″E。

小点尺蛾 *Percnia maculata* **(Moore)**

江西省：宜春市奉新县百丈山 28°42′40″N，114°46′35″E。

锯纹粉尺蛾 *Pingasa secreta* **Inoue**

江西省：宜春市宜丰县官山国家级自然保护区 28°33′21″N，114°35′20″E。

湖南省：株洲市炎陵县十都镇神农谷自然保护区 26°29′21″N，114°01′16″E。

佤丸尺蛾 *Plutodes warreni* **Prout**

江西省：吉安市遂川县南风面国家级自然保护区 26°17′04″N，114°03′53″E。赣州市上犹县光菇山自然保护区 25°55′11″N，114°03′04″E。

银线普尺蛾 *Polyscia argentilinea* **(Moore)**

江西省：井冈山主峰 26.53°N，114.15°E。宜春市宜丰县官山国家级自然保护区 28°33′21″N，114°35′20″E。

指眼尺蛾 *Problepsis crassinotata* **Prout**

江西省：宜春市宜丰县官山国家级自然保护区 28°33′21″N，114°35′20″E。宜春市靖安县观音岩

29°01′48″N，115°25′00″E。

　　湖南省：株洲市炎陵县十都镇神农谷自然保护区26°29′21″N，114°01′16″E。

联眼尺蛾 *Problepsis subreferta* Prout

　　江西省：宜春市奉新县百丈山 28°42′40″N，114°46′35″E。

绿花尺蛾 *Pseudeuchlora kafebera* (Swinhoe)

　　江西省：井冈山主峰 26.53°N，114.15°E。井冈山湘洲 26.32°N，114.11°E。井冈山罗浮 26.39°N，114.13°E。井冈山水库 26.33°N，114.10°E。井冈山小溪洞 26°28′57″N，114°11′27″E。宜春市宜丰县官山国家级自然保护区 28°33′21″N，114°35′20″E。

　　湖南省：株洲市炎陵县十都镇神农谷自然保护区26°30′16″N，114°00′50″E。

紫白尖尺蛾 *Pseudomiza obliquaria* (Leech)

　　江西省：赣州市上犹县光菇山自然保护区 25°55′11″N，114°03′04″E。宜春市宜丰县官山国家级自然保护区 28°33′21″N，114°35′20″E。

褐斑黄普尺蛾 *Psilalcis albibasis* (Hampson)

　　江西省：宜春市奉新县百丈山 28°42′40″N，114°46′35″E。

雄帅尺蛾 *Rikiosatoa mavi* (Prout)

　　江西省：宜春市宜丰县官山国家级自然保护区28°33′21″N，114°35′20″E。

三线沙尺蛾 *Sarcinodes aequilinearia* (Walker)

　　江西省：宜春市宜丰县官山国家级自然保护区28°33′21″N，114°35′20″E。

　　湖南省：株洲市炎陵县十都镇神农谷自然保护区26°29′21″N，114°01′16″E。

二线沙尺蛾 *Sarcinodes carnearia* Guenée

　　江西省：宜春市宜丰县官山国家级自然保护区28°33′21″N，114°35′20″E。

　　湖南省：株洲市炎陵县十都镇神农谷自然保护区26°30′16″N，114°00′50″E。

金沙尺蛾 *Sarcinodes mongaku* Marumo

　　江西省：吉安市安福县武功山 27°29′48″N，114°11′12″E。宜春市宜丰县官山国家级自然保护区28°33′21″N，114°35′20″E。

一线沙尺蛾 *Sarcinodes restitutaria* Walker

　　江西省：井冈山主峰 26.53°N，114.15°E。井冈山湘洲 26.32°N，114.11°E。井冈山罗浮 26.39°N，114.13°E。

井冈山小溪洞 26°28′57″N，114°11′27″E。宜春市宜丰县官山国家级自然保护区 28°33′21″N，114°35′20″E。宜春市奉新县百丈山 28°42′40″N，114°46′35″E。

雨尺蛾 *Semiothisa pluviata* (Fabricius)

　　江西省：井冈山主峰 26.53°N，114.15°E。井冈山湘洲 26.32°N，114.11°E。井冈山罗浮 26.39°N，114.13°E。井冈山小溪洞 26°28′57″N，114°11′27″E。宜春市宜丰县官山国家级自然保护区 28°33′21″N，114°35′20″E。

金叉俭尺蛾 *Spilopera divaricata* (Moore)

　　江西省：井冈山主峰 26.53°N，114.15°E。井冈山湘洲 26.32°N，114.11°E。井冈山罗浮 26.39°N，114.13°E。井冈山小溪洞 26°28′57″N，114°11′27″E。宜春市宜丰县官山国家级自然保护区 28°33′21″N，114°35′20″E。

焦斑叉线青尺蛾 *Tanaoctenia haliaria* (Walker)

　　江西省：宜春市宜丰县官山国家级自然保护区28°33′21″N，114°35′20″E。

斑镰绿尺蛾 *Tanaorhinus kina* Swinhoe

　　江西省：宜春市宜丰县官山国家级自然保护区28°33′21″N，114°35′20″E。宜春市奉新县百丈山28°42′40″N，114°46′35″E。

　　湖南省：株洲市炎陵县十都镇神农谷自然保护区26°29′21″N，114°01′16″E。

钩镰绿尺蛾 *Tanaorhinus rafflesii* (Moore)

　　江西省：井冈山小溪洞 26°28′57″N，114°11′27″E。井冈山湘洲 26.32°N，114.11°E。井冈山主峰 26.53°N，114.15°E。宜春市宜丰县官山国家级自然保护区28°33′21″N，114°35′20″E。

镰绿尺蛾 *Tanaorhinus reciprocata* (Walker)

　　江西省：宜春市宜丰县官山国家级自然保护区28°33′21″N，114°35′20″E。吉安市安福县武功山27°19′00″N，114°13′00″E。

影镰绿尺蛾 *Tanaorhinus viridiluteata* (Swinhoe)

　　江西省：宜春市宜丰县官山国家级自然保护区28°33′21″N，114°35′20″E。宜春市靖安县观音岩29°01′48″N，115°25′00″E。

江西垂耳尺蛾 *Terpna erionoma kiangsiensis* Chu

　　江西省：井冈山主峰 26.53°N，114.15°E。井冈山湘洲 26.32°N，114.11°E。吉安市安福县武功山 27°29′48″N，114°11′12″E。

粉垂耳尺蛾 *Terpna haemataria* Herrichschäffer

　　江西省：井冈山主峰 26.53°N，114.15°E。井冈山湘洲26.32°N，114.11°E。吉安市安福县武功山27°29′48″N，114°11′12″E。

江浙垂耳尺蛾 *Terpna iterans* Prout

江西省：井冈山罗浮26.39°N，114.13°E。井冈山水库26.33°N，114.10°E。井冈山小溪洞26°28′57″N，114°11′27″E。井冈山主峰26.53°N，114.15°E。吉安市安福县武功山27°29′48″N，114°11′12″E。

紫线尺蛾 *Timandra synthaca* (Prout)

江西省：井冈山罗浮26.39°N，114.13°E。井冈山小溪洞26°28′57″N，114°11′27″E。吉安市安福县武功山27°29′48″N，114°11′12″E。

缺口青尺蛾 *Timandromorpha discolor* (Warren)

江西省：井冈山湘洲26.32°N，114.11°E。吉安市安福县武功山27°29′48″N，114°11′12″E。

小缺口青尺蛾 *Timandromorpha enervata* Inoue

江西省：宜春市靖安县璪都镇南山村29°01′00″N，115°16′00″E。

三角尺蛾 *Trigonoptila latimarginaria* Leech

江西省：井冈山罗浮26.39°N，114.13°E。吉安市安福县武功山27°29′48″N，114°11′12″E。

蒿杆三角尺蛾 *Trigonoptila straminearia* (Leech)

江西省：井冈山主峰26.53°N，114.15°E。井冈山罗浮26.39°N，114.13°E。井冈山小溪洞26°28′57″N，114°11′27″E。井冈山水库26.33°N，114.10°E。吉安市安福县武功山27°29′48″N，114°11′12″E。

扭尾尺蛾 *Tristrophis rectifascia* (Wileman)

江西省：吉安市安福县武功山27°29′48″N，114°11′12″E。

金黄鑫尺蛾 *Trotocraspeda divaricata* (Moore)

江西省：吉安市安福县武功山27°29′48″N，114°11′12″E。宜春市靖安县璪都镇南山村29°01′00″N，115°16′00″E。

洁尺蛾 *Tyloptera bella* (Butler)

江西省：吉安市安福县武功山27°29′48″N，114°11′12″E。

点阮尺蛾 *Uliura infausta* (Prout)

江西省：吉安市安福县武功山27°29′48″N，114°11′12″E。

玉臂黑尺蛾 *Xandrames dholaria* Moore

江西省：井冈山主峰26.53°N，114.15°E。井冈山湘

洲26.32°N，114.11°E。井冈山罗浮26.39°N，114.13°E。吉安市安福县武功山27°29′48″N，114°11′12″E。

中国虎尺蛾 *Xanthabraxas hemionata* (Guenée)

江西省：赣州市上犹县光菇山自然保护区25°55′11″N，114°03′04″E。

镰瓒尺蛾 *Zanclopera falcata* Warren

江西省：井冈山主峰26.53°N，114.15°E。井冈山小溪洞26°28′57″N，114°11′27″E。赣州市崇义县横水镇阳岭国家森林公园25°37′50″N，114°18′16″E。

烤焦尺蛾 *Zythos avellanea* (Prout)

江西省：吉安市安福县武功山27°29′48″N，114°11′12″E。宜春市靖安县观音岩29°01′48″N，115°25′00″E。宜春市靖安县璪都镇南山村29°01′00″N，115°16′00″E。

苔蛾科 Lithosiidae

白黑华苔蛾 *Agylla ramelana* (Moore)

江西省：赣州市崇义县横水镇阳岭国家森林公园25°37′50″N，114°18′16″E。萍乡市芦溪县杨家岭27°35′03″N，114°15′02″E。

湖南省：株洲市炎陵县桃源洞自然保护区甲水26°59′00″N，113°99′00″E。

艳苔蛾属未定种1　*Asura* sp. 1

江西省：赣州市崇义县横水镇阳岭国家森林公园25°37′50″N，114°18′16″E。

艳苔蛾属未定种2　*Asura* sp. 2

江西省：赣州市崇义县横水镇阳岭国家森林公园25°37′50″N，114°18′16″E。

挂墩蓖苔蛾 *Barsine kuantunensis* Daniel

江西省：吉安市遂川县南风面国家级自然保护区26°17′04″N，114°03′53″E。

朱蓖苔蛾 *Barsine pulchra* Butler

江西省：赣州市上犹县光菇山自然保护区25°55′11″N，114°03′04″E。

东方蓖苔蛾 *Barsine sauteri* Strand

江西省：宜春市靖安县璪都镇南山村29°01′00″N，115°16′00″E。宜春市靖安县观音岩29°01′48″N，115°25′00″E。赣州市上犹县光菇山自然保护区25°55′11″N，114°03′04″E。

Caulocera crassicornis Walker

江西省：赣州市崇义县横水镇阳岭国家森林公园25°37′50″N，114°18′16″E。

湖南省：浏阳市大围山镇大围山森林公园 28°25′30″N，114°06′45″E。

黑缘苔蛾 Conilepia nigricosta Leech

江西省：吉安市遂川县南风面国家级自然保护区 26°17′04″N，114°03′53″E。赣州市上犹县光菇山自然保护区 25°55′11″N，114°03′04″E。

湖南省：郴州市桂东县八面山国家级自然保护区 25°58′21″N，113°42′37″E。

美雪苔蛾 Cyana distincta (Rothschild)

江西省：萍乡市莲花县高天岩 27°23′51″N，114°00′54″E。

红束雪苔蛾 Cyana fasciola Elwes

江西省：吉安市遂川县南风面国家级自然保护区 26°17′04″N，114°03′53″E。赣州市上犹县光菇山自然保护区 25°55′11″N，114°03′04″E。

湖南省：郴州市桂东县八面山国家级自然保护区 25°58′21″N，113°42′37″E。

优雪苔蛾 Cyana hamata (Walker)

江西省：井冈山主峰 26.53°N，114.15°E。井冈山湘洲 26°32.0′N，114°11.0′E。井冈山小溪洞 26°28′57″N，114°11′27″E。井冈山笔架山 26.33°N，114.10°E。井冈山罗浮 26.39°N，114.13°E。赣州市崇义县横水镇阳岭国家森林公园 25°37′50″N，114°18′16″E。吉安市遂川县南风面国家级自然保护区 26°17′04″N，114°03′53″E。赣州市上犹县光菇山自然保护区 25°55′11″N，114°03′04″E。

湖南省：郴州市桂东县八面山国家级自然保护区 25°58′21″N，113°42′37″E。

雪苔蛾属未定种 1 Cyana sp. 1

江西省：赣州市崇义县横水镇阳岭国家森林公园 25°37′50″N，114°18′16″E。

雪苔蛾属未定种 2 Cyana sp. 2

江西省：赣州市崇义县横水镇阳岭国家森林公园 25°37′50″N，114°18′16″E。

雪苔蛾属未定种 3 Cyana sp. 3

江西省：赣州市崇义县横水镇阳岭国家森林公园 25°37′50″N，114°18′16″E。

雪苔蛾属未定种 4 Cyana sp. 4

江西省：赣州市崇义县横水镇阳岭国家森林公园 25°37′50″N，114°18′16″E。

耳土苔蛾 Eilema auriflua (Moore)

江西省：赣州市上犹县五指峰乡齐云山自然保护区 25°55′03″N，114°02′48″E。

额黑土苔蛾 Eilema conformis (Walker)

江西省：赣州市上犹县五指峰乡齐云山自然保护区 25°55′03″N，114°02′48″E。

湘土苔蛾 Eilema hunanica (Daniel)

江西省：吉安市遂川县南风面国家级自然保护区 26°17′04″N，114°03′53″E。赣州市上犹县五指峰乡齐云山自然保护区 25°55′03″N，114°02′48″E。

湖南省：浏阳市大围山镇大围山森林公园 28°25′30″N，114°06′45″E。

土苔蛾属未定种 1 Eilema sp. 1

江西省：赣州市上犹县五指峰乡齐云山自然保护区 25°55′03″N，114°02′48″E。

土苔蛾属未定种 2 Eilema sp. 2

江西省：赣州市上犹县五指峰乡齐云山自然保护区 25°55′03″N，114°02′48″E。

土苔蛾属未定种 3 Eilema sp. 3

江西省：赣州市上犹县五指峰乡齐云山自然保护区 25°55′03″N，114°02′48″E。

土苔蛾属未定种 4 Eilema sp. 4

江西省：赣州市上犹县五指峰乡光菇山 25°55′03″N，114°02′48″E。

灰良苔蛾 Eugoa grisea Butler

江西省：赣州市上犹县五指峰乡光菇山 25°55′03″N，114°02′48″E。

良苔蛾属未定种 1 Eugoa sp. 1

江西省：赣州市上犹县五指峰乡光菇山 25°55′03″N，114°02′48″E。

良苔蛾属未定种 2 Eugoa sp. 2

江西省：赣州市上犹县五指峰乡光菇山 25°55′03″N，114°02′48″E。

良苔蛾属未定种 3 Eugoa sp. 3

江西省：赣州市上犹县五指峰乡光菇山 25°55′03″N，114°02′48″E。

曲苔蛾 Gampola fasciata Moore

湖南省：浏阳市大围山镇大围山森林公园 28°25′30″N，114°06′45″E。

乌闪网苔蛾 Macrobrochis staudingeri (Alpheraky)

湖南省：浏阳市大围山镇大围山森林公园 28°25′30″N，114°06′45″E。

松美苔蛾 _Miltochrista defecta_ (Walker)

湖南省：浏阳市大围山镇大围山森林公园 28°25′30″N，114°06′45″E。

齿美苔蛾 _Miltochrista dentifascia_ Hampson

湖南省：浏阳市大围山镇大围山森林公园 28°25′30″N，114°06′45″E。

东方美苔蛾 _Miltochrista orientalis_ Daniel

江西省：赣州市上犹县五指峰乡光菇山 25°55′03″N，114°02′48″E。吉安市遂川县南风面国家级自然保护区 26°17′04″N，114°03′53″E。

硃美苔蛾 _Miltochrista pulchra_ Butler

江西省：赣州市上犹县五指峰乡光菇山 25°55′03″N，114°02′48″E。井冈山罗浮 26.39°N，114.13°E。井冈山湘洲 26.32°N，114.11°E。井冈山水库 26.33°N，114.10°E。井冈山主峰 26.53°N，114.15°E。

弯美苔蛾 _Miltochrista sinuata_ Fang

江西省：赣州市上犹县五指峰乡光菇山 25°55′03″N，114°02′48″E。

优美苔蛾 _Miltochrista striata_ (Bremer et Grey)

江西省：井冈山小溪洞 26°28′57″N，114°11′27″E。井冈山湘洲 26°32.0′N，114°11.0′E。井冈山罗浮 26.39°N，114.13°E。井冈山主峰 26.53°N，114.15°E。赣州市上犹县五指峰乡光菇山 25°55′03″N，114°02′48″E。宜春市袁州区明月山 27°35′44″N，114°16′26″E。宜春市靖安县璪都镇南山村 29°01′00″N，115°16′00″E。赣州市上犹县光菇山自然保护区 25°55′11″N，114°03′04″E。

之美苔蛾 _Miltochrista ziczac_ (Walker)

江西省：井冈山湘洲 26°32.0′N，114°11.0′E。井冈山小溪洞 26°28′57″N，114°11′27″E。井冈山罗浮 26.39°N，114.13°E。井冈山主峰 26.53°N，114.15°E。井冈山水库 26.33°N，114.10°E。赣州市上犹县五指峰乡光菇山 25°55′03″N，114°02′48″E。萍乡市芦溪县武功山 27°27′39″N，114°10′03″E。

美苔蛾属未定种 1 _Miltochrista_ sp. 1

江西省：赣州市上犹县五指峰乡光菇山 25°55′03″N，114°02′48″E。

美苔蛾属未定种 2 _Miltochrista_ sp. 2

江西省：赣州市上犹县五指峰乡光菇山 25°55′03″N，114°02′48″E。

美苔蛾属未定种 3 _Miltochrista_ sp. 3

江西省：赣州市上犹县五指峰乡光菇山 25°55′03″N，114°02′48″E。

四线苔蛾 _Mithuna quadriplaga_ Moore

湖南省：浏阳市大围山镇大围山森林公园 28°25′30″N，114°06′45″E。

普苔蛾属未定种 _Prabhasa_ sp.

江西省：赣州市上犹县五指峰乡光菇山 25°55′03″N，114°02′48″E。

黄痣苔蛾 _Stigmatophora palmata_ Moore

江西省：井冈山主峰 26.53°N，114.15°E。井冈山湘洲 26.32°N，114.11°E。吉安市遂川县南风面国家级自然保护区 26°17′04″N，114°03′53″E。

湖南省：郴州市桂东县八面山国家级自然保护区 25°58′21″N，113°42′37″E。

圆斑苏苔蛾 _Thysanoptyx signata_ (Walker)

江西省：井冈山湘洲 26°32.0′N，114°11.0′E。井冈山小溪洞 26°28′57″N，114°11′27″E。井冈山罗浮 26.39°N，114.13°E。赣州市上犹县五指峰乡光菇山 25°55′03″N，114°02′48″E。

长斑苏苔蛾 _Thysanoptyx tetragona_ (Walker)

江西省：赣州市上犹县五指峰乡光菇山 25°55′03″N，114°02′48″E。

黑点纹苔蛾 _Tigrioides euchana_ Swinhoe

江西省：萍乡市莲花县高天岩 27°23′51″N，114°00′54″E。

灯蛾科 Arctiidae

大丽灯蛾 _Aglaomorpha histrio_ (Walker)

江西省：赣州市上犹县五指峰乡光菇山 25°55′03″N，114°02′48″E。萍乡市芦溪县杨家岭 27°35′03″N，114°15′02″E。宜春市靖安县璪都镇南山村 29°01′00″N，115°16′00″E。

首丽灯蛾 _Callimorpha principalis_ (Kollar)

江西省：赣州市上犹县光菇山自然保护区 25°55′11″N，114°03′04″E。

八点灰灯蛾 _Creatonotos transiens_ (Walker)

江西省：赣州市上犹县五指峰乡光菇山 25°55′03″N，114°02′48″E。赣州市上犹县光菇山自然保护区 25°55′11″N，114°03′04″E。吉安市安福县武功山 27°19′00″N，114°13′00″E。宜春市靖安县璪都镇南山村 29°01′00″N，115°16′00″E。

阿望灯蛾 *Lemyra alikangensis* (Strand)

江西省：赣州市上犹县五指峰乡光菇山 25°55′03″N，114°02′48″E。

粉蝶灯蛾 *Nyctemera adversata* (Schaller)

江西省：井冈山主峰 26.53°N，114.15°E。井冈山罗浮 26.39°N，114.13°E。井冈山湘洲 26°32.0′N，114°11.0′E。赣州市上犹县五指峰乡光菇山 25°55′03″N，114°02′48″E。宜春市袁州区明月山 27°35′44″N，114°16′26″E。吉安市安福县武功山 27°19′00″N，114°13′00″E。赣州市上犹县光菇山自然保护区 25°55′11″N，114°03′04″E。

点浑黄灯蛾 *Rhyparioides metelkana* (Lederer)

江西省：赣州市上犹县五指峰乡光菇山 25°55′03″N，114°02′48″E。

显脉污灯蛾 *Spilarctia bisecta* (Leech)

江西省：赣州市上犹县五指峰乡光菇山 25°55′03″N，114°02′48″E。

泥污灯蛾 *Spilarctia nydia* Butler

江西省：赣州市上犹县五指峰乡光菇山 25°55′03″N，114°02′48″E。

露污灯蛾 *Spilarctia rubida* (Leech)

江西省：赣州市上犹县五指峰乡光菇山 25°55′03″N，114°02′48″E。

木蠹蛾科 Cossidae

咖啡豹蠹蛾 *Zeuzera coffeae* Nietner

江西省：萍乡市芦溪县羊狮幕 27°33′38″N，114°14′35″E。吉安市安福县武功山 27°19′00″N，114°13′00″E。

湖南省：株洲市炎陵县桃源洞密花村 26°30′00″N，114°04′12″E。

梨豹蠹蛾 *Zeuzera pyrina* (Linnaeus)

江西省：萍乡市芦溪县武功山 27°27′39″N，114°10′03″E。

毒蛾科 Lymantriidae

安白毒蛾 *Arctornis anserella* (Collenette)

湖南省：郴州市桂东县八面山国家级自然保护区 26°01′03″N，113°40′59″E。

齿白毒蛾 *Arctornis dentata* (Chao)

湖南省：郴州市桂东县八面山国家级自然保护区 26°01′03″N，113°40′59″E。

白毒蛾 *Arctornis l-nigrum* (Müller)

湖南省：郴州市桂东县八面山国家级自然保护区 26°01′03″N，113°40′59″E。

点丽毒蛾 *Calliteara angulata* (Hampson)

湖南省：郴州市桂东县八面山国家级自然保护区 26°01′03″N，113°40′59″E。

线丽毒蛾 *Calliteara grotei* (Moore)

湖南省：郴州市桂东县八面山国家级自然保护区 26°01′03″N，113°40′59″E。

雀丽毒蛾 *Calliteara melli* (Collenette)

湖南省：郴州市桂东县八面山国家级自然保护区 26°01′03″N，113°40′59″E。

刻丽毒蛾 *Calliteara taiwana* (Wileman)

湖南省：郴州市桂东县八面山国家级自然保护区 26°01′03″N，113°40′59″E。

辉毒蛾 *Kanchia subvitrea* (Walker)

湖南省：株洲市炎陵县桃源洞 26°29′14″N，114°00′42″E。

丛毒蛾 *Locharna strigipennis* Moore

江西省：吉安市安福县武功山 27°29′48″N，114°11′12″E。

湖南省：郴州市桂东县八面山国家级自然保护区 26°01′03″N，113°40′59″E。

白斜带毒蛾 *Numenes albofascia* (Leech)

江西省：萍乡市芦溪县武功山 27°27′39″N，114°10′03″E。

湖南省：郴州市桂东县八面山国家级自然保护区 26°01′03″N，113°40′59″E。

叉斜带毒蛾 *Numenes separata* Leech

江西省：萍乡市芦溪县武功山 27°27′39″N，114°10′03″E。

湖南省：郴州市桂东县八面山国家级自然保护区 26°01′03″N，113°40′59″E。

舟蛾科 Notodontidae

伪奇舟蛾 *Allata laticostalis* (Hampson)

湖南省：郴州市桂东县八面山国家级自然保护区 26°01′03″N，113°40′59″E。

新奇舟蛾 *Allata sikkima* (Moore)

江西省：井冈山主峰 26.53°N，114.15°E。井冈山小溪洞 26°28′57″N，114°11′27″E。宜春市靖安县观音岩 29°01′48″N，115°25′00″E。

湖南省：株洲市炎陵县十都镇神农谷自然保护区 26°29′21″N，114°01′16″E。郴州市桂东县八面山国家级自然保护区 26°01′03″N，113°40′59″E。

妙反掌舟蛾 *Antiphalera exquisitor* Schintlmeister

湖南省：郴州市桂东县八面山国家级自然保护区 26°01′03″N，113°40′59″E。

暗箆舟蛾 *Besaia nebulosa* (Wileman)

湖南省：株洲市炎陵县十都镇神农谷自然保护区 26°29′21″N，114°01′16″E。郴州市桂东县八面山国家级自然保护区 26°01′03″N，113°40′59″E。

著蕊舟蛾 *Dudusa nobilis* Walker

湖南省：郴州市桂东县八面山国家级自然保护区 26°01′03″N，113°40′59″E。

黑蕊舟蛾 *Dudusa sphingiformis* Moore

江西省：井冈山湘洲 26°32.0′N，114°11.0′E。井冈山小溪洞 26°28′57″N，114°11′27″E。井冈山主峰 26.53′N，114.15′E。宜春市宜丰县官山国家级自然保护区 28°33′21″N，114°35′20″E。宜春市靖安县璪都镇南山村 29°01′00″N，115°16′00″E。吉安市安福县武功山 27°19′00″N，114°13′00″E。宜春市奉新县九岭山 28°41′51″N，114°45′08″E。

湖南省：株洲市炎陵县十都镇神农谷自然保护区 26°29′21″N，114°01′16″E。

卡齿舟蛾 *Epodonta colorata* Kobayashi, Kishida et Wang

江西省：宜春市宜丰县官山国家级自然保护区 28°33′21″N，114°35′20″E。

锯齿星舟蛾 *Euhampsonia serratifera* Sugi

江西省：宜春市宜丰县官山国家级自然保护区 28°33′21″N，114°35′20″E。

斑纷舟蛾 *Fentonia baibarana* Matsumura

江西省：吉安市安福县武功山 27°29′48″N，114°11′12″E。宜春市宜丰县官山国家级自然保护区 28°33′21″N，114°35′20″E。

曲纷舟蛾 *Fentonia excurvata* (Hampson)

江西省：宜春市宜丰县官山国家级自然保护区 28°33′21″N，114°35′20″E。

湖南省：株洲市炎陵县十都镇神农谷自然保护区 26°29′21″N，114°01′16″E。

大涟纷舟蛾 *Fentonia macroparabolica* Nakamura

江西省：宜春市宜丰县官山国家级自然保护区 28°33′21″N，114°35′20″E。

涟纷舟蛾 *Fentonia parabolica* (Matsumura)

江西省：宜春市宜丰县官山国家级自然保护区 28°33′21″N，114°35′20″E。

黄钩翅舟蛾 *Gangarides flavescens* Schintlmeister

湖南省：株洲市炎陵县桃源洞 26°29′14″N，114°00′42″E。

带纹沟翅舟蛾 *Gangarides vittipalpis* (Walker)

江西省：宜春市袁州区明月山 27°35′44″N，114°16′26″E。井冈山小溪洞 26°28′57″N，114°11′27″E。

红褐甘舟蛾 *Gangaridopsis dercetis* Schintlmeister

江西省：吉安市安福县武功山 27°29′48″N，114°11′12″E。宜春市宜丰县官山国家级自然保护区 28°33′21″N，114°35′20″E。宜春市靖安县璪都镇南山村 29°01′00″N，115°16′00″E。

中华甘舟蛾 *Gangaridopsis sinica* (Yang)

江西省：宜春市宜丰县官山国家级自然保护区 28°33′21″N，114°35′20″E。

湖南省：株洲市炎陵县十都镇神农谷自然保护区 26°29′21″N，114°01′16″E。

光锦舟蛾 *Ginshachia phoebe* Schintlmeister

江西省：宜春市宜丰县官山国家级自然保护区 28°33′21″N，114°35′20″E。

湖南省：株洲市炎陵县十都镇神农谷自然保护区 26°29′21″N，114°01′16″E。

斑异齿舟蛾 *Hexafrenum maculifer* Matsumura

湖南省：郴州市汝城县三江口瑶族镇九龙江国家森林公园 25°23′20″N，113°46′27″E。

斑异齿舟蛾浙闽亚种 *Hexafrenum maculifer longinae* Schintlmeister

湖南省：郴州市汝城县三江口瑶族镇九龙江国家森林公园 25°23′20″N，113°46′27″E。

东润舟蛾 *Liparopsis formosana* Wileman

湖南省：郴州市汝城县三江口瑶族镇九龙江国家森林公园 25°23′20″N，113°46′27″E。

安新林舟蛾 *Neodrymonia anna* Schintlmeister

湖南省：郴州市汝城县三江口瑶族镇九龙江国家森林公园 25°23′20″N，113°46′27″E。

拳新林舟蛾 *Neodrymonia rufa* (Yang)

湖南省：郴州市汝城县三江口瑶族镇九龙江国家森林公园 25°23′20″N，113°46′27″E。

连点新林舟蛾 *Neodrymonia seriatopunctata* (Matsumura)

湖南省：株洲市炎陵县十都镇神农谷自然保护区 26°29′21″N，114°01′16″E。郴州市汝城县三江口瑶族镇九龙江国家森林公园 25°23′20″N，113°46′27″E。

云舟蛾 *Neopheosia fasciata* (Moore)

湖南省：株洲市炎陵县十都镇神农谷自然保护区 26°29′21″N，114°01′16″E。郴州市汝城县三江口瑶族镇九龙江国家森林公园 25°23′20″N，113°46′27″E。

穆梭舟蛾 *Netria multispinae* Schintlmeister

湖南省：株洲市炎陵县十都镇神农谷自然保护区 26°30′16″N，114°00′50″E。郴州市汝城县三江口瑶族镇九龙江国家森林公园 25°23′20″N，113°46′27″E。长沙市浏阳市大围山 28°25′28″N，114°04′52″E。

梭舟蛾 *Netria viridescens* Walker

江西省：吉安市安福县武功山 27°19′00″N，114°13′00″E。

白葩舟蛾 *Paracerura tattakana* (Matsumura)

湖南省：郴州市汝城县三江口瑶族镇九龙江国家森林公园 25°23′20″N，113°46′27″E。

纵纤舟蛾 *Periergos kamadena* (Moore)

湖南省：岳阳市平江县幕阜山 28°58′18″N，113°49′55″E。

苹掌舟蛾 *Phalera flavescens* (Bremer et Grey)

江西省：井冈山罗浮 26.39°N，114.13°E。宜春市靖安县璪都镇南山村 29°01′00″N，115°16′00″E。吉安市安福县武功山 27°19′00″N，114°13′00″E。

刺槐掌舟蛾 *Phalera grotei* Moore

湖南省：株洲市炎陵县十都镇神农谷自然保护区 26°30′16″N，114°00′50″E。郴州市汝城县三江口瑶族镇九龙江国家森林公园 25°23′20″N，113°46′27″E。

雪花掌舟蛾 *Phalera niveomaculata* Kiriakoff

江西省：吉安市安福县武功山 27°29′48″N，114°11′12″E。

湖南省：郴州市汝城县三江口瑶族镇九龙江国家森林公园 25°23′20″N，113°46′27″E。

珠掌舟蛾 *Phalera parivala* Moore

湖南省：株洲市炎陵县桃源洞 26°29′14″N，114°00′42″E。

脂掌舟蛾 *Phalera sebrus* Schintlmeister

江西省：宜春市靖安县璪都镇南山村 29°01′00″N，115°16′00″E。

掌舟蛾属未定种 *Phalera* sp.

江西省：宜春市靖安县观音岩 29°01′48″N，115°25′00″E。吉安市安福县武功山 27°19′00″N，114°13′00″E。宜春市靖安县璪都镇南山村 29°01′00″N，115°16′00″E。

斑拟纷舟蛾 *Polystictina maculata* (Moore)

湖南省：株洲市炎陵县十都镇神农谷自然保护区 26°30′16″N，114°00′50″E。株洲市炎陵县十都镇神农谷自然保护区 26°49′93″N，114°06′56″E。

槐羽舟蛾 *Pterostoma sinicum* Moore

江西省：吉安市安福县武功山 27°29′48″N，114°11′12″E。

湖南省：株洲市炎陵县十都镇神农谷自然保护区 26°49′93″N，114°06′56″E。

竹姬舟蛾 *Saliocleta retrofusca* (de Joannis)

湖南省：株洲市炎陵县十都镇神农谷自然保护区 26°49′93″N，114°06′56″E。

大半齿舟蛾 *Semidonta basalis* (Moore)

湖南省：株洲市炎陵县十都镇神农谷自然保护区 26°30′16″N，114°00′50″E。株洲市炎陵县十都镇神农谷自然保护区 26°49′93″N，114°06′56″E。

台蚁舟蛾 *Stauropus teikichiana* Matsumura

江西省：萍乡市芦溪县武功山 27°27′53″N，114°10′47″E。

台蚁舟蛾南岭亚种 *Stauropus teikichiana fuscus* Wang et Kobayashi

湖南省：株洲市炎陵县十都镇神农谷自然保护区 26°29′21″N，114°01′16″E。株洲市炎陵县十都镇神农谷自然保护区 26°49′93″N，114°06′56″E。

赛点舟蛾 *Stigmatophorina sericea* (Rothschild)

湖南省：株洲市炎陵县十都镇神农谷自然保护区 26°49′93″N，114°06′56″E。

白斑胯舟蛾 *Syntypistis comatus* (Leech)

江西省：吉安市安福县武功山 27°19′00″N，114°13′00″E。

湖南省：株洲市炎陵县十都镇神农谷自然保护区

26°30′16″N，114°00′50″E。株洲市炎陵县十都镇神农谷自然保护区26°49′93″N，114°06′56″E。

铜绿胯舟蛾 *Syntypistis cupreonitens* (Kiriakoff)

江西省：吉安市安福县武功山 27°29′48″N，114°11′12″E。

湖南省：株洲市炎陵县十都镇神农谷自然保护区26°49′93″N，114°06′56″E。

主胯舟蛾 *Syntypistis jupiter* (Schintlmeister)

江西省：赣州市上犹县五指峰乡光菇山 25°55′03″N，114°02′48″E。

湖南省：株洲市炎陵县十都镇神农谷自然保护区26°29′21″N，114°01′16″E。

佩胯舟蛾 *Syntypistis perdix* (Moore)

江西省：赣州市上犹县五指峰乡光菇山 25°55′03″N，114°02′48″E。

湖南省：株洲市炎陵县十都镇神农谷自然保护区26°29′21″N，114°01′16″E。

亚红胯舟蛾 *Syntypistis subgeneris* (Strand)

江西省：赣州市上犹县五指峰乡光菇山 25°55′03″N，114°02′48″E。

兴胯舟蛾 *Syntypistis synechochlora* (Kiriakoff)

江西省：赣州市上犹县五指峰乡光菇山 25°55′03″N，114°02′48″E。

背白土舟蛾 *Togepteryx dorsoalbida* (Schintlmeister)

江西省：赣州市上犹县五指峰乡光菇山 25°55′03″N，114°02′48″E。

湖南省：株洲市炎陵县十都镇神农谷自然保护区26°30′16″N，114°00′50″E。

美丽美舟蛾 *Uropyia melli* Schintlmeister

江西省：赣州市上犹县五指峰乡光菇山 25°55′03″N，114°02′48″E。宜春市靖安县观音岩 29°01′48″N，115°25′00″E。

湖南省：株洲市炎陵县十都镇神农谷自然保护区26°30′16″N，114°00′50″E。

窦舟蛾 *Zaranga pannosa* Moore

江西省：赣州市上犹县五指峰乡光菇山 25°55′03″N，114°02′48″E。

蚕蛾科 Bombycidae

黄斑茶蚕蛾 *Andraca flavamaculata* Yang

湖南省：株洲市炎陵县十都镇神农谷自然保护区

26°49′93″N，114°06′56″E。

榄茶蚕蛾 *Andraca olivacea* Matsumura

江西省：吉安市安福县武功山 27°29′48″N，114°11′12″E。

湖南省：株洲市炎陵县十都镇神农谷自然保护区26°49′93″N，114°06′56″E。

直缘钩翅蚕蛾 *Mustilia gerontica* West

湖南省：株洲市炎陵县桃源洞 26°29′14″N，114°00′42″E。

一点钩翅蚕蛾 *Mustilia hapatica* Moore

湖南省：株洲市炎陵县十都镇神农谷自然保护区26°49′93″N，114°06′56″E。

齿蚕蛾 *Obertheria formosibia* Matsumura

湖南省：株洲市炎陵县十都镇神农谷自然保护区26°49′93″N，114°06′56″E。

枯叶蛾科 Lasiocampidae

高山松毛虫 *Dendrolimus angulata* Gaede

江西省：宜春市靖安县观音岩 29°01′48″N，115°25′00″E。

思茅松毛虫 *Dendrolimus kikuchii* Matsumura

江西省：萍乡市芦溪县武功山 27°27′55″N，114°10′10″E。宜春市靖安县璪都镇南山村 29°01′00″N，115°16′00″E。吉安市遂川县南风面国家级自然保护区 26°17′04″N，114°03′53″E。宜春市靖安县观音岩 29°01′48″N，115°25′00″E。

湖南省：株洲市炎陵县十都镇神农谷自然保护区26°49′93″N，114°06′56″E。

双色纹枯叶蛾 *Euthrix inobtrusa* (Walker)

湖南省：株洲市炎陵县十都镇神农谷自然保护区26°30′16″N，114°00′50″E。株洲市炎陵县十都镇神农谷自然保护区26°49′93″N，114°06′56″E。

竹黄枯叶蛾 *Euthrix laeta* Walker

江西省：萍乡市芦溪县羊狮幕 27°35′07″N，114°15′41″E。宜春市靖安县璪都镇南山村 29°01′00″N，115°16′00″E。宜春市靖安县观音岩 29°01′48″N，115°25′00″E。

橘褐枯叶蛾 *Gastropacha pardale* Tams

湖南省：株洲市炎陵县十都镇神农谷自然保护区26°49′93″N，114°06′56″E。

褐色杂枯叶蛾 *Kunugia brunnea* (Wileman)

江西省：萍乡市芦溪县武功山 27°27′39″N，114°10′03″E。

长翅杂枯叶蛾 *Kunugia placida* (Moore)

江西省：萍乡市芦溪县武功山 27°27′39″N，114°10′03″E。

灰线苹枯叶蛾 *Odonestis bheroba* Moore

湖南省：株洲市炎陵县十都镇神农谷自然保护区 26°30′16″N，114°00′50″E。株洲市炎陵县十都镇神农谷自然保护区 26°49′93″N，114°06′56″E。

东北栎枯叶蛾 *Paralebeda femorata* (Ménétriès)

湖南省：株洲市炎陵县十都镇神农谷自然保护区 26°49′93″N，114°06′56″E。

无痕枯叶蛾 *Syrastrena sumatrana sinensis* Lajonquiere

湖南省：株洲市炎陵县十都镇神农谷自然保护区 26°30′16″N，114°00′50″E。株洲市炎陵县十都镇神农谷自然保护区 26°49′93″N，114°06′56″E。

黄绿枯叶蛾 *Trabala vishnou* (Lefèbvre)

江西省：吉安市安福县武功山 27°19′00″N，114°13′00″E。宜春市靖安县璪都镇南山村 29°01′00″N，115°16′00″E。

王蛾科 Saturniidae

华尾王蛾 *Actias chinensis* Walker

湖南省：株洲市炎陵县十都镇神农谷自然保护区 26°49′93″N，114°06′56″E。

长尾王蛾 *Actias dubernardi* (Oberthür)

湖南省：株洲市炎陵县十都镇神农谷自然保护区 26°49′93″N，114°06′56″E。长沙市浏阳市大围山 28°25′28″N，114°04′52″E。

绿尾王蛾 *Actias selene ningpoana* Felder

江西省：吉安市遂川县南风面国家级自然保护区 26°17′04″N，114°03′53″E。

钩翅柞王蛾 *Antheraea assamensis* Helfer

湖南省：株洲市炎陵县十都镇神农谷自然保护区 26°49′93″N，114°06′56″E。

银杏王蛾 *Dictyoploca japonica* Moore

江西省：萍乡市芦溪县武功山27°27′53″N，114°10′47″E。吉安市安福县武功山 27°29′48″N，114°11′12″E。

湖南省：株洲市炎陵县十都镇神农谷自然保护区 26°30′16″N，114°00′50″E。

藤豹王蛾 *Loepa anthera* Jordan

湖南省：株洲市炎陵县十都镇神农谷自然保护区 26°49′93″N，114°06′56″E。株洲市炎陵县桃源洞 26°29′14″N，114°00′42″E。

粤豹王蛾 *Loepa kuangtungensis* Mell

湖南省：株洲市炎陵县十都镇神农谷自然保护区 26°49′93″N，114°06′56″E。长沙市浏阳市大围山 28°25′28″N，114°04′52″E。

红豹王蛾 *Loepa oberthuri* (Leech)

江西省：宜春市奉新县百丈山 28°41′35″N，114°46′27″E。

锈豹王蛾 *Loepa obscuromarginata* Naumann

湖南省：株洲市炎陵县十都镇神农谷自然保护区 26°30′16″N，114°00′50″E。株洲市炎陵县十都镇神农谷自然保护区 26°49′93″N，114°06′56″E。

黄猫鸮目王蛾 *Salassa viridis* Nauman, Loffler et Kohll

江西省：吉安市安福县武功山 27°29′48″N，114°11′12″E。

湖南省：株洲市炎陵县桃源洞 26°29′14″N，114°00′42″E。

樗王蛾 *Samia cynthia* (Drury)

江西省：吉安市安福县武功山 27°19′00″N，114°13′00″E。宜春市靖安县璪都镇南山村 29°01′00″N，115°16′00″E。

王氏樗王蛾 *Samia wangi* Naumann et Peigler

江西省：吉安市安福县武功山 27°29′48″N，114°11′12″E。宜春市袁州区明月山 27°35′44″N，114°16′26″E。

后目珠王蛾 *Saturnia simla* Westwood

湖南省：长沙市浏阳市大围山 28°25′28″N，114°04′52″E。

天蛾科 Sphingidae

鬼脸天蛾 *Acherontia lachesis* (Fabricius)

江西省：井冈山湘洲 26.32N，114.11E。吉安市安福县武功山 27°29′48″N，114°11′12″E。吉安市遂川县南风面国家级自然保护区 26°17′04″N，114°03′53″E。

芝麻鬼脸天蛾 *Acherontia styx medusa* Moore

江西省：井冈山小溪洞 26°28′57″N，114°11′27″E。吉安市安福县武功山 27°29′48″N，114°11′12″E。

灰天蛾 *Acosmerycoides harterti* (Rothschild)

江西省：井冈山主峰 26.53°N，114.15°E。井冈山湘洲 26.32°N，114.11°E。井冈山小溪洞 26°28′57″N，114°11′27″E。井冈山罗浮 26°39′47″N，114°14′02″E。吉安市安福县武功山 27°29′48″N，114°11′12″E。宜春市袁州区明月山 27°35′44″N，114°16′26″E。

缺角天蛾 *Acosmeryx castanea* Rothschild et Jordan

江西省：井冈山主峰 26.53°N，114.15°E。井冈山湘洲 26.32°N，114.11°E。

葡萄缺角天蛾 *Acosmeryx naga* (Moore)

江西省：井冈山主峰 26.53°N，114.15°E。井冈山湘洲 26.32°N，114.11°E。吉安市安福县武功山 27°19′00″N，114°13′00″E。萍乡市芦溪县羊狮幕 27°33′38″N，114°14′35″E。

赭绒缺角天蛾 *Acosmeryx sericeus* (Walker)

江西省：宜春市袁州区明月山 27°35′44″N，114°16′26″E。

白薯天蛾 *Agrius convolvuli* (Linnaeus)

湖南省：岳阳市平江县幕阜山 28°58′18″N，113°49′55″E。

鹰翅天蛾 *Ambulyx ochracea* Butler

江西省：吉安市安福县武功山 27°19′00″N，114°13′00″E。赣州市上犹县光菇山自然保护区 25°55′11″N，114°03′04″E。

湖南省：长沙市浏阳市大围山 28°25′28″N，114°04′52″E。

黄山鹰翅天蛾 *Ambulyx sericeipennis* Butler

江西省：井冈山主峰 26.53°N，114.15°E。井冈山小溪洞 26°28′57″N，114°11′27″E。

鹰翅天蛾属未定种 *Ambulyx* sp.

江西省：赣州市上犹县光菇山自然保护区 25°55′11″N，114°03′04″E。

葡萄天蛾 *Ampelophaga rubiginosa* Bremer et Grey

江西省：井冈山小溪洞 26°28′57″N，114°11′27″E。井冈山主峰 26.53°N，114.15°E。吉安市安福县武功山 27°29′48″N，114°11′12″E。吉安市安福县武功山 27°19′00″N，114°13′00″E。萍乡市芦溪县羊狮幕 27°33′38″N，114°14′35″E。

条背天蛾 *Cechenena lineosa* (Walker)

江西省：宜春市袁州区明月山 27°35′44″N，114°16′26″E。

平背天蛾 *Cechenena minor* (Butler)

江西省：井冈山小溪洞 26°28′57″N，114°11′27″E。赣州市上犹县光菇山自然保护区 25°55′11″N，114°03′04″E。吉安市安福县武功山 27°19′00″N，114°13′00″E；27°29′48″N，114°11′12″E。

泛绿背线天蛾 *Cechenena subangustata* Rothschild

江西省：井冈山湘洲 26.32°N，114.11°E。井冈山罗浮 26.39°N，114.13°E。井冈山小溪洞 26°28′57″N，114°11′27″E。吉安市安福县武功山 27°29′48″N，114°11′12″E。赣州市上犹县光菇山自然保护区 25°55′11″N，114°03′04″E。吉安市安福县武功山 27°19′00″N，114°13′00″E。宜春市袁州区明月山 27°35′44″N，114°16′26″E。

豆天蛾 *Clanis bilineata* (Walker)

江西省：吉安市安福县武功山 27°19′00″N，114°13′00″E。

洋槐天蛾 *Clanis deucalion* Walker

湖南省：株洲市炎陵县桃源洞 26°29′14″N，114°00′42″E。

灰斑豆天蛾 *Clanis undulosa* Moore

江西省：萍乡市芦溪县羊狮幕 27°33′38″N，114°14′35″E。

月柯天蛾 *Craspedortha porphyria* Butler

江西省：吉安市安福县武功山 27°29′48″N，114°11′12″E。

喜马锤天蛾 *Curelca himachala* Butler

江西省：萍乡市芦溪县武功山 27°27′53″N，114°10′47″E。

枫天蛾 *Cypoides chinensis* (Rothschild et Jordan)

江西省：吉安市安福县武功山 27°29′48″N，114°11′12″E。

暗斜带天蛾 *Dahira rubiginosa* Moore

江西省：吉安市安福县武功山 27°29′48″N，114°11′12″E。

大星天蛾 *Dolbina inexacta* (Walker)

江西省：吉安市安福县武功山 27°29′48″N，114°11′12″E。宜春市袁州区明月山 27°35′44″N，114°16′26″E。

井冈山主峰 26.53°N，114.15°E。井冈山湘洲 26.32°N，114.11°E。宜春市袁州区明月山 27°35′44″N，114°16′26″E。

湖南省：浏阳市大围山镇大围山森林公园 28°25′30″N，114°06′45″E。

鸟嘴斜带天蛾 *Eupanacra mydon* (Walker)

湖南省：浏阳市大围山镇大围山森林公园 28°25′30″N，114°06′45″E。

青背长喙天蛾 *Macroglossum bombylans* Boisduval

江西省：萍乡市芦溪县武功山 27°27′53″N，114°10′47″E。

湖南省：长沙市浏阳市大围山 28°25′28″N，114°04′52″E。

长喙天蛾 *Macroglossum corythus* Butler

江西省：宜春市袁州区明月山 27°35′44″N，114°16′26″E。

佛瑞兹长喙天蛾 *Macroglossum fritzei* Rothschild et Jordan

江西省：井冈山主峰 26.53°N，114.15°E。井冈山水库 26.33°N，114.10°E。赣州市上犹县光菇山自然保护区 25°55′11″N，114°03′04″E。吉安市遂川县南风面国家级自然保护区 26°17′04″N，114°03′53″E。

湖南省：浏阳市大围山镇大围山森林公园 28°25′30″N，114°06′45″E。

背带长喙天蛾 *Macroglossum imperator* Butler

江西省：萍乡市芦溪县武功山 27°27′53″N，114°10′47″E。

黑长喙天蛾 *Macroglossum pyrrhosticta* Butler

湖南省：株洲市炎陵县桃源洞 26°29′14″N，114°00′42″E。

直翅六点天蛾 *Marumba cristata* Butler

江西省：宜春市袁州区明月山 27°35′44″N，114°16′26″E。

湖南省：浏阳市大围山镇大围山森林公园 28°25′30″N，114°06′45″E。

苹六点天蛾 *Marumba gaschkewitschi* Staudinger

江西省：宜春市袁州区明月山 27°35′44″N，114°16′26″E。井冈山主峰 26.53°N，114.15°E。井冈山罗浮 26.39°N，114.13°E。

湖南省：浏阳市大围山镇大围山森林公园 28°25′30″N，114°06′45″E。

黑角六点天蛾 *Marumba saishiuana* Matsumura

江西省：井冈山湘洲 26.32°N，114.11°E。

枇杷六点天蛾 *Marumba spectabilis* (Butler)

湖南省：浏阳市大围山镇大围山森林公园 28°25′30″N，114°06′45″E。

栗六点天蛾 *Marumba sperchius* Menentries

湖南省：浏阳市大围山镇大围山森林公园 28°25′30″N，114°06′45″E。

大背天蛾 *Meganoton analis* (Felder)

江西省：井冈山主峰 26.53°N，114.15°E。井冈山湘洲 26.32°N，114.11°E。井冈山罗浮 26.39°N，114.13°E。井冈山小溪洞 26°28′57″N，114°11′27″E。吉安市安福县武功山 27°19′00″N，114°13′00″E。

湖南省：浏阳市大围山镇大围山森林公园 28°25′30″N，114°06′45″E。

栎鹰翅天蛾 *Oxyambulyx liturata* (Butler)

江西省：井冈山主峰 26.53°N，114.15°E。井冈山湘洲 26.32°N，114.11°E。井冈山小溪洞 26°28′57″N，114°11′27″E。

湖南省：浏阳市大围山镇大围山森林公园 28°25′30″N，114°06′45″E。

白额鹰翅天蛾 *Oxyambulyx tobii* Inoue

江西省：宜春市袁州区明月山 27°35′44″N，114°16′26″E。

构月天蛾 *Parum colligata* (Walker)

江西省：吉安市安福县武功山 27°19′00″N，114°13′00″E。赣州市上犹县光菇山自然保护区 25°55′11″N，114°03′04″E。井冈山湘洲 26.32°N，114.11°E。井冈山罗浮 26.39°N，114.13°E。井冈山小溪洞 26°28′57″N，114°11′27″E。吉安市安福县武功山 27°29′48″N，114°11′12″E。

湖南省：浏阳市大围山镇大围山森林公园 28°25′30″N，114°06′45″E。

斜绿天蛾 *Pergesa acteus* (Cramer)

湖南省：株洲市炎陵县十都镇神农谷自然保护区 26°29′21″N，114°01′16″E。

丁香天蛾 *Pergesa elpenor* (Bulter)

江西省：赣州市上犹县光菇山自然保护区 25°54′55″N，114°03′09″E。宜春市奉新县百丈山 28°41′35″N，114°46′27″E。

霜天蛾 *Psilogramma increta* (Walker)

湖南省：株洲市炎陵县十都镇神农谷自然保护区

26°49′93″N，114°06′56″E。

白肩天蛾 *Rhagastis albomarginatus* Rothschild

湖南省：株洲市炎陵县桃源洞 26°29′14″N，114°00′42″E。

锯线白肩天蛾 *Rhagastis castor* (Walker)

江西省：井冈山主峰 26.53°N，114.15°E。井冈山小溪洞 26°28′57″N，114°11′27″E。井冈山水库 26.33°N，114.10°E。

湖南省：株洲市炎陵县十都镇神农谷自然保护区 26°49′93″N，114°06′56″E。

土色白肩天蛾 *Rhagastis mongoliana* Chu et Wang

湖南省：长沙市浏阳市大围山 28°25′28″N，114°04′52″E。

斜绿天蛾 *Rhyncholaba acteus* Cramer

湖南省：株洲市炎陵县十都镇神农谷自然保护区 26°49′93″N，114°06′56″E。

黄节木蜂天蛾 *Sataspes infernalis* (Westwood)

江西省：吉安市安福县武功山 27°19′00″N，114°13′00″E。

黑胸木蜂天蛾 *Sataspes tagalica* Boisduval

江西省：宜春市奉新县越山 28°47′19″N，115°10′01″E。

霉斑索天蛾 *Smerinthulus perversa* Rothschild

江西省：井冈山主峰 26.53°N，114.15°E。

湖南省：株洲市炎陵县十都镇神农谷自然保护区 26°49′93″N，114°06′56″E。

曲线蓝目天蛾 *Smerinthus szechuanus* (Clark)

湖南省：株洲市炎陵县十都镇神农谷自然保护区 26°49′93″N，114°06′56″E。株洲市炎陵县桃源洞 26°29′14″N，114°00′42″E。

晦暗松天蛾 *Sphinx caligineus* (Butler)

江西省：宜春市奉新县越山 28°47′19″N，115°10′01″E。

后红斜纹天蛾 *Theretra alecto* (Linnaeus)

江西省：宜春市奉新县越山 28°47′19″N，115°10′01″E。

斜纹天蛾 *Theretra clotho* (Drury)

江西省：井冈山湘洲 26.32°N，114.11°E。井冈山小溪洞 26°28′57″N，114°11′27″E。井冈山罗浮 26.39°N，114.13°E。

湖南省：株洲市炎陵县十都镇神农谷自然保护区 26°29′21″N，114°01′16″E。

雀纹天蛾 *Theretra japonica* (Boisduval)

江西省：萍乡市芦溪县武功山 27°27′53″N，114°10′47″E。

土色斜纹天蛾 *Theretra lucasii* (Walker)

江西省：宜春市奉新县百丈山 28°41′35″N，114°46′27″E。

青背线天蛾 *Theretra nessus* (Drury)

江西省：井冈山主峰 26.53°N，114.15°E。井冈山小溪洞 26°28′57″N，114°11′27″E。井冈山罗浮 26.39°N，114.13°E。吉安市安福县武功山 27°29′48″N，114°11′12″E。

湖南省：株洲市炎陵县十都镇神农谷自然保护区 26°49′93″N，114°06′56″E。

芋双线天蛾 *Theretra oldenlandiae* (Fabricius)

江西省：宜春市奉新县百丈山 28°41′35″N，114°46′27″E。

单线斜纹天蛾 *Theretra silhetensis* (Walker)

江西省：吉安市安福县武功山 27°29′48″N，114°11′12″E。吉安市安福县武功山 27°19′00″N，114°13′00″E。

湖南省：株洲市炎陵县十都镇神农谷自然保护区 26°49′93″N，114°06′56″E。

西藏斜纹天蛾 *Theretra tibetiana* Veglia et Haxaire

湖南省：株洲市炎陵县桃源洞 26°29′14″N，114°00′42″E。

夜蛾科 Noctuidae

飞扬阿夜蛾 *Achaea janata* (Linnaeus)

江西省：吉安市安福县武功山 27°29′48″N，114°11′12″E。

湖南省：株洲市炎陵县十都镇神农谷自然保护区 26°49′93″N，114°06′56″E。

间纹炫夜蛾 *Actinotia intermediata* (Bremer)

江西省：吉安市安福县武功山 27°19′00″N，114°13′00″E。

小地老虎 *Agrotis ipsilon* (Hüfnagel)

湖南省：株洲市炎陵县十都镇神农谷自然保护区 26°49′93″N，114°06′56″E；26°29′21″N，114°01′16″E。

明钝夜蛾 *Anacronicta nitida* (Butler)

　　江西省：吉安市安福县武功山 27°29′48″N，114°11′12″E。

　　湖南省：株洲市炎陵县十都镇神农谷自然保护区 26°49′93″N，114°06′56″E。

长鬃桥夜蛾 *Anomis longipennis* Sugi

　　湖南省：株洲市炎陵县十都镇神农谷自然保护区 26°49′93″N，114°06′56″E；26°30′16″N，114°00′50″E。

中桥夜蛾 *Anomis mesogona* (Walker)

　　湖南省：株洲市炎陵县十都镇神农谷自然保护区 26°49′93″N，114°06′56″E；26°30′16″N，114°00′50″E。

薄翅浮夜蛾 *Anoratha costalis* Moore

　　江西省：吉安市安福县武功山 27°29′48″N，114°11′12″E。

　　湖南省：株洲市炎陵县十都镇神农谷自然保护区 26°49′93″N，114°06′56″E。

修殿尾夜蛾 *Anuga japonica* (Leech)

　　湖南省：株洲市炎陵县十都镇神农谷自然保护区 26°49′93″N，114°06′56″E。

宏秀夜蛾 *Apamea magnirena* Boursin

　　湖南省：株洲市炎陵县十都镇神农谷自然保护区 26°49′93″N，114°06′56″E；26°30′16″N，114°00′50″E。

朋秀夜蛾 *Apamea sodalis* (Butler)

　　湖南省：株洲市炎陵县十都镇神农谷自然保护区 26°49′93″N，114°06′56″E；26°29′21″N，114°01′16″E。

苎麻夜蛾 *Arcta coerula* (Guenée)

　　江西省：萍乡市芦溪县武功山 27°27′53″N，114°10′47″E。

　　湖南省：株洲市炎陵县十都镇神农谷自然保护区 26°49′93″N，114°06′56″E。

斜线关夜蛾 *Artena dotata* (Fabricius)

　　江西省：宜春市袁州区明月山 27°35′44″N，114°16′26″E。

　　湖南省：株洲市炎陵县十都镇神农谷自然保护区 26°49′93″N，114°06′56″E；26°30′16″N，114°00′50″E。

黑点元夜蛾 *Avitta puncta* Wileman

　　湖南省：株洲市炎陵县十都镇神农谷自然保护区 26°49′93″N，114°06′56″E；26°30′16″N，114°00′50″E。

俄印夜蛾 *Bamra exclusa* (Leech)

　　江西省：宜春市宜丰县官山国家级自然保护区 28°33′21″N，114°35′20″E。

　　湖南省：株洲市炎陵县十都镇神农谷自然保护区 26°29′21″N，114°01′16″E。

弓巾夜蛾 *Bastilla arcuata* (Moore)

　　湖南省：岳阳市平江县幕阜山 28°58′18″N，113°49′55″E。

无肾巾夜蛾 *Bastilla crameri* (Moore)

　　江西省：宜春市靖安县观音岩 29°01′48″N，115°25′00″E。吉安市安福县武功山 27°19′00″N，114°13′00″E。

霍恩冷靛夜蛾 *Belciades hoenei* Kononenko

　　江西省：宜春市宜丰县官山国家级自然保护区 28°33′21″N，114°35′20″E。

　　湖南省：株洲市炎陵县十都镇神农谷自然保护区 26°29′21″N，114°01′16″E。

白脉拟胸须夜蛾 *Bertula albovenata* (Leech)

　　江西省：宜春市宜丰县官山国家级自然保护区 28°33′21″N，114°35′20″E。

蓖拟胸须夜蛾 *Bertula parallela* (Leech)

　　江西省：宜春市宜丰县官山国家级自然保护区 28°33′21″N，114°35′20″E。

枫杨藓皮夜蛾 *Blenina quinaria* Moore

　　湖南省：岳阳市平江县幕阜山 28°58′18″N，113°49′55″E。

癣皮夜蛾属未定种 *Blenina* sp.

　　江西省：宜春市靖安县观音岩 29°01′48″N，115°25′00″E。

黑缘伯夜蛾 *Borsippa marginata* Moore

　　江西省：宜春市宜丰县官山国家级自然保护区 28°33′21″N，114°35′20″E。

疱散纹夜蛾 *Callopistria pulchrilinea* (Walker)

　　江西省：宜春市宜丰县官山国家级自然保护区 28°33′21″N，114°35′20″E。

　　湖南省：株洲市炎陵县十都镇神农谷自然保护区 26°29′21″N，114°01′16″E。

白纹顶夜蛾 *Callyna contracta* Warren

　　江西省：宜春市宜丰县官山国家级自然保护区 28°33′21″N，114°35′20″E。

　　湖南省：株洲市炎陵县十都镇神农谷自然保护区 26°29′21″N，114°01′16″E。

两色壶夜蛾 *Calyptra bicolor* (Moore)

江西省：萍乡市芦溪县武功山 27°27′53″N，114°10′47″E。

疝角壶夜蛾 *Calyptra minuticornis* (Guenée)

江西省：宜春市宜丰县官山国家级自然保护区 28°33′21″N，114°35′20″E。

喜裳夜蛾 *Catocala hyperconnexa* Sugi

江西省：宜春市靖安县璪都镇南山村 29°01′00″N，115°16′00″E。

裳夜蛾 *Catocala nupta* (Linnaeus)

江西省：萍乡市芦溪县武功山 27°27′53″N，114°10′47″E。

杨二尾舟蛾 *Cerura menciana* Moore

江西省：萍乡市芦溪县武功山 27°27′53″N，114°10′47″E。

台湾银辉夜蛾 *Chrysodeixis taiwani* Dufay

江西省：宜春市宜丰县官山国家级自然保护区 28°33′21″N，114°35′20″E。

红衣夜蛾 *Clethrophora distincta* (Leech)

江西省：宜春市宜丰县官山国家级自然保护区 28°33′21″N，114°35′20″E。吉安市遂川县南风面国家级自然保护区 26°17′04″N，114°03′53″E。宜春市袁州区明月山 27°35′44″N，114°16′26″E。

尖裙夜蛾 *Crithote horridipes* Walker

江西省：宜春市宜丰县官山国家级自然保护区 28°33′21″N，114°35′20″E。

湖南省：株洲市炎陵县十都镇神农谷自然保护区 26°29′21″N，114°01′16″E。

光炬夜蛾 *Daddala lucilla* (Butler)

江西省：吉安市安福县武功山 27°29′48″N，114°11′12″E。宜春市宜丰县官山国家级自然保护区 28°33′21″N，114°35′20″E。

斜尺夜蛾 *Dierna strigata* (Moore)

江西省：宜春市靖安县三爪仑国家森林公园 28°58′36″N，115°14′11″E。

湖南省：株洲市炎陵县十都镇神农谷自然保护区 26°30′16″N，114°00′50″E。

曲带双衲夜蛾 *Dinumma deponens* Walker

江西省：宜春市靖安县三爪仑国家森林公园 28°58′36″N，115°14′11″E。

麻翅夜蛾 *Dypterygia multistriata* Warren

江西省：宜春市靖安县三爪仑国家森林公园 28°58′36″N，115°14′11″E。萍乡市芦溪县武功山 27°27′53″N，114°10′47″E。

阿巾夜蛾 *Dysgonia acuta* (Moore)

江西省：宜春市靖安县三爪仑国家森林公园 28°58′36″N，115°14′11″E。

湖南省：株洲市炎陵县十都镇神农谷自然保护区 26°29′21″N，114°01′16″E。

隐巾夜蛾 *Dysgonia joviana* (Stoll)

江西省：吉安市安福县武功山 27°29′48″N，114°11′12″E。宜春市靖安县三爪仑国家森林公园 28°58′36″N，115°14′11″E。

霉巾夜蛾 *Dysgonia maturata* (Walker)

江西省：宜春市靖安县三爪仑国家森林公园 28°58′36″N，115°14′11″E。吉安市遂川县南风面国家级自然保护区 26°17′04″N，114°03′53″E。吉安市安福县武功山 27°19′00″N，114°13′00″E。萍乡市芦溪县武功山 27°27′53″N，114°10′47″E。

湖南省：株洲市炎陵县十都镇神农谷自然保护区 26°29′21″N，114°01′16″E。

耆巾夜蛾 *Dysgonia senex* (Walker)

江西省：萍乡市芦溪县武功山 27°27′53″N，114°10′47″E。

白肾夜蛾 *Edessena gentiusalis* Walker

江西省：井冈山主峰 26.53°N，114.15°E。井冈山湘洲 26.32°N，114.11°E。井冈山小溪洞 26°28′57″N，114°11′27″E。宜春市靖安县三爪仑国家森林公园 28°58′36″N，115°14′11″E。

朝线夜蛾 *Elydna coreana* Matsumura

江西省：宜春市靖安县观音岩 29°01′48″N，115°25′00″E。

魔目夜蛾 *Erebus ephesperis* (Hübner)

江西省：宜春市靖安县三爪仑国家森林公园 28°58′36″N，115°14′11″E。

湖南省：株洲市炎陵县十都镇神农谷自然保护区 26°30′16″N，114°00′50″E。

玉线目夜蛾 *Erebus gemmans* (Guenée)

江西省：宜春市靖安县三爪仑国家森林公园 28°58′36″N，115°14′11″E。

湖南省：株洲市炎陵县十都镇神农谷自然保护区

26°29′21″N，114°01′16″E。

闪目夜蛾 *Erebus glaucopis* (Walker)

江西省：吉安市安福县武功山 27°29′48″N，114°11′12″E。宜春市靖安县三爪仑国家森林公园 28°58′36″N，115°14′11″E。

毛目夜蛾 *Erebus pilosa* Leech

江西省：吉安市安福县武功山 27°19′00″N，114°13′00″E。

凡艳叶夜蛾 *Eudocima fullonica* (Clerck)

江西省：宜春市靖安县三爪仑国家森林公园 28°58′36″N，115°14′11″E。宜春市靖安县观音岩 29°01′48″N，115°25′00″E。

湖南省：株洲市炎陵县十都镇神农谷自然保护区 26°30′16″N，114°00′50″E。岳阳市平江县幕阜山 28°58′18″N，113°49′55″E。

艳叶夜蛾 *Eudocima salaminia* (Cramer)

江西省：宜春市靖安县三爪仑国家森林公园 28°58′36″N，115°14′11″E。

湖南省：株洲市炎陵县十都镇神农谷自然保护区 26°30′16″N，114°00′50″E。

枯艳叶夜蛾 *Eudocima tyrannus* (Guenée)

江西省：吉安市安福县武功山 27°19′00″N，114°13′00″E。

湖南省：郴州市汝城县三江口瑶族镇九龙江国家森林公园 25°23′20″N，113°46′27″E。

匋夜蛾 *Eurogramma obliquilineata* (Leech)

江西省：宜春市靖安县三爪仑国家森林公园 28°58′36″N，115°14′11″E。

三条火夜蛾 *Flammona trilineata* Leech

湖南省：株洲市炎陵县十都镇神农谷自然保护区 26°29′21″N，114°01′16″E。郴州市汝城县三江口瑶族镇九龙江国家森林公园 25°23′20″N，113°46′27″E。

希厚角夜蛾 *Hadennia hisbonalis* (Walker)

湖南省：郴州市汝城县三江口瑶族镇九龙江国家森林公园 25°23′20″N，113°46′27″E。

榆戏夜蛾 *Hylonycta hercules* (Felder et Rogenhofer)

湖南省：株洲市炎陵县十都镇神农谷自然保护区 26°30′16″N，114°00′50″E。郴州市汝城县三江口瑶族镇

九龙江国家森林公园 25°23′20″N，113°46′27″E。

粉翠夜蛾 *Hylophilodes orientalis* (Hampson)

江西省：吉安市安福县武功山 27°19′00″N，114°13′00″E。

巨肾朋闪夜蛾 *Hypersypnoides pretiosissima* (Draudt)

湖南省：株洲市炎陵县十都镇神农谷自然保护区 26°30′16″N，114°00′50″E。郴州市汝城县三江口瑶族镇九龙江国家森林公园 25°23′20″N，113°46′27″E。

斑肾朋闪夜蛾 *Hypersypnoides submarginata* (Walker)

湖南省：郴州市汝城县三江口瑶族镇九龙江国家森林公园 25°23′20″N，113°46′27″E。

柿梢鹰夜蛾 *Hypocala moorei* Butler

江西省：吉安市安福县武功山 27°19′00″N，114°13′00″E。宜春市靖安县璪都镇南山村 29°01′00″N，115°16′00″E。

苹梢鹰夜蛾 *Hypocala subsatura* Guenée

江西省：吉安市安福县武功山 27°29′48″N，114°11′12″E。萍乡市芦溪县武功山 27°27′53″N，114°10′47″E。

湖南省：郴州市汝城县三江口瑶族镇九龙江国家森林公园 25°23′20″N，113°46′27″E。

窄蓝条夜蛾 *Ischyja ferrifracta* (Walker)

江西省：萍乡市芦溪县武功山 27°27′53″N，114°10′47″E。

蓝条夜蛾 *Ischyja manlia* Cramer

江西省：萍乡市芦溪县武功山 27°27′53″N，114°10′47″E。

戟夜蛾 *Lacera alope* (Cramer)

江西省：萍乡市芦溪县武功山 27°27′53″N，114°10′47″E。

姗裳蛾 *Latirostrum bisaculum* Hampson

湖南省：株洲市炎陵县十都镇神农谷自然保护区 26°30′16″N，114°00′50″E。郴州市汝城县三江口瑶族镇九龙江国家森林公园 25°23′20″N，113°46′27″E。

暗脊蕊夜蛾 *Lophoptera anthyalus* (Hampson)

江西省：吉安市安福县武功山 27°29′48″N，114°11′12″E。

湖南省：郴州市汝城县三江口瑶族镇九龙江国家森林公园 25°23′20″N，113°46′27″E。

暗裙脊蕊夜蛾 *Lophoptera squammigera* Guenée

江西省：吉安市安福县武功山 27°29′48″N，114°11′12″E。

湖南省：郴州市汝城县三江口瑶族镇九龙江国家森林公园 25°23′20″N，113°46′27″E。

立夜蛾 *Lycimna polymesata* Walker

江西省：吉安市安福县武功山 27°29′48″N，114°11′12″E。

湖南省：郴州市汝城县三江口瑶族镇九龙江国家森林公园 25°23′20″N，113°46′27″E。

银黏夜蛾 *Mythimna argentata* Hreblay et Yoshimatsu

湖南省：株洲市炎陵县十都镇神农谷自然保护区 26°29′21″N，114°01′16″E。郴州市汝城县三江口瑶族镇九龙江国家森林公园 25°23′20″N，113°46′27″E。

黑线迷夜蛾 *Mythimna nigrilinea* (Leech)

湖南省：株洲市炎陵县十都镇神农谷自然保护区 26°29′21″N，114°01′16″E。郴州市汝城县三江口瑶族镇九龙江国家森林公园 25°23′20″N，113°46′27″E。

波迷夜蛾 *Mythimna sinuosa* (Moore)

湖南省：郴州市汝城县三江口瑶族镇九龙江国家森林公园 25°23′20″N，113°46′27″E。

红楠夜蛾 *Naganoella timandra* (Alphéraky)

湖南省：株洲市炎陵县十都镇神农谷自然保护区 26°29′21″N，114°01′16″E。郴州市汝城县三江口瑶族镇九龙江国家森林公园 25°23′20″N，113°46′27″E。

中纹禾夜蛾 *Oligia mediofasciata* Draudt

湖南省：株洲市炎陵县十都镇神农谷自然保护区 26°29′21″N，114°01′16″E。郴州市汝城县三江口瑶族镇九龙江国家森林公园 25°23′20″N，113°46′27″E。

安纽夜蛾 *Ophiusa tirhaca* (Cramer)

江西省：萍乡市芦溪县武功山 27°27′53″N，114°10′47″E。

鸟嘴壶夜蛾 *Oraesia excavata* (Butler)

江西省：宜春市靖安县观音岩 29°01′48″N，115°25′00″E。赣州市上犹县光菇山自然保护区 25°55′11″N，114°03′04″E。宜春市靖安县璪都镇南山村 29°01′00″N，115°16′00″E。

磐眉夜蛾 *Pangrapta pannosa* (Moore)

湖南省：郴州市汝城县三江口瑶族镇九龙江国家森林公园 25°23′20″N，113°46′27″E。

二斑眉夜蛾 *Pangrapta saucia* (Leech)

江西省：吉安市安福县武功山 27°29′48″N，114°11′12″E。井冈山市茨坪镇井冈山国家级自然保护区 26°37′23″N，114°07′04″E。

灰毛夜蛾 *Panthea grisea* Wileman

湖南省：株洲市炎陵县十都镇神农谷自然保护区 26°30′16″N，114°00′50″E。

江西省：井冈山市茨坪镇井冈山国家级自然保护区 26°37′23″N，114°07′04″E。

黄肾奴夜蛾 *Paracolax pryeri* (Butler)

江西省：井冈山市茨坪镇井冈山国家级自然保护区 26°37′23″N，114°07′04″E。

斑重尾夜蛾 *Penicillaria maculata* Butler

江西省：井冈山市茨坪镇井冈山国家级自然保护区 26°37′23″N，114°07′04″E。

湖南省：株洲市炎陵县十都镇神农谷自然保护区 26°29′21″N，114°01′16″E。

清波尾夜蛾 *Phalga clarirena* (Sugi)

江西省：井冈山市茨坪镇井冈山国家级自然保护区 26°37′23″N，114°07′04″E。

白斑锦夜蛾 *Phlogophora albovittata* (Moore)

江西省：萍乡市芦溪县武功山 27°27′53″N，114°10′47″E。

黄带拟叶夜蛾 *Phyllodes eyndhovii* Vollenhoven

江西省：井冈山市茨坪镇井冈山国家级自然保护区 26°37′23″N，114°07′04″E。

湖南省：株洲市炎陵县十都镇神农谷自然保护区 26°29′21″N，114°01′16″E。

污脾夜蛾 *Pyrrhidivalva sordida* (Butler)

江西省：吉安市安福县武功山 27°29′48″N，114°11′12″E。井冈山市茨坪镇井冈山国家级自然保护区 26°37′23″N，114°07′04″E。

长斑幻夜蛾 *Sasunaga longiplaga* Warren

江西省：井冈山市茨坪镇井冈山国家级自然保护区 26°37′23″N，114°07′04″E。

湖南省：株洲市炎陵县十都镇神农谷自然保护区 26°30′16″N，114°00′50″E。

铃斑翅夜蛾 *Serrodes campana* **Guenée**

江西省：井冈山市茨坪镇井冈山国家级自然保护区 26°37′23″N，114°07′04″E。

湖南省：株洲市炎陵县十都镇神农谷自然保护区 26°29′21″N，114°01′16″E。

刻贫夜蛾 *Simplicia xanthoma* **Prout**

江西省：井冈山主峰 26.53°N，114.15°E。井冈山小溪洞 26°28′57″N，114°11′27″E。井冈山市茨坪镇井冈山国家级自然保护区 26°37′23″N，114°07′04″E。

胡桃豹夜蛾 *Sinna extrema* **(Walker)**

江西省：宜春市靖安县璪都镇南山村 29°01′00″N，115°16′00″E。

湖南省：株洲市炎陵县神农谷自然保护区 26°32′12″N，114°00′36″E。

赭索夜蛾 *Sophta ruficeps* **(Walker)**

江西省：吉安市安福县武功山 27°29′48″N，114°11′12″E。井冈山市茨坪镇井冈山国家级自然保护区 26°37′23″N，114°07′04″E。

旋目夜蛾 *Speiredonia retorta* **Linnaeus**

江西省：宜春市靖安县璪都镇南山村 29°01′00″N，115°16′00″E。

日月明夜蛾 *Sphragifera biplagiata* **(Walker)**

江西省：吉安市安福县武功山 27°29′48″N，114°11′12″E。井冈山市茨坪镇井冈山国家级自然保护区 26°37′23″N，114°07′04″E。

灰翅夜蛾 *Spodoptera mauritia* **(Boisduval)**

江西省：井冈山市茨坪镇井冈山国家级自然保护区 26°37′23″N，114°07′04″E。

湖南省：株洲市炎陵县十都镇神农谷自然保护区 26°30′16″N，114°00′50″E。

白兰纹夜蛾 *Stenoloba albiangulata* **Mell**

江西省：井冈山市茨坪镇井冈山国家级自然保护区 26°37′23″N，114°07′04″E。

湖南省：株洲市炎陵县十都镇神农谷自然保护区 26°29′21″N，114°01′16″E。

异兰纹夜蛾 *Stenoloba assimilis* **(Warren)**

江西省：吉安市安福县武功山 27°29′48″N，114°11′12″E。井冈山市茨坪镇井冈山国家级自然保护区 26°37′23″N，114°07′04″E。

内斑兰纹夜蛾 *Stenoloba basiviridis* **Draudt**

江西省：赣州市上犹县光菇山自然保护区 25°55′11″N，114°03′04″E。

交兰纹夜蛾 *Stenoloba confusa* **Leech**

江西省：宜春市靖安县观音岩 29°01′48″N，115°25′00″E。

蕊夜蛾 *Stictoptera cuculloides* **Guenée**

江西省：井冈山市茨坪镇井冈山国家级自然保护区 26°37′23″N，114°07′04″E。

湖南省：株洲市炎陵县十都镇神农谷自然保护区 26°30′16″N，114°00′50″E。

克析夜蛾 *Sypnoides kirbyi* **(Butler)**

江西省：井冈山市茨坪镇井冈山国家级自然保护区 26°37′23″N，114°07′04″E。

湖南省：株洲市炎陵县十都镇神农谷自然保护区 26°30′16″N，114°00′50″E。

黄踏夜蛾 *Tambana subflava* **(Wileman)**

湖南省：郴州市桂东县八面山国家级自然保护区 26°01′03″N，113°40′59″E。

森林浮尾夜蛾 *Targalla silvicola* **Watabiki et Yoshimatsu**

湖南省：郴州市桂东县八面山国家级自然保护区 26°01′03″N，113°40′59″E。

江西省：吉安市安福县武功山 27°29′48″N，114°11′12″E。

肖毛翅夜蛾 *Thyas juno* **(Darman)**

江西省：萍乡市芦溪县武功山 27°27′53″N，114°10′47″E。

湖南省：郴州市桂东县八面山国家级自然保护区 26°01′03″N，113°40′59″E。

锈肖毛翅夜蛾 *Thyas rubida* **Walker**

江西省：萍乡市芦溪县武功山 27°27′53″N，114°10′47″E。

耳掌夜蛾 *Tiracola aureata* **Holloway**

江西省：吉安市安福县武功山 27°29′48″N，114°11′12″E。

湖南省：郴州市桂东县八面山国家级自然保护区 26°01′03″N，113°40′59″E。

掌夜蛾 *Tiracola plagiata* **(Walker)**

江西省：吉安市安福县武功山 27°19′00″N，114°13′00″E。赣州市上犹县光菇山自然保护区 25°55′11″N，114°03′04″E。

镶夜蛾 *Trichosea champa* (Moore)

江西省：萍乡市芦溪县武功山 27°27'53"N，114°10'47"E。

墨优夜蛾 *Ugia mediorufa* (Hampson)

江西省：吉安市安福县武功山 27°29'48"N，114°11'12"E。

湖南省：郴州市桂东县八面山国家级自然保护区 26°01'03"N，113°40'59"E。

梨未夜蛾 *Viminia rumicis* (Linnaeus)

湖南省：株洲市炎陵县十都镇神农谷自然保护区 26°30'16"N，114°00'50"E。郴州市桂东县八面山国家级自然保护区 26°01'03"N，113°40'59"E。

黄伟夜蛾 *Wittstrotia flavannamica* Behounek et Speidel

湖南省：株洲市炎陵县十都镇神农谷自然保护区 26°29'21"N，114°01'16"E。郴州市桂东县八面山国家级自然保护区 26°01'03"N，113°40'59"E。

焦条黄夜蛾 *Xanthodes graellsii* (Feisthamel)

湖南省：株洲市炎陵县十都镇神农谷自然保护区 26°29'21"N，114°01'16"E。郴州市桂东县八面山国家级自然保护区 26°01'03"N，113°40'59"E。

梨纹黄夜蛾 *Xanthodes transversa* Guenée

湖南省：株洲市炎陵县十都镇神农谷自然保护区 26°30'16"N，114°00'50"E。郴州市桂东县八面山国家级自然保护区 26°01'03"N，113°40'59"E。

秦路夜蛾 *Xenotrachea tsinlinga* Draudt

湖南省：郴州市桂东县八面山国家级自然保护区 26°01'03"N，113°40'59"E。

花夜蛾 *Yepcalphis dilectissima* (Walker)

江西省：吉安市遂川县南风面国家级自然保护区 26°17'04"N，114°03'53"E。

虎蛾科 Agaristidae

酥修虎蛾 *Sarbanissa subalba* (Leech)

湖南省：郴州市桂东县八面山国家级自然保护区 26°01'03"N，113°40'59"E。

带蛾科 Eupterotidae

灰纹带蛾 *Ganisa cyanugrisea* (Mell)

湖南省：长沙市浏阳市大围山 28°25'28"N，114°04'52"E。

褐莭带蛾 *Palirisa cervina mosoensis* (Mell)

江西省：萍乡市芦溪县羊狮幕 27°33'38"N，114°14'35"E。

灰褐带蛾 *Palirisa sinensis* Rothschild

湖南省：长沙市浏阳市大围山 28°25'28"N，114°04'52"E。株洲市炎陵县桃源洞 26°29'14"N，114°00'42"E。

凤蛾科 Epicopeiidae

浅翅凤蛾 *Epicopeia hainesi* Holland

江西省：赣州市上犹县五指峰乡光菇山 25°55'03"N，114°02'48"E。萍乡市芦溪县武功山 27°27'39"N，114°10'03"E。赣州市上犹县光菇山自然保护区 25°55'11"N，114°03'04"E；25°55'03"N，114°02'48"E。吉安市遂川县南风面国家级自然保护区 26°17'04"N，114°03'53"E。

榆凤蛾 *Epicopeia mencia* Moore

湖南省：株洲市炎陵县十都镇神农谷自然保护区 26°30'16"N，114°00'50"E。

江西省：赣州市上犹县五指峰乡光菇山 25°55'03"N，114°02'48"E。萍乡市芦溪县武功山 27°27'26"N，114°10'12"E。

黑边白蛱蛾 *Psychostrophia nymphidiaria* (Oberthür)

江西省：宜春市奉新县百丈山 28°41'35"N，114°46'27"E。赣州市上犹县五指峰乡光菇山 25°55'03"N，114°02'48"E。

瘤蛾科 Nolidae

水仙瘤蛾 *Eligma narcissus* (Cramer)

江西省：萍乡市芦溪县羊狮幕 27°33'38"N，114°14'35"E。

双翅目 DIPTERA

拟网蚊科 Deuterophlebiidae

拟网蚊属未定种 *Deuterophlebia* sp.

湖南省：株洲市炎陵县十都镇神农谷自然保护区 26°49'93"N，114°06'56"E。

沼大蚊科 Limoniidae

亮沼大蚊属未定种 *Gymnastes* sp.

湖南省：株洲市炎陵县十都镇神农谷自然保护区 26°49'93"N，114°06'56"E。

沼大蚊属未定种 1 *Helius* sp. 1

江西省：井冈山市茨坪镇井冈山国家级自然保护区
26°37′23″N，114°07′04″E。

湖南省：株洲市炎陵县十都镇神农谷自然保护区
26°30′43″N，113°59′44″E。

沼大蚊属未定种 2 *Helius* sp. 2

湖南省：株洲市炎陵县十都镇神农谷自然保护区
26°49′93″N，114°06′56″E。

毛黑大蚊属未定种 1 *Hexatoma* sp. 1

湖南省：株洲市炎陵县水口镇木湾 26°34′16″N，
113°80′88″E。株洲市炎陵县十都镇神农谷自然保护区
26°49′93″N，114°06′56″E。

毛黑大蚊属未定种 2 *Hexatoma* sp. 2

湖南省：株洲市炎陵县水口镇木湾 26°34′16″N，
113°80′88″E。

大蚊科 Tipulidae

裸大蚊属未定种 *Angarotipula* sp.

江西省：赣州市上犹县五指峰乡光菇山 25°55′03″N，
114°02′48″E。

湖南省：株洲市炎陵县十都镇神农谷自然保护区
26°30′43″N，113°59′44″E。

朝大蚊属未定种 *Antocha* sp.

江西省：赣州市上犹县五指峰乡光菇山 25°55′03″N，
114°02′48″E。

湖南省：株洲市炎陵县十都镇神农谷自然保护区
26°30′43″N，113°59′44″E。

栉大蚊属未定种 *Ctenophora* sp.

江西省：赣州市上犹县五指峰乡光菇山 25°55′03″N，
114°02′48″E。

拟大蚊属未定种 *Dicranota* sp.

江西省：赣州市上犹县五指峰乡光菇山 25°55′03″N，
114°02′48″E。

湖南省：株洲市炎陵县十都镇神农谷自然保护区
26°30′43″N，113°59′44″E。

棍棒巨大蚊 *Holorusia clavipes* (Edwards)

江西省：赣州市上犹县五指峰乡光菇山 25°55′03″N，
114°02′48″E。

湖南省：株洲市炎陵县水口镇木湾 26°34′16″N，
113°80′88″E。

三食亮大蚊 *Limonia triarmata* Alexander

江西省：赣州市上犹县五指峰乡光菇山 25°55′03″N，
114°02′48″E。

湖南省：株洲市炎陵县十都镇神农谷自然保护区
26°30′43″N，113°59′44″E。

短柄大蚊属未定种 *Nephrotoma* sp.

江西省：赣州市上犹县五指峰乡光菇山 25°55′03″N，
114°02′48″E。

雅大蚊属未定种 *Pseudolimnophila* sp

江西省：井冈山市茨坪镇井冈山国家级自然保护区
26°37′23″N，114°07′04″E。赣州市上犹县五指峰乡光菇
山 25°55′03″N，114°02′48″E。

大蚊属未定种 *Tipula* sp.

湖南省：株洲市炎陵县十都镇神农谷自然保护区
26°30′43″N，113°59′44″E。

摇蚊科 Chironomidae

摇蚊属未定种 *Chironomus* sp.

湖南省：株洲市炎陵县十都镇神农谷自然保护区
26°30′43″N，113°59′44″E。株洲市炎陵县十都镇神农谷
自然保护区 26°49′93″N，114°06′56″E。

直突摇蚊属未定种 *Orthocladius* sp.

湖南省：株洲市炎陵县水口镇木湾 26°34′16″N，
113°80′88″E。株洲市炎陵县十都镇神农谷自然保护区
26°49′93″N，114°06′56″E。

毛蚊科 Bibionidae

日本叉毛蚊 *Penthetria japonica* Wiedemann

江西省：井冈山荆竹山 26°31.0′N，114°05.9′E。
湖南省：株洲市炎陵县十都镇神农谷自然保护区
26°49′93″N，114°06′56″E。

蚊科 Culicidae

白纹伊蚊 *Aedes albopictus* (Skuse)

江西省：井冈山荆竹山 26°31.0′N，114°05.9′E。
湖南省：株洲市炎陵县十都镇神农谷自然保护区
26°49′93″N，114°06′56″E。

中华按蚊 *Anopheles sinensis* Wiedemann

湖南省：株洲市炎陵县十都镇神农谷自然保护区
26°49′93″N，114°06′56″E。

致倦库蚊 *Culex pipiens quinquefasciatus* **Say**

湖南省：株洲市炎陵县十都镇神农谷自然保护区 26°49′93″N，114°06′56″E；26°30′43″N，113°59′44″E。

蚋科 Simulidae

原蚋属未定种 *Prosimulium* **sp.**

江西省：赣州市上犹县五指峰乡光菇山 25°55′03″N，114°02′48″E。

湖南省：株洲市炎陵县十都镇神农谷桃花溪 26°49′93″N，114°06′56″E。

蚋属未定种 *Simulium* **sp.**

江西省：赣州市上犹县五指峰乡光菇山 25°55′03″N，114°02′48″E。

湖南省：株洲市炎陵县十都镇神农谷自然保护区 26°30′43″N，113°59′44″E。

蠓科 Ceratopogonidae

荒川库蠓 *Culicoides arakawai* **Arakawa**

江西省：赣州市上犹县五指峰乡光菇山 25°55′03″N，114°02′48″E。井冈山市茨坪镇井冈山国家级自然保护区 26°37′23″N，114°07′04″E。

库蠓属未定种 *Culicoides* **sp.**

湖南省：株洲市炎陵县十都镇神农谷自然保护区 26°30′43″N，113°59′44″E。株洲市炎陵县十都镇神农谷自然保护区 26°49′93″N，114°06′56″E。

台湾铗蠓 *Forcipomyia taiwana* **(Shiraki)**

湖南省：株洲市炎陵县十都镇神农谷自然保护区 26°30′43″N，113°59′44″E。

舞虻科 Empididae

驼舞虻属未定种 *Hybos* **sp.**

湖南省：株洲市炎陵县十都镇神农谷自然保护区 26°30′43″N，113°59′44″E。株洲市炎陵县十都镇神农谷自然保护区 26°49′93″N，114°06′56″E。

虻科 Tabanidae

爪哇麻虻 *Haematopota javana* **Wiedemann**

江西省：井冈山罗浮山 26°39′N，114°13′E。

湖南省：株洲市炎陵县十都镇神农谷自然保护区 26°49′93″N，114°06′56″E。

广西虻 *Tabanus kwangsiensis* **Liu et Wang**

湖南省：株洲市炎陵县十都镇神农谷自然保护区 26°49′93″N，114°06′56″E。

中华虻 *Tabanus mandarinus* **Schiner**

湖南省：株洲市炎陵县十都镇神农谷牛角垄 26°30′08″N，114°03′39″E。株洲市炎陵县十都镇神农谷自然保护区 26°49′93″N，114°06′56″E。长沙市浏阳市大围山 28°25′28″N，114°04′52″E。

虻属未定种 *Tabanus* **sp.**

湖南省：株洲市炎陵县十都镇神农谷自然保护区 26°49′93″N，114°06′56″E。株洲市炎陵县十都镇神农谷自然保护区 26°49′93″N，114°06′56″E。

水虻科 Stratiomyidae

亮斑扁角水虻 *Hermetia illucens* **Linnaeus**

湖南省：株洲市炎陵县十都镇神农谷自然保护区 26°49′93″N，114°06′56″E。

金黄指突水虻 *Ptecticus aurifer* **(Walker)**

江西省：井冈山主峰 26°53.0′N，114.35°E。井冈山大井 26°22′47.10″N，114°07′30.22″E。井冈山荆竹山 26°31.0′N，114°05.9′E。井冈山小溪洞 26°26.0′N，114°11.0′E。

湖南省：株洲市炎陵县十都镇神农谷自然保护区 26°49′93″N，114°06′56″E。郴州市汝城县热水镇飞水寨 25°52′52″N，113°91′77″E。

丽瘦腹水虻 *Sargus metallinus* **Fabricius**

湖南省：郴州市汝城县热水镇飞水寨 25°52′52″N，113°91′77″E。

蜂虻科 Bombyliidae

弯翅姬蜂虻 *Systropus curvittatus* **Du et Yang**

江西省：宜春市奉新县百丈山 28°41′35″N，114°46′27″E。

戴云姬蜂虻 *Systropus daiyunshanus* **Yang et Du**

江西省：井冈山大井 26°22′47.10″N，114°07′30.22″E。

湖南省：株洲市炎陵县十都镇神农谷自然保护区 26°30′43″N，113°59′44″E。郴州市汝城县热水镇飞水寨 25°52′52″N，113°91′77″E。

箭尾姬蜂虻 *Systropus oestrus* **Du et Yang**

江西省：宜春市奉新县百丈山 28°41′35″N，114°46′27″E。

甲蝇科 Celyphidae

狭须甲蝇属未定种 *Spaniocelyphus* **sp.**

湖南省：株洲市炎陵县十都镇神农谷自然保护区

26°30′43″N，113°59′44″E。郴州市汝城县热水镇飞水寨 25°52′52″N，113°91′77″E。

食蚜蝇科 Syrphidae

切黑狭口蚜蝇 *Asarkina ericetorum* (Fabricius)

江西省：井冈山小溪洞 26°26.0′N，114°11.0′E。

湖南省：浏阳市大围山镇大围山森林公园 28°25′30″N，114°06′45″E。

巴卡食蚜蝇属未定种 *Baccha* sp.

湖南省：浏阳市大围山镇大围山森林公园 28°25′30″N，114°06′45″E。

狭带贝蚜蝇 *Dideoides serarius* (Wiedemann)

湖南省：浏阳市大围山镇大围山森林公园 28°25′30″N，114°06′45″E。

侧斑直脉蚜蝇 *Dideoides latus* (Coquillet)

湖南省：浏阳市大围山镇大围山森林公园 28°25′30″N，114°06′45″E。

斑翅蚜蝇 *Dideopsis aegrota* (Fabricius)

江西省：井冈山大井 26°22′47.10″N，114°07′30.22″E。宜春市奉新县百丈山 28°41′35″N，114°46′27″E。

湖南省：浏阳市大围山镇大围山森林公园 28°25′30″N，114°06′45″E。

黑带蚜蝇 *Episyrphus balteatus* (De Geer)

江西省：井冈山湘洲 26°32.0′N，114°11.1′E。井冈山大井 26°22′47.10″N，114°07′30.22″E。井冈山主峰 26°53.0′N，114.35°E。

湖南省：株洲市炎陵县十都镇神农谷自然保护区 26°30′43″N，113°59′44″E。浏阳市大围山镇大围山森林公园 28°25′30″N，114°06′45″E。

棕股斑眼蚜蝇 *Eristalinus arvorum* (Fabricius)

江西省：井冈山西坪 26°33.4′N，114°12.2′E。

湖南省：浏阳市大围山镇大围山森林公园 28°25′30″N，114°06′45″E。

黄跗斑眼蚜蝇 *Eristalinus quinquestriatus* (Fabricius)

江西省：井冈山西坪 26°33.4′N，114°12.2′E。

湖南省：浏阳市大围山镇大围山森林公园 28°25′30″N，114°06′45″E。

钝黑离眼管蚜蝇 *Eristalinus sepulchralis* (Linnaeus)

湖南省：岳阳市平江县幕阜山 28°58′18″N，113°49′55″E。

灰带管蚜蝇 *Eristalis cerealis* Fabricius

江西省：宜春市奉新县百丈山 28°41′35″N，114°46′27″E。井冈山荆竹山 26°31.0′N，114°05.9′E。井冈山小溪洞 26°26.0′N，114°11.0′E。

湖南省：株洲市炎陵县十都镇神农谷自然保护区 26°49′93″N，114°06′56″E。浏阳市大围山镇大围山森林公园 28°25′30″N，114°06′45″E。

长尾管蚜蝇 *Eristalis tenax* (Linnaeus)

湖南省：浏阳市大围山镇大围山森林公园 28°25′30″N，114°06′45″E。岳阳市平江县幕阜山 28°58′18″N，113°49′55″E。

狭带条胸蚜蝇 *Helophilus virgatus* (Coquillett)

江西省：井冈山荆竹山 26°31.0′N，114°05.9′E。井冈山小溪洞 26°26.0′N，114°11.0′E。井冈山大井 26°22′47.10″N，114°07′30.22″E。井冈山主峰 26°53.0′N，114.35°E。吉安市安福县武功山 27°29′48″N，114°11′12″E。

方斑墨蚜蝇 *Melanostoma mellinum* (Linnaeus)

江西省：井冈山荆竹山 26°31.0′N，114°05.9′E。

东方墨蚜蝇 *Melanostoma orientale* (Wiedemann)

江西省：井冈山主峰 26°53.0′N，114.35°E。吉安市安福县武功山 27°29′48″N，114°11′12″E。

宽带蚜蝇 *Metasyrphus confrater* (Wiedemann)

江西省：吉安市安福县武功山 27°29′48″N，114°11′12″E。

裸芒宽盾蚜蝇 *Phytomia errans* (Fabricius)

江西省：吉安市安福县武功山 27°29′48″N，114°11′12″E。

湖南省：浏阳市大围山镇大围山森林公园 28°25′30″N，114°06′45″E。

宽跗蚜蝇属未定种 *Platycheirus* sp.

湖南省：株洲市炎陵县十都镇神农谷自然保护区 26°30′43″N，113°59′44″E。

拟蜂蚜蝇 *Pseudovolucella mimica* Shiraki

江西省：赣州市崇义县横水镇阳岭国家森林公园 25°37′50″N，114°18′16″E。吉安市安福县武功山 27°29′48″N，114°11′12″E。

细腹蚜蝇属未定种 *Sphaerophoria* sp.

江西省：吉安市安福县武功山 27°29′48″N，114°11′12″E。

湖南省：郴州市汝城县热水镇飞水寨 25°52′52″N，113°91′77″E。株洲市炎陵县十都镇神农谷自然保护区 26°30′43″N，113°59′44″E。

黑蜂蚜蝇 *Volucella nigricans* **Coquillett**

江西省：吉安市安福县武功山 27°29′48″N，114°11′12″E。

头蝇科 Pipunculidae

佗头蝇属未定种 *Tomosvaryella* **sp.**

湖南省：株洲市炎陵县十都镇神农谷自然保护区 26°30′43″N，113°59′44″E。株洲市炎陵县十都镇神农谷自然保护区 26°49′93″N，114°06′56″E。

沼蝇科 Sciomyzidae

铜色长角沼蝇 *Sepedon aenescens* **Wiedemann**

湖南省：株洲市炎陵县十都镇神农谷自然保护区 26°30′43″N，113°59′44″E。株洲市炎陵县十都镇神农谷自然保护区 26°49′93″N，114°06′56″E。

具刺长角沼蝇 *Sepedon spinipes* **(Scopoli)**

湖南省：株洲市炎陵县十都镇神农谷自然保护区 26°30′43″N，113°59′44″E。株洲市炎陵县十都镇神农谷自然保护区 26°49′93″N，114°06′56″E。

突眼蝇科 Diopsidae

四斑泰突眼蝇 *Teleopsis quadriguttata* **(Walker)**

湖南省：株洲市炎陵县十都镇神农谷自然保护区 26°30′43″N，113°59′44″E。株洲市炎陵县十都镇神农谷自然保护区 26°49′93″N，114°06′56″E。

水蝇科 Ephydridae

螳水蝇属未定种 *Ochthera* **sp.**

湖南省：株洲市炎陵县十都镇神农谷自然保护区 26°30′43″N，113°59′44″E。株洲市炎陵县十都镇神农谷自然保护区 26°49′93″N，114°06′56″E。

缟蝇科 Lauxaniidae

隆额缟蝇属未定种 *Cestrotus* **sp.**

江西省：宜春市宜丰县官山国家级自然保护区 28°33′21″N，114°35′20″E。

湖南省：株洲市炎陵县十都镇神农谷自然保护区 26°49′93″N，114°06′56″E。

同脉缟蝇属未定种 1 *Homoneura* **sp. 1**

湖南省：株洲市炎陵县十都镇神农谷自然保护区 26°30′43″N，113°59′44″E。株洲市炎陵县十都镇神农谷自然保护区 26°49′93″N，114°06′56″E。

同脉缟蝇属未定种 2 *Homoneura* **sp. 2**

湖南省：株洲市炎陵县十都镇神农谷自然保护区 26°30′43″N，113°59′44″E。株洲市炎陵县十都镇神农谷自然保护区 26°49′93″N，114°06′56″E。

实蝇科 Tehritidae

黑纹实蝇 *Bactrocera caudata* **(Fabricius)**

江西省：吉安市安福县武功山 27°19′00″N，114°13′00″E。

瓜实蝇 *Bactrocera cucurbitae* **(Coquille)**

湖南省：株洲市炎陵县十都镇神农谷自然保护区 26°49′93″N，114°06′56″E。

桔小实蝇 *Bactrocera dorsalis* **(Hendel)**

湖南省：株洲市炎陵县十都镇神农谷自然保护区 26°49′93″N，114°06′56″E。

南瓜实蝇 *Bactrocera tau* **(Walker)**

江西省：吉安市安福县武功山 27°19′00″N，114°13′00″E。

丽蝇科 Calliphoridae

绯颜裸金蝇 *Achoetandrus rufifacies* **(Meigen)**

江西省：井冈山小溪洞 26°26′00″N，114°11′00″E。井冈山荆竹山 26°31′00″N，114°05′90″E。

湖南省：浏阳市大围山镇大围山森林公园 28°25′30″N，114°06′45″E。

巨尾阿丽蝇 *Aldrichina grahami* **(Aldrich)**

江西省：吉安市安福县武功山 27°29′48″N，114°11′12″E。

湖南省：株洲市炎陵县十都镇神农谷自然保护区 26°49′93″N，114°06′56″E。

台湾孟蝇 *Bengalia taiwanensis* **Fan**

江西省：井冈山小溪洞 26°26′00″N，114°11′00″E。

变色孟蝇 *Bengalia varicolor* **Fabricius**

江西省：宜春市靖安县观音岩景区 29°04′00″N，115°14′00″E。井冈山大井 26°33′47″N，114°07′30″E。井冈山小溪洞 26°26′00″N，114°11′00″E。井冈山松木坪

26°34′36″N，114°04′24″E。井冈山荆竹山 26°31′00″N，114°05′90″E。井冈山平水山 26°27′00″N，114°21′00″E。

孟蝇属未定种 *Bengalia* sp.

湖南省：浏阳市大围山镇大围山森林公园 28°25′30″N，114°06′45″E。株洲市炎陵县十都镇神农谷自然保护区 26°49′93″N，114°06′56″E。

反吐丽蝇 *Calliphora vomitoria* (Linnaeus)

江西省：井冈山小溪洞 26°26′00″N，114°11′00″E。井冈山荆竹山 26°31′00″N，114°05′90″E。

湖南省：株洲市炎陵县十都镇神农谷自然保护区 26°49′93″N，114°06′56″E。

大头金蝇 *Chrysomya megacephala* (Fabricius)

江西省：井冈山荆竹山 26°31′00″N，114°05′90″E。井冈山湘洲 26°36′00″N，114°16′00″E。宜春市奉新县百丈山 28°41′35″N，114°46′27″E。

湖南省：株洲市炎陵县十都镇神农谷自然保护区 26°49′93″N，114°06′56″E。

肥躯金蝇 *Chrysomya pinguis* (Walker)

江西省：宜春市靖安县观音岩景区 29°04′00″N，115°14′00″E。井冈山大井 26°33′47″N，114°07′30″E。井冈山小溪洞 26°26′00″N，114°11′00″E。井冈山湘洲 26°36′00″N，114°16′00″E。井冈山松木坪 26°34′36″N，114°04′24″E。井冈山弯坑 26°53′20″N，114°25′15″E。井冈山荆竹山 26°31′00″N，114°05′90″E。井冈山平水山 26°27′00″N，114°21′00″E。

金蝇属未定种 *Chrysomya* sp.

江西省：吉安市安福县武功山 27°29′48″N，114°11′12″E。

湖南省：株洲市炎陵县十都镇神农谷自然保护区 26°49′93″N，114°06′56″E。

瘦叶带绿蝇 *Hemipyrellia ligurriens* (Wiedemann)

江西省：井冈山大井 26°33′47″N，114°07′30″E。井冈山小溪洞 26°26′00″N，114°11′00″E。

湖南省：株洲市炎陵县十都镇神农谷自然保护区 26°49′93″N，114°06′56″E。

南岭绿蝇 *Lucilia bazini* Séguy

江西省：宜春市靖安县三爪仑国家森林公园 28°58′36″N，115°14′11″E。

湖南省：株洲市炎陵县十都镇神农谷自然保护区 26°49′93″N，114°06′56″E。

丝光绿蝇 *Lucilia sericata* Meigen

江西省：宜春市奉新县九岭山 28°41′51″N，114°45′

08″E。井冈山荆竹山 26°31′00″N，114°05′90″E。

不显口鼻蝇 *Stomorhina obsoleta* (Wiedemann)

湖南省：浏阳市大围山镇大围山森林公园 28°25′30″N，114°06′45″E。株洲市炎陵县十都镇神农谷自然保护区 26°49′93″N，114°06′56″E。

麻蝇科 Sarcophagidae

棕尾别麻蝇 *Boettcherisca peregrina* (Robineau-Desvoidy)

江西省：宜春市奉新县百丈山 28°41′35″N，114°46′27″E。

黑尾黑麻蝇 *Helicophagella melanura* (Meigen)

江西省：井冈山小溪洞 26°26′00″N，114°11′00″E。井冈山湘洲 26°36′00″N，114°16′00″E。

白头亚麻蝇 *Parasarcophaga albiceps* (Meigen)

江西省：井冈山大井 26°33′47″N，114°07′30″E。井冈山小溪洞 26°26′00″N，114°11′00″E。井冈山湘洲 26°36′00″N，114°16′00″E。井冈山平水山 26°27′00″N，114°21′00″E。

酱亚麻蝇 *Parasarcophaga dux* (Thomson)

江西省：井冈山湘洲 26°36′00″N，114°16′00″E。井冈山松木坪 26°34′36″N，114°04′24″E。井冈山弯坑 26°53′20″N，114°25′15″E。

秉氏亚麻蝇 *Parasarcophaga pingi* Ho

江西省：井冈山大井 26°33′47″N，114°07′30″E。井冈山荆竹山 26°31′00″N，114°05′90″E。井冈山平水山 26°27′00″N，114°21′00″E。

野亚麻蝇 *Parasarcophaga similis* (Meade)

江西省：井冈山小溪洞 26°26′00″N，114°11′00″E。井冈山湘洲 26°36′00″N，114°16′00″E。井冈山松木坪 26°34′36″N，114°04′24″E。井冈山弯坑 26°53′20″N，114°25′15″E。井冈山荆竹山 26°31′00″N，114°05′90″E。

拟东方辛麻蝇 *Seniorwhitea princeps* (Wiedemann)

江西省：井冈山大井 26°33′47″N，114°07′30″E。井冈山小溪洞 26°26′00″N，114°11′00″E。井冈山松木坪 26°34′36″N，114°04′24″E。井冈山荆竹山 26°31′00″N，114°05′90″E。

花蝇科 Anthomyiidae

花蝇属未定种 *Anthomyia* sp.

湖南省：株洲市炎陵县十都镇神农谷自然保护区

26°30′43″N，113°59′44″E。郴州市汝城县热水镇飞水寨25°52′52″N，113°91′77″E。

蝇科 Muscidae

腓胫纹蝇 *Graphomya rufitibia* Stein

江西省：井冈山大井 26°33′47″N，114°07′30″E。井冈山小溪洞 26°26′00″N，114°11′00″E。

东方溜蝇 *Lispe orientalis* Wiedemann

江西省：井冈山湘洲 26°36′00″N，114°16′00″E。井冈山松木坪 26°34′36″N，114°04′24″E。井冈山弯坑 26°53′20″N，114°25′15″E。

中华莫蝇 *Morellia sinensis* Ouchi

湖南省：株洲市炎陵县十都镇神农谷自然保护区 26°49′93″N，114°06′56″E。

家蝇 *Musca domestica* Linnaeus

江西省：宜春市靖安县观音岩景区 29°04′00″N，115°14′00″E。井冈山大井 26°33′47″N，114°07′30″E。井冈山小溪洞 26°26′00″N，114°11′00″E。井冈山湘洲 26°36′00″N，114°16′00″E。井冈山松木坪 26°34′36″N，114°04′24″E。井冈山弯坑 26°53′20″N，114°25′15″E。井冈山荆竹山 26°31′00″N，114°05′90″E。井冈山平水山 26°27′00″N，114°21′00″E。宜春市奉新县百丈山 28°41′35″N，114°46′27″E。

湖南省：株洲市炎陵县十都镇神农谷自然保护区 26°30′43″N，113°59′44″E。株洲市炎陵县十都镇神农谷自然保护区 26°49′93″N，114°06′56″E。

厩腐蝇 *Muscina stabulans* Fallen

江西省：井冈山大井 26°33′47″N，114°07′30″E。井冈山湘洲 26°36′00″N，114°16′00″E。井冈山松木坪 26°34′36″N，114°04′24″E。井冈山平水山 26°27′00″N，114°21′00″E。

圆蝇属未定种 *Mydaea* sp.

湖南省：浏阳市大围山镇大围山森林公园 28°25′30″N，114°06′45″E。株洲市炎陵县十都镇神农谷自然保护区 26°49′93″N，114°06′56″E。

紫翠蝇 *Neomyia gavisa* Walker

江西省：井冈山湘洲 26°36′00″N，114°16′00″E。

湖南省：株洲市炎陵县十都镇神农谷自然保护区 26°49′93″N，114°06′56″E。

斑跖黑蝇 *Ophyra chalcogaster* (Wiedemann)

江西省：宜春市靖安县观音岩景区 29°04′00″N，115°14′00″E。宜春市奉新县百丈山 28°41′35″N，114°46′27″E。

27″E。井冈山大井 26°33′47″N，114°07′30″E。井冈山小溪洞 26°26′00″N，114°11′00″E。井冈山湘洲 26°36′00″N，114°16′00″E。井冈山松木坪 26°34′36″N，114°04′24″E。井冈山弯坑 26°53′20″N，114°25′15″E。井冈山荆竹山 26°31′00″N，114°05′90″E。井冈山平水山 26°27′00″N，114°21′00″E。

峨眉直脉蝇 *Polietes fuscisquamosus* Emden

江西省：井冈山大井 26°33′47″N，114°07′30″E。

厩螫蝇 *Stomoxys calcitrans* (Linnaeus)

江西省：井冈山大井 26°33′47″N，114°07′30″E。井冈山松木坪 26°34′36″N，114°04′24″E。井冈山弯坑 26°53′20″N，114°25′15″E。井冈山荆竹山 26°31′00″N，114°05′90″E。

寄蝇科 Tachinidae

松毛虫狭颊寄蝇 *Carcelia rasella* Baranov

江西省：吉安市安福县武功山 27°29′48″N，114°11′12″E。

柔毛寄蝇属未定种 *Thelaira* sp.

江西省：吉安市安福县武功山 27°29′48″N，114°11′12″E。

湖南省：株洲市炎陵县十都镇神农谷自然保护区 26°30′43″N，113°59′44″E。

膜翅目 HYMENOPTERA

叶蜂科 Tenthredinidae

荔浦吉松叶蜂 *Gilpinia lipuensis* Xiao et Huang

湖南省：长沙市浏阳市大围山 28°25′28″N，114°04′52″E。

黑端刺斑叶蜂 *Tenthredo fuscoterminata* Marlatt

江西省：宜春市靖安县观音岩 29°03′00″N，115°25′00″E。井冈山主峰 26°53.0′N，114.35°E。萍乡市芦溪县武功山 27°27′53″N，114°10′47″E。

三节叶蜂科 Argidae

榆红胸三节叶蜂 *Arge captiva* (Smith)

湖南省：长沙市浏阳市大围山 28°25′28″N，114°04′52″E。

鹃黑毛三节叶蜂 *Arge similis* Vollenhoven

湖南省：郴州市汝城县热水镇飞水寨 25°52′52″N，113°91′77″E。

列斑黄腹三节叶蜂 *Arge xanthogaster* (Cameron)

湖南省：长沙市浏阳市大围山 28°25′28″N，114°04′52″E。

杜黑毛截唇三节叶蜂 *Arge xiaoweii* Wei

湖南省：长沙市浏阳市大围山 28°25′28″N，114°04′52″E。

姬蜂科 Ichneumonidae

螟蛉悬茧姬蜂 *Charops bicolor* (Szepligeti)

江西省：宜春市靖安县三爪仑国家森林公园 28°58′36″N，115°14′11″E。

舞毒蛾黑瘤姬蜂 *Coccygomimus disparis* (Viereck)

江西省：宜春市靖安县三爪仑国家森林公园 28°58′36″N，115°14′11″E。

松毛虫黑胸姬蜂 *Hyposoter takagii* (Matsumura)

江西省：宜春市靖安县三爪仑国家森林公园 28°58′36″N，115°14′11″E。

姬蜂属未定种 *Ichneumon* sp.

湖南省：郴州市汝城县热水镇飞水寨 25°52′52″N，113°91′77″E。

斑翅马尾姬蜂 *Megarhyssa praecellens* Tosquinet

湖南省：长沙市浏阳市大围山 28°25′28″N，114°04′52″E。

弄蝶武姬蜂 *Ulesta agitata* (Matsumura et Uchidae)

江西省：吉安市青原区河东街道青原山 27°06′57″N，115°06′01″E。

松毛虫黑点瘤姬蜂 *Xanthopimpla predator* (Fabricius)

江西省：宜春市靖安县三爪仑国家森林公园 28°58′36″N，115°14′11″E。

广黑点瘤姬蜂 *Xanthopimpla punctata* Fabricius

江西省：吉安市青原区河东街道青原山 27°06′57″N，115°06′01″E。

茧蜂科 Braconidae

螟蛉盘绒茧蜂 *Cotesia ruficrus* (Haliday)

江西省：吉安市青原区河东街道青原山 27°06′57″N，115°06′01″E。

日本真径茧蜂 *Euagathis japonica* Szepligeti

江西省：吉安市青原区河东街道青原山 27°06′57″N，115°06′01″E。

小蜂科 Chalcididae

广大腿小蜂 *Brachymeria lasus* (Walker)

江西省：吉安市青原区河东街道青原山 27°06′57″N，115°06′01″E。

泥蜂科 Sphecidae

棒腹沙泥蜂 *Ammophila clavus* (Fabricius)

湖南省：资兴市回龙山瑶族乡回龙山 26°04′33.34″N，113°23′15.85″E。

沙泥蜂属未定种 *Ammophila* sp.

江西省：井冈山大井 26°33′47″N，114°07′30″E。

黑扁股泥蜂 *Isodontia nigellus* Smith

江西省：井冈山大井 26°22′47.10″N，114°07′30.19″E。宜春市奉新县百丈山 28°41′35″N，114°46′27″E。

黄毛泥蜂焰亚种 *Sphex diabolicus flammitrichus* Strand

湖南省：长沙市浏阳市大围山28°25′28″N，114°04′52″E。

异颚泥蜂 *Sphex maxillosus* Fabricius

江西省：吉安市安福县武功山 27°29′48″N，114°11′12″E。

黑毛泥蜂 *Sphex subtruncatus* Daholbom

江西省：吉安市安福县武功山 27°29′48″N，114°11′12″E。

湖南省：株洲市炎陵县十都镇神农谷自然保护区 26°49′93″N，114°06′56″E。

银毛泥蜂 *Sphex umbrosus* Christ

江西省：宜春市靖安县大杞山生态林场28°67′00″N，115°07′00″E。井冈山主峰 26°53.0′N，114.35°E。

小唇泥蜂属未定种 *Tachytes* sp.

江西省：吉安市安福县武功山 27°29′48″N，114°11′12″E。

方头泥蜂科 Crabronidae

沃氏节腹泥蜂 *Cerceris verhoeffi* Tsuneki

江西省：吉安市遂川县南风面国家级自然保护区 26°17′04″N，114°03′53″E。

节腹泥蜂属未定种 *Cerceris* sp.

江西省：宜春市宜丰县官山国家级自然保护区 28°33′21″N，114°35′20″E。

切方头泥蜂 *Ectemnius chrysites* (Kohl)

江西省：井冈山双溪口 26°31.4′N，114°11.3′E。

蜜蜂科 Apidae

领无垫蜂 *Amegilla cingulifera* Cockerell

江西省：吉安市井冈山大井 26°22′47.10″N，114°07′30.19″E。井冈山主峰 26°53.0′N，114.35°E。井冈山笔架山 26°31′N，114°09′E。

花无垫蜂 *Amegilla florea* (Smith)

江西省：赣州市崇义县横水镇阳岭国家森林公园 25°37′50″N，114°18′16″E。井冈山大井 26°22′47.10″N，114°07′30.19″E。井冈山主峰 26°53.0′N，114.35°E。宜春市靖安县大杞山生态林场 28°67′00″N，115°07′00″E。

褐胸无垫蜂 *Amegilla mesopyrrha* Cockerell

湖南省：株洲市炎陵县桃源洞 26°29′14″N，114°00′42″E。

东亚无垫蜂 *Amegilla parhypate* Lieftinck

江西省：赣州市崇义县横水镇阳岭国家森林公园 25°37′50″N，114°18′16″E。

湖南省：株洲市炎陵县十都镇神农谷自然保护区 26°49′93″N，114°06′56″E。

毛跗黑条蜂 *Anthophora acervorum villosula* Smith

江西省：井冈山荆竹山 26°31′N，114°05.9′E。井冈山大井 26°22′47.10″N，114°07′30.19″E。井冈山湘洲 26°32.0′N，114°11.0′E。

东方蜜蜂 *Apis cerana* Fabricius

江西省：吉安市安福县武功山 27°29′48″N，114°11′12″E。赣州市崇义县横水镇阳岭国家森林公园 25°37′50″N，114°18′16″E。赣州市上犹县五指峰乡光菇山 25°55′11″N，114°03′04″E。宜春市靖安县大杞山生态林场 28°67′00″N，115°07′00″E。

湖南省：株洲市炎陵县桃源洞自然保护区中礁石工区 26°31′00″N，113°03′00″E。

双斑伟黄斑蜂 *Bathanthidium bifoveolatum* (Alfken)

江西省：井冈山主峰 26°53.0′N，114.35°E。

短头熊蜂 *Bombus breviceps* (Smith)

江西省：井冈山荆竹山 26°31′N，114°05.9′E。井冈山大井 26°22′47.10″N，114°07′30.19″E。

黄熊蜂 *Bombus flavescens* (Smith)

江西省：井冈山大井 26°22′47.10″N，114°07′30.19″E。赣州市上犹县五指峰乡光菇山 25°55′11″N，114°03′04″E。

湖南省：株洲市炎陵县桃源洞自然保护区游客服务中心 26°29′00″N，114°01′00″E。

重黄熊蜂 *Bombus flavus* Friese

江西省：宜春市奉新县百丈山 28°41′35″N，114°46′27″E。

牯岭熊蜂 *Bombus kulingensis* Cockerell

江西省：井冈山大井 26°22′47.10″N，114°07′30.19″E。

三条熊蜂 *Bombus trifasciatus* Smith

江西省：井冈山笔架山 26°31′N，114°09′E。井冈山大井 26°22′47.10″N，114°07′30.19″E。

湖南省：株洲市炎陵县桃源洞自然保护区甲水 26°59′00″N，113°99′00″E。株洲市炎陵县桃源洞自然保护区游客服务中心 26°29′00″N，114°01′00″E。

熊蜂属未定种 *Bombus* sp.

江西省：井冈山小溪洞 26°26′N，114°11′E。井冈山荆竹山 26°31′N，114°05.9′E。吉安市安福县武功山 27°33′00″N，114°23′00″E。

布氏芦蜂 *Ceratina bryanti* Cockerell

江西省：井冈山双溪口 26°31.4′N，114°11.3′E。

单色芦蜂 *Ceratina unicolor* Friese

江西省：井冈山荆竹山 26°31′N，114°05.9′E。

蜜色长足条蜂 *Elaphropoda nuda* (Radoszkowski)

江西省：井冈山。

天目山长足条蜂 *Elaphropoda tienmushanensis* (Wu)

江西省：井冈山锡坪山 26°33′N，114°14′E。

花迴条蜂 *Habropoda mimetica* Cockerell

江西省：井冈山大井 26°22′47.10″N，114°07′30.19″E。井冈山锡坪山 26°33′N，114°14′E。

中华迴条蜂 *Habropoda sinensis* (Alfken)

江西省：赣州市崇义县横水镇阳岭国家森林公园 25°37′50″N，114°18′16″E。井冈山平水山 26°27′N，114°21′E。井冈山大井 26°22′47.10″N，114°07′30.19″E。井冈山主峰 26°53.0′N，114.35°E。

绿芦蜂 *Pithitis smaragdula* (Fabricius)

江西省：赣州市崇义县横水镇阳岭国家森林公园 25°37′50″N，114°18′16″E。

龙栖山小四条蜂 *Tetralonioidella longqiensis* Niu et Zhu

江西省：井冈山大井 26°22′47.10″N，114°07′30.19″E。吉安市遂川县南风面国家级自然保护区 26°17′04″N，114°03′53″E。

波琉璃纹花蜂 *Thyreus decorus* (Smith)

江西省：井冈山主峰 26°53.0′N，114.35°E。井冈山大井 26°22′47.10″N，114°07′30.19″E。

喜马盾斑蜂 *Thyreus himalayensis* (Radoszkowski)

江西省：赣州市崇义县横水镇阳岭国家森林公园 25°37′50″N，114°18′16″E。吉安市遂川县南风面国家级自然保护区 26°17′04″N，114°03′53″E。

黄胸木蜂 *Xylocopa appendiculata* Smith

江西省：宜春市靖安县三爪仑国家森林公园 28°58′36″N，115°14′11″E。

中华绒木蜂 *Xylocopa chinensis* Friese

江西省：宜春市宜丰县官山国家级自然保护区 28°33′21″N，114°35′20″E。宜春市靖安县三爪仑国家森林公园 28°58′36″N，115°14′11″E。宜春市靖安县璪都镇南山村 29°01′00″N，115°16′00″E。井冈山大井 26°22′47.10″N，114°07′30.19″E。

领木蜂 *Xylocopa collaris* Lepeletier

江西省：宜春市靖安县三爪仑国家森林公园 28°58′36″N，115°14′11″E。井冈山主峰 26°53.0′N，114.35°E。

竹木蜂 *Xylocopa nasalis* Westwood

江西省：井冈山荆竹山 26°31′N，114°05.9′E。

赤足木蜂 *Xylocopa rufipes* (Smith)

江西省：赣州市上犹县光菇山自然保护区 25°54′55″N，114°03′09″E。

中华木蜂 *Xylocopa sinensis* Smith

江西省：井冈山荆竹山 26°31′N，114°05.9′E。

切叶蜂科 Megachilidae

短腹尖腹蜂 *Coelioxys breviventris* Friese

江西省：井冈山。

厚腹尖腹蜂 *Coelioxys crassiventris* (Friese)

江西省：吉安市安福县武功山 27°29′48″N，114°11′12″E。宜春市靖安县三爪仑国家森林公园 28°58′36″N，115°14′11″E。

双色宽头切叶蜂 *Megachile bicolor* (Fabricius)

江西省：井冈山。

拟丘宽头切叶蜂 *Megachile pseudomonticola* Hedicke

江西省：井冈山大井 26°22′47.10″N，114°07′30.19″E。

青岛宽头切叶蜂 *Megachile tsingtauensis* Strand

江西省：井冈山湘洲 26°32.0′N，114°11.0′E。

湖南省：株洲市炎陵县桃源洞自然保护区游客服务中心 26°29′00″N，114°01′00″E。

隧蜂科 Halictidae

隧蜂属未定种 *Halictus* sp.

江西省：吉安市安福县武功山 27°29′48″N，114°11′12″E。宜春市靖安县观音岩 29°03′00″N，115°25′00″E。

淡脉隧蜂属未定种 1 *Lasioglossum* sp. 1

江西省：吉安市安福县武功山 27°29′48″N，114°11′12″E。吉安市遂川县南风面国家级自然保护区 26°17′04″N，114°03′53″E。

淡脉隧蜂属未定种 2 *Lasioglossum* sp. 2

江西省：吉安市安福县武功山 27°29′48″N，114°11′12″E。宜春市靖安县璪都镇南山村 29°01′00″N，115°16′00″E。宜春市靖安县三爪仑乡白水洞自然保护区 29°04′00″N，115°11′00″E。井冈山平水山 26°27′N，114°21′E。

埃彩带蜂 *Nomia ellioti* Smith

江西省：井冈山大井 26°22′47.10″N，114°07′30.19″E。

桔黄彩带蜂 *Nomia megasoma* Cockerell

江西省：井冈山主峰 26°53.0′N，114.35°E。井冈山笔架山 26°22′47.10″N，114°07′30.19″E。

斑翅彩带蜂 *Nomia terminata* Smith

江西省：井冈山笔架山 26°22′47.10″N，114°07′30.19″E。

绿彩带蜂 *Nomia viridicinctula* Cockerell

江西省：井冈山主峰 26°53.0′N，114.35°E。宜春市靖安县大杞山生态林场 28°67′00″N，115°07′00″E。

彩带蜂属未定种 *Nomia* sp.

江西省：吉安市安福县武功山 27°29′48″N，114°11′12″E。

红腹蜂属未定种 *Sphecodes* sp.

江西省：吉安市安福县武功山 27°29′48″N，114°11′12″E。

青蜂科 Chrysididae

绿青蜂 *Praestochrysis lusca* (Fabricius)

江西省：宜春市靖安县三爪仑国家森林公园 28°58′36″N，115°14′11″E。

胡蜂科 Vespidae

丽狭腹胡蜂 *Eustenogaster nigra* Saito et Nguyen

江西省：宜春市宜丰县官山国家级自然保护区 28°33′21″N，114°35′20″E。井冈山主峰 26°53.0′N，114.35°E。井冈山湘洲 26°32.0′N，114°11.0′E。

湖南省：郴州市汝城县热水镇飞水寨 25°52′52″N，113°91′77″E。

黄侧异腹胡蜂 *Parapolybia crocea* Saito-Morooka, Nguyen et Kojima

江西省：井冈山罗浮 26°39′N，114°13′E。

湖南省：资兴市回龙山瑶族乡回龙山 26°04′33.34″N，113°23′15.85″E。

印度侧异腹胡蜂 *Parapolybia indica* (Saussure)

江西省：井冈山湘洲 26°32.0′N，114°11.0′E。

湖南省：长沙市浏阳市大围山 28°25′28″N，114°04′52″E。

变侧异腹胡蜂 *Parapolybia varia* (Fabricius)

江西省：宜春市宜丰县官山国家级自然保护区 28°33′21″N，114°35′20″E。宜春市靖安县观音岩 29°03′00″N，115°25′00″E。宜春市靖安县璪都镇南山村 29°01′00″N，115°16′00″E。

湖南省：资兴市回龙山瑶族乡回龙山 26°04′33.34″N，113°23′15.85″E。

狄马蜂 *Polistes diakonovi* Kostylev

江西省：吉安市遂川县南风面国家级自然保护区 26°17′04″N，114°03′53″E。赣州市上犹县五指峰乡光菇山 25°55′11″N，114°03′04″E。

湖南省：株洲市炎陵县桃源洞自然保护区甲水 26°59′00″N，113°99′00″E。

台湾马蜂 *Polistes formosanus* Sonan

江西省：宜春市奉新县萝卜潭 28°43′10″N，115°05′30″E。

湖南省：浏阳市大围山镇大围山森林公园 28°25′30″N，114°06′45″E。

棕马蜂 *Polistes gigas* (Kirby)

江西省：宜春市靖安县璪都镇南山村 29°01′00″N，115°16′00″E。井冈山市笔架山 26°31′N，114°09′E。

湖南省：浏阳市大围山镇大围山森林公园 28°25′30″N，114°06′45″E。

约马蜂 *Polistes jokahamae* Radoszkowski

江西省：吉安市遂川县南风面国家级自然保护区 26°17′04″N，114°03′53″E。井冈山大井 26°22′47.10″N，114°07′30.19″E。

湖南省：浏阳市大围山镇大围山森林公园 28°25′30″N，114°06′45″E。长沙市浏阳市大围山 28°25′28″N，114°04′52″E。

澳门马蜂 *Polistes macaensis* Fabricius

江西省：吉安市安福县武功山 27°29′48″N，114°11′12″E。

柑马蜂 *Polistes mandarinus* Saussure

湖南省：浏阳市大围山镇大围山森林公园 28°25′30″N，114°06′45″E。

陆马蜂 *Polistes rothneyi grahami* (Vecht)

江西省：萍乡市芦溪县羊狮幕 27°33′38″N，114°14′35″E。

斯马蜂 *Polistes snelleni* Saussure

江西省：赣州市上犹县光菇山自然保护区 25°54′55″N，114°03′09″E。赣州市上犹县五指峰乡光菇山 25°55′11″N，114°03′04″E。吉安市安福县武功山 27°29′48″N，114°11′12″E。

湖南省：株洲市炎陵县桃源洞自然保护区游客服务中心 26°29′00″N，114°01′00″E。浏阳市大围山镇大围山森林公园 28°25′30″N，114°06′45″E。

点马蜂 *Polistes strigosus* Bequard

江西省：井冈山小溪洞 26°26′N，114°11′E。宜春市靖安县璪都镇南山村 29°01′00″N，115°16′00″E。宜春市宜丰县官山国家级自然保护区 28°33′16.73″N，113°34′55.97″E。

畦马蜂 *Polistes sulcatus* Smith

湖南省：浏阳市大围山镇大围山森林公园 28°25′30″N，114°06′45″E。长沙市浏阳市大围山 28°25′28″N，114°04′52″E。

马蜂属未定种 *Polistes* sp.

江西省：井冈山。

湖南省：株洲市炎陵县桃源洞自然保护区甲水 26°59′00″N，113°99′00″E。

铃腹胡蜂 *Ropalidia mathematica* (Smith)

湖南省：浏阳市大围山镇大围山森林公园 28°25′30″N，114°06′45″E。

台湾铃腹胡蜂 *Ropalidia taiwana* Sonan

江西省：吉安市安福县武功山 27°29′48″N，114°11′12″E。

湖南省：浏阳市大围山镇大围山森林公园 28°25′30″N，114°06′45″E。

基胡蜂 *Vespa basalis* Smith

江西省：井冈山市茨坪镇井冈山国家级自然保护区 26°37′23″N，114°07′04″E。

湖南省：郴州市汝城县三江口瑶族镇九龙江国家森林公园 25°23′20″N，113°46′27″E。

黑盾胡蜂 *Vespa bicolor* Fabricius

江西省：吉安市青原区河东街道青原山 27°06′57″N，115°06′01″E。

湖南省：郴州市汝城县三江口瑶族镇九龙江国家森林公园 25°23′20″N，113°46′27″E。

黑尾胡蜂 *Vespa ducalis* Smith

湖南省：株洲市炎陵县桃源洞自然保护区甲水 26°59′00″N，113°99′00″E。

金环胡蜂 *Vespa mandarinia* Smith

湖南省：长沙市浏阳市大围山 28°25′28″N，114°04′52″E。

墨胸胡蜂 *Vespa velutina* Lepeletier

湖南省：郴州市汝城县热水镇飞水寨 25°52′52″N，113°91′77″E。长沙市浏阳市大围山 28°25′28″N，114°04′52″E。

江西省：萍乡市莲花县高洲乡 27°36′38″N，113°96′98″E。井冈山主峰 26°53.0′N，114.35°E。

细黄胡蜂 *Vespula flaviceps* (Smith)

湖南省：浏阳市大围山镇大围山森林公园 28°25′30″N，114°06′45″E。

江西省：宜春市靖安县大杞山生态林场 28°67′00″N，115°07′00″E。宜春市靖安县璪都镇南山村 29°01′00″N，115°16′00″E。

额斑黄胡蜂 *Vespula maculifrons* (Buysson)

江西省：萍乡市莲花县高洲乡 27°36′38″N，113°96′98″E。

湖南省：浏阳市大围山镇大围山森林公园 28°25′30″N，114°06′45″E。

蜾蠃科 Eumenidae

东北全盾蜾蠃 *Allodynerus mandschuricus* Blüthgen

江西省：吉安市遂川县南风面国家级自然保护区 26°17′04″N，114°03′53″E。

巧啄蜾蠃 *Antepipona deflenda* (Saunders)

江西省：吉安市遂川县南风面国家级自然保护区 26°17′04″N，114°03′53″E。

黄缘蜾蠃 *Anterhynchium flavomarginatum* (Smith)

江西省：宜春市宜丰县官山国家级自然保护区 28°33′21″N，114°35′20″E。井冈山。宜春市靖安县璪都镇南山村 29°01′00″N，115°16′00″E。赣州市上犹县五指峰乡光菇山 25°55′11″N，114°03′04″E。

湖南省：长沙市浏阳市大围山 28°25′28″N，114°04′52″E。

末微蜾蠃属未定种 *Apodynerus* sp.

江西省：宜春市宜丰县官山国家级自然保护区 28°33′21″N，114°35′20″E。

唇蜾蠃 *Eumenes labiatus* Giordani Soika

江西省：井冈山笔架山 26°31′N，114°09′E。井冈山大井 26°22′47.10″N，114°07′30.19″E。井冈山主峰 26°53.0′N，114.35°E。

孔蜾蠃 *Eumenes punctatus* Saussure

江西省：吉安市遂川县南风面国家级自然保护区 26°17′04″N，114°03′53″E。

镶黄蜾蠃 *Oreumenes decoratus* (Smith)

江西省：井冈山。

漆黑钟腰蜾蠃 *Pseudozumia indosinensis* Giordani Soika

江西省：井冈山大井 26°22′47.10″N，114°07′30.19″E。

直盾蜾蠃属未定种 *Stenodynerus* sp.

江西省：吉安市遂川县南风面国家级自然保护区 26°17′04″N，114°03′53″E。宜春市靖安县观音岩 29°03′00″N，115°25′00″E。井冈山。

钩土蜂科 Tiphiidae

钩土蜂属未定种 *Tiphia* sp.

江西省：宜春市靖安县三爪仑国家森林公园

28°58′36″N，115°14′11″E。井冈山主峰 26°53.0′N，114.35°E。

土蜂科 Scoliidae

厚长腹土蜂 *Campsomeris grossa* **Fabricius**

江西省：宜春市奉新县百丈山 28°41′35″N，114°46′27″E。

黄缘长腹土蜂 *Megacampsomeris limbata* (**Saussure**)

江西省：井冈山平水山 26°27′N，114°21′E。

金毛长腹土蜂 *Megacampsomeris prismatica* (**Smith**)

江西省：宜春市靖安县三爪仑国家森林公园 28°58′36″N，115°14′11″E。井冈山主峰 26°53.0′N，114.35°E。

显贵土蜂 *Scolia nobilis* **Saussure**

江西省：井冈山主峰 26°53.0′N，114.35°E。

眼斑土蜂 *Scolia oculata* (**Matsumura**)

江西省：井冈山主峰 26°53.0′N，114.35°E。井冈山锡坪山 26°33′N，114°14′E。

四点土蜂 *Scolia quadripunctata* **Fabricius**

江西省：宜春市靖安县三爪仑国家森林公园 28°58′36″N，115°14′11″E。

索氏土蜂 *Scolia sauteri* **Betrem**

江西省：井冈山。

赤纹土蜂 *Scolia vittifrons* **Saussure et Sichel**

江西省：井冈山主峰 26°53.0′N，114.35°E。

蛛蜂科 Pompilidae

黄带蛛蜂 *Batozonellus annulatus* (**Fabricius**)

江西省：宜春市靖安县大杞山生态林场 28°67′00″N，115°07′00″E。

背弯沟蛛蜂 *Cyphononyx dorsalis* (**Lepeletier**)

江西省：吉安市安福县武功山 27°29′48″N，114°11′12″E。

葡萄沟蛛蜂 *Cyphononyx vitiensis* **Turner**

江西省：萍乡市芦溪县武功山 27°27′53″N，114°10′47″E。

沟蛛蜂属未定种 1 *Cyphononyx* **sp. 1**

江西省：吉安市安福县武功山 27°29′48″N，114°11′12″E。

沟蛛蜂属未定种 2 *Cyphononyx* **sp. 2**

江西省：吉安市安福县武功山 27°29′48″N，114°11′12″E。

蚁蜂科 Mutillidae

兴奋鳞蚁蜂绞亚种 *Squamulotilla ardescens strangulata* (**Smith**)

江西省：井冈山小溪洞 26°26′N，114°11′E。

眼斑驼盾蚁蜂 *Trogaspidia oculata* (**Fabricius**)

江西省：萍乡市芦溪县武功山 27°27′53″N，114°10′47″E。

丘疹驼盾蚁蜂 *Trogaspidia pustulata* (**Smith**)

江西省：萍乡市芦溪县武功山 27°27′53″N，114°10′47″E。

蚁科 Formicidae

光柄双节行军蚁 *Aenictus laeviceps* (**F. Smith**)

江西省：萍乡市芦溪县武功山 27°27′53″N，114°10′47″E。

里氏钩猛蚁 *Anochetus risii* **Forel**

江西省：萍乡市芦溪县武功山 27°27′53″N，114°10′47″E。

中日盘腹蚁 *Aphaenogaster japonica* **Forel**

江西省：井冈山主峰 26°53′N，114°15′E。井冈山大井 26°33′N，114°07′E。

湖南省：郴州市汝城县三江口瑶族镇九龙江国家森林公园 25°23′20″N，113°46′27″E。

西氏盘腹蚁 *Aphaenogaster lepida* **Wheeler**

江西省：井冈山荆竹山 26°31′N，114°05.9′E。井冈山湘洲 26°32′N，114°11.0′E。

湖南省：郴州市汝城县三江口瑶族镇九龙江国家森林公园 25°23′20″N，113°46′27″E。

史氏盘腹蚁 *Aphaenogaster smythiesi* **Forel**

湖南省：株洲市炎陵县桃源洞自然保护区游客服务中心 26°29′00″N，114°01′00″E。株洲市炎陵县甲水村 26°51′00″N，114°00′00″E。

浅毛弓背蚁 *Camponotus albivillosus* **Zhou**

江西省：井冈山荆竹山 26°31′N，114°05.9′E。井冈山大井 26°33′N，114°07′E。井冈山湘洲 26°32′N，114°11.0′E。

湖南省：郴州市汝城县三江口瑶族镇九龙江国家森林公园 25°23′20″N，113°46′27″E。

黄腹弓背蚁 *Camponotus helvus* **Xiao et Wang**

江西省：井冈山荆竹山 26°31′N，114°05.9′E。井冈山湘洲 26°32′N，114°11.0′E。

湖南省：郴州市汝城县三江口瑶族镇九龙江国家森林公园 25°23′20″N，113°46′27″E。

日本弓背蚁 *Camponotus japonicus* **Mayr**

江西省：井冈山荆竹山 26°31′N，114°05.9′E。井冈山松木坪 26°34′N，114°04′E。井冈山大井 26°33′N，114°07′E。井冈山湘洲 26°32′N，114°11.0′E。

湖南省：郴州市汝城县三江口瑶族镇九龙江国家森林公园 25°23′20″N，113°46′27″E。株洲市炎陵县桃源洞自然保护区珠帘瀑布 26°50′00″N，113°99′00″E。

东洋弓背蚁 *Camponotus nipponensis* **Santschi**

江西省：宜春市奉新县百丈山 28°41′35″N，114°46′27″E。萍乡市芦溪县武功山 27°27′53″N，114°10′47″E。

黑褐弓背蚁 *Camponotus rubidus* **Xian et Wang**

江西省：井冈山荆竹山 26°31′N，114°05.9′E。

少毛弓背蚁 *Camponotus spanis* **Xiao et Wang**

江西省：萍乡市芦溪县武功山 27°27′53″N，114°10′47″E。

东京弓背蚁 *Camponotus tokioensis* **Ito**

江西省：井冈山荆竹山 26°31′N，114°05.9′E。井冈山松木坪 26°34′N，114°04′E。井冈山主峰 26°53′N，114°15′E。井冈山湘洲 26°32′N，114°11.0′E。

湖南省：郴州市汝城县三江口瑶族镇九龙江国家森林公园 25°23′20″N，113°46′27″E。

杂色弓背蚁 *Camponotus variegatus* **(F. Smith)**

江西省：萍乡市芦溪县武功山 27°27′53″N，114°10′47″E。井冈山主峰 26°53′N，114°15′E。井冈山大井 26°33′N，114°07′E。井冈山湘洲 26°32′N，114°11.0′E。

湖南省：株洲市炎陵县桃源洞自然保护区珠帘瀑布 26°50′00″N，113°99′00″E。

弓背蚁属未定种 *Camponotus* **sp.**

江西省：井冈山荆竹山 26°31′N，114°05.9′E。

高结重头蚁 *Carebara altinodus* **Xu**

江西省：萍乡市芦溪县武功山 27°27′53″N，114°10′47″E。

粒沟切叶蚁 *Cataulacus granulatus* **(Latreille)**

江西省：萍乡市芦溪县武功山 27°27′53″N，114°10′47″E。

粗纹举腹蚁 *Crematogaster artifex* **Mayr**

江西省：井冈山荆竹山 26°31′N，114°05.9′E。

黑褐举腹蚁 *Crematogaster rogenhoferi* **Mayr**

江西省：井冈山荆竹山 26°31′N，114°05.9′E。井冈山松木坪 26°34′N，114°04′E。井冈山主峰 26°53′N，114°15′E。井冈山大井 26°33′N，114°07′E。井冈山湘洲 26°32′N，114°11.0′E。

湖南省：郴州市汝城县三江口瑶族镇九龙江国家森林公园 25°23′20″N，113°46′27″E。株洲市炎陵县桃源洞自然保护区游客服务中心 26°29′00″N，114°01′00″E。株洲市炎陵县甲水村 26°51′00″N，114°00′00″E。株洲市炎陵县青石冈村 26°55′00″N，114°06′00″E。

游举腹蚁 *Crematogaster vagula* **Wheeler**

江西省：井冈山大井 26°33′N，114°07′E。井冈山湘洲 26°32′N，114°11.0′E。

大吉臭蚁 *Dolichoderus dajiensis* **Wang et Zheng**

江西省：萍乡市芦溪县武功山 27°27′53″N，114°10′47″E。

西伯利亚臭蚁 *Dolichoderus sibiricus* **Emery**

江西省：井冈山荆竹山 26°31′N，114°05.9′E。

湖南省：郴州市汝城县三江口瑶族镇九龙江国家森林公园 25°23′20″N，113°46′27″E。

东方植食行军蚁 *Dorylus orientalis* **Westwood**

江西省：萍乡市芦溪县武功山 27°27′53″N，114°10′47″E。

湖南省：浏阳市大围山镇大围山森林公园 28°25′30″N，114°06′45″E。

埃氏真结蚁 *Euprenolepis emmae* **(Forel)**

江西省：萍乡市芦溪县武功山 27°27′53″N，114°10′47″E。

日本黑褐蚁 *Formica japonica* **Motschulsky**

江西省：萍乡市芦溪县武功山 27°27′53″N，114°10′47″E。

湖南省：浏阳市大围山镇大围山森林公园 28°25′30″N，114°06′45″E。

红曲颊猛蚁 *Gnamptogenys coccina* **Zhou**

江西省：萍乡市芦溪县武功山 27°27′53″N，114°10′47″E。井冈山。

邵氏姬猛蚁 *Hypoponera sauteri* **Onoyama**

江西省：萍乡市芦溪县武功山 27°27′53″N，114°10′47″E。

扁平虹臭蚁 *Iridomyrmex anceps* (Roger)

江西省：井冈山荆竹山 26°31′N，114°05.9′E。

湖南省：浏阳市大围山镇大围山森林公园 28°25′30″N，114°06′45″E。

玉米毛蚁 *Lasius alienus* (Foerster)

江西省：萍乡市芦溪县武功山 27°27′53″N，114°10′47″E。

黄毛蚁 *Lasius flavus* (Fabricius)

江西省：井冈山大井 26°33′N，114°07′E。

中华细颚猛蚁 *Leptogenys chinensis* (Mayr)

江西省：萍乡市芦溪县武功山 27°27′53″N，114°10′47″E。

基氏细猛蚁 *Leptogenys kitteli* Mayr

江西省：萍乡市芦溪县武功山 27°27′53″N，114°10′47″E。井冈山弯坑 26°53′20.01″N，114°25′15.01″E。井冈山湖羊塔 26.4983°N，114.1217°E。井冈山白银湖 26°36.8′N，114°11.1′E。

湖南省：浏阳市大围山镇大围山森林公园 28°25′30″N，114°06′45″E。

细猛蚁属未定种 *Leptogenys* sp.

江西省：井冈山荆竹山 26°31′N，114°05.9′E。

中华光胸臭蚁 *Liometopum sinense* Wheeler

江西省：萍乡市芦溪县武功山 27°27′53″N，114°10′47″E。井冈山湘洲 26°36′20.26″N，114°16′20.33″E。井冈山弯坑 26°53′20.01″N，114°25′15.01″E。井冈山西坪 26°33.7′N，114°12.2′E。井冈山白银湖 26°36.8′N，114°11.1′E。

湖南省：浏阳市大围山镇大围山森林公园 28°25′30″N，114°06′45″E。

中华小家蚁 *Monomorium chinense* Santschi

江西省：井冈山白银湖 26°36.8′N，114°11.1′E。井冈山荆竹山 26°31′N，114°05.9′E。井冈山主峰 26°53′N，114°15′E。井冈山大井 26°33′N，114°07′E。

湖南省：浏阳市大围山镇大围山森林公园 28°25′30″N，114°06′45″E。

小家蚁 *Monomorium pharaonis* (Linnaeus)

江西省：井冈山湘洲 26°36′20.26″N，114°16′20.33″E。井冈山荆竹山 26°31′N，114°05.9′E。井冈山大井 26°33′N，114°07′E。

玛格丽特红蚁 *Myrmica margaritae* Emery

江西省：萍乡市芦溪县武功山 27°27′53″N，114°10′47″E。井冈山湘洲 26°36′20.26″N，114°16′20.33″E。井冈山弯坑 26°53′20.01″N，114°25′15.01″E。井冈山白银湖 26°36.8′N，114°11.1′E。井冈山荆竹山 26°31′N，114°05.9′E。井冈山松木坪 26°34′N，114°04′E。

湖南省：株洲市炎陵县桃源洞自然保护区珠帘瀑布 26°50′00″N，113°99′00″E。

黄足尼氏蚁 *Nylanderia flavipes* (F. Smith)

江西省：萍乡市芦溪县武功山 27°27′53″N，114°10′47″E。

湖南省：株洲市炎陵县十都镇神农谷自然保护区 26°49′93″N，114°06′56″E。

无毛凹臭蚁 *Ochetellus glaber* (Mayr)

江西省：井冈山湘洲 26°36′20.26″N，114°16′20.33″E。井冈山主峰 26°53′N，114°15′E。

湖南省：浏阳市大围山镇大围山森林公园 28°25′30″N，114°06′45″E。

山大齿猛蚁 *Odontomachus bauri* Emery

湖南省：浏阳市大围山镇大围山森林公园 28°25′30″N，114°06′45″E。

光亮大齿猛蚁 *Odontomachus fulgidus* Wang

江西省：井冈山白银湖 26°36.8′N，114°11.1′E。井冈山荆竹山 26°31′N，114°05.9′E。

湖南省：浏阳市大围山镇大围山森林公园 28°25′30″N，114°06′45″E。

大齿猛蚁 *Odontomachus haematodus* (Linnaeus)

江西省：萍乡市芦溪县武功山 27°27′53″N，114°10′47″E。井冈山大井 26°33′N，114°07′E。

湖南省：浏阳市大围山镇大围山森林公园 28°25′30″N，114°06′45″E。

敏捷厚结猛蚁 *Pachycondyla astuta* (Smith)

江西省：萍乡市芦溪县武功山 27°27′53″N，114°10′47″E。井冈山弯坑 26°53′20.01″N，114°25′15.01″E。井冈山湖羊塔 26.4983°N，114.1217°E。井冈山荆竹山 26°31′N，114°05.9′E。

湖南省：株洲市炎陵县十都镇神农谷自然保护区 26°49′93″N，114°06′56″E。株洲市炎陵县桃源洞自然保护区珠帘瀑布 26°50′00″N，113°99′00″E。株洲市炎陵县甲水村 26°51′00″N，114°00′00″E。

中华厚结猛蚁 *Pachycondyla chinensis* (Emery)

江西省：井冈山湘洲 26°36′20.26″N，114°16′20.33″E。井冈山弯坑 26°53′20.01″N，114°25′15.01″E。井冈山荆竹山 26°31′N，114°05.9′E。井冈山大井 26°33′N，114°07′E。

湖南省：株洲市炎陵县十都镇神农谷自然保护区 26°49′93″N，114°06′56″E。

爪哇厚结猛蚁 *Pachycondyla javana* (Mayr)

江西省：萍乡市芦溪县武功山 27°27′53″N，114°10′47″E。

黄足厚结猛蚁 *Pachycondyla luteipes* (Mayr)

江西省：萍乡市芦溪县武功山 27°27′53″N，114°10′47″E。

邵氏厚结猛蚁 *Pachycondyla sauteri* (Forel)

江西省：萍乡市芦溪县武功山 27°27′53″N，114°10′47″E。

长角立毛蚁 *Paratrechina longicornis* (Latreille)

湖南省：株洲市炎陵县十都镇神农谷自然保护区 26°49′93″N，114°06′56″E。

淡黄大头蚁 *Pheidole flaveria* Zhou et Zheng

江西省：萍乡市芦溪县武功山 27°27′53″N，114°10′47″E。

宽结大头蚁 *Pheidole nodus* F. Smith

江西省：萍乡市芦溪县武功山 27°27′53″N，114°10′47″E。

中华大头蚁 *Pheidole sinica* (Wu et Wang)

江西省：井冈山荆竹山 26°31′N，114°05.9′E。井冈山松木坪 26°34′N，114°04′E。

史氏大头蚁 *Pheidole smythiesii* Forel

江西省：萍乡市芦溪县武功山 27°27′53″N，114°10′47″E。

大头蚁属未定种 1 *Pheidole* sp. 1

江西省：井冈山大井 26°33′N，114°07′E。井冈山湘洲 26°32′N，114°11.0′E。

大头蚁属未定种 2 *Pheidole* sp. 2

江西省：井冈山湘洲 26°32′N，114°11.0′E。

大头蚁属未定种 3 *Pheidole* sp. 3

江西省：井冈山松木坪 26°34′N，114°04′E。

红巨首蚁 *Pheidologeton vespillo* Wheeler

江西省：萍乡市芦溪县武功山 27°27′53″N，114°10′47″E。

双齿多刺蚁 *Polyrhachis dives* Smith

江西省：萍乡市芦溪县武功山 27°27′53″N，114°10′47″E。

湖南省：株洲市炎陵县十都镇神农谷自然保护区 26°49′93″N，114°06′56″E。

梅氏多刺蚁 *Polyrhachis illaudata* Walker

江西省：萍乡市芦溪县武功山 27°27′53″N，114°10′47″E。

湖南省：郴州市汝城县热水镇飞水寨 25°52′52″N，113°91′77″E。株洲市炎陵县十都镇神农谷自然保护区 26°49′93″N，114°06′56″E。

结多刺蚁 *Polyrhachis rastellata* (Latreille)

江西省：萍乡市芦溪县武功山 27°27′53″N，114°10′47″E。

湖南省：株洲市炎陵县十都镇神农谷自然保护区 26°49′93″N，114°06′56″E。

红腹多刺蚁 *Polyrhachis rubigastrica* Wang et Wu

江西省：萍乡市芦溪县武功山 27°27′53″N，114°10′47″E。

大眼多刺蚁 *Polyrhachis vigilans* Smith

江西省：萍乡市芦溪县武功山 27°27′53″N，114°10′47″E。

中华猛蚁 *Ponera sinensis* Wheeler

江西省：萍乡市芦溪县武功山 27°27′53″N，114°10′47″E。

埃氏前结蚁 *Prenolepis emmae* Forel

江西省：井冈山荆竹山 26°31′N，114°05.9′E。井冈山主峰 26°53′N，114°15′E。

黄腹前结蚁 *Prenolepis flaviabdominis* Wang

江西省：萍乡市芦溪县武功山 27°27′53″N，114°10′47″E。

束胸前结蚁 *Prenolepis sphingthoraxa* Zhou et Zheng

江西省：井冈山湘洲 26°36′20.26″N，114°16′20.33″E。

湖南省：株洲市炎陵县十都镇神农谷自然保护区 26°49′93″N，114°06′56″E。

双针棱胸蚁 *Pristomyrmex pungens* Mayr

江西省：萍乡市芦溪县武功山 27°27′53″N，114°10′47″E。井冈山松木坪 26°34′N，114°04′E。

污黄拟毛蚁 *Pseudolasius cibdelus* Wu et Wang

江西省：萍乡市芦溪县武功山 27°27′53″N，114°10′47″E。

刘氏瘤颚蚁 *Strumigenys lewisi* Cameron

江西省：萍乡市芦溪县武功山 27°27′53″N，114°10′47″E。

吉氏酸臭蚁 *Tapinoma geei* Wheeler

江西省：井冈山湘洲 26°32′N，114°11.0′E。

黑头酸臭蚁 *Tapinoma melanocephalum* (Fabricius)

湖南省：株洲市炎陵县十都镇神农谷自然保护区 26°49′93″N，114°06′56″E。

长角狡臭蚁 *Techomyrmex antennus* Zhou

江西省：萍乡市芦溪县武功山 27°27′53″N，114°10′47″E。

湖南省：株洲市炎陵县十都镇神农谷自然保护区 26°49′93″N，114°06′56″E。

角肩切胸蚁 *Temnothorax angulohumerus* Zhou, Huang, Yu et Liu

江西省：萍乡市芦溪县武功山 27°27′53″N，114°10′47″E。

铺道蚁 *Tetramorium caespitum* (Linnaeus)

江西省：井冈山松木坪 26°34′N，114°04′E。井冈山主峰 26°53′N，114°15′E。

相似铺道蚁 *Tetramorium simillimum* (F. Smith)

江西省：萍乡市芦溪县武功山 27°27′53″N，114°10′47″E。

铺道蚁属未定种 *Tetramorium* sp.

江西省：萍乡市芦溪县武功山 27°27′53″N，114°10′47″E。

飘细长蚁 *Tetraponera allaborans* (Walker)

江西省：井冈山荆竹山 26°31′N，114°05.9′E。

埃氏扁胸切叶蚁 *Vollenhovia emeryi* Wheeler

湖南省：株洲市炎陵县桃源洞 26°29′14″N，114°00′42″E。

参 考 文 献

陈世骧, 谢蕴贞, 邓国藩. 1959. 中国经济昆虫志. 第一册, 鞘翅目. 天牛科[M]. 北京: 科学出版社.

陈一心, 马文珍. 2004. 中国动物志. 昆虫纲. 第三十五卷, 革翅目[M]. 北京: 科学出版社.

傅鹏, 郑哲民. 1999. 湖南省八面山自然保护区蝗虫二新种(直翅目: 斑腿蝗科)[J]. 动物分类学报, 24(4): 384-386.

葛钟麟. 1966. 中国经济昆虫志. 第十册, 同翅目. 叶蝉科[M]. 北京: 科学出版社.

韩运发. 1997. 中国经济昆虫志. 第五十五册, 缨翅目[M]. 北京: 科学出版社.

华立中, 奈良一, 塞缪尔森, 林格费尔特. 2009. 中国天牛(1406种)彩色图鉴[M]. 广州: 中山大学出版社.

黄邦侃. 1999. 福建昆虫志(1-6卷)[M]. 福州: 福建科学技术出版社.

蒋书楠, 蒲富基, 华立中. 1985. 中国经济昆虫志. 第三十五册, 鞘翅目. 天牛科(三)[M]. 北京: 科学出版社.

蒋书楠, 陈力. 2001. 中国动物志. 昆虫纲. 第二十一卷, 鞘翅目. 天牛科. 花天牛亚科[M]. 北京: 科学出版社.

李鸿昌. 1998. 中国动物志. 昆虫纲. 第十卷, 直翅目. 蝗总科. 斑翅蝗科、网翅蝗科[M]. 北京: 科学出版社.

李振基, 吴小平, 等. 2009. 江西九岭山自然保护区综合科学考察报告[M]. 北京: 科学出版社.

梁铬球, 郑哲民. 1998. 中国动物志. 昆虫纲. 第十二卷, 直翅目. 蚱总科[M]. 北京: 科学出版社.

廖文波, 王蕾, 王英永, 刘蔚秋, 贾凤龙, 沈红星, 凡强, 李秦辉, 杨书林, 等. 2018. 湖南桃源洞国家级自然保护区生物多样性综合科学考察[M]. 北京: 科学出版社.

廖文波, 王英永, 李贞, 彭少麟, 陈春泉, 凡强, 贾凤龙, 王蕾, 刘蔚秋, 尹国胜, 石祥刚, 张丹丹, 等. 2014. 中国井冈山地区生物多样性综合科学考察[M]. 北京: 科学出版社.

刘小明, 郭英荣, 刘仁林. 2008. 江西齐云山自然保护区综合科学考察集[M]. 北京: 中国林业出版社.

蒲富基. 1980. 中国经济昆虫志. 第十九册, 鞘翅目. 天牛科(二)[M]. 北京: 科学出版社.

饶戈, 叶朝霞. 2011. 香港甲虫图鉴[M]. 香港: 香港昆虫学会.

饶戈, 叶朝霞. 2012. 香港蟌类昆虫图鉴[M]. 香港: 香港昆虫学会.

任树芝. 1998. 中国动物志. 昆虫纲. 第十三卷, 半翅目: 异翅亚目. 姬蝽科[M]. 北京: 科学出版社.

萧彩瑜, 等. 1977. 中国蟌类昆虫鉴定手册: 第一册[M]. 北京: 科学出版社.

萧彩瑜, 等. 1981. 中国蟌类昆虫鉴定手册: 第二册[M]. 北京: 科学出版社.

颜学武, 潘志华, 杨卫丰, 童新旺, 梁军生. 2011. 湖南幕阜山昆虫资源调查[J]. 湖南林业科技, 38(2): 33-36.

杨惟义. 1962. 中国经济昆虫志. 第二册, 半翅目. 蝽科[M]. 北京: 科学出版社.

尤大寿, 归鸿. 1995. 中国经济昆虫志. 第四十八册, 蜉蝣目[M]. 北京: 科学出版社.

袁锋, 周尧. 2002. 中国动物志. 昆虫纲. 第二十八卷, 同翅目. 角蝉总科. 犁胸蝉科、角蝉科[M]. 北京: 科学出版社.

张巍巍, 李元胜. 2011. 中国昆虫生态大图鉴[M]. 重庆: 重庆大学出版社.

章士美. 1985. 中国经济昆虫志. 第三十一册, 半翅目(一)[M]. 北京: 科学出版社.

章士美. 1995. 中国经济昆虫志. 第五十册, 半翅目(二)[M]. 北京: 科学出版社.

郑乐怡, 归鸿. 1999. 昆虫分类(上、下)[M]. 南京: 南京师范大学出版社.

周尧. 2000. 中国蝶类志[M]. 郑州: 河南科学技术出版社.

周尧, 黄桔. 1985. 中国经济昆虫志: 第三十六册, 同翅目. 蜡蝉总科[M]. 北京: 科学出版社.

朱弘复, 等. 1997. 中国动物志. 昆虫纲. 第十一卷, 鳞翅目. 天蛾科[M]. 北京: 科学出版社.

Dang LH, Qiao GX. 2014. Key to the fungus-feeder Phlaeothripinae species from China (Thysanoptera: Phlaeothripidae)[J]. Zoological Systematics, 39(3): 313-358.

Hájek J, Fikáček M. 2008. A review of the genus *Satonius* (Coleoptera: Myxophaga: Torridincolidae): taxonomic revision, larval morphology, notes on wing polymorphism, and phylogenetic implications[J]. Acta Entomologica Musei Nationalis Pragae, 48: 655-676.

Hájek J, Yoshitomi H, Fikáček M, Hayashi M, Jia FL. 2011. Two new species of *Satonius* Endrödy-Younga from China and notes on the wing polymorphism of *S. kurosawai* Satô (Coleoptera: Myxophaga: Torridincolidae)[J]. Zootaxa, 3016: 51-62.

Jäch MA, Ji L. 1995. Water Beetles of China[C]. Zoologisch-Botanische Gesellschaft in Österreichs and Wiener Coleopterologenverein, Wien.

Jäch MA, Ji L. 1998. Water Beetles of China[C]. Zoologisch-Botanische Gesellschaft in Österreichs and Wiener Coleopterologenverein, Wien.

Jäch MA, Ji L. 2003. Water Beetles of China[C]. Zoologisch-Botanische Gesellschaft in Österreichs and Wiener Coleopterologenverein, Wien.

Jacobus LM, McCafferty WP, Gattolliat JL. 2008. Revision of Ephemerellidae genera (Ephemeroptera) [J]. Transactions of the American Entomological Society, 134(1-2): 185-274.

Jia FL, Liang ZL, Ryndevich SK, Fikáček M. 2019. Two new species and additional faunistic records of *Cercyon* Leach, 1817 from China (Coleoptera: Hydrophilidae)[J]. Zootaxa, 4565(4): 501-514.

Jia FL, Lin RC. 2015. *Cymbiodyta lishizheni* sp. nov., the second species of the genus from China[J]. Zootaxa, 3985(3): 446-450.

Jia FL, Short AEZ. 2013. *Enochrus algarum* sp. nov., a new hygropetric water scavenger beetle from China (Coleoptera: Hydrophilidae: Enochrinae)[J]. Acta Entomologica Musei Nationalis Pragae, 53(2): 609-614.

Kluge NJ. 2004. The phylogenetic system of Ephemeroptera[M]. Dordrecht: Kluwer Academic Publishers: 442.

LaSalle J, Gauld ID. 1993. Hymenoptera and biodiversity[M]. Oxon, UK: CAB International.

Liang ZL, Angus R, Jia FL. 2021. Three new species of *Patrus* Aubé with additional records of Gyrinidae from China (Coleoptera, Gyrinidae)[J]. European Journal of Taxonomy, 767: 1-39.

Liang ZL, Jia FL. 2018. A new species of *Sphaerius* Waltl from China (Coleoptera, Myxophaga, Sphaeriusidae)[J]. ZooKeys, 808: 115-121.

Miller KB, Bergsten J. 2016. Diving beetles of the World. Systematics and biology of the Dytiscidae[M]. Baltimore: Johns Hopkins University Press.

Mirab-balou M, Wang Z, Tong X. 2017. Review of the Panchaetothripinae (Thysanoptera: Thripidae) of China, with two new species descriptions[J]. Canadian Entomologist, 149(2): 141-158.

Okajima S. 2006. The Insects of Japan. Volume 2. The suborder Tubulifera (Thysanoptera)[M] Fukuoka: Touka Shobo Co. Ltd.: 720.

Sartori M, Peters JG, Hubbard MD. 2008. A revision of Oriental Teloganodidae (Insecta, Ephemeroptera, Ephemerelloidea)[J]. Zootaxa, 1957: 1-51.

Schödl S. 1991. Revision der Gattung *Berosus* Leach, 1. Teil: Die paläarktischen Arten der Untergattung Enoplurus (Coleoptera: Hydrophilidae)[J]. Koleopterologische Rundschau, 61: 111-135.

Shi W, Tong X. 2019. Genus *Bungona* Harker, 1957 (Ephemeroptera: Baetidae) from China, with descriptions of three new species and a key to Oriental species[J]. Zootaxa, 4586(3): 571-585.

Shi W, Tong X. 2015. Taxonomic notes on the genus *Baetiella* Uéno from China, with the descriptions of three new species (Ephemeroptera: Baetidae). Zootaxa, 4012(3): 553-569.

ThripsWiki. 2021. ThripsWiki—providing information on the World's thrips[OL]. http://thrips.info/wiki/Main_Page[2021-03-15].

Tong X, Dudgeon D. 2002. Three new species of the genus *Caenis* from Hong Kong, China (Ephemeroptera: Caenidae)[J]. Zoological Research, 23(3): 232-238.

Tong X, Zhao C. 2017. Review of fungus-feeding urothripine species from China, with descriptions of two new species (Thysanoptera: Phlaeothripidae). Zootaxa, 4237(2): 307-320.

Wewalka G. 2000. Taxonomic revision of *Allopachria* (Coleoptera: Dytiscidae)[J]. Entomological Problems, 31: 97-128.

Wewalka G. 2010. New species and new records of *Allopachria* Zimmermann (Coleoptera: Dytiscidae)[J]. Koleopterologische Rundschau, 70: 25-42.

Yang ZM, Jia FL, Jiang L, Guo Q. 2021. Four new species of *Agraphydrus* Régimbart, 1903 with additional faunastic record from China (Coleoptera, Hydrophilidae, Acidocerinae)[J]. Deutsche Entomologische Zeitschrift, 68(1): 189-205.

Zhao C, Zhang H, Tong X. 2018. Species of the fungivorous genus *Psalidothrips* Priesner from China, with five new species (Thysanoptera, Phlaeothripidae)[J]. Zookeys, 746: 25-50.

中文名索引

拉丁名索引